소셜 애널리틱스를 위한

연구조사방법론

김태완 · 송태호 · 김경민 · 박정은

Research Methodology for Social Analytics

박영사

머리말

현대 사회는 소셜미디어의 급속한 발전과 함께 대규모 언어 모델(Large Language Model)과 생성형 AI 등 다양한 사회적, 경제적 변화를 경험하고 있다. 이러한 변화는 방대한 양의 데이터로 이어지며, 이를 분석하고 활용하는 능력은 더욱 중요해졌다. 소셜 애널리틱스는 이러한 방대한 데이터 속에서 의미있는 해석을 도출하고, 이를 통해 인사이트를 얻는 과정을 의미한다. 이 책의 목표는 소셜 애널리틱스를 위한 연구조사방법론을 체계적으로 소개하고, 이를 통해 독자들이 데이터를 통해 효과적으로 연구하고 분석하고 활용할 수 있도록 돕고자 한다.

이 책은 세 부분으로 구성되어 있다.

첫 번째 부분인 '연구 이론'에서는 소셜 애널리틱스의 이론적 배경과 과학적 접근 방법을 다룬다. 과학적 연구의 의미와 절차를 설명하며, 다양한 연구 방법론을 소개한다. 또한, 연구 문제와 가설 설정의 중요성을 강조하며, 이를 체계적으로 도출하는 방법을 제시한다.

두 번째 부분인 '연구 방법'에서는 정성적 연구 방법과 설문 조사 설계, 실험설계, 표본 추출 등 다양한 연구 방법론을 구체적으로 다룬다. 특히, 빅데이터 조사 방법과 인과적 연구 방법, 그리고 통계적 실험설계 등의 주제를 다루며, 이를 통해 독자들이 실제 연구에 적용할 수 있는 실질적인 방법론을 제공하고자 한다.

세 번째 부분인 '분석 방법'에서는 다양한 통계적 분석 기법과 데이터 분석 방법을 소개한다. 통계적 가설 검정, 회귀분석, 군집분석, 판별분석, 구조방정식모형 등 다양한 분석 방법론을 다루며, 이를 통해 독자들이 데이터를 효과적으로 분석하고 해석할 수 있도록 돕는다. 또한, 빅데이터 분석과 특수한 회귀분석 기법, 그리고 컨조인트 분석 등을 통해 최신 데이터 분석 기법을 소개한다.

이 책은 소셜 애널리틱스를 연구하는 학생, 연구자, 그리고 실무자들에게 유용한 지침서가 되기를 바란다. 또한, 소셜 미디어 데이터를 활용하여 더 나은 의사결정을 내리고자 하는 모든 이들에게 도움이 되기를 기대한다. 이 책은 연구자에게 연구 개념을 설명하고 연구 방법과 모델을 알려준다. 연구의 과정에서 더욱 중요한 것은 연구를 직접 해 나가는 연구자의 끊임없는 노력과 연구에 대한 열정일 것이다. 알맞은 연구 방법으로 의미 있고 학술적 실무적 시사점이 있는 연구를 하기 바란다.

마지막으로 편집으로 수고해 준 탁종민 과장님과 실무적 지원을 해 주신 박세기 부장님과 정성혁 대리님에게 감사를 전한다. 전 과정에서 물심양면으로 도와준 박영사의 안종만 회장님과 안상준 대표님에게도 감사의 뜻을 전한다. 누구보다 이 집필 과정을 묵묵히 내조와 사랑으로 응원해 준 가족들에게 감사의 마음을 전한다.

2025년 2월

저자일동

목차

I 연구 이론

Ⅱ 연구 방법

Ⅲ 분석 방법

제12장 차이에 기반한 가설 검정 283

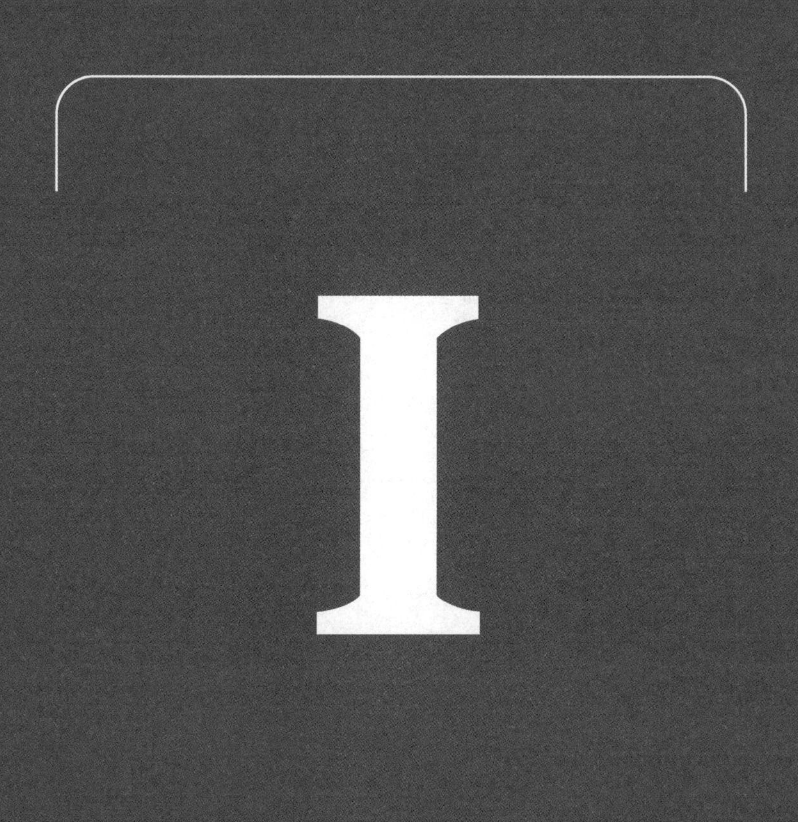

소셜 애널리틱스를 위한 연구조사방법론

연구 이론

Research Methodology for Social Analytics

소셜 애널리틱스를 위한
연구조사방법론

Research Methodology for Social Analytics

제1장
과학적 연구

제 1 장 과학적 연구

과학적 연구라고 하면 실험실에서 물리학이나 화학의 이론이나 현상을 실험을 통해서 확인하고 밝혀내는 일련의 연구다. 이러한 과학적 연구는 체계적이고 논리적인 특징이 있다. 사회과학에서 과학적 연구는 자연과학이나 응용과학과 달리 어떠한 특징이 있을까? 본 장에서는 과학적 연구의 의미와 특징을 살펴보고 과학적 연구의 진행 절차에 대해 알아본다.

· 제 1 절 과학적 연구의 의의 ·

1. 과학적 연구의 의미

과학적 연구는 우선 자연현상이나 사회현상을 설명하거나 이해하기 위한 탐구 과정이라고 할 수 있다. 과학적 연구의 결과로 이론을 세우거나 기존의 이론에 대한 반론을 제기하기도 한다. 또한 기존의 이론을 바탕으로 앞으로 일어날 일을 예측하기도 한다.

과학적 연구의 정의는 체계적이고 객관적인 방법을 통해서 규칙, 패턴, 지식, 사실 또는 원리나 이론을 탐구하고 발견하는 일련의 행동을 말한다(Kerlinger 2000). 또한 과학적 연구는 경험적 자료나 데이터를 활용하여 합리적으로나 논리적으로 구성된 방법이나 접근을 통해 규칙이나 진실을 탐구하는 과정이라고 정의한다(Sekaran 2003).

그리고, 체계적인 데이터 수집, 해석 및 평가를 통해 과학에 기여할 목적으로 수행되는 연구를 계획된 방식으로 수행하는 것을 과학적 연구라고 정의하기도 한다(Carparla and Dönmez 2016). 세 가지 정의 모두 합리성과 논리성을 가정하고 있는 것이 공통점이다.

2. 과학적 연구의 특징

과학적 연구의 특징을 목적성, 체계적인 접근, 객관성, 재현 가능성, 검증 가능성, 수정 가능성, 그리고 일관성 등 일곱 가지로 정리할 수 있다.

1) 목적성(goal-driven)

과학적 연구는 목적을 가지고 탐구하는 것이다. 원인과 결과 사이의 관계를 밝히기 위해 연구를 하기도 하고 또한 기존의 자료나 데이터를 활용하여 미래에 다가올 현상을 예측하기도 한다.

2) 체계적인 접근(systematic approach)

과학적 연구는 혼동되지 않은 명확한 계획과 과정, 절차를 통해서 진행이 된다. 예를 들어 실험연구의 경우 참가자를 무작위로 추첨하여 실험군과 대조군으로 나누어 배정한다. 실험군에게만 자극물을 제시하고 대조군에는 자극물에 대한 노출이 없다. 두 그룹 모두에게 결과를 측정한다. 그 결과를 통계적인 방법으로 비교하고 유의한지 보고한다. 이런 실험설계 예시를 통해서 알 수 있듯이 논리적이고 체계적인 접근과 과정을 통해 이루어지는 연구이다.

다른 예로 사람의 수면 패턴을 연구하는 과정을 생각해 보자. 먼저 첫 번째 단계로 '사람들은 하루에 몇 시간의 수면이 필요한가?' 라는 연구 문제를 설정한다. 두 번째 단계로 '30-40대 성인 남성의 경우 하루 평균 7-8시간의 수면이 필요하다'라는 가설을 설정할 수 있다. 다음 단계로 실험을 위해 200명의 자발적인 참가자를 모집하여 수면시간을 물어보고 기록하며 참가자의 건강상태 또한 측정한다. 네 번째 단계로 수집된 데이터를 통계적으로 분석하여 수면시간과 건강 상태 사이의 관계를 파악한다. 또한 이 관계가 통계적으로 유의한가를 검증한다. 다섯 번째 단계로 데이터 분석 결과를 활용하여 30-40대 성인 남성의 평균 수면 시간이 7-8 시간이라는 결론을 도출한다. 마지막 결과 발표 및 피드백 단계에서는 연구결과를 세미나나 학회에서 발표하고 다른 주위 연구자로부터 건설적인 의견을 듣는다. 이는 응용과학분야에서 흔하게 볼 수 있는 연구로 매우 체계적으로 진행됨을 알 수 있다.

3) 객관성(objectivity)

연구의 결과는 개인적이거나 주관적인 판단에 근거하는 것이 아니라 객관적인 자료와 데이터, 그리고 증거를 기반으로 이루어진다. 과학적 연구의 객관성이 연구 결과를 신뢰할 수 있게 하고 같은 방식으로 다시 연구를 했을 때 같은 결과를 얻을 수 있는 재현성을 높여준다.

4) 재현 가능성(reproducibility)

과학적 연구의 결과를 다른 연구자가 동일한 접근과 방법으로 연구할 때 동일한 연구 결과를 얻어 낼 수 있는 가능성이 높다. 이를 통해 연구 결과를 다른 연구자 들이 신뢰할 수 있게 된다. 예를 들어, 다른 연구 팀이 동일한 조건과 동일한 자극물을 제시 하여 실험을 하면 같은 연구 결과를 얻어야 한다.

5) 검증 가능성(testability)

과학적 연구에 사용되는 과학적 가설은 실험이나 관찰을 통해 검증이 될 수 있어야 한다. 검증되지 않은 가설은 과학적 타당성을 갖기 어렵다. 위의 예를 통해 설명하면 '30-40대 성인 남성은 하루 평균 7-8 시간의 수면이 필요하다'는 가설이 실험이나 관찰을 통해 과학적으로 검증될 수 있다. 다시 말해서 충분한 수면을 취하는 그룹과 그렇지 않은 그룹의 건강 상태를 비교 한다. 이는 수면이 건강에 미치는 영향을 비교 분석하여 가설을 검증하게 된다.

6) 수정 가능성(modifiability)

새로운 연구 결과나 새로운 증거가 나타나면 기존 이론이나 가설을 수정하거나 대체할 수 있어야 한다. 과학적 접근은 계속적으로 변화하고 발전하는 과정으로 볼 수 있다. 수면 시간 예시에서 만약 새로운 연구 결과가 나왔다고 가정해 보자. 그 연구에서 성인 남성의 평균 수면 시간이 하루 평균 6시간인 경우에도 건강하다는 결과가 나온다면 기존의 이론을 수정하거나 대체 할 수 있어야 한다. 다시 말해서 새로운 연구 결과에 따라 과학적 연구는 변할 수 있는 유연성을 가져야 한다.

7) 일관성(consistency)

과학적 연구의 결과는 기존의 이론이나 그 분야의 연구 결과나 과학적 지식과 일관되어야 하며, 새로운 과학적 연구 결과가 기존 이론이나 과학적 지식과 다를 경우 왜 다를지를 설명할 수 있어야 한다. 예를 들어, 다른 과학적 연구에서도 비슷한 결과가 나왔는지를 확인하는 과정에서 과학적 연구 결과의 신뢰성이 높아진다.

· 제 2 절 과학적 연구의 과정 ·

과학적 연구는 현상을 설명하기 위해 연구가 무엇을 알아내고자 하는지를 먼저 결정하고 이를 명확한 언어로 표현한다. 그 다음 기존 연구들을 검토하면서 어떻게 학문적인 기여를 할 수 있을지 고민하면서 가설을 새운다. 가설이 맞는지 틀리는지를 확인하기 위해 자료를 수집하고, 그 수집된 자료를 실험이나 통계적인 방법으로 분석한다. 분석한 내용을 정리하여 결론을 도출하고 이를 발표한다. 발표 후 피드백을 받아 과학적 연구의 결과를 더욱 발전시킨다. 이러한 일련의 과정은 [그림 1-1]에서 확인할 수 있다.

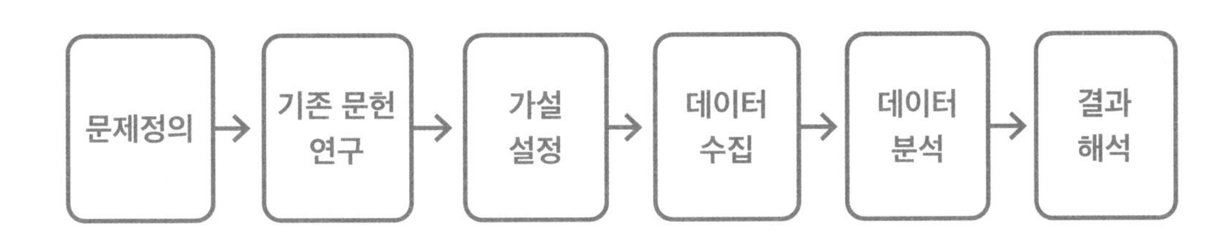

그림 1-1 과학적 연구의 과정

1. 문제정의

연구과정에서 문제정의(problem definition)는 매우 중요한 단계이다. 이는 연구가 해결하고자 하는 문제를 명확히 규정하는 과정으로, 연구의 방향성과 목표를 결정한다. 몇 가지 핵심

요소는 다음과 같다.

1) 문제 식별: 연구 주제나 문제를 명확히 정의하는 단계이다. 이때, 연구자가 해결하고자 하는 구체적인 연구 질문을 설정한다.

2) 문제의 중요성: 연구하고자 하는 문제의 중요성을 의미한다. 이 연구 문제를 해결하면 어떠한 사회적, 경제적, 과학적 이점이 있는지 명확하게 한다.

3) 문제의 참신성: 연구하고자 하는 주제가 새롭고 학문에 기여할 수 있는 추가적인 새로운 발견이나 사실이 있어야 한다. 연구보고서나 논문을 읽는 독자들에게 흥미나 관심을 유발하는 문제가 좋은 연구 문제가 될 수 있다.

4) 문제의 범위: 문제의 범위를 명확히 정리한다. 이는 연구의 범위를 설정하고, 연구자가 다루고자 하는 연구 문제의 구체적인 영역을 한정한다.

5) 연구 목적 및 목표: 연구의 목적과 구체적인 목표를 설정한다. 이는 연구의 최종 결과를 예측하고, 연구의 성공 기준을 마련한다.

연구 문제는 두 가지 혹은 여러 가지 변수들의 관계에 대해 알아보고자 한다. 예를 들어, 경제학에서 '가격의 변동에 따른 수요가 얼마나 변화하는가?'는 매우 중요한 연구 문제가 될 수 있다. 이 문제에서 추가적인 변수를 함께 고려하는 연구 문제도 생각해 볼 수 있다. '경쟁사 제품의 가격이 오를 때 경쟁사 제품의 수요는 줄고, 동시에 자사 제품의 수요는 증가할 것인가?' 이러한 연구 문제는 데이터 수집을 통해 통계 모형으로 검증해 볼 수 있을 것이다.

연구과정에서 문제를 명확히 정의해야 그 연구가 성공하는지 성공하지 못하는지를 결정짓는 중요한 요소다. 명확한 문제 정의가 있어야 연구가 올바른 방향으로 진행될 수 있다.

2. 문헌 연구

문헌 연구는 이미 출판된 책, 논문, 저널, 기사 등의 다양한 출처에서 연구된 결과와 그와 관련된 정보를 수집하고 이해하고 분석하여 특정 연구 주제에 대해 깊이 있는 이해를 하는 과정이다. 이러한 문헌 연구를 통해서 이미 존재하는 이론이나 지식의 범위에서 새로운 연구 질문을 제기하거나 기존의 이론을 재확인하거나 검토하고, 새로운 결론을 도출할 수 있다. 학위 논문을 준비하는 석사 박사생의 경우 이미 기존 연구가 이미 탐구된 주제인지를 확인하는 작업은 반드시 필요한 작업이다.

또한 이 문헌 연구 과정에서 새로운 연구 아이디어를 얻기도 한다. 주로 문헌 연구는 서론 부분에서 왜 이 논문이나 연구가 중요하며 의미 있는 지를 강조하기 위해 도입 사례나 통계적인 수치를 인용하기도 한다. 이때는 신문기사나 뉴스기사가 주로 좋은 출처가 된다. 그 이후 문헌연구 챕터나 가설 설정 부분에 문헌연구가 주요하게 사용된다. 가설과 연관되어 있는 연구들의 내용을 간단히 언급하고 본 연구와 어떻게 다른지를 위주로 기술하며 가설을 정리한다. 마지막으로 결론이나 토론 부분에서도 본 연구의 연구 결과와 기존의 문헌에서 밝힌 결과가 어떻게 다르고 같은지를 언급하면서 논문의 기여도를 강조하기도 한다.

3. 가설 설정

우선 가설의 의미를 살펴본다. 가설은 일반적으로 두 개의 변수 사이의 추측하거나 예측하는 관계가 문장의 형식으로 표현된다. 연구 모형과 분석의 절차를 거치면서 이 가설이 수락 또는 체택 되기도 하고 기각되기도 한다. 달리 말하면 가설이 참일 수도 있고 거짓일 수도 있다. 과학적 연구의 특징으로 검증 가능성을 지난 절에서 살펴보았다. 이처럼 가설을 검증하는 과정이 과학적 연구의 중요한 절차라 할 수 있다. 이러한 가설은 실험이나 조사를 통해 검증될 수 있어야 한다. 또한 이러한 가설은 명확해야 한다. 명확한 가설이 설정되어야 연구의 방향이 명확해지고 결과를 통해 구체적인 결론에 도달할 수 있게 된다.

연구 문제와 가설은 밀접한 관계가 있다. 다만 연구 문제는 포괄적인 연구의 필요성과 대상을 질문 형식으로 표현하는 반면, 가설은 보다 구체적인 변수들 사이의 관계에 대한 추측이나 예측을 검정 가능한 범위의 서술로 표현한다.

4. 데이터 수집

앞 단계에서 설정한 가설을 검증하기 위해 필요한 정보를 모으는 과정이다. 데이터 수집에는 여러 가지 방법이 있는데 연구 목적과 가설에 따라 그 상황에 맞는 데이터 수집 방법을 선택해야 한다(Kumar 2014).

1) 설문조사

연구자가 연구 문제에 맞게 질문지를 작성하고 연구 주제에 맞는 불특정 다수의 응답자로부터 설문에 대한 답을 모으는 방법이다. 온라인 설문조사, 우편 설문조사, 대면 설문 조사 등이 있고, 최근에는 온라인 설문조사의 비중이 커지는 추세다. 구체적인 설문작성 법이나 설문조사에 대한 내용은 제5장에서 보다 구체적으로 다룬다.

2) 인터뷰

연구자가 직접 연구 참여자와 대면하거나 줌이나 전화 또는 이메일 등을 통해 인터뷰를 진행하며 깊이 있는 데이터를 수집하는 방법이다. 참여자가 질문을 잘 이해하지 못한 경우 연구자가 좀더 쉽게 또는 구체적으로 설명을 추가 할 수 있는 장점이 있다. 동시에 연구자의 말투나 태도 등에 따라 참여자의 응답 내용이 달라질 수 있는 연구자 편향의 위험도 있다. 시간과 비용이 많이 들기도 한다.

3) 관찰

연구자가 준비된 환경에서 대상자의 행동을 직접 관찰하여 자료를 수집하는 방법이다. 크게 두 가지 경우가 있다. 연구자 본인의 역할을 밝히는 경우는 피 관찰자에게 연구의 목적으로 연구자가 대상자의 행동을 관찰하고 있음을 알리는 방식이다. 다른 방식은 대상자가 모르게 숨어서 관찰 하는 방식이다. 카메라를 설치하거니 일방향 거울을 사용해서 데이터를 수집할 수 있다.

4) 실험

자극물에 대한 반응을 수집하여 연구 해석하는 방식이다. 원인과 결과의 강한 인과관계를 밝힐 수 있는 강력한 연구 방법이기도 하다. 실험실 실험과 자연 실험 두 가지로 구분된다. 실험실 실험의 특징은 다른 연구자가 동일한 조건과 환경을 제공하여 동일한 실험을 할 경우 같은 연구 결과를 반복해서 얻어낼 수 있는 장점이 있다. 하지만 이는 실험실이라는 매우 현실과는 다른 상황에서 실험에 영향을 미칠 다양한 요인들을 사전에 모두 제거한다. 그 결과 순수한 자극물에 대한 반응만을 측정할 수 있다.

자연 실험의 경우 실험실 실험과 정반대의 경우다. 현실상황에서 특정 지역이나 특정 기간 동안 어느 기업이 제품 할인을 하는 경우에 소비자의 반응이 어떻게 다른지를 측정하기도 한다. 이 경우 현실에서 무수히 많은 다양한 요소가 존재하지만 실험 결과를 다양한 환경에 적용하거나 일반화 할 수 있는 장점이 크기에 이러한 자연 실험도 최근 늘어가는 추세다.

5) 문헌 조사

기존의 연구 자료나 뉴스, 신문 기사, 잡지 등을 통해서 데이터를 수집하는 방법이다. 대학 도서관이나 공공기관의 데이터베이스를 활용하는 방법도 가능하다. 통계청이나 각 기업의 공시자료 등을 활용할 수도 있다.

6) 기존 데이터 활용

정부나 한국은행 등 연구 기관에서 제공하는 기존 데이터를 활용하여 연구 주제와 목적에 맞게 분석하는 방법이다. 최근 git-hub에 등록되어 있는 자료를 활용한 연구도 가능하다.

5. 데이터 분석

수집한 자료를 읽고 분석하여 주요 개념, 변수 사이의 관계, 이론, 연구 결과를 정리한다. 분석의 방법은 연구 목적에 따라 매우 다양하다.

1) 기술 통계 분석: 수집한 데이터를 요약하고 그 분포를 설명하기 위해 평균, 중앙값, 분산이나 표준편차 등의 기술 통계량(descriptive statistics)을 계산한다. 최근 시각화를 통해 보다 쉽고 빠르게 데이터의 패턴을 나타내기도 한다.

2) 통계적 추론: 표본 데이터를 통해 모집단의 특수성을 추론한다. 가설 검정, 신뢰구간 등이 포함된다.

3) 회귀분석: 변수 사이의 관계를 분석하고 예측 모델을 구축하는 방법이다. 구체적으로 선형 회귀 분석과 로지스틱 회귀 모형 등이 있다.

4) 분류 및 군집화: 데이터를 특정 그룹으로 분류하거나, 유사한 데이터들을 군집으로 묶는

방법이다. K-평균 군집화, 계층적 군집화 등이 있다.

5) 시계열 분석: 시간에 따른 데이터 변화와 추이를 분석하는 방법이다. 주로 경제학, 기상학 등에서 사용된다.

연구 방법의 종류에 대해 자세한 내용은 제2장에서 보다 구체적으로 다룰 예정이다.

6. 결과 해석

수집된 데이터에서 의미 있는 통찰을 얻기 위해 다음과 같은 원칙을 따르는 것이 좋다.

1) 통계적 유의성: 결과가 우연히 발생할 가능성을 줄이기 위해 통계적 유의성을 확인한다. p-값을 주로 사용한다.

2) 효과 크기: 통계적 유의성만으로는 효과의 실제 크기를 알 수 없다. 효과 크기는 예를 들어 코헨의 d를 통해 결과의 실질적인 중요성을 평가한다.

3) 신뢰 구간: 결과의 불확실성을 평가하기 위해 신뢰 구간을 사용한다. 예를 들어, 95% 신뢰 구간은 참값이 해당 구간 안에 있을 확률이 95%임을 의미한다.

4) 해석의 맥락화: 결과를 연구의 맥락에서 해석해야 한다. 다른 연구 결과와 비교하고, 연구 질문에 대한 답변과의 연관성을 고려한다.

5) 제한점 고려: 연구의 제한점을 인지하고, 결과 해석 시 고려해야 한다. 데이터의 한계, 표본의 크기, 측정 도구의 신뢰도와 타당성 등을 평가한다.

이러한 요소들을 종합적으로 고려하여 결과를 해석하면 보다 신뢰할 수 있는 결론을 도출할 수 있다.

• 생각해 볼 문제

1. 과학적 연구가 다른 연구와 다른 점은 무엇인가?
2. 문헌 연구가 왜 필요한가?
3. 가설 설정할 때 유의할 점은?
4. 연구 방법을 선정할 때 가장 중요한 것은?

소셜 애널리틱스를 위한

연구조사방법론

Research Methodology for Social Analytics

제 2 장
연구 방법의 종류

제 2 장 연구 방법의 종류

· 제 1 절 연구조사방법의 유형 ·

사회과학분야에서 연구 문제와 연구 목적에 따라 크게 3가지 연구 종류로 구분할 수 있다.

- 탐색적 연구
- 기술적 연구
- 인과적 연구

위의 대표적인 3가지 다른 연구 방법에 대해 어떤 상황에서 어떤 연구 방법이 적절한지 먼저 파악해야 한다. 연구 문제가 알아내고자 하는 이론이나 결론을 도출하기 위해 어떤 연구 방법에 가장 적합한지 신중하게 결정해야 한다. 때에 따라서는 데이터의 종류나 형식, 형태에 따라서 연구 방법이 달라질 수 있다.

• 제 2 절 탐색적 연구 •

탐색적 연구(exploratory research)는 아직 충분히 밝혀지지 않은 주제나 현상을 탐구하기 위해 사용되는 방법이다. 주로 새로운 가설을 만들고, 연구의 방향을 정할 때, 그리고 이후의 연구를 설계하는데 도움을 준다. 탐색적 연구의 주요 특징은 다음과 같다.

- **유연성**: 연구 설계가 유연하며, 연구 주제나 문제에 따라 다양한 방법을 활용할 수 있다.
- **가설 형성**: 구체적인 가설을 설정하기 보다는 다양한 아이디어와 잠재적 가설을 탐색한다. 탐색적 연구의 결과가 이 후에 가설 설정과정에 도움을 준다.
- **비구조적 방법**: 문헌 검토, 인터뷰, 설문조사, 사례 연구 등 구조적으로 체계적으로 정립되지 않은 방법을 주로 사용한다.
- **정보 수집**: 문제나 배경을 이해하고 연구의 주요한 변수들 사이의 관계를 정의하는 데 필요한 기초 정보를 수집한다.

탐색적 연구는 새로운 문제나 현상을 이해하고 초기 가설을 수립하는 데 매우 유용하며, 이후의 심층적 연구를 위한 기초 자료를 제공한다.

탐색적 연구의 다양한 연구 방법에 대해 알아보자.

1. 2차 자료 조사

2차 자료조사(secondary data analysis)는 연구 조사의 목적을 달성하기 위해 이미 존재하는 공개된 데이터나 정보를 활용하여 자료를 검토하는 방법이다. 이를 통해 연구자는 직접 데이터를 수집하지 않고도 기존 자료를 이용해 새로운 통찰을 얻을 수 있다. 2차 자료조사는 특히 시간과 비용을 절감하는 데 유용하다. 2차 자료조사의 주요 특징은 다음과 같다.

1) 기존 데이터 활용: 다른 기관이나 다른 기업 또는 다른 부서에서 이미 수집된 자료나 데이터를 이용하는 경우다. 예를 들어, 공공 데이터베이스, 연구 논문, 보고서, 통계 자료 등을 사용할 수 있다. 빠른 시간 안에 데이터를 구할 수 있는 장점이 있는 반면에 연구 목적이나 연구 주제가 정확하게 일치 하지 않는 경우 데이터의 활용도가 작아지는 단점이 있다.

2) 비용 절감: 이미 모아진 데이터를 사용하기 때문에 데이터를 직접 수집하는 데 드는 시간과 비용을 절약할 수 있다. 공공기관에서 제공되는 데이터의 경우 무료로 사용이 가능하다. 유료 서비스를 이용하더라도 데이터를 수집하는 비용보다 저렴하게 데이터를 수집할 수 있다.

3) 자료 접근성: 다양한 출처에서 자료를 쉽게 접근할 수 있다. 예를 들어, 도서관, 온라인 데이터베이스, 정부 기관 등이 있다.

4) 시간 절약: 기존 데이터를 활용하므로 데이터 수집에 드는 시간을 줄일 수 있다.

2차 자료조사는 특히 광범위한 데이터를 필요로 하는 연구나, 특정 기간의 데이터를 분석하는 데 유용하다. 그러나 자료의 신뢰성과 적합성을 항상 검토해야 하며, 기존 자료가 연구 목적에 부합하는지 확인하는 과정이 중요하다. 또 다른 유의 사항으로 2차 자료는 모아진 지 오랜 시간이 지나서 연구자가 연구에 활용하기에 적절하지 않은 경우가 있다.

2. 문헌 연구

문헌 연구는 연구와 관련된 전문적인 문헌 다시 말해서 학술저널이나 교과서, 학술대회 자료집 등을 검색하고 분석하는 작업이다. 문헌 연구 과정을 통해서 연구 주제에 대한 배경지식을 쌓고 이전 연구의 흐름과 결과, 기여도를 이해하게 된다. 더 나아가서 기존 문헌 연구를 하면서 연구 흐름에 꼭 필요해 보이지만 아직 연구가 되지 않은 부분(research hole)을 발견하여 새로운 연구가 시작되기도 한다.

문헌연구는 체계적이고 포괄적인 방법으로 수행해야 한다. 다음은 문헌연구의 일반적인 과정이다.

1) 연구 주제 선정: 연구하고자 하는 주제를 명확히 설정한다.

2) 관련 문헌 검색: 주제와 관련된 문헌을 데이터베이스, 학술지, 도서관 등을 통해 검색한다.

3) 문헌 선정 기준 설정: 연구의 목적에 맞는 문헌을 선정하기 위한 기준을 정한다. 예를 들어, 특정 기간, 연구 방법론, 참여 대상 등을 기준으로 할 수 있다.

4) 문헌 검토 및 평가: 선정한 문헌들을 읽고 평가한다. 여기에는 문헌의 신뢰성, 타당성, 관련성 등을 검토한다.

5) 데이터 수집 및 정리: 문헌에서 필요한 데이터를 수집하고 정리한다. 이 단계에서는 주요 개념, 방법론, 결과 등을 체계적으로 정리한다.

6) 분석 및 종합: 수집된 데이터를 분석하여 연구 질문에 대한 답변을 찾는다. 또한, 여러 문헌의 결과를 비교하고 종합하여 연구의 방향성을 제시한다.

3. 정성조사

정성조사는 질적 연구를 활용하여 조사하는 것으로 주관적인 경험, 신념, 태도, 행동을 조사하여 자연스러운 환경에서 복잡한 현상을 이해하는 것을 목표로 한다. 수치 측정과 통계 분석에 중점을 두는 정량적 연구와 달리, 정성적 연구는 다양한 데이터 수집 방법을 사용하여 연구 주제에 대한 깊이 있는 통찰력을 제공할 수 있는 상세한 비수치 데이터를 수집한다.

정성적 연구는 유연성과 적응성이 강하다. 연구자는 연구를 진행하는 동안 새로운 인사이트와 새로운 방향에 따라 연구 설계와 방법을 자유롭게 수정하고 변경 할 수 있다. 이러한 유연성은 반복적이고 탐색적인 연구를 가능하게 하여 연구자가 주제를 더 깊이 파고들고 예상치 못한 새로운 견해를 발견할 수 있게 해 준다.

4. 전문가 면접

전문가들의 경험과 지식, 견해를 바탕으로 한 연구 방법이다. 대표적인 방법으로 델파이 기법(delphi method)으로 이 방법은 전문가들의 의견을 여러 차례에 걸쳐 조사하고, 그 결과를 종합하여 집단적 판단을 내리는 방법이다. 델파이 기법의 절하는 다음과 같다.

1) 전문가 집단 선정: 대표성과 전문성을 고려하여 해당 분야의 전문가들을 선정한다.

2) 제1차 설문 조사: 개방형 설문지를 통해 전문가들의 의견을 수집한다.

3) 제2차 설문 조사: 제1차 설문 결과를 바탕으로 설문지를 수정하고, 다시 전문가들에게 보

내서 의견을 수집한다.

4) **필요한 경우 추가 설문**: 의견 차이가 심한 경우 추가 설문을 통해 합의를 도출한다.

5) **최종 합의**: 여러 차례의 설문 결과를 종합하여 최종적인 판단을 내린다.

이 방법은 특히 예측적 연구나 정책 분석에서 유용하게 사용된다. 전문가들의 다양한 의견을 종합하여 더 나은 결정을 내릴 수 있기 때문이다.

5. 사례분석

사례 연구에서 연구자는 연구 대상에 대한 자세한 이해를 얻기 위해 한 개인, 그룹 또는 사건을 심층적으로 조사한다. 이 접근 방식을 사용하면 풍부한 컨텍스트 정보를 얻을 수 있으며 특히 복잡하고 독특한 사례를 탐색하는 데 유용할 수 있다. 사례 연구에는 특정 회사의 조직 문화가 직원 성과와 직무 만족도에 미치는 영향을 파악하기 위해 조직 문화를 조사하는 것이 포함될 수 있다.

사례 연구에는 특정 개인, 그룹, 조직 또는 이벤트에 대한 심층 조사가 포함된다. 연구자들은 인터뷰, 관찰, 문서, 유물 등 다양한 출처를 통해 데이터를 수집하여 조사 중인 사건에 대한 전체적인 이해를 구축한다. 이 방법을 사용하면 복잡한 사회 현상을 실제 맥락에서 탐구하여 다른 방법으로는 접근할 수 없는 풍부하고 구체적인 관점을 발견할 수 있다. 사례 연구는 독특하거나 희소한 사례를 조사하고, 역사적 맥락을 탐구하며, 상황에 맞는 지식을 생성할 수 있는 기회를 제공한다. 사례 연구의 결과는 종종 매우 상세하고 맥락에 연결되어 풍부한 설명을 제공함으로 이론 개발이나 개선에 기여할 수 있다.

6. 표적집단면접법

포커스 그룹 연구(focus group interview, FGI)는 공통된 특성이나 경험을 공유하는 소수의 개인(일반적으로 6~10명)을 대상으로 한다. 이 방법은 참가자들이 숙련된 진행자가 진행하는 공개 토론에 참여하여 자연스럽게 이야기 하면서 진행된다. 포커스 그룹은 참가자들이 자발적으로 서로 상호 작용하고, 서로의 관점을 공유하고, 서로의 아이디어를 바탕으로 발전할 수 있는 역동적인 환경을 제공한다. 이 방법은 그룹 역학, 집단 의견 및 사회적 규범을 탐구하는데 특히 유용하다. 연구자들은 그룹 내 상호작용을 관찰함으로써 사회적 영향이 개인의 태도와 행동을 어떻게 형성하는지에 대한 귀중한 통찰력을 얻을 수 있다. 또한 포커스 그룹을 통해 다양한 관점을 탐색할 수 있다. 그 결과로 연구자는 참여자들의 행동이나 사고하는 패턴, 그들이 갖고 있는 모순, 공유된 경험을 파악할 수 있다.

· 제 3 절 기술적 연구 ·

기술적 연구(descriptive research)는 사회의 특정 현상이나 상황을 체계적으로 설명하고 특성을 파악하기 위한 연구 방법이다. 이 방법은 현상에 대한 구체적인 이해를 돕기 위해 데이터를 수집하고 분석하여 현상을 설명한다. 기술적 연구는 의사결정에 영향을 미치는 변수들 사이의 상호 관계를 알아내고 다른 요인들이 변화함에 따라 어떻게 결과요인이 달라지는 가를 예측하는데 사용되는 연구 방법이다.

탐색적 연구와는 달리 많은 사전지식을 필요로 하고 보다 구체적이고 명확한 연구 문제나 가설을 갖고 있다. 어떤 변수들이 필요한지 이미 알고 있고 있는 것이 다른 점이다.

기술적 연구의 목적은 사회 현상에 대해 이해하기 위해 발생 빈도를 수집하기도 하고 여러 변수들 사이의 관계를 파악하기도 하고 그에 따라 변화하는 특정 변수의 값을 예측하기도 한다.

기술적 연구는 크게 3가지로 구분할 수 있다.

- 횡단연구
- 종단연구
- 패널연구

1. 횡단연구

횡단연구(cross-sectional research)는 사회과학분야에서 자주 활용되는 기술적 연구 방법으로 포본으로 수집된 연구대상을 한번만 조사하여 연구하는 방법이다. 다시 말해서 특정 시점에 집단 사이의 차이를 알아보는 연구나 특정 시점에 다른 특성을 갖고 있는 집단을 대상으로 연구하는 방법이다. 예를 들어, '여러 나라의 교육에 대한 관심도와 매월 지출하는 교육비의 비율'을 연구하는 경우 횡단연구가 적절하다.

횡단연구의 장단점에 대해 생각해 보자. 단일 시점에서 데이터를 수집하므로 시간과 비용을 절약할 수 있다. 그리고 다양한 인구집단에서 광범위한 데이터를 수집할 수 있다. 또한 데이터를 수집한 후 빠르게 분석할 수 있어 신속한 결과 도출이 가능하다. 단점으로는 한 시점의 데이터만을 활용하여 분석한 결과이기 때문에 변수 사이의 인과관계를 파악하기는 어렵다. 그리고 시간이 지남에 따라 발생하는 변화를 반영하지 못한다. 또한 설문조사와 같이 응답자가 스스로 답하는 방식으로 데이터를 수집할 경우, 응답자의 주관적 판단에 의한 편향(bias)이 발생할 수 있다.

2. 종단연구

종단연구(longitudinal research or time-series research)는 일정한 시간 간격을 두고 반복적으로 특정 현상에 대해 반복적으로 자료를 수집하여 분석하는 연구 방법이다. 이 연구에서 어려운 점은 동일한 현상에 대해 동일한 조건과 동일한 대상을 통해서 자료를 수집하고 그것을 분석해야 한다는 점이다. 예를 들어, 특정 국가의 의료 서비스 품질에 대해 조사를 하는 경우 종단 연구가 적절하다. 시간의 흐름에 따라 각 기간 동안 일어난 변화를 확인할 수 있고 그 변화의 추이를 분석하여 새로운 결과를 해석할 수 있다.

종단연구의 장단점에 대해 생각해 보자. 먼저 종단연구는 동일한 대상자를 여러 시점에 걸쳐 조사하므로 시간에 따른 변화와 발전을 추적할 수 있다. 그리고 시간적 순서를 통해 변수 간의 인과관계를 더 명확히 파악할 수 있다. 또한 장기간에 걸쳐 시층적인 데이터를 수집할 수 있다.

3. 패널연구

특정한 연구 목적을 연구하기 위해 연구 대상 집단을 모집하여 패널을 구성한다. 패널연구는 이 패널에게 여러 시점에 걸쳐 동일한 현상이나 질문에 대해 지속적이고 반복적으로 측정하여 데이터를 수집하여 연구하는 방법이다. 일반적으로 비교적 작은 규모의 연구에 사용된다. Nielson Korea에서 500명의 소비자 패널을 대상으로 각종 기관과 기업의 브랜드 인지도를 주기적으로 조사하여 연구한다. 이것이 좋은 패널 연구의 예시다.

패널연구의 장점은 동일한 표본을 대상으로 반복적으로 조사하기 때문에 시간에 따른 변화를 명확하게 파악할 수 있다. 그리고 시간적 순서와 반복적인 데이터 수집을 통해 변수 사이의 관계를 더욱 명확하게 밝힐 수 있다. 또한 동일한 연구 대상자로부터 다양한 시점의 데이터를 수집하여 심층적인 분석이 가능하다. 마지막 장점으로 동일한 표본을 사용함으로써 표본 내의 변동을 최소화 할 수 있다.

패널연구의 단점으로는 오랜 기간에 걸쳐 데이터를 수집하므로 비용과 시간이 많이 든다는 점이다. 그리고 연구 기간 동안 패널 참가자의 이탈이나 무응답으로 인해 표본이 줄어들 수 있다. 또한 장기간에 걸친 데이터를 체계적으로 관리하고 분석하는 데 많은 노력과 비용이 필요하다. 마지막으로 반복적인 조사로 인해 패널 연구 참여자가 피로감을 느끼고, 응답의 정확성이 떨어지는 단점이 있다.

횡단연구는 비교적 간단하고 빠르게 데이터를 수집할 수 있는 반면, 종단연구는 변화와 인과관계를 명확히 파악할 수 있다는 장점이 있다. 패널연구는 장기적인 변화를 추적하고 인과관계를 파악하는 데 매우 유용하지만, 시간과 비용, 데이터 관리의 복잡성 등 여러 도전 과제가 따른다. 연구 목적과 자원이나 시간의 여유에 따라 적절한 방법을 선택하는 것이 중요하다.

· 제 4 절 인과적 연구 ·

인과적 연구는 사회현상을 일으키는 원인에 대한 인과관계를 알아내는 것을 목적으로 한다. 어떠한 변수들이 원인이 되고 어떠한 변수들이 결과가 되는 변수인지를 규명한다. 구체적으로 원인과 결과가 되는 변수들의 관계를 파악하고, 어느 정도의 효과가 나타나는지 알아내고 예측한다.

1. 인과관계 필요조건

인과관계의 타당성은 공식적이고 과학적인 실험으로 조사와 검증이 이루어진다. 인과적 연구는 3가지 조건을 만족해야 인과관계를 증명할 수 있다.

1) 원인과 결과가 함께 변해야 한다(X and Y covary).

2) 원인이 결과보다 먼저 일어나야 한다(X precendes Y).

3) 원인 이외에 결과에 영향을 줄 수 있는 다른 모든 변수들은 통제되어야 한다(All other alternative explanations should be ruled out).

이 세 가지 조건이 원인(X)이 결과(Y)를 만든다는 인과관계를 검증하는데 필요한 조건들이다. 조금 더 이 조건들의 의미를 살펴보자. 첫째, 원인이 되는 변수와 결과가 되는 변수가 서로 연관성이 있어야 한다. 원인과 결과가 함께 변해야 한다는 의미는 원인이 발생하였음에도 불구하고 결과가 달라지지 않는 경우는 원인이 결과에 영향을 주었다고 말하기 힘들 것이다. 반대로 원인이 발생하지 않은 경우 결과만 변화한다면 이 경우 또한 원인이 결과를 가져왔다고 말하기 힘들 것이다. 그리고 원인과 결과가 발생해야한다는 것 또한 조금 분명하지 않은 부분이 있다. 원인이든 결과든 발생하였지만 변동이 없는 경우도 있을 수 있기 때문이다. 가장 정확한 표현은 원인과 결과가 함께 변화해야 한다.

두 번째, 원인으로 예상되는 현상이 결과로 보이는 현상보다 먼저 발생해야 한다. 원인이 먼저 발생하지 않고 결과가 먼저 발생한 경우에는 원인이 결과를 가져왔다고 말하기 힘들 것이다. 예를 들어, 새로운 광고가 이번 달 매출에 긍정적인 영향을 주었다라고 예측할 수 있지만 지난 달 매출이 이번 달에 새로운 광고로 인해 늘어났다고 보기는 힘들다.

세 번째, 원인으로 여겨지는 독립변수만이 결과로 예상되는 종속변수에 영향을 주어야 한다. 위의 예에서 이번 달 새로 공개된 새로운 광고가 매출을 증가시킨 것으로 예상하였으나 판매 매장에서 가격 프로모션을 진행해서 매출이 오른 효과가 포함되어 있다면 광고와 매출 사이의 인과관계는 검증하기 어려워진다. 따라서, 독립변수 이외에 어떤 외생변수도 종속변수에 영향을 주면 안 된다.

2. 실험설계

실험(experiment)은 통제된 상황에서 연구자가 관심을 갖는 특정한 변수(일반적으로 독립변수)를 연구대상자(피험자)에게 처치(treatment)한 후에 나타나는 종속변수의 결과를 관찰하는 연구방법이다. 즉, 연구자가 현상 간의 인과성을 밝히기 위해 인위적으로 외적인 변수를 엄격하게 통제하는 상황을 설정하여 독립변수가 종속변수에 미치는 영향을 파악하는 연구방법이 실험이다. 실험연구를 하기 위해서는 정교한 실험설계가 필요하다.

변수들 간의 인과관계를 조사하기 위해서는 연구목적이나 측정대상, 조사상황 등을 종합적으로 고려하여 적절한 실험설계방법을 설계해야 한다. 실험설계는 앞에서 논의한 실험설계의 기본요소들을 얼마나 갖추고 있는가에 따라 크게 네 가지 실험설계로 구분될 수 있다. 즉, 대상선정의 무작위화 및 독립변수의 조작가능성, 실험의 통제정도에 따라 원시실험설계 사전실험설계(pre-experimental design), 순수실험설계(true experimental design), 유사실험설계(quasi-experimental design), 사후실험설계(ex-post facto research design)로 구분한다. 자세한 내용은 제6장에서 다룬다.

• 제 5 절 빅데이터 연구 •

인터넷의 발달하고 정보화 사회에서 데이터가 더욱 빨리 생성되고 공유되면서 다양한 자료들이 생겨났다. 공공기관데이터로 병원, 공기업(전기 수력 등)등에서의 대량 개인 데이터 생성되기도 하고 소셜 미디어의 사용이 확대되면서 다양한 스마트 기기를 활용하게 되었다. 다양한 생활 속의 다양한 자료가 생겨나고 축적되었다. 패션 기업 Zara는 빅데이터를 활용한 재고관리를 하고([그림 2-1] 참조) CJ 제일제당은 SNS 게시물을 분석해 소비자의 관심사항을 분석하고 각종 데이터와 결합하여 마케팅과 영업에 활용하고 있다. [그림 2-2] 참조.

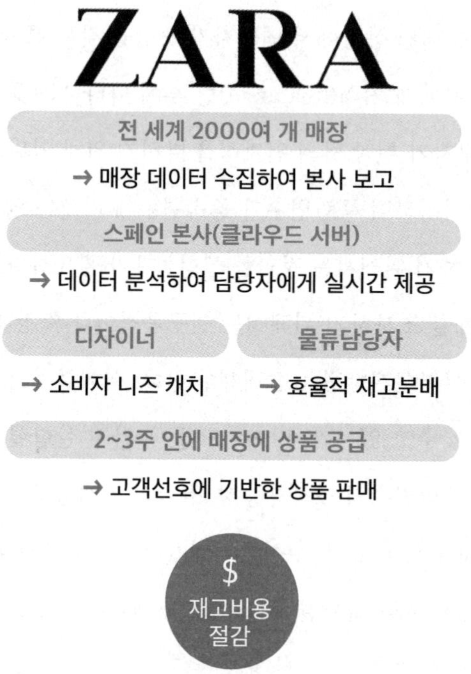

ZARA

전 세계 2000여 개 매장

→ 매장 데이터 수집하여 본사 보고

스페인 본사(클라우드 서버)

→ 데이터 분석하여 담당자에게 실시간 제공

디자이너

→ 소비자 니즈 캐치

물류담당자

→ 효율적 재고분배

2~3주 안에 매장에 상품 공급

→ 고객선호에 기반한 상품 판매

$ 재고비용 절감

그림 2-1 빅데이터를 활용한 재고관리

CJ올리브네트웍스

CJ제일제당 ·CJ CGV 등 그룹 계열사
마케팅에 활용

효성인포메이션시스템

올초 빅데이터 솔루션 출시,
스마트팩토리에 특화계획

맵알테크놀러지스

제조사, 금융권 등 국내 업체들 공략 본격화

SAS

기아차, KT WIZ 등과 마케팅 작업

그림 2-2 빅데이터 솔루션 적용 사례

빅데이터는 규모가 방대하고 생성주기가 짧고 글, 이미지와 동영상 등의 비정형 데이터를 포함하는 등 종류가 다양하며 가치가 있으며 신뢰할 수 있는 데이터라고 정의한다. 빅데이터의 특징을 다섯 가지 V로 요약할 수 있다.

- Volume
- Velocity
- Variety
- Verasity
- Value

먼저 양(volume)이 크고 많다. 이는 두 번째 특징과 연결이 된다. 두 번째, 데이터의 생성 속도(velocity)가 매우 빠르다. 결과적으로 생성되는 속도가 빨라 양이 커지게 된다. 따라서 분석하는 속도가 빨라야 한다. 빠른 분석 방법으로 시각화(visualization)가 많이 활용되고 있다. 셋째, 데이터의 출처가 매우 다양(variety)하고 데이터를 저장한 형식 또한 매우 다양하고 다르다. 네 번째로, 신뢰성(verasity)은 빅데이터가 정확한지 확인해야 하는 문제가 있음을 환기 시킨다. 마지막으로 가치(value)는 매우 다양하다. 빅데이터를 저장하려고 IT(information technology) 인프라 구조시스템을 구현하기도 한다. 빅데이터는 비즈니스 모델에 활용할 수 있는 유용한 가치가 있다.

빅데이터는 데이터의 유형으로 본다면 구조화 되지 않은 비구조화(unstructured)되어 있는 경우가 많이 있다. 예를 들어 수많은 소셜미디어에 올라와 있는 문자, 오디오, 동영상, 움직이는 사진 등 매우 다양한 비구조화된 데이터들을 볼 수 있다. 또한 이 데이터는 지금도 계속 생성되고 사용되고 공유되고 있다.

빅데이터 연구는 어떻게 분석하느냐 하는 방법 그 자체도 중요하지만 분석 결과를 어떻게 해석하고 어떤 새로운 관점(new insights)을 도출하느냐가 더욱 중요하다. 동시에 빅데이터 분석을 위해 필요한 데이터를 정의하고, 전체적인 빅데이터 분석 과정을 설계 하는 것도 연구자의 매우 중요한 역할이다.

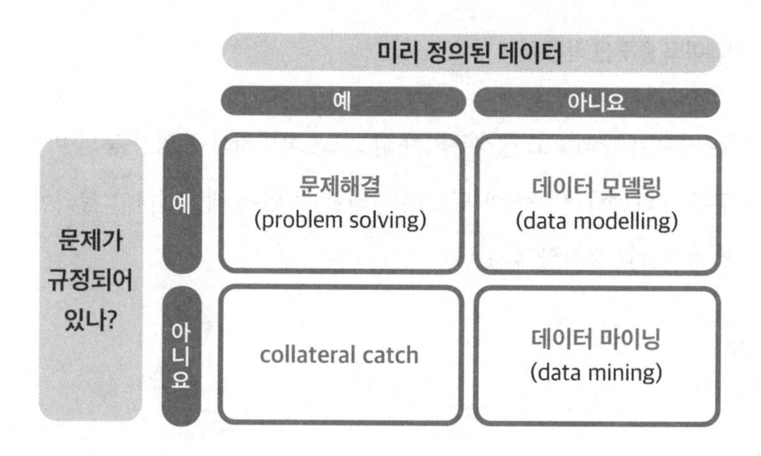

그림 2-3 빅데이터 분석 전략

[그림 2-3]은 빅데이터 분석에 앞서 전략을 수립하는 과정에서 중요하다. 많은 경우 미리 정의 되지 않은 데이터를 활용하여 먼저 데이터를 정제하고 분석하는 데이터 마이닝 기법을 많이 사용하고 있다.

1) 문제해결: 연역적인 방법으로 소비자의 문제에서 출발하여 해결책을 빅데이터로 분석해서 제시하는 방법이다.

2) 데이터 모델링: 새로운 데이터 및 소스의 사용에 초점을 맞춘다. 데이터의 신뢰성을 확인하고, 다양한 변수를 활용하여 모델을 수립해 데이터로 가설을 검증해 본다.

3) 데이터 마이닝: 전형적 귀납적 접근으로 가치 있고 깊이 있는 통찰력을 제공한다. 따라서 관련성 높고 새로운 관계를 발견하게 된다.

4) 부수적인 발견: 명시적인 전략에 의해 연구가 진행되지 않고 전혀 뜻하지 않은 관계를 발견하는 경우를 말한다.

· 제 6 절 빅데이터 분석 전략 ·

빅데이터를 활용하면 연구 조사의 대상인 소비자에 대한 매우 흥미로운 통찰력을 얻을 수 있다. 예컨대, 소비자들로 하여금 신제품에 대한 아이디어를 공모·수집할 수도 있고 빅데이터를 활용해서 미리 정의된 데이터(pre-defined data)와 규정된 문제(framed problem)에 따라 신제품 개발 전략을 수립할 수 있다. 빅데이터 분석 전략은 크게 네 가지로 나눌 수 있다.

앞에 소개된 [그림 2-3]과 같이 두 가지 차원으로 네 가지 기본 분석 전략을 구별한다. 먼저, 두 가지 차원 중 하나인 미리 정의된 데이터는 이미 사전에 문제가 제시되었는지 또는 아닌지로 나눈다. 사전 정의된 문제는 마케팅 과제와 마케팅성장 기회에서부터 발생할 수 있다. 그리고 규정된 문제는 데이터 분석에서 발생하는 필요에 따라 사용가능한 데이터를 찾고 결합할 수 있는지와 아닌지로 나눈다.

이 두 가지 차원을 기반으로 문제해결, 데이터 모델링, 데이터 마이닝, 부수적인 캐치의 네 가지 분석 전략이 구분된다.

1) 문제 해결

과학적 관점에서 문제 해결 분석 전략은 연역적이다. 일반적으로 애널리스트는 경영 문제 또는 이슈들로 시작한다. 문제는 다음과 관련될 수 있다. “우리는 어떻게 고객의 가치를 높일 수 있습니까? 또는 “어떤 가격 전략을 사용하여 더 많은 수익을 창출해야 합니까?” 따라서, 빅데이터를 활용해서 소비자들의 니즈를 분석하여 신제품 개발에 적용할 수 있다.

2) 데이터 모델링

문제 해결 방식과의 차이점은 데이터 및 특히 새로운 데이터 소스의 사용에 더 중점을 둔다. 예컨대, 새로운 데이터 소스를 사용하여 이탈 가능성에 대한 새로운 잠재적 예측자를 찾는 것을 목표로 할 수 있다. 이 접근법은 가짜 상관관계를 나타내는 결과가 쉽게 도출되기 때문에 바람직하지 않은 결과를 가져올 수도 있다. 접근 방식은 문제 주도적인 것보다 과도하게 데이터 중심으로 바뀌어 데이터 마이닝(data-mining)으로 쉽게 바뀔 수 있다. 그러나 문제 해결 방식에 비해 장점은 데이터 모델링 방식이 데이터 사용 측면에서 보다 융통성이 있다. 이로 인해, 보다 혁신적인 모델 솔루션을 얻을 수 있고 신제품 개발 과정에서 다양한 변수들을 넣고 분석할 수 있다.

3) 데이터 마이닝

어떠한 가설도 암묵적으로 또는 명시적으로 진술되지 않는다. 과학적 관점에서 보면 전형적인 귀납적 분석이다. 널리 사용되는 데이터는 데이터를 파헤치기만 하면 가치 있는 통찰력을 제공할 수 있다는 것이 가장 중요하다. 그렇게 함으로써 잠재적으로 가치 있는 관련성 높은 새로운 관계를 발견할 수 있다. 또한, 패턴 발견은 혁신을 창출할 수 있다. 그러나 한 가지 주요한 잠재적인 함정은 분석할 때 지침이 없으며 해석하기 어려운 모든 종류의 연관성을 초래할 수 있다. 게다가, 특별한 문제가 해결되지 않았기 때문에 이러한 분석의 대부분은 거의 사용되지 않으며 영향을 미치지 않을 수도 있다.

4) 부수적인 캐치

마지막 분석 전략은 명시적 전략이 아니다. 이것은 문제 중심 분석에서의 부산물이다. 사전 정의된 데이터를 분석할 때 분석가는 뜻하지 않게 새로운 관계를 발견할 수 있으며 이는 매우 유용할 수 있다.

• 제 7 절 R을 이용한 빅데이터 분석 예시 •

기존에 출시된 신제품에 대한 제품 리뷰를 빅데이터 분석을 통해 실시간으로 자료를 수집, 시각화(data visualization)하여 이해하면, 소비자들이 현재 제품에서 어떤 점들을 아쉬워하는지, 현재 제품의 장점은 무엇이고 단점은 어떤 점들이 있는지를 알 수 있다. 보다 구체적으로 분석하면 새로운 버전의 제품에서 어떤 점들을 기대하는지 알 수 있다.

이 절에서는 program R을 활용하여 쉽게 할 수 있는 두 가지 데이터 마이닝(data mining) 기법을 소개하고자 한 다. 본론에 앞서 왜 R을 사용하여 설명하는지에 대해 두 가지 이유를 설명한다. 첫째, R은 오픈소스(open source)이 면서 프리웨이(freeware)다. 학생과 직장인 모두가 무료로 사용할 수 있다. 둘째, R은 엄청난 양의 커뮤니티 리소 스(community resource)가 있다. 데이터 마이닝(data mining), 인공지능(artificial intelligence), 딥러닝(deep learning) 등 거의 모든 기능의 코드와 명령어들이 잘 정리되어 있다. 마지막으로 R은 통계프로그램도 전문가 수준(professional level)의 공신력을 가지고 있어서 따로 통계프로그램을 사용해서 추정을 해야 할 필요 없이 하나의 프로그램에서 통계적 해석까지 모두 마칠 수 있는 큰 장점이 있다.

1) rvest[1]

인터넷에 있는 글 중 필요한 부분만 오려 모으는 코드를 예시로 설명한다. 아래의 예는 Amazon.com에서 쉽게 볼 수 있는 각 제품에 대한 소비자들의 제품 리뷰를 수집하는 작업이다. 각 줄 앞에 "#" 이 붙어 있으면 그 기호부터 그 줄 끝까지 각주나 코멘트로 인식하게 된다. 저자의 코멘트는 모두 # 뒤에 상세히 설명되어 있다.

```
# text review and review date
```

글로 되어 있는 소비자의 제품 평가 부분과 제품 평가가 등록된 시간을 함께 수집한다. 먼저 이 작업에 사용될 두 개의 package를 설치하고 library라는 명령어를 사용해 R에게 우리가 이 두 프로그램을 사용할 것임을 알린다.

1 Wickham(2014) posting의 코드를 조금 수정하여 사용하였다.

```
# 1. Install two packages
install.packages('rvest')
install.packages('RCurl')
library(rvest)
library(RCurl)
```

두 번째로 어떤 제품의 제품평을 수집할지 웹 주소를 입력한다. 아래 for loop을 사용해서 여러 페이지의 리뷰를 가져와야 하기에 조금의 손질이 필요하다. 우선 제품 리뷰창으로 가서 최근 날짜 순서로 재정렬을 한다. 그리고 마지막에 page number=1에서 1을 지운다. 이후 설명할 부분에서 이 페이지 넘버를 1에서 J까지 반복해서 데이터를 모으게 된다.

```
# 2. Identify the web address
# search product - click reviews - sort by recent
# remove the page number at the end of the URL

url <- "https://www.amazon.com/All-new-Echo-Dot-3rd-Gen/product-reviews/
B0792KTHKJ/ref=cm_cr_arp_d_viewopt_ srt?ie=UTF8&reviewerType=all_re-
views&sortBy=recent&pageNumber="
#url <- "your url"
```

몇 개의 데이터를 모을지 입력한다. 한 페이지당 10개의 리뷰가 있으니 100페이지를 모으면 1,000개의 데이터가 모아진다.

```
# 3. Specify how many pages you would like to scrape
N_pages <- 100 # It would be easier to test with small number of pages and it de-
pends on your own source website
A <- NULL
for (j in 1: N_pages){
 ipad <- read_html(paste0(url, j))  #바로 이 부분이 URL과 페이지 넘버가 만나는 곳
 #help paste: http://www.cookbook-r.com/Strings/Creating_strings_from_variables/
```

```
B <- cbind(ipad %>%
   html_nodes(".review-text") %>%  #이 부분이 제품평을 지정해주고
   html_text(), ipad %>%
   html_nodes("#cm_cr-review_list .review-date") %>%
               #이 부분이 제품평이 입력된 날짜를 지정해서 모으게 한다
   html_text()   )
# I replaced html_nodes for review date with "#cm_cr-review_list .review-date"
# "#cm_cr-review_list" makes two irrelevant parts for the top positive/critical re-
views and '#'is the magic sign for unselect the part   A <- rbind(A,B)
}
```

```
# 4. Make sure what you got
print(j) # This command shows the progress of the for loop. This example it means
number of pages.
#A[,1] # this will print the first column of your output

# 4.1 Another way to double-check
tail(A,10)  #데이터 마지막 10개를 출력하라는 명령어
```

```
# 5. Save the output
write.csv(data.frame(A),"alexa.csv")  #엑셀 CSV 파일로 저장하라는 명령어
```

출처: https://blog.rstudio.com/2014/11/24/rvest-easy-web-scraping-with-r/

2) tm.r

tm은 text mining의 약자로 수집된 데이터를 분석하는 코드다. 분석의 단위(unit of analysis)가 한 어절(one word)이 므로 문맥(context)을 파악하기 어렵다는 단점이 있으나 단어 사이의 상관관계(term correlation or word association)를 통해 추리할 수 있는 여지도 있다. 방대한 양의 데이터를 빠르게 그리고 효과적으로 처리하는 방법으로 데이터 시각화(data visualization) 방식이 사용된다.

```
# tm.r²
rm(list=ls(all=TRUE)) #이전에 데이터나 자료들은 모드 지우고 새롭게 시작한다.
#  word freq table
#  word freq plot
#  word cloud for each star rating
#  hierarchal clustering
#  k-means clustering #이 다섯 가지가 주요 결과들이다
```

```
# 1. Installing relevant packages
Needed <- c("tm", "SnowballCC", "RColorBrewer", "ggplot2", "wordcloud", "biclust",
            "cluster", "igraph", "fpc")
install.packages(Needed, dependencies = TRUE)
install.packages("Rcampdf", repos = "http://datacube.wu.ac.at/", type = "source")
# 필요한 여러 패키지들을 설치한다.
```

```
# 2. Loading Texts
#우선 rvest로 모은 데이터를 바탕화면에 texts라는 폴더를 만들어 저장한다.

# **On a Mac**, save the folder to your *desktop* and use the following code chunk:
# cname <- file.path("~", "Desktop", "texts")
# cname
# dir(cname)   # Use this to check to see that your texts have loaded.
# *On a PC*, save the folder to your *C: drive* and use the following code chunk:
cname <- file.path("C:/Users/NAME/Desktop","texts")
# csv 파일의 위치를 알맞게 설정해준다.
# Please make sure you exchange ₩ with /. Make sure you are using /.
cname
dir(cname)
```

2 https://rstudio-pubs-static.s3.amazonaws.com/265713_cbef910aee7642dc8b62996e38d2825d.html

```
# Change the working directory with your own file location
setwd("C:/Users/NAME/Desktop/texts") # 이것도 알맞게 설정해준다.
# 3. Start Your Analyses
library(tm)

# 3.0 Generating a Corpus, one document data set
data <- read.csv("yourfile.csv") # 데이터 파일 이름도 변경해준다.
data<-data[,2]   #이제 부터는 날짜는 사용하지 않고 오직 제품평만 이용한다
head(data)           # 데이터의 맨위 6개를 출력하라
docs <- Corpus(VectorSource(data))

# 3.1   Preprocessing  전처리
docs <- tm_map(docs,removePunctuation)  #구두점을 모두 제거
docs <- tm_map(docs, removeNumbers)  # 숫자 제거
docs <- tm_map(docs, tolower)                 # 모두 소문자로
docs <- tm_map(docs, removeWords, stopwords("english"))  #대명사, 관사 등등 단어
                                                                 제거
docs <- tm_map(docs, removeWords, c("word1","word2")) # 지우고 싶은 단어를 제거
docs <- tm_map(docs, stripWhitespace)
dtm <- DocumentTermMatrix(docs)  #한단어가 한리뷰에 몇 번나오는지 큰 행렬로 만듬
dtm <- DocumentTermMatrix(docs)
inspect(dtm)
mdtm <- as.matrix(dtm)
write.csv(unlist(dtm), "N_DTM.csv")
class(dtm)
tdm <- TermDocumentMatrix(docs)
write.csv(as.matrix(dtm),"aa.csv")
write.csv(mdtm,"aa2.csv")
inspect(tdm)
inspect(dtm)
```

```
# 3.2 Explore your data
freq <- colSums(as.matrix(dtm))
length(freq)
ord <- order(freq)
m <- as.matrix(dtm)
dim(m)
write.csv(m, file="DocumentTermMatrix.csv")
dtms <- removeSparseTerms(dtm, 0.90)
# This makes a matrix that is 10% empty space, maximum.
dtms


# 3.3 Word Frequency
wf <- data.frame(word=names(freq), freq=freq)
head(wf)

# 3.4  Word Frequencies Plot
library(ggplot2)
wf <- data.frame(word=names(freq), freq=freq)
p <- ggplot(subset(wf, freq> 50), aes(x = reorder(word, -freq), y = freq))
# 최소 50번 이상 언급된 단어들만 그래프로 출력
p <- p + geom_bar(stat="identity")+ theme(axis.text.x=element_text(angle=45,
hjust=1))
p
```

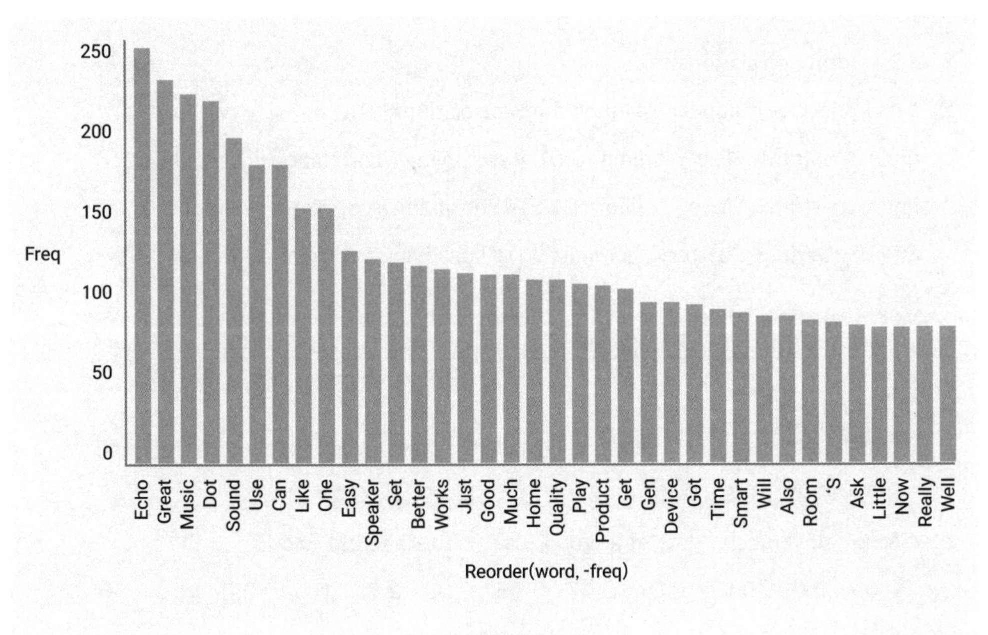

<Frequency Plot>

```
# 3.5  Term Correlations
# If words always appear together, then correlation=1.0.
findAssocs(dtms, "like", corlimit=0.01) # specifying a correlation limit of 0.01
findAssocs(dtms, "love", corlimit=0.05) # specifying a correlation limit of 0.01
findAssocs(dtms, "battery", corlimit=0.1) # specifying a correlation limit of 0.01

> findAssocs(dtms, "like", corlimit=0.01) # specifying a correlation limit of 0.01
$`like`
  time   get  also  just  play   can  music  home device  one
  0.23  0.21  0.19  0.18  0.18  0.18  0.17  0.13  0.13  0.12
  echo   dot  much   got   set  good   use  better sound works
  0.09  0.09  0.07  0.07  0.07  0.06  0.05  0.04  0.04  0.04
quality
  0.02

> findAssocs(dtms, "good", corlimit=0.05) # specifying a correlation limit of 0.01
$'good'
device sound  get  home  echo quality works  just  can   use
  0.16  0.14  0.13  0.13  0.11  0.11  0.11  0.10  0.10  0.09
much   dot   one speaker  like better
  0.08  0.07  0.07  0.06  0.06  0.05

> findAssocs(dtms, "music", corlimit=0.1) # specifying a correlation limit of 0.01
$'music'
  play  use  time  can  like  also  echo  one device  just  set
  0.40  0.20  0.20  0.19  0.17  0.16  0.15  0.13  0.12  0.11  0.10
```

```
# 4. Word Clouds!
library(wordcloud)
dtms <- removeSparseTerms(dtm, 0.9) # Prepare the data (max 10% empty space)
freq <- colSums(as.matrix(dtm)) # Find word frequencies
dark2 <- brewer.pal(6, “Dark2”)
# You can change the color from http://www.datavis.ca/sasmac/brewerpal.html
# wordcloud(names(freq), freq, min.freq=60)
# wordcloud(names(freq), freq, max.words=80)
# wordcloud(names(freq), freq, min.freq=30, rot.per=0.3, colors=dark2)
wordcloud(names(freq), freq, max.words=100, rot.per=0.2, colors=dark2)
# 다른 값으로 시도가능 ‘max.words=’, ‘rot.per=’, ‘colors=’
```

<언어구름(word cloud) >

제품 리뷰글 데이터 셋에서 언급된 횟수가 많을수록 해당 단어의 글자 크기가 커진다. 글씨 색은 특별한 감성을 나타내지는 않고 긍정의 단어와 부정의 단어가 함께 표현되는 분석의 장점이 있다.

```
# 5. Clustering by Term Similarity
# 5.1 Hierarchical Clustering
dtmss <- removeSparseTerms(dtm, 0.8) # This makes a matrix that is only 15%
empty space.
dtmss
library(cluster)
d <- dist(t(dtms), method="euclidian")   # First calculate distance between words
fit <- hclust(d=d, method="complete")    # Also try: method="ward.D"
fit
plot.new()
plot(fit, hang=-1)
groups <- cutree(fit, k=4)   # "k=" defines the number of clusters you are using
rect.hclust(fit, k=4, border="red") # draw dendogram with red borders around the 8
clusters
# Try many other k's for the interpretation of your data.
```

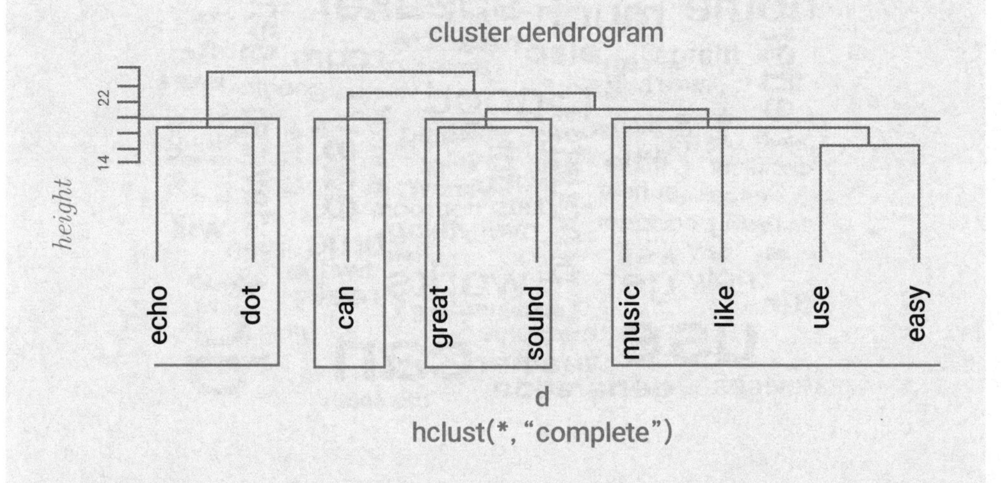

<위계적 군집 분석(Hierarchical Clustering Analysis)>

K 값에 따라서 빨간색 박스의 개수가 결정된다. 이 예의 경우 4개의 군집이 표현된다.

```
# 5.1.2. Alternative option #데이터가 너무 많아 5.1을 알아보기 힘들 때
# plot dendrogram with some cuts; Also see https://rpubs.com/gaston/dendrograms
plot.new()
hcd = as.dendrogram(fit)
op = par(mfrow = c(2, 1))
plot(cut(hcd, h = 100)$upper, main = "Upper tree of cut at h=100")
plot(cut(hcd, h = 100)$lower[[2]], main = "Second branch of lower tree with cut at
h=100")

# 5.2 K-means clustering  #클러스터 내의 두 단어의 거리는 최소로
#클러스터 사이의 거리는 최대로 최적화시킨 시각화
library(fpc)
library(cluster)
dtms <- removeSparseTerms(dtm, 0.85) # Prepare the data (max 15% empty space)
d <- dist(t(dtms), method="euclidian")
kfit <- kmeans(d, 4)  #k 값을 2에서 점점 크게 바꾸면서 해석해 보길
plot.new()
op = par(mfrow = c(1, 1))
```

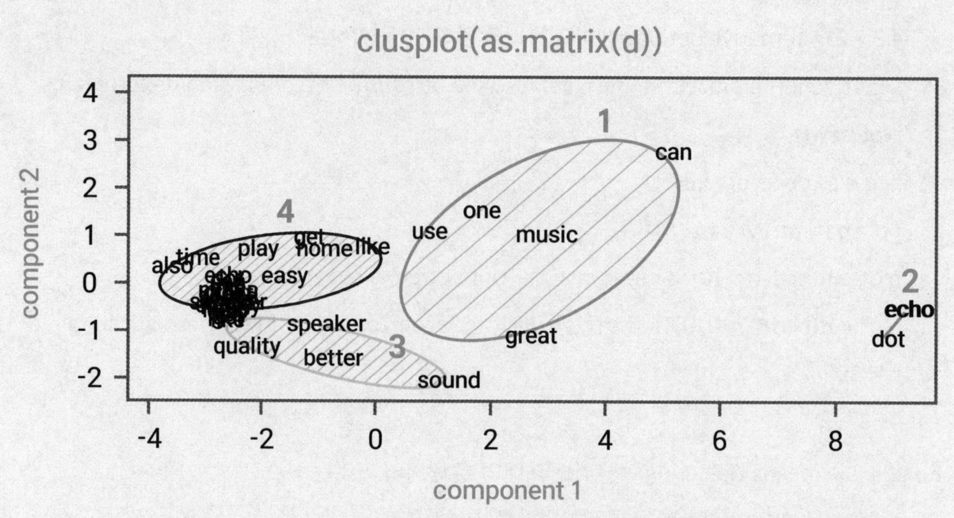

<K-평균 군집분석(K-means clustering)>

위의 예 또한 4개의 군집으로 설정한 결과를 나타낸다. 위의 그림은 군집들 사이의 거리는 최대화하고, 군집 안에 있는 단어들 사이의 거리는 최소화시키는 미리 지정되어 있는 숫자의 군집으로 표현하라는 알고리즘의 결과다.

· 생각해 볼 문제

1. Selectorgadget.com에서 배울 점은 어떠한 것이 있는가를 html nodes의 관점에서 논의해 보자.
2. 빅데이터에 있어 워드 크라우드(word cloud)의 장점과 단점은 어떠한 것이 있는지 기술해 보자. 특히 단점을 극복할 대안적 방법은 어떠한 것이 있는가를 토론해 보자.
3. 빅데이터를 사용함에 있어 텍스트마이닝(text mining)의 장점과 단점은 어떠한 것이 있는지를 살펴보자.
4. 고객의 데이터를 얻을 때 표본 조사분석과 전수 조사분석의 차이점은 어떠한 것이 있는가에 대해 논의해 보자.

소셜 애널리틱스를 위한
연구조사방법론

Research Methodology for Social Analytics

제 3 장

연구문제와 가설

제 3 장 연구문제와 가설

· 제 1 절 연구문제 도출 ·

1. 연구문제 설정과 이해

연구문제 설정을 위해서는 연구자들은 사회현상(마케팅이라면 마케팅현상)에 대한 특이점을 파악하고 이를 정리하여 기존의 문헌을 통해 이러한 내용을 설명하는 이론 등에 대한 문헌연구가 필요하다. 연구자가 문헌연구를 통해 연구를 진행할 때 처음에는 포괄적으로 넓은 연구주제를 선정하여 다양한 기존연구를 조사한 후 연구주제 범위를 점차 좁혀 나간다.

이러한 과정을 통하여 연구문제가 보다 구체화되면, 연구목적(purpose of research)에 따른 연구문제에 대하여 좀 더 깊은 분석을 하게 된다. 연구자는 이때 자신의 연구목적에 대하여 명확하게 이해할 필요가 있다. 연구목적을 이해한다는 것은 이 연구의 목적과 이유를 파악하는 것이기 때문이다. 연구문제를 도출할 때는 기존 지식 부족, 기존 연구 간의 상충되는 결과, 새로운 현상과 기존 지식과의 관계, 가치적인 측면에서 적절하게 그 이유를 찾을 수 있을 것이다.

1) 지식부족

연구자가 연구 문제를 발견하는 확실한 방법은 무엇을 알고 있으며, 무엇을 모르고 있는가를 찾아내어 현재 지식상태를 정확하게 진단해 보는 것이다. 예컨대, 우리기업의 생산부서에서 생산성을 증대시킬 수 있는 방법은 없는가 혹은 다양한 생산성 향상 방안 중에서 어떤 방법이 우리기업에 가장 적절한가와 같은 질문에 대해 해답을 내려줄 수 있는 선행 연구 결과가 없을 수가 있다. 이러한 이유는 그 분야에 대한 이전의 축적되었던 지식이 부족하기 때문일 수도 있다. 그러므로 이러한 점을 바탕으로 연구문제를 도출할 수 있다.

위와 같은 경우 연구자들은 총무팀이나 인사팀에서는 구성원의 근무 관련 행동이 어떻게 해서 발생하며 이러한 행동이 생산성과 어떤 관계가 있는지에 대해 의문을 가질 수 있을 것이다. 이와 같이 연구자가 알고 싶어 하는 특정 현상에 대해 인과관계에 대한 해답을 얻을 수 없을 때 연구의 출발점이 될 수 있다.

2) 상충되는 결과

문제를 해결하기 위해 기존 연구들을 검토했을 때 기존 연구들의 결과가 서로 상충된 결과가 보고되는 경우가 종종 있다. 연구자들은 이를 기초로 연구문제를 도출할 수 있다. 상충된 연구 결과가 나타나는 이유는 다양하다. 방법론적인 측면에서만 살펴보면 실험설계, 개념정립, 조작화 및 실험과정에서 잘못을 범하였기 때문에 이러한 결과가 발생하기도 한다. 일반적으로 실험과정에서 연구자들이 가장 빈번하게 발생하는 실수는 연구 결과에 영향을 미칠 수 있는 중요한 외생변수를 통제하지 못하기 때문이다. 만약 실험에 외생변수 영향력이 커서 연구에 심각하게 영향을 미친다면 외생변수를 통제하여 다시 실험을 할 필요가 있다. 그러므로 다양한 외생변수의 통제를 고려하여 실험을 반복하여 진정한 인과관계를 찾아낼 수 있다면 문제를 해결할 수 있는 해답을 찾을 수 있다. 따라서 선행의 연구결과가 상충되고 있을 때에는 진정한 인과관계를 찾기를 위한 연구가 필요하다.

예컨대, 마케팅상황에서 소비자가 제품을 구매했을 때 포인트 추가적립 방법과 사은품 증정 방법 중에서 어떠한 판매촉진방법이 판매에 직접적인 영향을 미치는 가에 대해 기존의 연구결과들이 일치하지 않고 있다면 이는 실험설계, 개념의 정립, 변수의 조작화과정을 전면적으로 개선하거나 소비자들의 성격, 스타일, 제품의 형태 등과 같은 외생변수들을 통제하면서 실험을 시행해야 비로소 진정한 인과관계를 밝혀낼 수 있다.

3) 새로운 현상과 지식의 관계

우리가 이미 알고 있다고 생각되는 사회과학적 현상들이 상호 간에 어떠한 연관되어 있는가 혹은 새로운 현상이 발견되었을 때 이러한 현상과 기존의 지식이 어떻게 관련성을 갖고 있는가를 밝혀내는 것도 하나의 방법이다.

예컨대, 일반적으로 몸무게가 많은 사람은 과식을 많이 해서 그렇다고 알고 있는데 어떠한 사람이 소식을 하는데도 몸무게가 매우 많이 나간다고 하자. 이러한 현상에 대해 운동부족, 영양불균형 섭취, 호르몬의 부족 등으로 그럴 수 있다고 하는 기존의 지식체계로 설명할 수 있다면 이해가 가능하나 만약 기존 지식으로 충분히 설명하지 못한다면 이를 설명할 연구가 필요하다.

그러므로 기존 지식으로 설명할 수 없는 현상은 과학적 이론에 근거한 연구가 필요하다. 과학이란 것은 단편적인 지식으로 구성되는 것이 아니라 체계화된 지식으로 구성되는 것이기 때문에 체계화되면 될수록 현상에 대한 이해도가 높아지게 된다. 따라서 새로운 사실이 발견되거나 새로운 현상이 일어나면 연구자들은 기존의 체계화된 지식체계와의 연결을 해야 한다.

4) 가치

연구문제들을 실제로 수행하기 위해서는 연구 문제가 학문적 공헌 혹은 실무적인 시사점을 제공하는 할 수 있어야 한다. 즉, 연구 가치가 있는 것이어야 한다. 이는 그 연구가 해당 분야의 지식축적에 상당한 공헌 점이 있다는 것을 의미한다.

일반적으로 연구는 현상에 대한 이해와 현상의 설명을 통한 예측을 위한 지식 축적에 의의를 두기 때문에 지식 축적에 기여할 수 없는 연구 문제는 연구가치 미흡하다고 하겠다. 따라서 연구문제는 지식의 축적에 공헌해야 하며 이를 위해서는 연구문제의 해결이 학문적으로 중요한 의미를 갖거나, 연구 결과에 의해 얻어진 정보가 활용될 수 있는 실무적으로 유용성을 갖고 있어야 할 것이다. 물론 여기에서 핵심이 되는 것은 보편적인 원리를 밝혀내는 것이다. 이론을 단순하게 대입하거나 적용하는 연구는 가치가 매우 미흡하다.

2. 연구문제 해결

우리가 살고 있는 사회에는 무궁무진한 연구문제가 있다. 이러한 이유는 사회에서 지식이 축적되면 될수록 새로운 사실을 발견하게 될 가능성이 높아지고 기존 지식과 새로운 지식들의 상호관련성을 연구해야 하는 필요성이 생기고 이로 인해 또 다른 많은 문제가 발생되기 때문이다.

그러나 가치가 있는 연구문제의 도출만으로 과학이 진보하거나 지식이 축적되는 것은 결코 아니다. 지식이 축적되어 과학이 발전해 나가기 위해서는 연구 문제가 해결되고 그 연구 결과가 기존 지식체계에 편입되어야만 한다. 그러나 도출된 모든 문제들이 그 시대에 공인된 과학적 접근법에 의해서 해답을 얻지 못할 수 있다. 그러므로 연구결과로 지식 축적되기 위해서는 해결가능한 연구문제이어야 한다.

연구 문제의 해결가능성이 낮은 이유는 구조화되지 못하고 애매모호하게 제시되어 있을 때, 연구문제에 내포되어 있는 특정용어가 불명확하거나, 잘못된 정의가 내려져 있을 때, 마지막으로 연구 문제에 대해 연구를 수행할 수 있는 가능성이 없을 때이다. 그러므로 이러한 구조화, 명료화 및 연구가능성은 연구해결에 있어서 매우 중요하다.

1) 구조화

연구 문제가 명확히 구조화되지 못하였다는 것은 관찰가능한 현상과 밀접히 연결되지 못할 때 일어난다. 예컨대, '고객의 성향은 변화되는가?'라는 연구문제는 문제를 제기한 명확한 의도가 무엇이며 문제의 범위가 어디까지인지 규정화하기가 어렵다.

그런데, 이 경우 고객의 성향 중에서도 '소비욕구'에 국한된 문제를 제기한다면 '고객의 소비욕구를 변화시킬 수 있는가?'라는 문장으로 수정이 될 수 있다. 이때 이 연구문제는 보다 구체화되고 관찰가능성이 높아진다. 이를 수정하여 '고객의 우리제품에 대한 소비욕구를 변화시킬 수 있는가?'라는 문제로 표현한다면 보다 문제가 구체화되어 관찰가능성이 높아진다. 따라서 연구문제의 해결가능성은 초기보다 높아지게 되는 것이다.

2) 명료화

연구 문제에 포함된 용어를 명료하게 정의하지 않는다면 연구문제의 애매모호성이 증대되어 해결가능성이 낮아지게 된다. 예컨대, '컴퓨터는 생각할 수 있을까?'라는 문제의 경우 문제의 해결가능성은 생각이라는 용어정의에 의해 상이해 질 수 있다. '생각'을 아무런 정의 하지 않는다면 해결가능성이 매우 낮지만 4칙 연산을 의미하는 것으로 정의하면 해결가능성이 높아진다.

흔히 우리는 일상에서도 사용하는 용어들이 사람들마다 그 의미의 해석을 달리하므로 이로 인해 많은 오해를 낳게 된다. 따라서 연구를 시행할 때 용어에 대한 정의의 명료화 혹은 일치된 용어가 없다면 연구문제에 대한 해결가능성이 낮아지게 된다. 이러한 용어에 대한 명확한 조작적 정의를 통하여 이루어질 수 있다. 조작적 정의는 문제와 관련된 용어를 관찰가능한 현상과 연결시켜서 정의를 내리는 것이다. 그러므로 조작적 정의를 정확히 내릴 수 있느냐 그렇지 않느냐가 문제의 중요한 기준이 되기도 한다.

3) 연구가능성

일반적으로 적절한 연구대상이 되기 위해서는 다음과 같은 조건에 있어서 고려가 필요하다.

첫째, 연구문제가 지식 축적에 공헌할 수 있을지라도 불가능한 연구라면(연구가능성이 없다면) 연구가치가 없다라고 할 수 있다. 연구의 가능성이란 연구의 실증적 검증가능성을 의미하는 것이다. 연구 문제는 실증적 검증과정을 거쳐서 문제가 해결된다는 것을 전제로 한다. 그런데 만약 실증적 검증을 할 수 없다면 연구문제의 해결가능성이 상실되므로 의미 없는 연구문제가 된다. 이러한 경우는 주로 도덕적 · 윤리적 차원에서 연구문제를 해결하기 위한 실험이나 조사를 실행할 수 없을 때거나 연구문제에 관련된 변수들에 대한 명확한 개념정의와 측정이 불가능한 경우이다. 예컨대, 유아시절에 사회현상을 파악하는 능력과 MBTI와의 관계를 연구한다는 것은 측정하기에는 매우 힘들다. 그렇기 때문에 실증적 검증가능성이 낮은 연구이다. 또한 사람에게 특정한 유전자를 이식하거나하는 인체실험은 도덕적 측면의 실증적 검증가능성이 낮은 예라고 할 수 있다.

둘째, 연구의 실행가능성에 관련된 문제이다. 이 측면은 각종 자료 획득, 연구설계 등 연구실행상 문제로서 연구대상자(피험자)의 확보가능성, 시간과 비용의 제약, 연구에 필요한 시설과 기구 등의 제반조건의 구비문제이다. 이러한 문제는 연구문제와는 별개의 문제로 생각되나 실제 연구를 진행할 때 나타나는 문제이다. 이러한 점을 고려하지 않은 채 연구문제로 선정하게 되면 비현실적인 연구가 되어 연구가 수행되지 못할 경우가 될 수 있다.

· 제 2 절 연구문제와 가설 ·

연구자들은 연구문제가 구체화되면, 연구목적에 왜 연구를 진행 하는가를 밝히게 된다. 연구목적은 일반적으로 몇 개의 연구문제로 표현되거나 변수들 간의 관련성을 의미하는 연구가설로 표현될 수 있다.

연구문제(research question)란 변수들 사이에 어떤 관련을 갖는가를 표현하는 질문형식으로 나타낸다. 이에 반해, 연구가설(research hypothesis)이란 변수들 간의 관련성을 파악할 수 있도록 통계적 검정(statistical test)이 가능한 구체적인 형태의 문장 형태로 제시된다. 연구문제와 연구가설은 모두 변수들 사이의 연관성을 중요하게 고려하고 있다는 공통된 특징을 가지고 있다. 또한 연구가설을 설명하기 전에, 경험적인 연구에서 정의되는 변수에 대해 좀 더 파악할 필요가 있다.

1. 연구문제와 가설과의 관계

가설은 연구문제를 해결하는 핵심으로서 만약 가설이 실증적 검증과정을 거쳐 진실이라고 받아들여진다면(가설이 채택되어진다면) 그 가설은 연구문제에 대한 해답을 제공해 줄 수 있으나, 가설이 진실이 아닌 것으로 판명이 난다면 가설은 그 연구문제에 대한 해답을 제공해 줄 수 없게 된다. 예컨대, '수능에서 뛰어난 성적을 얻은 수험자들은 어떤 특성을 갖추고 있을까?'라는 문제를 생각해 보자. 이때 이러한 문제의 제기에 대한 해답을 얻기 위하여 처음으로 학업성적이 뛰어난 학생들이 갖는 다양한 특성을 찾을 것이다. 이후 머리에 떠오른 어떤 학생의 특성이 수능에서 뛰어난 성적을 얻은 사람들의 특성이 아닐까 하고 생각할 것이다. 그 학생이 집중력이 높았던 학생이라면 '수업시간에 집중력이 뛰어난 학생일 것이다'라는 잠정적인 결론을 내릴 수 있다.

그러나 이러한 가설은 문제에 대한 해답이 되기는 어렵다. 실증적인 검증과정을 통해 참인지 거짓인지 확인하지 할 수 있다. 참일 경우에는 앞서 제기된 문제가 해결될 수 있으나 거짓일 경우 해답을 얻을 수 없으며 다른 가설을 찾아보아야 한다. 가설이 거짓으로 판명될 경우 그 반대가 하나의 대안적인 가설로 고려될 수는 있으나 하나의 가설이 거짓으로 판명되었다고 해서 그 반대가 반드시 참이 되는 것은 아니다. 그러므로 즉, 수능에서 뛰어난 성적을 거둔 수험생들이 집중력이 뛰어나지 않았다면 그 반대의 경우와 더불어 또 다른 특성을 찾아 새로운 가설을 설정하고 검증해 보아야 할 것이다. 이상과 같이 가설은 하나의 사실과 다른 사실과의 관계를 잠정적으로 나타내는 것으로 가설을 검증함으로써 특정 현상에 대한 설명을 가능하게 해주어 연구자가 제기한 문제의 해답을 내려 주게 된다.

2. 가설의 설정

1) 가설

가설(hypothesis)이란 두 개 변수들 간의 잠정적인 관계를 나타내는 문장으로, 실험자가 실험을 통하여 밝히고자 하는 내용을 문장으로 표현을 한 것이다. 일반적으로 가설은 선언문 형식으로 작성될 수 있다. 예컨대, "모바일광고는 매출액에 긍정적인 영향을 미친다."와 같이 표현된다. 좋은 가설이 되기 위해서는 가설에 사용된 변수 간의 관계가 논리적으로 간결하고 명확하게 표현되어야 하며, 변수값들은 측정하여 계량화가 가능하며, 그 내용이 실험을 통하여 검증이 가능해야 한다. 또한, 일단 입증된 결과는 어느 정도 일반화하여 폭넓게 적용할 수 있어야 한다.

2) 가설의 구조와 유형

가설은 표현방식 및 내포하고 있는 변수들의 관계에 따라서 여러 가지 형태를 가지고 있다. 어떤 문장이든 진실된 값(truth value)을 가지고 있는데 이 진실된 값은 참일 수도 있고 거짓일 수도 있다. "모든 사람은 죽는다" 와 같이 문장의 진실된 값이 항상 참인 문장을 분석적인(analytic) 문장이라고 한다. 반면 "사람은 아무것도 먹지 않고도 살 수 있다"와 같이 항상 거짓인 문장은 모순적인(contradictory) 문장이라고 한다. 또한 "학습량이 많을수록 학습효과는 좋다”와 같이 참일 수도 있고 거짓일 수도 있는 문장을 종합적(synthetic)문장이라고 한다.

이를 확률로 표현하면, 분석적인 문장이 참일 확률은 항상 ‘1’이고, 모순적인 문장이 참일 확률은 항상 ‘0’이다. 반면, 종합적 문장은 경우에 따라 참일 수도 있고 거짓일 수도 있으므로, 참일 확률은 ‘0’ 에서 ‘1’ 사이의 값을 가진다. 사회과학에서 가설로 사용되는 문장은 종합적 문장으로, 가설로 설정된 문장이 참인지 거짓인지를 밝혀내어 현실세계에 대한 이해를 돕고 문제를 해결할 수 있어야 한다.

가설이 적용되는 범위의 크기에 따라 일반적 가설과 지엽적 가설로 분류한다. 일반적 가설은 모든 장소와 시간에 관계없이 가설에 내포된 변수들 간의 관계가 적용되는 경우이며 지엽적 가설은 특별한 정우에만 적용되는 가설이다. 사회과학 연구자들은 자신의 가설이 보다 적용범위가 넓어져서 궁극적으로 일반가설로 인정받고자 노력하는데 그 이유는 일반적 가설에 가까워질수록 사회현상에 대해 가설의 설명력과 예측력이 우수할 뿐만 아니라 가설에 내포된 변수들간의 관계가 시간과 공간의 제약없이 진실일 가능성이 높기 때문에 선행조건에 따른 결과조건도 진실일 가능성이 높아지기 때문이다. 그러나 최종 가설을 유도해 내는 데 일정한 법칙이 있는 것은 아니며, 가설의 유도는 연구자의 창의력에 의해 좌우되는 것이다. 즉 연구자의 사고력, 상상력, 개념 형성력 등의 능력에 의해서 달라진다. 가설은 둘 이상의 변수간의 잠정적인 관계에 대한 진술로 다음과 같이 표현할 수 있다.

(1) 만약 ~ 이라면, ~일 것이다(If ~,then ~).

가설은 두 변수 간에 실증적으로 일어날 수 있는 관계에 대한 문장이라고 하였는데 여기서 가설 표현은 “If a, then b”의 형식으로 표현한 것으로서 “만약 a이면, b이다.”의 형식이 된다. 문장 a는 가설의 선행조건이 되고, b는 결과조건이 된다. 가설은 이러한 선행조건과 결과조건과의 관계이기 때문에, 기호 a와 b는 두 명제적 변수들 간의 관계를 제안하는 것이다. 그러므로 일반적으로 a가 진실이면 b도 진실이라는 관계로 가설이 구성된다. 이러한 두 변수 a와 b 간의 관계에 대한 논리적 명제로 무엇이든지 나타낼 수 있다. 예컨대, “만약 유통경로상에 있어 특정 경로가 내적 갈등상태에 있다면, 그 유통의 특정 경로의 효율성은 감소할 것이다.” 등으로 나타낼 수 있다.

(2) 수학적 진술

가설의 진술을 위한 또 다른 형식은 수학적 진술이다. 즉 Y=f(X)와 같은 표현은 '어떤 변수 Y는 어떤 변수 X와 관련이 있다.' 혹은 'Y는 X의 함수이다.'라는 것을 나타난다. 이와 같이 수학적으로 진술된 '두 개의 변수는 관련된다.'라는 진술은 가설의 일반적 정의이다.

3) 바람직한 가설과 가설의 평가기준

가설이 수립되면 가설이 바람직한 가설인지 바람직하지 않은 가설인가에 대해서 평가가 필요하다. 일반적으로 좋은 가설이란 검증되고 지지됨으로써 문제에 대한 해답을 찾고, 그 결과 기존 지식체계에 추가적인 지식의 발전에 기여를 하는 것이다. 그러므로 일단 지지된 가설이 지지되지 못한 가설보다는 과학의 발전에 상대적으로 더 많이 기여하게 되므로 좋은 가설이라 할 수 있을 것이다. 그러나 가설이 검증되기 전이라도 가설들 중 보다 더 좋은 가설과 그렇지 않는 가설로 분류하는 노력이 필요하다. 일반적으로 가설의 평가기준으로 다음과 같은 것들이 있다.

(1) 가설은 경험적으로 검증할 수 있어야 한다.

즉 실증연구를 가설의 진위여부를 판단할 수 있어야 한다.

(2) 연구분야에 있어 다른 가설이나 이론과 관련이 있어야 한다.

예컨대, "머리가 크면, IQ가 높다."와 같은 가설은 기존의 이론이나 연구결과와 전혀 상관이 없으므로 가설로서 부적당하다.

(3) 가설의 표현은 간단명료하여야 한다.

누구나 쉽게 이해할 수 있도록 필요한 용어들만 사용해야 한다. 예컨대, "기본적으로 측정된 고정급여가 아닌 판매사원들의 성과에 기초로 한 급여보수를 지급 받는 판매사원의 판매실적은 성과급 대신 고정급여를 지급받는 판매사원의 판매실적보다 훨씬 높을 것이다."라는 가설의 경우, "성과급을 받는 판매사원은 고정급을 받는 판매사원보다 보다 업적수준보다 높을 것이다."와 같이 간단하게 표현할 수 있다.

(4) 연구문제를 해결할 수 있어야 한다.

연구문제를 해결하는 것은 가설의 진위를 밝혀내는 것이다. 예컨대, 고정급여 보다 성과급이 판매실적에 더 많은 영향을 준다는 가설이 참(眞)으로 밝혀지면 문제는 해결된다. 이후 성과급의 방법을 개발하는 문제는 그 다음의 과제가 된다.

(5) 가설은 논리적으로 간결하게 구성되어야 한다.

가설은 표현뿐만 아니라 간결한 논리로 이루어져야 한다. 이러한 것을 고려하여 변수들 간의 관계를 간단한 논리로 표현되어야 한다.

(6) 가설은 정량화할 수 있어야 한다.

정량화라는 것은 단순하게 수식이나 숫자로 모두 바꿀 수 있어야 한다는 의미보다는 통계적 분석이 가능할 수 있어야 한다는 것을 의미한다.

(7) 가설검증의 결과는 광범위하게 적용될 수 있어야 한다.

가설이 적용되는 범위가 매우 작은 영역에 국한되어 있다면, 연구결과가 지식의 발전에 공헌하는 정도가 작아진다.

(8) 너무나 당연한 결과 즉, 상식적인 것을 가설로 설정할 수 없다.

그러므로 경험적 검증이 필요가 없는 것은 가설로 적합하지 않다.

(9) 동의반복적(tautological)인 가설이 되어서는 안 된다.

즉 가설은 서로 다른 두 개념이나 변수의 관계를 표시해야 한다, 예컨대, “소비자들의 반복구매는 제품애호도에 영향을 미칠 것이다”라는 가설은 소비자들의 반복구매는 제품애호도의 한 구성요소가 될 수 있어 두 변수가 비슷한 개념으로 볼 수 있다. 이와 같은 문제 동의반복적일 경우는 가설로는 부적당하다.

3. 변수

1) 변수 개념

변수(variable)란 동일한 개념을 갖는 서로 다른 값들을 묶어 높은 집합이라 할 수 있다. 예컨대, 소비자의 유형이라는 변수가 있다면, 이 변수는 어떻게 개념적으로 정의되었느냐에 따라 매우 다양한 형태의 값을 가질 수 있다. 예컨대, 소비자의 유형이라는 변수는 위험에 관한 성향 따라, 혹은 연령에 따른 소비자 집단은 다음 〈표 3-1〉과 〈표 3-2〉와 같이 각기 다른 변수값을 가질 수 있다.

표 3-1 위험에 따른 소비자의 유형의 예

변수값	변수값의 의미
위험 추구형 소비자	위험을 적극적 추구하여 선택행위를 하는 소비자
위험 중립형 소비자	위험을 중립적으로 지각하여 선택행위를 하는 소비자
위험 회피형 소비자	위험을 적극적 회피하여 선택행위를 하는 소비자

표 3-2 연령에 따른 소비자 집단

변수값	변수값의 의미
10~20세	10~20세의 소비자
21~30세	21~30세의 소비자
31~40세	31~40세의 소비자

여기서 특징적인 것은 소비자들은 이러한 세 가지 부류(변수값) 중에서 단 한 가지의 값만을 취한다는 것이다. 즉, 위험추구를 하는 소비자이면서 위험을 중립적인 소비자는 존재하지 않게 된다. 뿐만 아니라 연령이 10대 이면서도 30대인 소비자는 존재하지 않게 된다. 만일 이러한 경우가 있다면 이를 제외하고 분석 및 연구를 해야 한다. 이처럼 변수는 유일한 한 가지 값만을 취하게 되고, 일단 그 값을 취하게 되면 다른 값을 가질 수 없게 되는 성질을 가지고 있는데 이를 상호 배타성(mutually exclusive property) 이라 한다.

소비자의 종류는 위의 방법 이외에도 인구통계학적으로도 다양한 방법으로 정의할 수 있다. 예컨대, 학력, 소득, 또는 성별로도 구분할 수 있다. 결국 변수에 대한 개념의 정의가 이루어지게 되면, 이에 상응하는 변수값이 정해지고 모든 관측값은 상호배타성을 갖는 유일한 변수값을 취하게 된다.

변수를 개념적으로 정의할 때, 통일되고 일관된 개념을 사용하지 않고 여러 개념을 복합적으로 사용하는 것은 부적절하게 변수를 정의한 것이다. 이러한 경우 변수가 취하는 값은 상호배타성을 갖지 못하게 된다. 변수는 항상 변수값보다는 포괄적이고 일반적인 개념이어야 한다. 변수와 변수값의 정의를 할 때 두 개념에 대해서 상호연관성을 이해하면서 정의를 내려야 한다.

변수와 변수값을 정의하는 것은 연구목적이나 방법에 따라 달라질 수 있다. 양적연구(quantitative research)에서는 연구목적이 변수의 변화정도와 변수들 간의 연관성을 분석하는 것이다. 그러므로 연구를 진행하기 전, 적용할 변수를 명확하게 정의하는 것이 무엇보다 중요하다. 예컨대, 제품 애호도와 브랜드 이미지 간의 관계를 파악하고자 하는 연구를 하고자 한다면 먼저 연구가 진행되기 전에 이미 연구자는 애호도 변수와 브랜드 이미지라는 변수가 필요하다는 것을 확인하고, 이에 대한 명확하고 구조적인 정의 및 개념에 대해 잘 파악하고 있어야 한다.

반면 질적연구(qualitative research)에서는 현상을 관찰하고 연구를 진행하는 과정에서 변수들이 발견되기 때문에, 먼저 변수를 정의한 후, 연구를 진행하는 방법은 적절하지 못할 경우도 있다. 예컨대, 제품 반복 구매율을 조사하는 질적연구는 반복 구매율에 관련된 변수를 미리 확인한 후 연구를 시작하기보다는 반복구매한 소비자들과 인터뷰, 자료 수집, 행동 관찰 등을 하여 중요한 변수들을 확인하고, 변수들과 반복 구매하는 사람들과의 관계를 관찰하고 기술하면서 연구를 진행한다.

한편 사회과학 연구에서 다루는 변수들은 종속변수(dependent variable), 독립변수(independent variable), 조절변수(moderating variable), 매개변수(mediating variable)로 구분할 수 있다. 이러한 유형의 변수를 활용하여 연구를 진행하기 위해서는 우선 변수의 조작적 정의가 필요하다.

2) 변수의 조작적 정의

변수의 정의는 경험적 연구에서 매우 중요하다. 일반적으로 경험적 연구에서 언급되는 변수 정의를 변수의 조작적 정의(operational definition)라고 한다. 조작적 정의는 대부분 연구자에 의해서 정의되며 선택된 변수가 어떻게 측정되고 있는지를 구체적으로 설명하고 그 변수에 대한 특별한 의미를 부여하는 내용을 포함하고 있어야 한다. 즉, 변수의 개념과 그 변수의 측정값 사이에서 연결고리 역할을 하는 것이 변수의 조작적 정의이다. 그러므로 조작적 정의는 일반적으로 측정(measurement)과정과 밀접한 연관이 있다는 것이다.

예컨대, '브랜드 애호도'라는 변수에 대한 조작적 정의는 특정 소비자가 1년 동안 구매한 특정 브랜드의 구매량이라고 할 수 있다. 또는 '브랜드 애호도'에 대한 조작적 정의를 특정 소비자가 그 브랜드를 좋아하는 태도라고 정할 수 있다.

이와 같이 두 가지 조작적 정의 모두 '브랜드 애호도'를 나타내는 같은 개념이지만, 변수가 의미하는 내용은 전혀 다르며, 두 변수가 갖는 변수값도 서로 상이하다. 그러므로 연구자의 연구내용에 따라 같은 개념을 가지고 다양한 조작적 정의가 가능하다. 경험적 연구에서는 변수를 어떻게 측정하느냐가 중요한 문제이므로 이러한 조작적 정의문제를 해결하지 않은 상태에서는 연구를 더 이상 진행할 수 없게 된다. 따라서 사전에 변수에 대한 명확한 정의가 필요하다. 이러한 변수에 대한 정의를 명확히 하기 위해서는 선행연구에 대한 심도깊은 분석과 이해를 통한 명쾌한 조작적 정의에 대한 이해가 필요하다. 이는 동일 개념, 동일 변수를 사용하고 있는 기존 선행 연구들이 서로 다른 조작적 정의를 하여 다른 결과를 제시할 수 있기 때문이다.

조작적 정의에 의하여 만들어진 변수는 개념을 수량화할 수 있다는 특징이 있다. 따라서 개념 자체가 수량적 의미를 가지고 있는 경우에는 훨씬 쉬운 조작적 정의 과정을 거치게 된다. 예컨대, 나이와 같은 변수는 변수 자체가 이미 수치의 의미를 내포하고 있기 때문에 그 변수의 특징을 쉽게 나타낼 수 있다.

그러나 종종 매우 복잡한 조작적 정의과정을 거치는 경우도 있다. 구성개념(construct)은 이러한 복잡한 조작과정을 거치는 경우 사용되는 용어인데, 관측이 불가능한 요소들로 구성된 복잡한 현상을 설명하기 위하여 사용된다. 예컨대, 제품 이미지, 기업의 사회적 책임, 서비스 품질, 행복감, 불안감, 학습능력, 창의력, 지도력 등과 보다 추상적인 의미의 단어가 구성개념의 예이다.

수량적 의미로 표현이 불가능한 개념의 경우는 조작적 정의를 내리는 것은 매우 어려운 일이다. 예컨대, '제품생산방법'이라는 변수의 경우. 제품생산방법에 대한 조작적 정의는 생산과정에서 행해지는 모든 활동 등을 나열함으로써 조작적 정의가 이루어진다. 그러나 동일한 용어로 언급되는 제품생산방법들 조차도 조작적 정의에 따른 자세한 세부 내용들을 살펴보면 상이한 제품생산방법이라는 사실이 존재한다. 이와 같은 이유로 말미암아 연구주제에 대해 연구결과가 상이하거나 상반된 주장을 하는 경우가 흔히 발생하기도 한다.

한편, 변수 정의의 애매모호성 때문에 조작적 정의가 어려울 수 있다. 언어 자체는 대부분의 경우 다양하게 해석이 가능한 애매모호성을 내포하고 있다. 경험적 연구에서도 마찬가지로 애매모호성을 가능한 한 줄이도록 하여야 한다. 예컨대, 행복에 대하여 여러 연구자들이 모여서 논의를 한다고 하자. 모든 연구자들은 사람들의 일생에서 행복은 긍정적인 것이며 일생동안의 행복을 높이는 것이 바람직하다는 내용에 동의할 것이다. 하지만, 행복이라는 것이 무엇이냐는 질문이 주어진다면 연구자 간 의견차이가 있을 수 있다.

만일 어떤 연구자가 행복을 즐거움(exciting)과 같은 것으로 정의하고 측정하여야 한다고 조작적 정의를 내린다고 가정하자. 이에 대해 다른 연구자는 행복이란 평안함(calm)이라는 다른 의견을 가지고 있다면 이들은 서로 상이한 개념을 논의하는 것이 되는 것이다. 만약 연구자들이 행복에 대한 조작적 정의를 내리는 과정이 생략된다면, 행복의 개념에 대한 다른 측면의 견해는 고려되지 않은 상태에서 논의가 이루어지게 된다. 논의 초기단계에서 일반적 개념을 논의하기 때문에 행복에 대한 의견 차이를 서로 자유스럽게 교환할 수 있다. 하지만 행복에 대한 논의가 더욱 깊게 진행되면, 의견차이로 인해 결국 매우 다른 연구가 될 수 있으므로 의견차이는 소중히 다루어져야 한다.

이처럼 행복과 같은 추상적으로 이루어진 구성개념은 연구자들마다 견해가 상이할 수 있다. 이에 연구자들은 각기 다른 조작적 정의를 내리게 된다. 이로 말미암아 결과 역시 다르게 도출된다. 그러므로 추상적인 구성개념의 변수는 우선적으로 반드시 조작적 정의과정에 대한 검토가 행해져야 한다.

조작적 정의의 주요 목적은 변수에 대한 구성개념을 측정 가능한 형태로 바꾸는 것이다. 그러나 이 과정에서는 수많은 제약이 있기 때문에 다른 연구자로부터 조작적 정의가 불충분하거나 부정확하다는 지적을 받게 된다. 그러나 이러한 비판은 새로운 지식을 발견하여 확실한 개념을 명확하게 하는 과정이기 때문에, 경험적 연구에서는 매우 중요하다. 그러므로 기존 선행 연구에서 사용한 변수의 조작적 정의를 같이 사용할 것인지 아니면 새로운 조작적 정의를 만들 것인지에 대한 문제는 연구자의 연구 목적과 기존 연구에서 변수를 어떻게 개념화하였는지를 고려하여 연구자가 판단하여야 한다. 이후 변수에 대한 조작적 정의가 명쾌하게 작성되면 가설을 설정해야 한다.

3) 독립변수와 종속변수

종속변수(dependent variable)는 연구자의 주된 관심이 되는 변수를 말하는데, 연구자는 연구결과를 통하여 종속변수의 변화를 설명하고 예측하려고 한다. 연구자는 종속변수뿐만 아니라 종속변수에 영향을 미치는 여러 변수들을 계량화하고 측정하는 데에도 관심을 가진다.

독립변수(independent variable)란 종속변수에 영향을 미치고, 종속변수의 분산을 설명해주는 변수를 말한다. 만약 연구자가 변수 사이의 인과관계를 설정하는 데 관심을 가지고 있다면 독립변수는 앞에서 설명되었던 방법으로 조작(manipulation)되어야 한다.

예컨대, 광고액이 판매량에 미치는 영향을 수행하기 위한 연구라고 할 경우, 판매량은 종속변수가 되고 이에 영향을 미치는 변수인 광고액은 독립변수가 된다. 일반적으로 독립변수는 다른 변수에게 영향을 주는 변수이고 종속변수는 영향을 받는 변수이다.

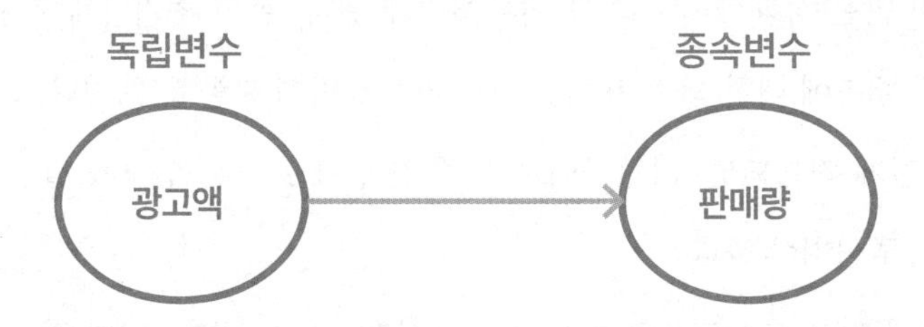

그림 3-1 독립변수와 종속변수의 관계

4) 조절변수와 매개변수

연구자들은 두 변수 간의 관계에 제3의 변수를 추가하여 연구를 한다. 제3의 변수를 조절변수와 매개변수로 구분할 수 있다. 이러한 조절변수와 매개변수 역시 독립변수라 할 수 있다.

(1) 조절 변수

조절변수란 종속변수와 독립변수 간의 관계에 제3의 변수에 따라 크기(strength)와 방향(direction)값들이 달라지는 변수이다. 즉, 조절변수(moderating variable)란 독립변수와 종속변수 사이에 강하면서도 불확정적인 영향(contingent effect)을 갖는 변수이다. 그러므로 조절변수가 존재하는 경우 독립변수는 종속변수에 미치는 영향을 상이하게 미치게 되는 이론적 관계(theorized relationship)가 성립된다. 앞서 말한 바와 같이 조절변수도 일종의 독립변수이기 때문에 조절변수와 독립변수를 구분할 때 때때로 독립변수는 초점예측변수(focal predictor)라고 일컬어지기도 한다.

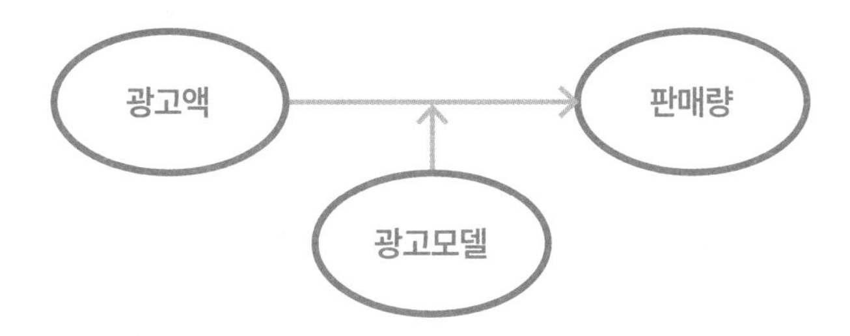

그림 3-2 조절변수의 사용 예(개념적 모델)

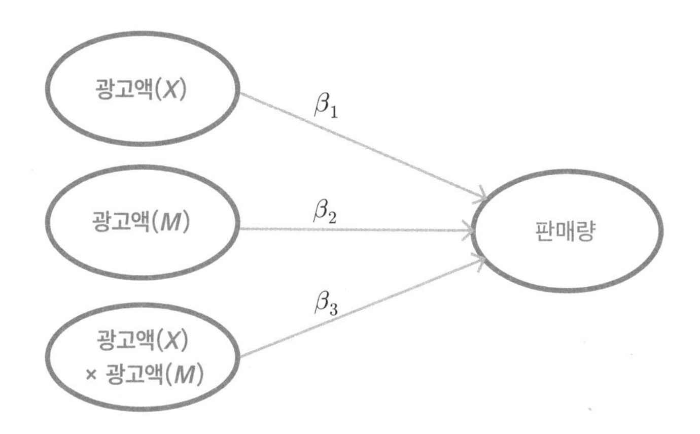

그림 3-3 조절변수의 통계적 모델

위의 〈그림 3-3〉 조절적 통계적 모델을 수식으로 나타내면 다음과 같다.

$$\hat{Y}= \beta_0 + \beta_1 X + \beta_2 M + \beta_3 XM$$

이 수식은 조절효과를 나타내는 상호작용효과모델이라고도 한다.

(2) 매개변수

매개변수(mediating variable)란 종속변수에 영향을 미치기 위하여 독립변수가 작용하는 시점과 독립변수가 종속변수에 영향을 미치는 시점의 중간에 나타나는 변수이다. 따라서 매개변수에는 시간적 차원이 개재되어 있다. 다음 〈그림 3-4〉에서 독립변수와 매개변수와의 관계에서 매개변수는 종속변수의 역할을 하지만, 매개변수와 종속변수만의 관계에서는 독립변수 역할을 한다. 즉, 매개변수는 독립변수와 종속변수의 중간다리 역할을 하는 변수이다. 매개변수가 조절변수와 다른 점은 독립변수 및 종속변수와 직접적인 영향을 주고받는 점이다. 즉, 조절변수는 독립변수가 종속변수에 미치는 영향의 강도에 영향을 미치는 반면, 매개변수는 독립변수의 영향을 종속변수에게로 전달하는 역할을 한다. 그러므로 매개변수는 독립변수와 종속변수 간의 관계를 설명하는 변수로 독립변수가 종속변수에 영향을 미치는 구조를 알려주는 변수이다.

그림 3-4 매개 모델 형태

〈그림 3-4〉 매개모델 사용을 바탕으로 한 매개모델형태는 다음과 같이 완전매개와 부분매개로 나타낼 수 있다.

① 완전매개

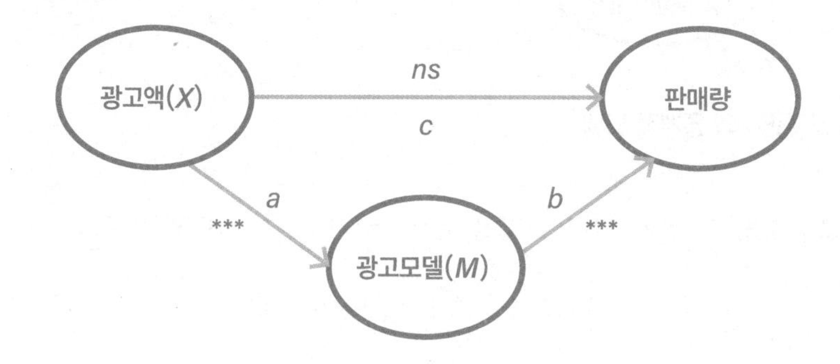

② 부분매개

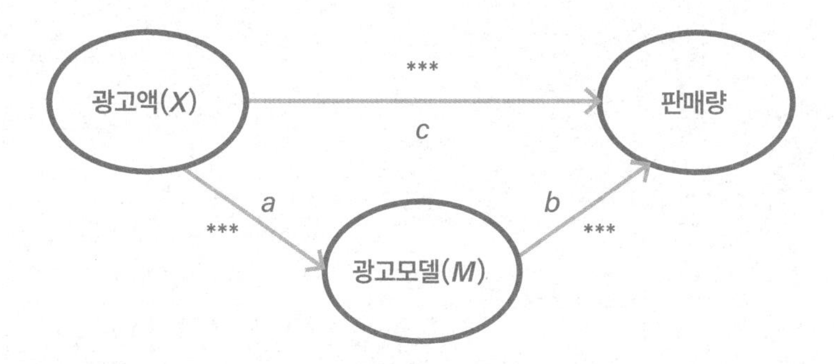

매개변수에는 두 가지 유형이 있다. ①과 같이 독립변수(광고)가 직접적으로 광고액이 광고모델을 거쳐 종속변수인 판매량에 영향을 주는 완전매개 모형이 있다. ②는 부분매개모델을 의미한다. 이는 광고액이 판매량에 직접영향을 미치기도 하고 광고모델이라는 변수를 통해 매개를 한다는 것이다. 한편 부분매게모델은 때때로 부호의 변화(예컨대 + → -)억제효과(suppression effect)를 갖기도 한다. 즉, c는 ab의 부호와 다르게 나타나기도 한다. 이러한 부분매개모델일 경우에 어떠한 경로가 효과가 더욱 큰가를 반드시 밝혀야 할 것이다.

· 생각해 볼 문제

1. 상식과 과학의 차이에 대해 설명해 보자.
2. 연구문제와 가설설정은 어떻게 차이가 나는가?
3. 실험을 할 수 있는 과학과 실험이 불가능한 과학이 있는가? 과학이란 무엇인가?
4. 사회과학에서 인과관계의 중요성에 대해 설명해 보자.
5. 좋은 가설이란 어떤 것이 좋은 가설인가?

소셜 애널리틱스를 위한 연구조사방법론

연구 방법

Research Methodology for Social Analytics

소셜 애널리틱스를 위한

연구조사방법론

Research Methodology for Social Analytics

제 4 장
정성조사를 통한 자료수집

제 4 장 정성조사를 통한 자료수집

· 제 1 절 정성적 연구 ·

1. 정성적 연구란 무엇인가?

과학적인 연구를 수행하는 방법론에는 여러 가지가 있으며, 그중 가장 대표적인 두 가지로 질적 연구(qualitative study)와 양적 연구(quantative study)가 있다. 정성적 연구는 관찰과 인터뷰를 통해 개인의 경험과 관점을 이해하는 데 중점을 두는 반면, 정량적 연구는 수치 데이터를 기반으로 분석하고 결론을 도출한다. 두 전략 모두 장점과 단점이 있으며, 적절한 방법론을 선택하는 것이 연구 결과에 상당한 영향을 미칠 수 있다. 본서에서 제공하는 모든 방법론들이 주로 정량적인 방법론에 중점을 두고 설명을 하고 있는데 본 장에서는 정성적 연구방법론에 대해서 설명하고자 한다.

정성적 연구 방법은 주로 탐구적 방법론으로 주관적인 경험, 신념, 태도, 행동을 조사하여 자연스러운 환경에서 복잡한 현상을 이해하는 것을 목표로 한다. 수치 측정과 통계 분석에 중점을 두는 정량적 연구와 달리, 정성적 연구는 다양한 데이터 수집 방법을 사용하여 연구 주제에 대한 심층적인 통찰력을 제공할 수 있는 상세한 비수치 데이터를 수집한다. 이를 위해 질적 연구는 자연 환경에서 개인의 경험, 관점, 행동을 이해하는 데 중점을 두는 연구 방법이다. 이 방법은 신념, 태도, 감정과 같이 정량화하기 어려운 복잡한 현상을 조사하는 데 자주 사용된다. 정성적 연구를 위한 데이터는 관찰, 인터뷰, 포커스 그룹과 같은 방법을 통해 수집되는 경우가 많다. 수집된 정보는 숫자가 아닌 경우가 많으며 텍스트, 오디오 및 시각적 기록으로 구성될 수 있다.

2. 정성적 연구의 특성

질적 연구의 특징 중 하나는 맥락과 데이터의 주관적인 해석을 강조한다는 점이다. 질적 연구자는 연구 결과를 더 넓은 집단에 일반화하려고 시도하기보다는 맥락에서 데이터를 평가하여 획득한 데이터의 의미와 관련성을 파악하려고 노력한다. 이 방법은 연구자가 조사 대상자의 경험과 관점을 더 잘 이해하고 다른 연구 방법으로는 분명하지 않을 수 있는 패턴과 주제를 찾는 데 도움이 된다. 정정적 연구의 주요 특징은 다음과 같다.

1) 주관성

정성적 조사는 인간의 경험과 인식의 주관적인 특성을 인정한다. 또한 대상인 개인은 각자의 고유한 관점, 문화적 배경, 사회적 맥락에 따라 의미를 해석하고 구성한다는 점을 인정한다. 질적 방법을 사용하는 연구자들은 인간 행동의 뉘앙스와 복잡성을 포착하는 상세한 질적 관찰, 인터뷰 및 분석을 통해 이러한 주관성을 포착하는 것을 목표로 하고 있다.

2) 컨텍스트화

정정석 연구는 사회 현상이 발생하는 맥락에 중점을 두고 개인, 환경, 경험을 형성하는 더 넓은 사회 구조 간의 상호 연결성을 이해하고자 한다. 연구자들은 참가자의 행동과 태도에 영향을 미치는 특정 환경과 상황을 조사하여 다양한 변수 간의 복잡한 관계를 밝히는 것을 목표로 한다.

3) 유연성

정성적 연구는 유연성과 적응성이 특징이다. 연구자는 연구를 진행하는 동안 새로운 인사이트와 새로운 방향에 따라 연구 설계와 방법을 자유롭게 수정할 수 있다. 이러한 유연성은 반복적이고 탐색적인 연구를 가능하게 하여 연구자가 주제를 더 깊이 파고들고 예상치 못한 결과를 포착할 수 있게 해 준다.

4) 해석 및 의미 만들기

정성적 연구는 의미는 고정된 것이 아니라 사회적 상호작용과 해석을 통해 구성된다는 점을 인식하고 있다. 연구자들은 수집된 데이터를 이해하기 위해 해석하고 의미를 만드는 과정을 거치고 이러한 해석적 접근 방식을 통해 연구자들은 참가자의 경험과 행동을 형성하는 다양한 관점, 문화적 영향, 사회적 구성을 탐구할 수 있다.

5) 풍부함과 깊이

정성적 연구의 주요 강점 중 하나는 풍부하고 심층적인 데이터를 생성할 수 있다는 점이다. 연구자들은 인터뷰, 포커스 그룹, 참가자 관찰과 같은 방법을 통해 표면적인 정보를 넘어서는 상세한 내러티브와 설명을 수집할 수 있다. 이러한 심층적인 데이터를 통해 근본적인 동기, 감정, 사회적 역학 관계 등 연구 주제에 대한 포괄적인 이해가 가능하다.

6) 귀납적 추론

정성적 연구는 종종 귀납적 추론 방식을 사용한다. 연구자들은 선입견이 있는 가설이나 이론으로 시작하는 대신 데이터에서 패턴과 테마가 드러나도록 한다. 이들은 수집한 경험적 증거에 기반한 이론이나 개념적 틀을 개발하기 위해 데이터 수집과 분석의 반복적인 주기에 참여하고 이러한 귀납적 과정을 통해 기존 이론에 도전하거나 대안적인 설명을 제시할 수 있는 새로운 통찰력과 발견이 가능해진다.

7) 자연주의적 설정

정성적 연구는 일상적인 환경에서 참가자를 관찰하고 연구하는 자연주의적 환경에서 주로 이루어진다. 이 설정은 연구자가 실제 행동, 상호 작용 및 경험을 포착할 수 있으므로 연구의 생태학적 타당성을 향상시킬 수 있다. 연구자들은 자연스러운 맥락에서 개인을 관찰함으로써 실제 상황에서 사회 현상이 어떻게 전개되는지 더 깊이 이해할 수 있다.

3. 정성적 연구 유형

정성적 연구에 사용되는 5가지 주요 질적 연구 유형은 다음과 같다.

1) 현상학

이 유형의 연구는 특정 현상이나 경험을 겪은 개인이 인식하는 그 본질과 의미를 이해하는 데 중점을 둔다. 참가자의 주관적인 경험과 관점을 포착하고자 한다. 현상학적 연구를 수행하는 연구자는 자연재해에서 살아남은 개인의 생생한 경험을 조사하여 그러한 사건의 심리적, 정서적 영향을 이해할 수 있다.

2) 민족지학

민족지학 연구는 특정 문화 또는 사회 집단에 몰입하여 그 집단의 관습, 관습, 신념, 가치관을 관찰하고 이해하는 것을 포함한다. 연구자들은 커뮤니티 내에서 오랜 시간을 보내며 커뮤니티의 생활 방식에 대한 전체적인 관점을 얻을 수 있다. 민족지학자는 외딴 원주민 커뮤니티에 들어가 그들의 문화적 관습, 의식, 사회적 역학 관계를 연구할 수 있다.

3) 근거 이론

근거 이론은 인터뷰, 관찰 또는 문서에서 수집한 데이터 분석을 기반으로 새로운 이론이나 개념적 틀을 생성하는 것을 목표로 한다. 데이터를 체계적으로 코딩하고 분류하여 패턴을 식별하고 이론적 설명을 개발하는 작업이 포함된다. 근거 이론 연구는 인터뷰를 진행하고 경험을 분석하여 암 환자가 사용하는 대처 메커니즘을 조사할 수 있다.

4) 사례 연구

사례 연구에서 연구자는 연구 대상에 대한 자세한 이해를 얻기 위해 한 개인, 그룹 또는 사건을 심층적으로 조사한다. 이 접근 방식을 사용하면 풍부한 컨텍스트 정보를 얻을 수 있으며 특히 복잡하고 독특한 사례를 탐색하는 데 유용할 수 있다. 사례 연구에는 특정 회사의 조직 문화가 직원 성과와 직무 만족도에 미치는 영향을 파악하기 위해 조직 문화를 조사하는 것이 포함될 수 있다.

5) 내러티브 연구

내러티브 연구는 개인의 경험과 정체성, 의미 형성 과정에 대한 통찰력을 얻기 위해 개인의 이야기와 개인적 내러티브를 분석하는 데 중점을 두고 있다. 의미를 구성하는 데 있어 스토리텔링의 힘을 강조한다. 내러티브 연구 프로젝트에서는 이주나 직업 변화와 같은 중대한 삶의 전환을 경험한 개인의 내러티브를 분석하여 근본적인 의미 형성 과정을 이해할 수 있다.

· 제 2 절 정성적 시장조사 방법 ·

풍부한 데이터를 수집하고, 심층 분석을 용이하게 하며, 종합적인 결과를 도출하는 데 있어 고유한 이점을 제공하는 정성적 연구 방법은 다음과 같다.

1. 심층 인터뷰

가장 널리 사용되는 질적 연구 기법 중 하나는 심층 인터뷰이다. 이 방법은 참가자와 일대일 인터뷰를 진행하여 참가자의 경험, 관점, 의견에 대한 풍부하고 상세한 정보를 수집하는 것이다. 심층 인터뷰를 통해 연구자는 참가자의 생각, 감정, 동기를 탐구하여 그들의 행동과 의사 결정 과정에 대한 깊은 통찰력을 얻을 수 있다. 이 방법의 유연성 덕분에 개별 경험을 매우 상세하게 탐색할 수 있어 민감한 주제나 복잡한 현상에 특히 적합하다. 연구자는 신중한 조사와 개방형 질문을 통해 참가자의 세계관을 포괄적으로 이해하고 숨겨진 패턴을 발견하고 새로운 가설을 생성할 수 있다.

2. 포커스 그룹

포커스 그룹 연구는 공통된 특성이나 경험을 공유하는 소수의 개인(일반적으로 6~10명)을 대상으로 한다. 이 방법은 참가자들이 숙련된 진행자가 진행하는 공개 토론에 참여하도록 장려한다. 포커스 그룹은 참가자들이 상호 작용하고, 서로의 관점을 공유하고, 서로의 아이디어를 바탕으로 발전할 수 있는 역동적인 환경을 제공한다. 이 방법은 그룹 역학, 집단 의견 및 사회적 규범을 탐구하는 데 특히 유용하다. 연구자들은 그룹 내 상호작용을 관찰함으로써 사회적 영향이 개인의 태도와 행동을 어떻게 형성하는지에 대한 귀중한 통찰력을 얻을 수 있다. 또한 포커스 그룹을 통해 다양한 관점을 탐색할 수 있으므로 연구자는 패턴, 모순, 공유된 경험을 파악할 수 있다.

3. 관찰 연구

관찰 연구에는 자연 환경 내에서 참가자의 행동과 상호작용을 체계적으로 관찰하고 기록하는 것이 포함된다. 이 방법을 통해 연구자들은 실제 상황을 직접 들여다볼 수 있어 사회적 상호작용, 문화적 관행, 행동 패턴을 포괄적으로 이해할 수 있다. 참가자 관찰을 통해 수행하든 눈에 띄지 않는 관찰을 통해 수행하든, 이 방법은 참가자의 행동이 말보다 더 큰 영향을 미치기 때문에 자가 보고와 관련된 잠재적 편견을 제거할 수 있다. 관찰 연구는 비언어적 의사소통, 맥락적 요인, 복잡한 사회 시스템을 연구하는 데 특히 유용하다. 또한 다른 방법으로는 포착하기 어려운 비언어적 행동이나 경험에 대한 인사이트를 제공할 수 있다. 그러나 성공적인 관찰 연구를 수행하기 위해서는 신중한 계획, 윤리적 고려 사항, 장기간의 참여가 필요하다.

4. 사례 연구

사례 연구에는 특정 개인, 그룹, 조직 또는 이벤트에 대한 심층 조사가 포함된다. 연구자들은 인터뷰, 관찰, 문서, 유물 등 다양한 출처를 통해 데이터를 수집하여 조사 중인 사건에 대한 전체적인 이해를 구축한다. 이 방법을 사용하면 복잡한 사회 현상을 실제 맥락에서 탐구하여 다른 방법으로는 접근할 수 없는 풍부하고 상세한 인사이트를 발견할 수 있다. 사례 연구는 독특하거나 희귀한 사례를 조사하고, 역사적 맥락을 탐구하며, 상황에 맞는 지식을 생성할 수 있는 기회를 제공한다. 사례 연구의 결과는 종종 매우 상세하고 맥락에 구속되어 풍부한 설명을 제공하고 이론 개발이나 개선에 기여할 수 있다.

이상과 같이 질성적 조사 방법은 주관적인 경험, 의미, 해석을 탐구할 수 있는 다양하고 강력한 도구를 제공한 심층 인터뷰는 개인의 관점을 탐구할 수 있으며, 포커스 그룹은 집단의 역학 관계를 조명할 수 있다. 관찰 연구는 참가자의 행동을 직접 관찰할 수 있으며, 사례 연구는 특정 사례에 대한 전체적인 이해를 제공한다. 이러한 정성적 방법을 활용하여 연구자들은 깊은 통찰력을 발견하고, 복잡한 현상을 포착하며, 상황에 맞는 지식을 생성할 수 있다.

· 제 3 절 정성적 연구의 절차 ·

정성적 조사와 연구를 모범적으로 수행하기 위해서는 다음 사항을 엄격하게 준수하고 따라야 한다. 이는 정성적인 조사가 가진 한계점인 객관성을 보완할 수 있고 보다 논리적이고 과학적인 결과를 도출하는 데 도움이 되기 때문에 정성적 연구자는 이를 철저하게 이해하고 수행하여야 할 것이다.

1. 명확한 연구 목표

연구를 안내하는 질적 연구 목표, 질문 또는 가설을 명확하게 정의해야 한다. 이를 통해 집중력을 유지하고 데이터 수집 및 분석이 연구 목표에 부합하도록 할 수 있다. 따라서 정량적인 연구와 마찬가지로 기존 문헌연구를 충실하게 하고 이론적인 근거를 명확하게 세우고 이를 근거로 연구를 진행하여야 할 것이다.

2. 샘플링 전략

정성적 연구 질문과 관련이 있고 다양한 관점을 제공할 수 있는 참가자 또는 사례를 선정해야 한다. 최대 변동 또는 스노우볼 샘플링과 같은 목적에 맞는 샘플링 기법을 사용하면 다양한 경험과 관점을 포함할 수 있다. 정량적 연구와 더불어 수는 적지만 정성적 조사의 대상도 모집단을 대표할 수 있는 대표성이 있어야 한다.

3. 데이터 수집의 엄격성

엄격한 정성적 데이터 수집 기법을 사용하여 조사 결과의 정확성, 신뢰성 및 깊이를 보장할 수 있다. 여기에는 여러 인터뷰 또는 정성적 관찰을 수행하고, 여러 데이터 소스를 사용하며, 상세한 현장 메모를 작성하는 것이 포함될 수 있다. 정량적인 방법과 동일하게 정성적인 방법에서도 데이터의 수집의 정확성과 관련된 신뢰성과 타당성의 이슈는 매우 중요하다.

4. 윤리적 고려 사항

윤리 가이드라인을 준수하고 참가자로부터 사전 동의를 얻는다. 참여자의 개인정보, 기밀성, 익명성을 보호하고 질적 연구 과정 전반에 걸쳐 참여자의 자발적인 참여를 보장하여야 한다. 이는 참여자가 보다 객관적인 응답을 할 수 있게 도와주고 또한 참여자의 개인정보의 노출 등의 우려를 잠식시킬 수 있다. 모든 조사에서 이러한 개인정보 보호와 윤리적인 이슈는 매우 중요하게 처리되어야 한다.

5. 데이터 분석

정량적인 데이터 분석과 동일하게 정성적인 데이터도 체계적이고 엄격한 접근 방식을 활용하여 정성적 연구 데이터를 분석해야 한다. 여기에는 데이터 내의 패턴이나 테마를 코딩하고, 분류하고, 식별하는 작업이 포함될 수 있다. NVivo 또는 ATLAS.ti와 같은 소프트웨어 도구는 대규모 데이터 세트를 구성하고 분석하는 데 도움이 될 수 있다.

6. 삼각 측량

조사결과를 정량적인 방법의 통계적 유의성 확보와 동일하게 정성적인 방법의 분석결과도 삼각 측량을 사용하여 조사 결과의 유효성과 신뢰성을 높일 수 있다. 삼각 측량에는 여러 데이터 소스, 방법 또는 연구자를 사용하여 결과를 확증하고 검증함으로써 연구자 편향의 영향을 줄이는 것이 포함된다. 또한, 예비 조사 결과를 참가자와 공유하여 데이터의 정확성과 해석을 검증한다. 구성원 확인을 통해 참가자는 피드백을 제공하고 수정할 수 있어 연구의 신뢰성을 높일 수 있다.

7. 결과보고 및 리뷰

연구 과정 전반에 걸쳐 반성적 저널을 유지하여 데이터 수집 및 분석 중에 내린 성찰, 통찰력, 결정을 기록하는 활동이 필요하다. 이 저널은 연구 과정의 투명성과 추적성을 보장하는 데 유용한 도구가 될 수 있다. 또한 보고절차도 명확하고 투명한 보고여야 한다. 연구 결과를 명확하고 일관성 있으며 투명한 방식으로 제시해야 한요. 연구 방법론, 데이터 수집 및 분석 프로세스를 명확하게 설명하고 데이터의 직접적인 인용문과 예시를 통해 조사 결과에 대한 풍부하고 두꺼운 설명을 제공해야 한다.

이상의 주의사항과 절차를 잘 준수하면 정성적 연구자는 연구의 엄격성, 신뢰성 및 신뢰성을 향상시켜 조사 중인 복잡한 현상에 대한 가치 있고 의미 있는 통찰력을 얻을 수 있다.

• 생각해 볼 문제

1. 정성적 연구의 주요 특성에 대해 말해보고 각각의 특성이 연구에 어떻게 영향을 미치고 어떻게 사용할 수 있는지에 대해서 논의해 보자.
2. 한 가지 주제를 정하고 정성적인 방법과 정략적인 방법 중 어떠한 방법이 적합한지를 문제의 성격과 여러 가지 요인을 고려할 때 장단점을 설명하고 왜 그런지에 대해 논리적으로 설명해 보자.
3. MZ 세대들이 특정 SNS를 많이 사용하는 이유에 대한 정성적인 조사를 하려고 한다. 어떠한 대상으로 샘플링을 하고 어떠한 내용으로 질문을 해야하는지에 대해서 자유롭게 논의해 보자.
4. 인터뷰를 사용한 방법과 사례 연구 방법의 장단점을 논의해보고 어떠한 문제에 대해 이들 방법이 적합한지에 대해 토론해 보자.

소셜 애널리틱스를 위한

연구조사방법론

Research Methodology for Social Analytics

제 5 장
설문 조사 설계

제 5 장 설문 조사 설계

설문 조사는 가장 많이 사용되는 자료수집방법이다. 기술적 연구에서 주로 정량적 자료를 얻기 위해 사용한다. 일반적으로 설문지를 만들어 설문을 응답자에게 보내고 받은 응답을 정리하여 분석한다. 설문조사는 연구자가 연구의 목적에 맞게 연구 질문에 대한 답을 얻기 위해 표준화된 설문지를 개발하여 자료를 수집한다. 본 장에서는 설문조사의 종류를 먼저 살펴보고 설문조사 방법을 선택하는 기준에 대해 이야기 한다. 그리고 설문을 설계하는 과정을 알아보고 설문지 예시를 통해 구체적으로 설명한다.

· 제 1 절 자료수집 방법 ·

설문조사의 운영 방식은 조사대상자와 어떻게 접촉 하느냐에 따라 크게 네 가지로 나누어진다.

- 개별 인터뷰
- 전화 인터뷰
- 우편 인터뷰
- 온라인 인터뷰

설문조사를 위한 네 가지 접촉 방식 중에서 전화 인터뷰가 가장 많이 사용되고 그 다음으로 개별 인터뷰, 우편 인터뷰 순이다. 최근 온라인 활용이 늘고 있어서 앞으로는 온라인 인터뷰가 더 늘어날 것으로 예상된다.

1. 개별 인터뷰

개별 인터뷰는 조사자와 조사대상자가 일대일로 만나서 설문지를 함께 보면서 응답하는 방식이다. 응답자가 조사자와 함께 상호작용이 가능하기 때문에 설문지가 어렵거나 복잡한 경우 자세한 설명과 함께 응답을 도울 수 있는 장점이 있다. 구체적인 형식에는 집을 방문하거나 약속 장소에서 만나서 설문을 하는 방법과 백화점이나 상점을 방문한 고객을 대상으로 개별 면접을 진행하는 방법이 있다. 후자의 경우 몰 인터셉트(mall-intercept)라는 용어로 불리기도 하는데 이 방법의 장점은 백화점이나 상점을 방문한 사람은 조사 대상자 그룹에 속할 확률이 높기 때문에 보다 효율적인 면이 있다.

2. 전화 인터뷰

전화 인터뷰의 경우 일대일 개별 면접의 형식이지만 전화를 통해서 질문과 응답이 있다는 면에서 개별 인터뷰와는 구분된다. 개별 면접은 설문지를 함께 보면서 설문이 진행되는 반면 전화 인터뷰는 설문지를 보지 못하고 진행이 된다. 따라서 개별 인터뷰보다는 다소 간단하거나 짧은 질문을 주로 물어보게 된다. 구체적으로 두 가지 형식으로 진행된다. 먼저 전화를 이용해서 사람이 설문을 하는 일반적인 전화 인터뷰와 전화를 통해서 조사 대상자에게 컴퓨터 음성을 통해서 질문을 하는 CATI 방법이 있다.

3. 우편 인터뷰

우편 인터뷰는 설문지를 인쇄하여 우편으로 조사 대상자에게 전달하여 응답을 받는 형식이다. 우편으로 접촉하는 경우 조사 대상자가 홀로 응답을하기 때문에 조사자가 도와줄 수 없는 상황이므로 비교적 간단한 질문이나 가능한 명확하고 명료한 질문으로 설문을 구성하게 된다. 단점으로는 설문지가 우편으로 배송되기 때문에 정크 메일(junk mail)로 오해 받으면 응답률이 떨어질 수 있다.

4. 온라인 인터뷰

온라인 인터뷰는 크게 두 가지로 구분된다. 화상 인터뷰와 웹 인터뷰다. 먼저 화상 인터뷰는 줌이나 화상전화 등의 기술 발달로 인해 손쉽게 컴퓨터를 통해서 오디오와 비디오를 공유할 수 있는 대면 면접이라고 생각하면 된다. 개별 인터뷰와 매우 비슷한 상황이지만 프린트한 설문지를 오프라인에서 함께 보는 대신에 컴퓨터 모니터에 공유된 질문지를 함께 보면서 화상으로 음성으로 인터뷰 하는 상황이다.

웹 인터뷰는 조사 대상자가 홈페이지나 설문을 위한 페이지에 컴퓨터를 이용해 접속하면 설문지가 화면에 제공되고 조사자의 도움 없이 설문에 응답하는 형식이다. 연구자 편향(researcher bias)이 작고 응답자가 우편이나 전화 인터뷰에 비해 편리하게 느끼는 장점이 있다.

· 제 2 절 설문 조사 방법의 선택 ·

설문 조사 방법은 크게 4가지로 개별 인터뷰, 전화 인터뷰, 우편 인터뷰, 그리고 온라인 인터뷰로 구분된다. 이 네 가지 기법들은 어떤 매체를 사용하느냐로 구분되는데 매체의 특성에 따라 다음 표에서와 같이 우수한 점과 보완해야 할 점들이 있다. 그러므로 연구 목적과 연구 질문, 그리고 연구 주제에 맞는 매체를 선정해야 한다.

표 5-1 설문조사방법 비교

	개별 인터뷰	전화 인터뷰	우편 인터뷰	온라인 인터뷰
정보의 양	상	하	중	중
정보의 질	상	중	하	하

응답의 양	상	하	중	중
응답의 질	중	하	하	하
설문 소요 시간	하	하	중	중
설문 비용	고	하	중	중
의사소통방식	양방향	양방향	일방향	일방향
응답률	상	중	하	하
표본의 대표성	중	상	중	중

정보의 양이 많거나 응답의 질이 중요할 때는 개별 인터뷰가 적절하고, 설문 소요시간이나 설문 비용을 고려하면 우편이나 온라인 인터뷰가 효과적이다.

· 제 3 절 설문지 설계절차 ·

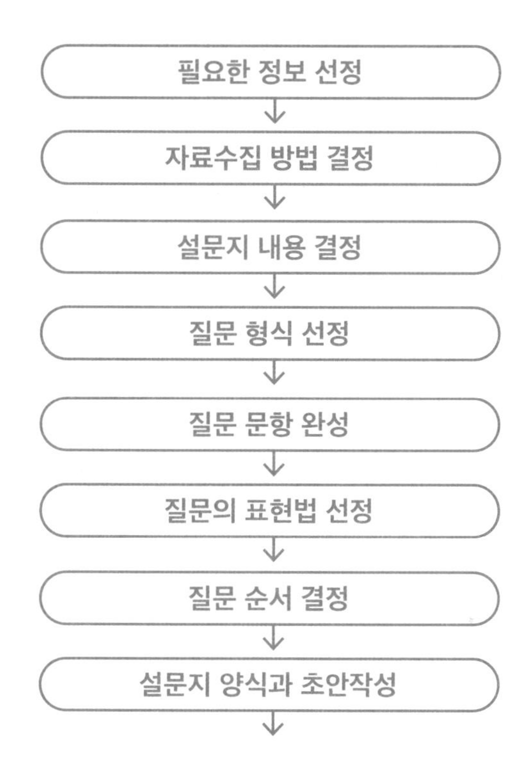

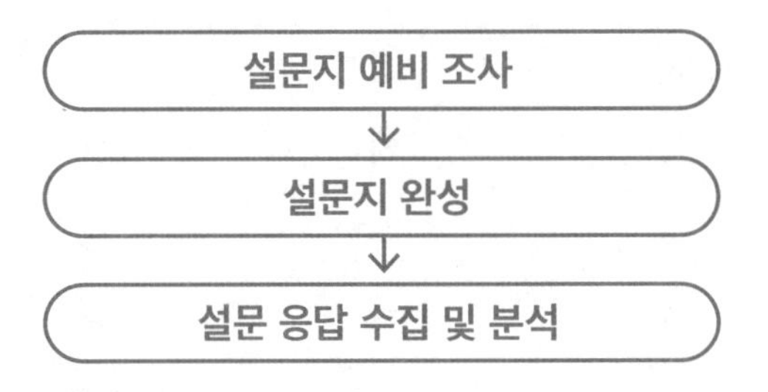

그림 5-1 **설문지 설계 절차**

[그림 5-1]에 설문지 설계 절차를 나열하였다. 본 절에서는 설문지 설계절차를 간략하게 살펴보겠다. 본 절에서는 응답자가 연구자의 도움을 받지 않고 혼자 스스로 설문에 답을 하는 상황을 가정하고 설문을 작성하는 방법 위주로 설명하고자 한다.

1. 필요한 정보 선정

설문을 통해서 연구자가 알아내고자 하는 자료가 어떤 것인지를 고민하는 과정이다. 연구 질문에 답하기 위한 자료를 하나의 설문 문항으로 답해주길 기대하는 것은 무리다. 여러 가지 질문을 통해서 되도록 필요한 내용을 부분과 부분 나누어 질문으로 물어보는 것이 좋은 방법이다. 구체적으로 크게 몇 가지 주요한 핵심질문이 필요한지 생각해 보고 그 여러 가지의 핵심질문을 보완해서 설명해주는 내용이 될 만한 것들은 어떤 것인지 생각해 봐야 한다.

2. 자료수집 방법 결정

필요한 정보를 알아내기 위해 그에 맞는 자료수집 방법을 결정해야 한다. 설문조사방법은 크게 4가지로 개별 인터뷰, 전화 인터뷰, 우편 인터뷰, 그리고 온라인 인터뷰로 구분된다. 이 네 가지 기법들은 어떤 매체를 사용하느냐로 구분되는데 매체의 특성에 따라 다음 표에서와 같이 우수한 점과 보완해야 할 점들이 있다. 그러므로 연구 목적과 연구 질문, 그리고 연구 주제에 맞는 매체를 선정해야 한다. 정보의 양이 많거나 응답의 질이 중요할 때는 개별 인터뷰가 적절하고, 설문 소요시간이나 설문 비용을 고려하면 우편이나 온라인 인터뷰가 효과적이다.

3. 설문 문항의 내용 결정

필요한 정보가 정해지고 자료수집 방법이 결정되면 각각 설문 문항의 내용을 결정한다. 문항수가 늘어나면 설문을 완성하지 않고 중간에 이탈하는 비율이 커질 수 있다. 따라서, 꼭 필요한 내용만 설문지에 포함해 질문하는 것이 좋다. 그리고 조사 대상자가 알고 있거나 응답을 할 수 있는 내용에 대해 물어보는 것이 좋다. 그렇지 않으면 그 질문은 의미 없는 질문이 되기 때문이다. 또한 응답자가 기억하지 못하는 정보를 물어보는 것도 의미 없는 질문이 될 수 있다. 내용면에서 너무 복잡하거나 너무 많은 노력을 요하는 답변도 기대하기 어렵다. 마지막으로 너무 사적이거나 응답하기 민감한 질문인지 아닌지 검토해야 한다. 이런 민감한 내용의 경우 자료수집 방법을 달리하면 부담을 줄일 수 있다. 예를 들어, 이런 민감한 질문이 많은 설문지의 경우 개별 인터뷰 보다는 우편 인터뷰로 진행하면 조금 더 높은 응답률을 기대할 수 있다.

4. 질문 형식 선정

설문지에서 주로 사용되는 두 가지 질문 형태는 주관식 또는 개방형 질문(open-ended question)과 객관식 또는 선택형 질문(closed-end question)이다. 두 가지 질문 형식 모두 각각 장점과 단점이 있어서 연구자는 각 질문 항목에 맞는 적절한 형식을 선택하는 것이 좋다.

일반적으로 주관식 문항이 좀 더 깊이 있는 자료를 수집하기에 용이 하지만 응답률이 낮거나 응답하는 데에 시간이 많이 소요된다는 단점이 있다. 객관식 문항은 쉽게 응답할 수 있어 조사 대상자의 부담을 줄여준다는 면에서 장점이 있다. 연구자 입장에서 장단점 또한 명확하게 차이 난다. 주관식 문항의 응답은 깊이 있는 내용을 이해하고 분석한다는 장점이 있는 반면에 수치화하기가 매우 어려운 단점이 있다.

1) 개방형 질문

개방형 질문의 가장 큰 장점은 조사 대상자가 응답할 때 정해진 형식이 없어서 자유로이 답변할 수 있다는 것이다. 예를 들어, 'ABC 브랜드를 떠올리면 생각나는 느낌이나 분위기를 말씀해 주십시오.' 이런 개방형 질문의 장점은 연구자가 전혀 예상하지 못한 새롭고 신선한 응답이 가능하다는 점이다. 그리고 개방형 질문은 선택형 질문에 비해 조사대상자가 연구자의 의도에 덜 영향 받는다. 따라서 보다 자유롭게 응답자가 답할 수 있다.

개방형 질문의 단점으로는 주관식 응답을 분석하고 정리하는 과정에서 연구자의 의견이 개입될 위험이 크다는 점이다. 또한 이런 주관식 응답을 모델이나 다른 분석에 사용하기 위해서는 코딩이라는 작업을 거쳐야 하는데 이는 연구 시간을 늘리는 경향이 있다. 개방형 질문의 경우 자료수집 방법이 음성이냐 서면으로 작성하느냐에 따라 결과가 달라질 수 있다. 음성으로 표현하는 경우 보다 덜 노력이 들어가 더욱 편하게 더 자세하게 응답할 확률이 크고 응답을 글이나 문장으로 작성해야 하는 경우 응답이 짧아지는 단점이 있을 수 있다.

2) 선택형 질문

선택형 질문은 비교적 간편하게 조사대상자가 응답을 할 수 있어 편리하고 응답률을 높이는 효과적인 설문 방식이다. 하지만 선택지가 연구자 입장에서 작성되어 때로는 조사대상자가 생각하는 가장 좋은 답이 선택지에 없는 경우도 있을 수 있다. 이런 경우를 대비해서 설문 문항 맨 마지막 항목은 기타(　　) 항목을 추가하여 선택지에 없지만 가장 정확한 응답을 할 수 있도록 준비하는 것이 좋다.

선택형 질문은 크게 두 가지로 나뉜다. 양자택일형과 다지선다형이다. 양자택일형은 두 가지 보기 중 하나를 고르는 형식이다. 많은 경우 어떤 그룹에 속하는지를 물어보는 문항이다. 예를 들어, '이 브랜드를 구매해 본 경험이 있으십니까?' '주말에 이 지역에 방문한 경험이 있으십니까?' '성별은 무엇입니까?' 양자택일형은 응답하기도 쉽고 연구자가 해석하기도 쉽다. 주로 파이 차트를 통해서 얼마나 많은 응답자가 이 집단에 속하는지를 시각화하기도 한다.

다지선다형은 여러 개의 보기 중 하나 또는 여러 개의 선택지를 선택하도록 하는 형식이다. 장점으로 응답자가 비교적 빠르게 선택해서 응답할 수 있다. 그리고 연구자 입장에서도 자동적으로 코딩이 되어 매우 편리하게 분석할 수 있다. 다만 여러 개의 복수 응답을 허용하는 질문의 경우 연구자는 해석에 보다 세심한 주의를 기울여야 한다. 선택지를 준비하기 어려운 경우 파일럿 스터디(pilot study)를 통해서 아이디어를 얻을 수 있다. 파일럿 스터디란 본 설문에 앞서 설문지 작성의 완성도를 높이기 위해 실험적으로 초안으로 완성된 설문을 조사대상자 그룹에 속한 예비대상자에게 설문하는 것을 의미한다. 기타(　　) 항목에서 아이디어를 얻어서 질문지의 선택지에 추가할 수 있다. 또한 선택지의 순서가 응답자의 선택에 영향을 줄 수 있다. 연구자는 파일럿 스터디를 통해서 순서를 바꾸었을 때 응답의 차이가 있는지를 검토해 보아야 한다. 온라인 인터뷰를 진행하는 경우 매번 설문을 할 때마다 선택지의 순서가 무작위(random)로 섞이도록 설정 하는 것도 좋은 방법이다.

5. 질문 문항 완성

연구자가 연구 문제에 답하기 위해 필요한 정보를 수집하기 위해 각 문항을 표현에 신경 쓰며 완성한다. 여러 가지 표현을 위한 기준이 있다.

1) 쉽고 명확해야

전문용어나 어려운 단어를 사용하지 않고 누구나 쉽게 이해할 수 있는 단어로 오해의 소지가 없게 질문을 만들어야 한다.

2) 중립적인 표현과 부담을 주지 않게

연구자가 원하는 결론이나 자료를 답하기 쉽도록 분위기를 만들거나 객관식 질문의 경우 선택지의 순서를 조정하는 것은 바람직하지 않다. 또한 표현도 중립적인 표현을 사용해야 한다. 유도질문은 바람직하지 않다.

3) 하나의 질문은 하나만 물어봐야

설문지 작성 시 두 가지 다른 질문을 하나의 질문에 합쳐서 묻는 것을 "더블 배렬(double-barrell)질문"이라고 한다. 하나의 질문에서 두 가지를 물어보는 것은 바람직하지 않다. 이러한 질문은 설문 응답자가 명확하게 답변하기 어렵게 만들 수 있기 때문이다. 두 가지 다른 질문을 하나로 묶으면 응답자가 어느 부분에 대해 답변해야 하는지 헷갈릴 수 있다. 예를 들면 '이 제품의 가격과 품질에 만족하십니까?' 여기서 응답자는 가격에 대해 만족하는지, 품질에 대해 만족하는지 명확히 구분해서 답변하기 어렵다. 응답자가 하나의 부분에 대해 긍정적이고 다른 부분에 대해 부정적일 때, 질문이 혼합되어 있으면 이를 명확하게 표현할 방법이 없다. 예를 들어 '고객 서비스와 배송 속도에 만족하십니까?'라는 질문에서 만약 응답자가 고객 서비스에는 만족하지만 배송 속도에 불만족한다면, 이 질문에 대한 답변은 명확하지 않아진다. 이런 이유로, 설문지를 작성할 때는 가능한 한 명확하고 하나의 질문을 사용하는 것이 좋다. 예를 들어, 앞에서 예시로 든 질문을 다음과 같이 분리해서 두 개의 질문으로 만들어 따로 따로 질문할 수 있다

'이 제품의 가격에 만족하십니까?'

'이 제품의 품질에 만족하십니까?'

6. 질문의 순서 선정

설문지는 여러 개의 질문으로 구성된다. 각각의 문항을 어떤 순서로 물어보는지도 매우 중요한 문제다.

1) 간단한 질문부터 시작하기

설문지의 첫 번째 몇 개의 질문은 답변하기 쉬운 것들로 구성하는 것이 좋다. 이렇게 하면 응답자가 설문에 대한 긍정적인 첫 인상을 가지게 되어 끝까지 참여할 가능성이 높아진다. 예를 들어 답하기 쉬운 단순한 예/아니오 질문이나 흥미를 유발하는 질문 또한 설문 응답자의 관심을 유도해 끝까지 응답을 할 확률을 높인다.

2) 논리적 흐름 유지하기

질문들이 자연스럽게 연결되도록 순서를 설정한다. 하나의 주제나 영역에 대한 질문들을 묶어서 배치하면 응답자가 더 쉽게 이해하고 응답할 수 있다. 예를 들어, 특정 제품에 대한 만족도를 묻는 질문들을 묶어서 배치하면 좋다.

3) 중요한 질문을 앞부분에 배치하기

설문지의 중반부나 후반부로 갈수록 설문 응답자의 집중력이 떨어질 수 있다. 그러므로, 중요한 질문은 초반에 배치하는 것이 좋다.

4) 민감한 질문은 마지막에

민감하거나 개인적인 질문은 설문지의 후반부에 배치하는 것이 좋다. 특히 인구통계학적인 질문은 마지막 부분에 배치하는 것이 바람직하다. 거주지, 최종 학력, 소득수준 등 개인정

보나 사생활 관련 정보들에 대한 질문을 설문 전반부에 배치하면 설문 응답자의 경계심이 높아져 설문에 대한 응답 자체를 꺼리게 될 가능성이 있다. 예를 들어 소득수준이나 건강 상태 관련 질문은 설문지 후반부나 마지막 부분에 하는 것이 바람직하다.

5) 질문 유형 혼합하기

여러 유형의 질문(예/아니오, 선택형, 서술형 등)을 혼합하여 응답자가 설문에 대한 흥미를 유지할 수 있게 하는 것도 좋다. 또한 긍정형 질문과 부정형 질문을 적절하게 혼합하여 방향성이 치우치지 않게 하는 것도 중요하다.

6) 깔때기 구조

설문지 순서를 정할 때 일반적이고 큰 범위의 질문을 먼저 배치하고 점점 더 구체적이고 작은 범위의 내용을 질문하는 것이 좋다.

7. 설문지 양식

도입 부분에는 연구의 주제가 무엇이고 연구의 목적이 무엇인지 소개해야 한다. 그리고 연구자의 연락처를 쉽게 찾아볼 수 있게 알려주어야 한다. 또한 궁금한 점이 있으면 물어볼 수 있고 설문에 응답하던 중 더 이상 응답하기 싫으면 중단해도 좋다는 문구를 포함해서 자발적인 응답을 유도하는 것이 좋다. 추가로 이 연구가 어떤 분야에 어떻게 활용될 것인지를 알려줌으로써 자발적인 설문 응답에 보람이 있게 해주는 것도 응답률을 높이는 데 도움이 된다.

8. 예비 설문 조사 및 수정 보완

예비 설문 조사의 가장 큰 목적은 연구자의 의도 대로 질문이 이해가 되었는지 오해의 소지는 없는지를 확인하는 것이다. 작은 수의 응답이지만 응답을 면밀히 이해하는 과정에서 응답자가 설문 문항을 잘 못 해석한 부분이 있는지를 찾아낼 수 있다. 발견한 오류를 수정하여 다음 단계로 넘어간다.

9. 설문지 완성

설문지의 내용과 형식, 질문의 난이도, 질문의 표현 그리고 도입부분에 제시되는 설명 등을 다시 한번 검토 한 후 설문지를 완성한다. 우편이나 오프라인 설문의 경우 인쇄할 때 어떤 종이를 선택하느냐 또한 연구자가 결정해야 하는 부분이다.

10. 설문응답 수집 및 분석

예상했던 수 많큼의 설문 응답이 수집되지 않은 경우 다시 한번 응답자에게 접촉하여 기한이 언제 까지인지나 어디로 보내주면 좋은지 등에 대한 정보를 다시 한번 상기 시켜주는 것도 자료수집을 하는데 도움이 된다. 수집된 응답을 분석하는 부분은 추후에 설명하기로 한다.

· 제 4 절 설문지 예시 ·

제품 광고에 대한 소비자 태도 조사 설문지

안녕하세요? 본 설문에 참여해 주셔서 대단히 감사드립니다.
본 설문은 00대학교 00학과 000석사생의 학위 논문을 위한 연구입니다.
본 설문의 응답은 연구 목적으로 활용되고 이 외의 목적으로는 일체 사용되지 않습니다.
혹시 설문에 대한 문의 사항은 아래 연락처로 연락 바랍니다.
설문 조사책임자: 000(연락처:010-0000-0000)

1. "00제품"에 대해 얼마나 알고 계십니까?

☐ 나는 매일 사용한다.
☐ 몇 번 샀다.
☐ 제품에 대해 일반적으로 알고 있다.
☐ 나는 제품을 알지 못했다.

2. "광고 이름"을 얼마나 잘 기억하세요?

☐ 잘 기억함

☐ 회사와 제품을 기억하지만 광고는 기억하지 못함

☐ 회사만 기억

☐ 제품만 기억

☐ 광고를 전혀 기억하지 못함

3. 당신은 광고가 주는 동기부여를 어떻게 평가하십니까?

☐ 1

☐ 2

☐ 3

☐ 4

☐ 5

4. 광고와 가장 밀접한 관련이 있다고 생각되는 다음의 개념/느낌 중 하나를 선택하십시오.

☐ 성과와 사회적 성공

☐ 활동적인 삶을 사는 것

☐ 합리적인 선택

☐ 자유로운 선택

☐ 다른 사람에게 받아들여지는 것

☐ 다른 사람들을 배려하는 것

☐ 마음이 젊고 외모가 젊다는 것

☐ 개인의 안정

☐ 더 나은 세상 만들기

☐ 편안한 삶을 살기

☐ 개인의 건강

5. 당신은 그 광고를 보면서 어떤 인상을 받았습니까?

☐ 긍정적 인상

☐ 부정적 인상

6. 그 광고를 어떻게 설명하고 싶습니까?

- ☐ 활동적인
- ☐ 주의를 끄는
- ☐ 지루한
- ☐ 쾌활한
- ☐ 영리한
- ☐ 창의적인
- ☐ 감정적인
- ☐ 활동적인
- ☐ 진정한
- ☐ 정직한
- ☐ 유머러스한
- ☐ 자극적인
- ☐ 인상적인
- ☐ 좋은 의미의
- ☐ 자연의
- ☐ 기분좋은
- ☐ 만족스러운
- ☐ 진실된
- ☐ 강한
- ☐ 말쑥한
- ☐ 독특한
- ☐ 기타 (   )

7. 이 광고의 중심 메시지는 무엇이라고 생각하십니까? (구매 촉진 외에)

8. 다음 문장을 가장 잘 설명하는 보기를 골라주세요.

1	2	3	4	5
매우 기술적인	서술하는	중립적인	설명하지 않음	전혀 설명하지 않음

나는 남에게 대접 받는 것이 중요하다.	1	2	3	4	5
나는 약간 전통적인 취향을 가지고 있다.	1	2	3	4	5
나는 최신 유행의 옷을 보는 것을 좋아한다.	1	2	3	4	5
나는 쇼핑할 충분한 시간이 없다.	1	2	3	4	5
나는 쇼핑이 재미있다고 생각한다.	1	2	3	4	5
나는 종종 충동적으로 물건을 산다.	1	2	3	4	5
나는 많은 여가 시간을 가지고 있다.	1	2	3	4	5
나는 현명한 고객이라고 생각한다.	1	2	3	4	5

살면서 부당한 대우를 받은 것 같다.	1	2	3	4	5
나는 항상 가격이 낮은 가게를 좋아한다.	1	2	3	4	5
나는 충분한 돈을 가지고 있는 것 같지 않다.	1	2	3	4	5

9. 이 광고의 어떤 점이 가장 마음에 드세요?

10. 본인의 성별은 무엇인가요?

☐ 남자

☐ 여자

☐ 기타(   )

11. 거주지의 우편번호는 무엇인가요?

12. 본인의 나이는?

13. 본인의 학력은?

설문에 응답해 주셔서 대단히 감사합니다.

• 생각해 볼 문제

1. 설문조사 자료수집 방법 네 가지를 알아보았다. 그중 연구자 편향(researcher bias)의 위험이 가장 큰 방법은 무엇인가?
2. 설문지 설계절차에 대해 알아보았다. 그중 질문 형식 설정에서 개방형 질문과 선택형 질문의 장단점을 비교하면?
3. 설문 문항을 작성한 후 문항의 순서를 정할 때 유의할 점은?
4. 응답자의 성별, 연령대, 직업, 거주지 등의 인적정보를 설문 마지막 부분에 위치시키는 이유는?

소셜 애널리틱스를 위한
연구조사방법론

Research Methodology for Social Analytics

제 6 장
실험

제 6 장 실험

실험(experiment)은 통제된 상황에서 연구자가 관심을 갖는 특정한 변수(일반적으로 독립변수)를 연구대상자(피험자)에게 처치(treatment)한 후에 나타나는 종속변수의 결과를 관찰하는 연구방법이다. 즉, 연구자가 현상 간의 인과성을 밝히기 위해 인위적으로 외적인 변수를 엄격하게 통제하는 상황을 설정하여 독립변수가 종속변수에 미치는 영향을 파악하는 연구방법이 '실험'이다. 실험연구를 하기 위해서는 정교한 실험설계가 필요하다.

· 제 1 절 실험설계 ·

1. 의의

자연과학과 마찬가지로 사회과학분야에서도 인과관계의 규명은 매우 중요한 의미를 가지고 있다. 과학적 문제해결을 위해서는 특정한 사회현상이 야기된 원인과 그 결과 사이의 관계를 정확히 밝혀내야만 현상에 대한 근본적 이해와 올바른 의사결정을 할 수 있게 된다. 이러한 인과관계의 규명을 위해 주로 사용되는 방법이 실험설계(experimental design)이다.

실험설계는 현상들 간의 원인과 결과를 구분하고 그들간의 상호관계에 대해 보다 정확한 이해와 예측을 위한 정보를 얻기 위하여 실시된다. 실험설계는 관련된 변수들 간의 인과관계를 밝히기 위한 것으로, 이때 변수는 실험설계에서 연구목적이나 내용에 따라서 독립변수, 종속변수, 외생변수(통제변수)로 나누어질 수 있다. 각각의 설명은 앞서 3장에서 설명한 바 있지만 다시 한 번 상기해 보자.

독립변수란 연구자에 의하여 조작되는 변수로서 관찰하고자 하는 현상의 원인이 되는 변수이다. 종속변수란 독립변수의 영향을 받아 그 값들이 변화하는 변수를 말한다. 그러나 실험설계에서는 종속변수에 영향을 미칠 수 있는 모든 변수를 다 고려해서 실험하는 것은 아니라 특별하게 관심이 있는 변수들만을 선택하여 실험을 한다. 이러한 이유는 특정 변수의 효과만을 파악하기 위한 목적도 있을 뿐 아니라, 변수의 수를 줄임으로써 실험설계상의 복잡성을 줄이려는 목적도 갖고 있다.

한편 원인변수로 작용하여 결과변수에 영향을 미칠 수는 있지만 실험설계의 독립변수에 포함되지 않은 변수는 외생변수라 하며, 이들의 영향이 통제되지 않는다면 연구를 통해 알고자 하는 특정 변수들 간의 관계를 명확히 파악할 수 없기 때문에 이에 대한 대책이 마련되어야 한다. 이러한 실험설계를 통한 연구방법은 외생변수의 영향을 통제하기가 용이하고, 변수들 간의 명확한 인과관계 검증이 가능하다는 장점이 있다. 그러나 조사상의 복잡성 및 실험상황의 인위성으로 실험결과의 일반화 한계 등이 단점이 있기도 하다.

2. 조건

실험설계는 기술적 연구와 인과관계연구 모두에서 필요하며 사용되고 있다. 그러나 인과관계의 연구에서 많이 사용되는데 이때에 매우 세심한 주의와 통제가 더욱 필요하다. 일반적으로 실험설계는 다음과 같은 조건이 있어야 한다

첫째, 변수는 조작 가능해야 한다. 변수 조작이란 실험에 있어 결과가 되는 변수(종속변수) 값에 어떠한 변화가 있는지를 밝혀내기 위해 실험결과에 영향을 미치는 변수나 요인들을 인위적으로 조작이 가능해야 한다는 것이다 이러할 때 비로소 결과변수의 변화가 관찰가능하다. 예컨대, 아이스크림 용기 크기가 소비자의 제품선택에 어떠한 영향을 미치는지를 연구하고자 하는 경우, 실험자는 내용물이 같은 아이스크림을 각각 상이한 크기의 용기로 포장하여 가게

에서 동일한 위치에 놓고 판매하여 소비자들의 선택의도를 관측한다. 이때 아이스크림 용기의 크기가 실험변수가 되며, 용기 크기를 변화시키는 것을 실험변수의 조작이라고 한다.

둘째, 외생변수를 통제해야 한다. 상술한 바와 같이 외생변수란 연구 대상이 되는 실험변수(독립변수)와 결과변수(종속변수) 이외의 기타 변수로서, 결과변수에 영향을 주는 변수들을 일컫는다. 만일 외생변수의 영향을 제거하지 못하면 실험변수와 결과변수 사이의 인과관계를 정확히 파악하는 데 문제가 생기게 된다. 따라서 독립변수만의 순수한 영향력을 조사하기 위해서는 외생변수가 통제되어야 한다.

맥주 맛이 소비자 선택에 어떤 영향을 미치는가를 알기 위한 실험한다고 가정하자. 이 경우 맥주는 맛 이외에 켈리나 크러쉬등과 같은 브랜드 역시 제품선택에 영향을 크게 미칠 수 있다. 따라서 브랜드와 같은 외생변수의 영향을 제거하기 위하여 실험대상이 브랜드를 모르는 상태에서 순수하게 맥주의 맛으로만 제품을 선택할 수 있도록 실험이 실시되어야 한다. 즉, 외생변수들을 통제해야 할 것이다. 또 다른 예로 고등학교에서 강의방법에 따른 학업성적의 차이를 조사한다고 가정하자. 조사자는 집단별(예, 두 집단)로 각각의 강의방법을 실시한 후에 학업성과를 비교하기 위해 시험을 보고 이를 비교할 수 있을 것이다. 그러나 만일 특정 집단 시험장주변에서만 공사 등으로 큰 소음이 발생(다른 시험장 주변은 조용)하여 시험진행에 지장을 주었다면 두 집단의 성적 차이는 순수한 강의방법의 영향이라고는 확신할 수 없을 것이다.

왜냐하면 두 집단 간의 성적 차이에는 주변의 소음 발생이라는 외생변수의 영향이 상당부분 포함되어 있을 가능성이 존재하기 때문이다. 만약 이와 같은 외생변수의 영향을 제거할 수 없다면 강의방법(독립변수)과 학업성적(종속변수) 사이의 명확한 인과관계를 규명할 수 없을 것이다. 따라서 과학적이고 정밀한 연구조사방법이 되기 위해서는 이러한 외생변수의 영향을 체계적으로 방지 또는 제거할 수 있도록 실험이 설계되어야 한다.

셋째, 실험대상자(피험자)를 무작위로 추출해야 한다. 예컨대, 특정 광고안에 대해 소비자의 선호도를 측정하기 위한 실험을 한다고 가정하자. 이 실험에 참가한 실험대상자(피험자)들은 이 광고의 표적소비자 전체를 대표할 수 있도록 무작위로 선정되어야 한다. 이렇게 실험대상자를 무작위로 선정하는 이유는 모집단을 대표할 수 있는 표본을 선정하여 실험하기 위해서이다. 이렇게 해야만 실험결과를 모집단에 일반화할 수 있기 때문이다.

3. 실험계획법과 기초원리

실험계획법의 기초 원리는 반복화, 무작위화, 블록화 그리고 추가적으로 교락화와 직교화이다. 이를 통하여 실험의 정도 향상과 실험 환경의 동질성을 확보할 수 있으며, 이러한 원리들은 실험에서 통계적 방법들을 사용할 수 있게 해주는 기초가 된다.

1) 반복화(replication)

실험을 한번만 했을 경우, 그 실험이 정확하게 실시되었는지를 확신할 수 없다. 따라서 실험 조건을 반복하여 실험함으로써 재현성을 확보하는 것이 필요하다. 이렇게 실험을 반복한 후 각 실험에서 나타난 데이터의 차이가 통계적으로 유의한지를 보는 것은 실험에서 매우 기본적인 것이다.

또한 실험에서 취해진 어떤 변수의 효과를 추정하기 위하여 표본 평균을 사용하면 반복은 이 변수의 효과에 대해서 보다 정밀한 추정치를 제공해 줄 수 있다. 이와 같이 일반적으로 반복실험을 하면 오차항의 자유도를 크게 해 줄 수 있다. 반복이 이루어지지 않는 실험은 오차에 대한 추정이 불가능해지고 분산분석이 어렵게 된다. 이러한 경우를 포화된 모형(saturated model)이라고 한다.

2) 무작위화(randomization)

실험을 계획할 때에는 통제가 가능한 변수를 설정해야 하며, 통제가 불가능한 요인들을 잡음변수로 처리하여 연구자가 알고 싶은(통제가능한) 변수 간의 효과가 비교에 영향을 미치지 않도록 해야 한다. 이렇게 잡음변수들의 효과를 평준화하여 특정 처리에 치우침이 생기지 않게 하기 위해서 사용하는 방법이 실험 순서의 무작위화이다.

무작위화란 실험 재료의 배치와 각 실험의 시행 순서가 무작위적으로 결정되는 것을 의미한다. 사실 더욱 정확하게는 실험의 각 처리가 동일한 확률로 배당되어야 한다.

이와 같이 무작위화는 통계적 분석을 용이하게 해 준다. 일반적으로 분산 분석에서 사용하는 F 검정은 특성치 또는 오차에 대하여 정규성과 독립성을 가정하고 있는데 무작위 실험은 이러한 분석의 통계적 근거를 제공해 준다.

3) 블록화(blocking or local control)

실험에서 얻어진 데이터의 정도, 또는 분석력을 높이기 위해서는 잡음으로 처리에 의해서 평준화하면 오차 변동이 커져서 정도 높은 분석을 할 수 없다. 즉, 단순한 무작위화로는 실험 환경의 동질성을 확보하는 데 한계가 있다는 것이다.

따라서 실험 환경을 시간적 또는 공간적으로 분할하여 블록으로 만들면 각 블록 내에서의 데이터의 동질성이 확보될 뿐만 아니라 실험 환경 역시 균일해진다. 이때 블록을 하나의 인자로 잡아주게 되면 블록 간의 효과를 분리하여 식별할 수 있게 되므로 오차 변동이 그 만큼 작아진다. 이러한 원리를 층별 혹은 소분의 원리라고도 하며, 무작위 블록설계(randomized block design)가 대표적이다. 예컨대, 반복이 없는 이원배치분산분석을 무작위블록설계(randomized block design; 확률화블록설계법 혹은 난괴법)이라 할 수 있다. 일반적으로 일원배치분산분석에서는 각 처리에 대한 관찰 값들이 균일하다는 가정을 전제로 한다. 그런데 만약 균일성을 가정할 수 없는 경우가 있을 때에는, 대신 성질이 유사한 실험단위들끼리 묶어서 균일한 그룹, '블록'을 만들고 각 블록에서 모든 처리방법들을 무작위로 배치하는 방법을 사용한다. 이러한 실험계획을 무작위화블록설계라고 한다.

4) 교락화(compounding)

일반적으로 실험에서 다루어지는 변수(요인/인자)의 수가 많아질수록 각 변수인자들 간의 상호 작용을 포함하여 모든 변수들의 효과를 밝히기 위해서는 실험 횟수가 상당히 많아져서 많은 비용과 시간이 요구된다. 그러나 특정 인자의 효과나 상호작용 등이 실험의 목적에 부적합하거나 의미가 없어서 검출할 필요가 없을 때에는 이러한 효과들 이 블록의 효과와 겹쳐서 나타나도록 실험을 계획하면 실험 횟수를 줄일 수 있어서 보다 효율적인 실험을 수행할 수 있다.

5) 직교화(orthogonality)

어떤 관측된 변량, 또는 이들의 선형결합이 통계적으로 서로 독립일 때, 이들은 서로 직교한다고 말하는데, 요인 간에 직교성을 갖도록 실험을 계획하여 데이터를 구하면 동일한 실험 횟수라도 검출력이 더 좋은 검정을 할 수 있어서 효율적인 실험을 설계할 수 있다.

· 제 2 절 실험계획 및 수행절차 ·

실험을 통해 가설을 검증하기 위해서는 전체적인 실험계획을 잘 작성하여야 한다. 이러한 것에는 실험의 목적을 명확하게 이해하고, 정확하게 어떠한 변수들이 연구되어야 하며, 실험은 어떻게 설계되어야 하는지, 그리고 데이터가 어떻게 분석되어야 할 것인지 등에 대한 절차를 잘 이해해야 할 것이다.

실험계획 및 수행절차는 실험목적수립, 반응특성의 선택, 인자 및 수준선택, 실험설계, 실험 그리고 분석 및 시사점으로 진행되는데 여기에 있어 실험목적수립, 반응특성의 결정, 인자 및 수준의 선택은 결정은 본격적인 실험을 하기 위한 사전실험계획단계라 할 수 있다.

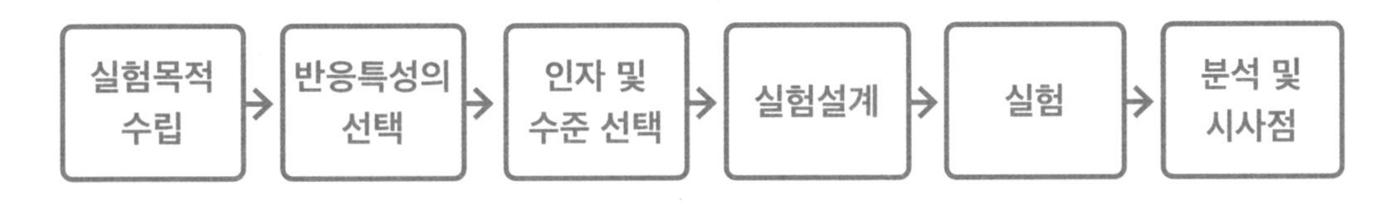

그림 6-1 실험계획 및 수행절차

1. 실험 목적 수립

연구자는 연구목적에 따라 실험의 목적을 수립한다. 실험의 목적 수립은 실험을 달성하기 위한 반응특성치의 선택과 최적의 실험방법, 분석방법 등으로 연결되며, 이를 명확히 하는 것은 실험 과정에 적절한 이해와 연구문제의 최종 해결에 도움이 된다. 그러므로 실험을 통해서 달성하고자 하는 목적을 구체적으로 명확하게 결정하는 것이 매우 중요하다. 예컨대, 값싸고 맛있는 라면의 개발 등과 같이 너무 추상적이고 광범위하게 실험 목적을 설정하면 이에 적절한 반응특성의 선택이나 실험 방법을 찾기가 어려워진다. 그러나 나트륨이나 기름기가 보다 적은 라면의 개발이라든가, 기름에 튀기지 않은 면과 포화지방이 낮은 라면의 개발 등과 같이 보다 구체적인 목적을 설정한다면 이에 따른 반응 특성이나 변수의 선택이 쉬워지고, 실험 방법이나 분석 방법 등을 적절히 계획할 수 있으며 실험을 통한 시사점을 도출할 수 있을 것이다.

2. 반응특성의 선택

실험 후에 얻어지는 데이터 반응특성은 실험 목적의 달성 여부와 직접적으로 관련이 있는 것이어야 한다. 즉, 반응특성은 특정 자극에 대한 개인이나 집단의 반응을 수량화한 값으로 표현된다. 반응은 다양한 형태로 나타날 수 있으며, 예컨대 설문조사 응답, 실험에서의 행동 반응, 생리적 측정 등이 포함될 수 있다. 즉, 특정 자극(예: 시각적 또는 청각적 자극)에 대한 피험자의 반응 시간을 측정하여 반응특성치를 얻을 수 있다.

공학에서 예를 들면 진동이나 소음이 적은 자동차를 개발하고자 실험한다면 반응특성은 데시벨(dB)의 형태로 얻어지는 진동이나 소음 수준이 될 수 있다. 한편 사회과학에서는 연구대상이 어떤 자극이나 상황에 어떻게 반응하는지를 측정하고 분석하는 데 사용되는 개념이다. 예컨대, 신제품 라면개발에 있어 기름기가 적고 담백한 맛의 라면을 개발한다면 지방, 트랜스지방, 포화지방의 함유정도에 따라 소비자 선호의 변화정도가 될 수 있을 것이다.

3. 인자 및 수준선택

실험에 영향을 미치는 무수히 많은 원인들 중에서 특별히 실험 목적으로 채택한 원인, 또는 직접 실험의 목적으로 삼지는 않으나 실험의 효율을 올리기 위한 원인을 인자(factor)라 한다. 즉, 연구자가 어떤 목적을 두고 실행한 실험에서 다른 실험으로 조건을 변경시킬 경우 그 조건이 갖는 특수성을 의미한다. 인자는 많을수록 좋으나 실험비용 등과 같은 부수적인 것을 고려하여 인자의 수를 결정하게 된다. 인자의 종류는 인자는 온도, 압력, 판매가격 등과 같이 기술적으로 수준이 지정되는 인자(모수인자; Fixed Factor), 날짜, 오전, 선호도 등과 같이 기술적으로 지정되지 않는 인자(변량인자; Random Factor)로 나뉘며 변량인자는 통제하기 어려운 경우가 많다. 인자는 구체적이고 서로 독립적인 인자를 채택한 후 인자의 수에 따라 1원배치, 2원배치 분산분석 등으로 구분되게 된다.

1) 인자의 선택

실험 목적에 맞는 요인을 찾아내는 작업은 실험을 계획하는 문헌연구를 포함하여 연구자의 기술적 지식과 정보, 개인적 경험 및 과거의 데이터 해석 등 다양한 원천으로부터 얻어진다. 그러므로 연구자들은 본격적인 실험 이전에 실험에 영향을 미칠 수 있는 특성요인도(cause and effect diagram)를 작성하면 연구에 도움이 된다. 실험에 영향을 미치는 요인으로는 실험 장소, 시각과 소요시간, 제시되는 실험자극물의 상태 등 다양한 외생변수의 효과가 존재한다.

2) 인자수준

실험을 위한 인자들의 조건을 인자 수준(level)이라 한다. 인자의 수준과 수준수를 결정함에 있어서는 실험자가 생각하고 있는 인자의 관심 영역(또는 흥미 영역: region of interest)에서만 인자 수준을 잡아주는 것이 원칙이다. 인자의 관심 영역이란 실험자가 관심을 가지고 있는 인자 수준이 변할 수 있는 범위를 말한다.

수준은 채택된 인자를 질적, 양적으로 변환시키는 조건이다. 수준의 수는 일반적으로 수준이 2~5개 정도면 충분하며, 많아도 6가지 수준을 넘지 않도록 하는 것이 좋다. 실험에서 채택된 인자는 관심 영역의 최대치와 최소치를 수준의 최대치와 최소치로 잡아주고, 수준 간격은 등간격으로 설정해 주는 것이 좋다. 수준의 폭을 너무 넓게 잡으면 상호작용이 나오기도 한다. 만약 연구가 상호작용 효과를 고려하지 않는 연구라면 수준의 폭을 너무 넓게 나올 수 있지 않도록 폭의 선택에 조심스러워야 한다.

3) 인자와 블록

특별히 인과관계를 목적으로 하는 실험설계에서는 분류변수의 경우보다는 처리변수의 특성을 갖는 인자를 사용하는 것이 바람직하다. 만일 인자가 분류변수의 형태를 가지더라도, 통계분석에서는 처리변수의 경우와 동일하게 취급되어 분석된다. 분류변수를 적절히 통제하지 않는다면, 실험결과에 대한 확신을 가질 수 없으며 잘못된 결과를 도출할 수 있다. 만일 분류변수가 실험에서 관심이 되는 인자가 아니라면, 이러한 효과를 제거하여 보다 효과적인 실험을 진행하기 위하여, 블록(block)을 사용할 수 있다.

이전에 설명한 바와 같이 블록이란 비슷한 성질을 갖는 연구대상을 모아놓은 그룹이다. 블록을 형성하는 예로 50명의 피험자들 선택하는 과정에서 25명을 남자로 구성하고, 25명을 여자로 구성하였다면, 성별에 의하여 구분된 두 그룹은 블록을 형성하게 된다.

4) 크로스와 지분

두 개 이상의 인자가 있는 실험에서, 연구자는 이러한 인자들의 수준을 어떠한 방법으로 그룹화 시켜서 실험할 것인지에 대하여 결정하여야 한다. 2요인 실험설계에서 첫 번째 인자의 모든 수준이 두 번째 인자의 모든 수준과 결합한 경우, 두 인자는 크로스(cross)되었다고 말한다. 이와 유사하게 3요인 실험설계에서, 첫 번째 인자의 모든 수준이 두 번째와 세 번째 인자의 모든 수준과 결합하여 실험이 진행되면, 세 인자는 크로스 되었다고 한다. 실험에 관련된 모든 인자가 크로스 되어 있는 경우를 요인 실험설계(factorial design)라고 한다.

만일 인자 A가 a1, a2 2개의 수준을 가지고 있으며, 인자 B가 b1, b2, 2개의 수준을 가지고 있다면, a1은 B의 모든 수준인 b1, b2와 결합하여야 크로스된 상태가 되며, 이 경우의 실험설계는 (a1, b1), (a1, b2)이 된다. 만약 A가 a1, a2, a3의 3개의 수준이 있다고 가정해 보자. 모든 수준인 a1, a2, a3가 B의 모든 수준인 b1, b2와 결합된다면, 총 6(=2×3)개의 가능한 구성이 만들어지며, 두 인자는 서로 크로스 되어 있다고 말할 수 있으며, 요인 실험설계가 된다.

만일 어떠한 인자가 다른 인자의 모든 수준과 결합하지 않게 되면, 두 인자는 지분(nested) 되어 있다고 말한다. 즉, 두 인자가 지분되어 있다는 의미는 두 인자의 수준으로 결합된 모든 가능한 조합 중에서, 실험설계는 일부만 포함되고 있다는 의미이다.

4. 실험설계

이 단계는 실험의 배치와 실험 순서의 무작위화를 선택하는 단계이며, 사전에 실험계획에 해당되는 처음 3단계들이 올바르게 이루어질 경우 비교적 쉽게 수행된다. 실험설계의 선택 과정에는 샘플의 크기(반복 횟수)를 고려하고 적절한 실험을 결정하는 것 등이 포함된다.

5. 실험

실험을 실시할 때에는 모든 것이 계획대로 이루어지도록 그 과정을 주의 깊게 관찰하고 관리해야 한다. 일반적으로 실험 과정에서의 실수는 실험의 유효성을 파괴하게 되므로 실험 방법에 대한 충분한 사전 교육을 실시하여 데이터를 취할 실험과 관련한 중요한 데이터, 예컨대, 기온, 실험자, 실시시간, 자극물의 품질 등을 보조 측정치로 취하여 두면 나중에 실험의 관리 상태를 검토할 때의 순서와 무작위화에 대한 조건에 유의해야 하며 실험 순서 및 무작위화 조건에 따라 통계적 분석 방법과 결론이 달라질 수 있으므로 주의해야 한다.

6. 분석 및 시사점

1) 데이터의 통계적 분석

연구자가 실험을 통해서 얻어진 데이터를 분석하여 객관적인 정보를 추출하고 어떤 조치를 유도하는 결론을 내기 위해서는 통계적 방법들을 이용한다. 만약 실험이 올바르게 설계되었고 그 설계에 따라 문제없이 수행되었다면 데이터를 분석하는 일은 쉬운 작업이다. 데이터의 분석은 가능하면 그래프 등을 제시하여 시각화하는 것이 좋다. 이를 통하여 반응특성의 변화되는 상황이나 최적조건도 짐작할 수 있게 된다.

한편, 통계적 분석에 들어가기에 앞서 데이터가(실험이) 관리상태하에서 얻어졌는지, 그리고 오차가 등분산 가정을 만족하는지를 먼저 검토해 보는 것이 바람직하다. 또한 그래프로부터 수준에 의한 비용의 차이와 요인 효과의 양쪽을 살펴서 최적의 조건을 찾아내어야 한다.

만일 데이터를 취하는데 실패하였거나 이상치로 판정되어 결측치가 발생한 경우에 대해서 그 처리 방법에 따라 조치를 취해야 한다. 이 단계에서는 데이터 모형의 타당성에 대한 검토도 있어야 한다. 일반적으로 데이터 분석에서 많이 사용하는 통계적 기법들은 분산분석, 상관분석과 회귀분석 등이 있다.

데이터의 해석은 각 요인 효과의 크기, 정도의 상세와 효과의 추정, 최적조건 없이는 각 요인의 기여율에 대한 계산이 불가능하기에 반드시 해야 한다.

2) 분석 결과의 시사점 도출

데이터가 분석되고 나면 연구자는 실험결과에 대한 실질적 결론을 도출한다. 연구자가 실험 데이터를 분석하고 검정한 결과로부터 어떤 결론을 유도할 때에는 실험의 목적, 취해진 가정, 귀무가설 등을 고려해야 할 뿐 아니라 그 범위 내에서 검정의 결과가 가지는 기술적 의미를 생각해야 한다. 특히, 실험에서 취급한 인자 수준의 범위를 넘어서는 수준으로 결과를 확대하여 해석하거나 실험에서 취하고 있는 가정들을 빼놓고 결론을 내리는 것 등을 경계해야 한다.

· 제 3 절 실험의 기본 모형과 설계 ·

1. 실험설계와 실험 변수의 선정

실험설계는 실험변수와 실험대상의 선정 및 실험효과의 측정으로 이루어진다.

이를 기호로 간단히 나타내면 다음 〈그림 6-2〉와 같다.

X : 독립변수의 적용(experimental treatment)

O_i : 종족변수의 측정(observation)

그림 6-2 **시간의 흐름으로 표현한 실험**

위의 〈그림 6-2〉에서 횡으로 표시되는 O_0과 O_1은 시간의 경과를 의미한다. 즉 O_0, X, O_1은 시간의 간격을 두고 일어나는 실험과정을 표시하게 된다. 위 〈그림 6-2〉의 설계에서 O_0은 독립변수를 가하기 전의 종속변수에 대한 측정이며, O_1은 독립변수를 가한 뒤의 측정이다. 한편 X는 독립변수의 적용(실험)한다는 것이다.

실험집단이 다수이거나 독립변수가 다수라도 각 집단과 각 독립변수마다 위와 같은 모형들의 집합에 의해 나타낼 수 있다. 만약 두 개의 집단에 대해 두 개의 독립변수를 가하고 각각 그 효과를 측정하려 하는 경우, 그 실험설계의 기본모형은 다음 〈그림 6-3〉과 같이 나타낼 수 있다.

O_0	X_1	O_2
O_1	X_2	O_3

그림 6-3 **두 집단에 대한 두 가지 독립변수의 실험설계**

2. 실험 집단과 통제집단

Roethlisberger and Dickson(1939)의 종업원 만족도에 대한 일련의 연구를 보면 사회과학에서 통제집단이 필요한 이유를 찾을 수 있다. 이 연구는 종업원의 작업조건의 변화가 종업원의 만족도와 생산성을 높이는지를 알아보는 것이었다. 회사에서 종업원의 작업조건이 생산성에 미치는 영향을 파악하기 위해 작업조건으로 실험을 실시했다. 작업조건을 개선으로 작업실 조명을 밝게 하였더니 종업원의 만족도와 생산성이 일관되게 증가된다는 결과가 도출되었다. 이후 지속적으로 전구를 더 밝게 했더니 생산성은 또 다시 높아지는 결과가 나타났다. 과학적 결론을 더 확증하기 위해, 이번에는 이전과는 반대로 전구를 어둡게 하였다. 그러나 예상은 낮아질 것이라고 생각하였는데 예상과는 달리 이번에도 생산성이 높은 결과가 나타났다.

사실 이 실험에서는 피험자(작업실 근로자들)는 개선된 작업조건에 반응하기보다는 연구자들이 자신들에게 보여준 관심에 반응했다고 할 수 있다. 이를 호든 효과(hawthorne effect)라고 한다. 이와 같은 문제로 연구자들은 실험 자체로 인한 효과에 보다 세심하게 주의해야 한다. 이러한 측면에서 적절한 통제집단-조건에 어떠한 다른 변화가 없이 이루어 졌을 때 나타난 연구결과로 실험의 결과 성공여부를 판명하기는 어렵다.

실험에서 통제집단의 필요성은 의학 분야에서 연구에서 잘 나타난다. 실험을 할 때마다, 실험에 참여한 환자들은 상태가 좋아지는 것처럼 보인다. 그런데 환자(피험자)들의 병세가 호전되는 것이 신약(실험처치) 때문인지, 아니면 실험 그 자체 때문인지 애매모호하다. 신약의 효능을 검사하면서, 의학자들은 종종 통제집단에게 위약(placebo)을 준다. 통제집단 환자(피험자)들은 실험집단 환자들처럼 자신들도 시험 중인 약을 먹었다고 믿으며, 증세가 좋아지기도 한다. 그러나 만일 실제 신약이 효과가 있다면, 실제 약을 먹은 사람들이 위약을 먹은 사람들보다 더 병세가 호전되어야 할 것이다. 이러한 점을 해결하는 것이 이중맹검 실험(double-blind experiment, 二重盲檢)을 통해서 해결할 수 있다. 이 설계에서는 피험자와 실험자 모두 누가 실험집단이고 누가 통제집단인지 모르기 때문이다. 즉, 약을 나눠주는 연구자들과 증세호전을 측정하는 연구자들에게 진짜 약을 먹은 피험자들과 위약을 먹은 피험자들이 누구인지를 말해주지 않는다. 그리고 어느 피험자가 어느 집단에 속하는지 알고 있는 연구자는 실험에 참여하지 않는다.

그런데 위약(placebo)의 역할은 생각보다 더 어려운 문제를 만들 수도 있다. 한 집단의 환자들은 '위약'이라고 표시된 약을 받았고, 이 위약이 설탕으로 만든 알약이며 아무런 활성성분을 가지고 있지 않다는 설명을 들었다. 그리고 사람들은 때때로 이 위약을 먹고 효과를 보기도 한다는 보고도 있다.

한편 통제집단은 아무런 처치를 받지 않았다, 얼마가 지난 후 위약을 먹은 집단은 현저히 증상이 좋아진 반면, 통제집단은 그렇지 않았다. 즉, 이 실험은 위약을 받은 사람들이 진료와 상담도 받은 반면 통제집단은 아무런 관심도 받지 못했다는데 문제가 있을 수 있다. 한편 증세 호전이 자기평가인지 아니면 생리학적 측정인지에 따라서도 달라진다. 이와 같이 실험에 있어서 실험집단, 통제집단 선정은 그리고 외생변수의 통제가 매우 중요하다. 그러므로 각 집단을 선정할 때는 실험집단 간 동질성 확보가 중요하다.

1) 집단 간 동질성확보

실험설계에서 비교집단 간 동질성(homogeneity between comparison groups)은 실험 대상 집단과 대조군 집단 사이의 초기 동등성을 의미한다. 동질성을 보장하는 것은 실험의 타당성을 높이고 실험 처리의 영향을 정확하게 평가하기 위해서 이다. 즉, 비교집단 간 동질성은 실험설계의 타당성을 높이고 외부 요인의 영향을 제어하기 위해 중요하다. 비교집단 간 동질성을 보장하기 위해 다음과 같은 방법을 사용할 수 있다.

(1) 무작위화(Randomization)

무작위화는 실험 대상을 처리 그룹과 대조군 그룹으로 무작위로 할당하는 과정이다. 무작위화를 통해 실험 대상과 대조군 간의 초기 동등성을 보장할 수 있다. 이를 위해서는 난수 생성 방법이나 컴퓨터 기반의 무작위화 방법을 사용하여 무작위 할당을 수행한다.

(2) 매칭(Matching)

매칭은 실험 대상과 대조군 간의 특정 변수를 기준으로 유사한 개체를 매칭시키는 과정이다. 예컨대, 연령, 성별, 소득, 질병 정도 등과 같은 변수들을 고려하여 실험 대상과 대조군을 매칭시킴으로써 초기 동등성을 확보할 수 있다.

(3) 계층화(Stratification)

계층화는 실험 대상을 특정 변수에 따라 그룹으로 나누는 과정이다. 각 계층에서 무작위화 또는 매칭을 수행하여 계층 간의 초기 동등성을 확보한다. 이를 통해 변수의 영향을 고려하여 실험 대상과 대조군 간의 동등성을 보장할 수 있다.

2) 외생변수 통제

실험에서는 인과관계를 검정할 때 의도하지 않은 변수들의 영향을 제거할 수 있는 방법이 필요하다. 그러므로 연구자들은 실험설계시에 명확한 인과관계 검증과 연구의 타당성을 확보하기 위한 절차 및 방법이 요구된다. 즉, 어떠한 외생변수가 종속변수에 영향을 미칠 가능성이 있는가를 파악해야 하며 이러한 것들을 통제 또는 제거할 수 있도록 해야 한다. 외생변수를 통제하기 위한 방안들은 다음과 같다.

(1) 제거

실험에서 외생변수가 될 가능성이 있는 변수를 사전에 제거하여 외생변수의 영향이 실험상황에 개입하지 않도록 하는 방법을 말한다. 예컨대, 수업방식에 따른 학생들의 학습태도의 차이를 알아보고자 하는 경우, 군복무경험에 따라 학습태도가 달라질 수 있다고 판단되면, 사전조사를 통하여 군복무경험이 있는 사람들을 실험대상에서 제외하고 나머지 사람들만을 실험대상으로 선정하는 방법이 이에 해당한다.

(2) 균형화

균형화는 실험집단과 통제집단의 동질성을 확보하기 위한 방법이다. 즉 외생변수로 작용할 수 있는 요인들을 알고 있을 경우, 독립변수를 가하는 실험집단과 독립변수를 가하지 않는 통제집단을 선정할 때 해당 외생변수의 영향을 동일하게 받을 수 있도록 하여 균형을 맞춰주는 방법이다. 이렇게 균형화가 이루어진 후 두 집단 사이에 나타나는 종속변수의 수준 차이는 독립변수 만에 의한 효과로 간주될 수 있는 것이다.

(3) 상쇄

하나의 실험집단에 두 개 이상의 실험변수가 가해질 때 사용하는 방법이다. 예컨대, 두 가지 광고시안에 대한 표적소비자들의 선호도를 조사한다고 하자. 두 가지 광고시안의 제시순서나 조사지역에 따라 광고시안에 대한 선호도에 차이가 발생할 수 있다고 판단되면, 제시순서를 달리하거나 지역을 바꾸어서 재실험하는 경우가 이에 해당한다. 즉 외생변수가 작용하는 강도가 다른 상황에 대해서 다른 실험을 실시하여 비교함으로써 외생변수의 영향을 통제하는 방법이다.

(4) 무작위화

외생변수들을 제거하기 위한 다양한 시도를 했다고 하여도 여전히 오류의 가능성이 존재하는 것이 현실이다. 더욱이 어떠한 외생변수들이 작용할지 모르는 경우, 실험집단과 통제집단을 조사대상 모집단에서 무작위로 추출함으로써 연구자가 조작하는 독립변수 이외의 모든 변수들에 대한 영향력을 동일하게 하여 동질적인 집단으로 만들어준다. 이러한 실험대상의 무작위화는 외생변수의 통제를 통해 내적타당성을 높여 줄 뿐만 아니라, 실험결과의 일반화 가능성을 높여 주어 외적타당성을 유지시키는 데도 필요하다.

· 제 4 절 ·
실험설계의 외적타당성과 외적타당성을 저해하는 외생변수의 종류

1. 내적타당성과 외적타당성의 개념

타당성(validity)이란 측정하고자 하는 바를 정확히 측정했는가이다. 그러므로 실험에서 타당성이란 주어진 실험설계를 통해 해당 가설이나 연구문제를 얼마나 정확하게 검증할 수 있는가를 의미하는 것으로, 실험과정에서 외생변수들의 영향이 통제되어 변수 간의 관계가 정확히 검증되고 또한 실험결과가 일반화될 수 있을 때 그 실험설계는 타당성이 있다고 할 수 있다.

실험설계의 타당성은 내적타당성과 외적타당성으로 나누어진다. 실험설계는 이 두 가지 타당성을 모두 높게 확보하는 것이 바람직하나, 내적타당성과 외적타당성은 서로 상충된 면을 지니고 있다. 즉 내적타당성을 높이기 위해서는 외적타당성을 어느 정도 희생해야 하는 경우가 생기는 것이다. 실험이 과학적 조사결과로 받아들여지기 위해서는 우선 내적타당성이 높아야 하나, 실제로 사회과학의 문제를 해결하기 위해서는 내적타당성과 외적타당성이 균형을 유지할 수 있는 실험설계가 필요하다.

1) 내적타당성

내적타당성(internal validity)이란 측정된 결과가 과연 실험변수의 변화 때문에 나타난 것인가에 대한 것이다. 만일 독립변수 이외의 다른 외생변수들이 종속변수의 변화에 의미있게 영향을 미쳤다고 한다면, 이 실험은 내적타당성이 낮다고 할 수 있다. 그러므로 실험에서 내적타당성을 향상시키기 위해서는 가능한 순수한 독립변수에 의한 효과만을 선별적으로 정확히 추출해 낼 수 있는 정교한 실험설계가 필요하다. 그러므로 외생변수들의 통제를 철저히 해야 한다.

2) 외적타당성

외적타당성(external validity)이란 실험결과의 일반화와 관련된 문제로 결과의 적용대상, 시점, 상황의 확장과 관련된 것이다. 만약 내적타당성을 높이기 위해서 실험조건을 엄격히 통제한다면 실험상황이 현실과 동떨어질 수 있기 때문에 그 실험결과를 현실적인 상황에서 일반화시키는 데 문제가 발생할 수 있다. 따라서 외적타당성을 높이기 위해서는 최대한 현실과 맞는 조건에서 실험이 이루어져야 한다.

2. 타당성 저해 요인

실험에 있어 설계를 통해 변수들 간의 인과관계를 명확히 검증하기 위해서는 실험의 내적타당성과 외적타당성을 저해할 수 있는 요인들을 파악하여야 한다. 이후 이러한 효과를 제거 또는 최소화하여 외생변수가 결과에 영향을 미치는 것을 방지해야 알고자 하는 변수 간의 인과관계를 명확히 파악할 수 있다. 실험의 타당성을 저해하는 외생변수의 종류는 다음과 같다.

1) 인과방향의 애매모호성(causal time order)

인과관계모호성이란 닭이 먼저냐, 계란이 먼저냐와 유사한 경우이다. 즉, 변수 간의 시간적 순서가 모호하기 때문에 인과방향을 확신할 수 없는 경우를 의미한다. 실험을 할 때 가능한 모든 외생변수가 통제되었다 할지라도 변수들 중 어느 것이 원인이고 어느 것이 결과인지 모를 경우가 발생할 수 있다. 예컨대, 광고를 많이 해서 매출이 많이 나온 것인지 매출이 많아서 광고를 하는지가 명확하지 않은 경우가 있다. 이 경우, 단순한 상관관계만을 보는 연구의 경우에는 크게 문제되지 않지만, 인과관계가 중요한 실험설계에서는 큰 문제점이 된다.

2) 실험변수 효과를 상쇄하는 보상(compensation)

실제로 실험을 하는 경우에 있어서, 통제집단으로 분류되어 손해가 발생하는 경우가 있다. 이 경우에 그러한 손해에 대한 보상을 다른 방법으로 주게 되어 순수한 통제집단으로서의 효과를 잃게 되는 경우가 있다. 예컨대, 특정 약에 대한 효과를 알아보고자 실험하는 경우, 통제집단이 된 환자들은 치료의 혜택을 받지 못하는 경우가 있을 수 있다. 이 경우에 병원에서는 통제집단의 환자들에게 독립변수와 관련된 치료를 하지 못하는 것에 대해 미안함을 느껴 이에 대한 보상으로 특별히 다른 보상을 하는 경우가 있다. 이러한 상황이 발생하면 통제집단이 진정한 통제집단으로서의 의미를 상실하게 되는 것이다. 이 경우 다른 보호라는 외생변수로 인해 내적타당성이 저해 받게 된다.

3) 실험의도 예상(demand artifact)

피험자들이 실험의 목적을 파악하고 조사자가 의도하는 방향으로 행동하는 것을 말한다. 예컨대, 기업의 기부금이 기업 이미지 제고에 어느 정도 효과가 있는지를 조사하는 과정에서, 조사자가 특정 기업명을 언급하게 되면, 실험대상은 실제 본인이 생각하고 있는 기업 이미지보다 의도적으로 이 기업에 대한 이미지를 높게(혹은 낮게) 평가할 가능성이 있다. 이 경우 실험의 내적타당성이 저해 받게 된다.

4) 실험변수의 확산 또는 모방(diffusion or imitation of treatments)

실험변수가 정보적인 내용을 포함하는 특성을 가지고 있으며, 많은 실험 집단 간에 서로 의사소통이 가능한 경우, 응답자들은 다른 실험집단 또는 통제집단으로부터 사전에 정보를 얻을 수 있다. 예컨대, 실험집단의 구성원이 통제집단 구성원에게 독립변수인 정보의 내용을 미리 알려준다면, 통제집단은 이러한 정보의 영향을 받게 되어 진정한 통제집단의 역할을 하지 못한다는 것이다. 이 경우 내적타당성이 저해 받게 된다.

5) 우연적 사건(history)

연구자의 의도와는 관계없이 어떤 사건이 우발적으로 발생하여 이로 인해 종속변수에 영향을 미치게 되는 경우가 있다. 예컨대, 신용카드 이벤트에 대한 소비자의 태도를 연구하기 위한 실험설계를 하였다. 그런데 실험기간 동안 우연히 급박하게 경기 침체와 과소비가 사회이슈가 크게 부각되었다고 하자. 이 경우 연구자의 의도와는 상관없이 발생한 경기침체와 과소비의 문제가 신용카드 이벤트에 대한 소비자의 반응에 영향을 미칠 가능성이 있다. 이때 종속변수인 소비자의 반응은 순수한 독립변수(카드 이벤트)에 의한 영향과 외생변수인 우연적 사건(경기침체, 과소비 문제의 부각)에 의한 영향이 혼합되어 있으므로 실험의 내적타당성을 해치게 된다.

6) 측정수단 변화(instrumentation)

측정자나 측정방법이 달라지는 경우도 측정결과에 영향을 주기도 한다. 예컨대, 면접원이 상이하여 제각각 설문을 진행하는 경우, 또는 전화인터뷰에서 같은 면접원이라도 질문을 하는 화술이나 태도, 측정기술 등이 달라진다면, 측정결과는 차이가 상당히 나타날 수 있다. 또한 설문지를 바꾼다거나 또는 직접면접에서 간접관찰로 측정방법을 바꾸게 되는 경우로 인한 결과 차이가 나타날 수 있다. 이러한 측정 수단의 변화는 내적타당성을 저해할 수 있다.

7) 성숙효과(maturation effect)

실험기간 중에 실험집단에 속한 대상자(피험자)의 육체적·심리적 특성이 실험자의 의도와 관계없이 자연적으로 변화함으로써 종속변수에 영향을 미치는 것을 성숙효과라고 한다. 초등학생용 영양제가 성장과 발육에 어떠한 영향을 미치는지를 보기 위한 실험을 한다고 하자. 1년 동안 초등학생들에게 이 영양제를 복용시킨 후에 성장 및 발육한 정도를 측정하여 얻은 결과치에는 영양제의 효과뿐만 아니라 피험자들의(초등학생) 자연성장이라는 성숙효과가 포함되어 있을 것이다. 이때 자연성장이라는 요인은 영양제의 효능과 초등학생의 성장과 발육 사이의 인과관계를 왜곡시키는 외생변수이다.

8) 실험대상 소멸(mortality)

실험대상으로 선정되었던 실험대상이 실험기간 중에 실험대상에서 이탈하게 됨으로써 독립변수의 효과가 왜곡될 수 있다. 즉 사전측정을 한 실험 대상들이 독립변수를 가한 후 사후측정을 하기 전에 실험대상에서 제외된 경우 실험의 결과가 달라질 수 있다. 예컨대, 한 미혼집단을 대상으로 사전측정을 하였는데, 그중 일부가 결혼을 하여 나머지 미혼을 대상으로 사후측정을 하는 경우, 또는 고등학생들을 대상으로 사전측정을 하였는데 그중 상당수가 졸업을 해버린 경우에는, 실험대상자 전체를 사후측정할 수 있는 결과에 상당한 차이가 나타날 수도 있는 것이다.

9) 보상적인 대항(rivalry) 혹은 사기저하(demoralization)

통제집단에 속하게 되어 독립변수에 노출되지 않은 실험대상들의 경우에 실험집단과의 경쟁의식에서 열심히 노력해서 그에 대한 보충을 하려는 경우가 있다. 예컨대, 실험집단에게 새로운 학습법을 독립변수로 하는 경우, 이에 노출되지 않은 통제집단의 학생들은 실험집단이 특별한 취급으로 받는다고 생각하며 이 실험집단에 대항하기 위해 이전에 비해 보다 학습량을 늘이는 등의 경우가 있을 수 있다. 이를 보상적 대항이라 하며, 이러한 상황이 발생하면 순수한 독립변수의 효과를 측정하는 데 어려움이 발생한다.

한편, 보상적 대항과는 반대로, 실험집단에서 제외되었다는 실망감으로 인해서 통제집단의 구성원들 안에서 자포자기해 버리는 현상이 나타날 수도 있는데 이를 사기저하라고 한다. 즉 자신이 실험집단에서 소외되었다는 느낌을 갖게 되어 스스로 평상시보다도 공부를 게을리하여 독립변수의 순수한 효과를 측정하는 것이 어렵게 되는 것이다.

10) 표본 편중(selection bias)

각 집단의 초기 상태가 상이함으로써 독립변수에 의한 효과가 왜곡되어 외적타당성을 저해할 수 있다. 시험자가 독립변수에 조작을 한 후에 두 집단의 종속변수의 수준을 측정한 결과로 인해 집단 간 차이가 발견된 경우에 그 차이는 독립변수의 영향에 의한 차이일 수도 있으나 어떤 경우 독립변수의 조작을 가하기 전부터 원래 두 집단이 서로 이질적인 집단이였기 때문에 그 차이가 발생할 수도 있다.

예컨대, 투자 안전성에 대하여 소비자들의 의식을 측정하기 위한 실험을 했다고 하자. 이 실험집단을 금융상품 가입자로 구성한 경우와, 비가입자로 구성한 경우에는 상이한 결과가 나타날 수 있다. 즉 가입자의 경우가 비가입자보다 긍정적인 답변을 할 가능성이 큰데 이는 두 집단은 투자에 대한 인식의 정도가 상이한 상태이다. 그러므로 어느 한 집단의 측정결과를 갖고 결과를 일반화 하는 것은 문제가 있다. 이러한 경우 무작위적인 표본추출과 집단배정을 통해 표본 편중에 의한 발생하는 외적타당성의 저해를 막을 수 있다.

11) 통계적 회귀(statistical regression)

실험대상으로 선정된 집단이 잘못 선정되어 측정하고자 하는 종속변수의 수준에 있어서 아주 낮거나 아주 높은 상태에 있다면, 독립변수를 가한 후에 측정결과가 독립변수의 영향을 정확히 반영하지 못하여 외적타당성을 저해할 수 있다. 이러한 현상은 통계학의 평균의 법칙(law of average)과 같다. 즉, 현상을 반복해서 측정하면 그 값들이 평균치로 수렴하려는 특성이다. 이처럼 사전측정에서 극단적인 수치를 얻은 경우에 사후측정에서 독립변수의 효과에 관계없이 평균치로 값이 근접하려는 경향을 보이는 것을 통계적 회귀라 한다.

예컨대, 프로야구에서 선수들의 시범경기시즌에서 타율(O_0)을 기록하였고, 이후 특별훈련이 추가되어 훈련을 실시하고 나서(X), 시즌이 개막한 후에 일정 기간이 지난 뒤 타율을 조사한 경우(O_1)를 보자. 이때 특정 선수가 사전측정에서는 이전 시즌에는 해외에서의 급격한 기온차로 부진한 성적을 보였으나, 사후측정에서는 정상적인 성적을 보였다면, 이것이 특별훈련에 의한 효과라고 하기에는 무리가 있을 수 있다. 이와는 반대로, 시범경기에서 우연히 높은 타율을 기록했으나, 개막한 후에서는 평소의 실력을 보인 경우에도 마찬가지일 것이다. 이러한 통계적 회귀는 한 개인 또는 실험단위 내에서 발생하는 상황이다.

12) 시험효과(testing effect)

시험효과란 측정이 반복됨으로써 얻어지는 학습효과로 말미암아 실험대상자의 반응에 영향을 미치는 것이다. 시험효과에는 주시험효과(main testing effect)와 상호작용시험효과(interaction testing effect)가 있다. 주시험효과란 독립변수와 관계없이 동일한 측정을 반복하여 시행하게 됨으로써 생기는 현상이다. 즉, 첫 번째 측정으로 인한 학습효과가 두 번째 측정에 영향을 주는 경우이다. 예컨대, TOEIC 시험을 보고 나서(O_0) 공부(X)를 전혀 하지 않은 경우에도, 두 번째 시험을 볼 때에는(O_1) 첫 번째 시험으로 인해 피험자가 시험요령을 터득하고 익숙해졌기 때문에 다음에는 더 높은 점수가 나오는 경우가 이에 해당한다. 그러므로 주시험효과란 이전의 시험이 다음 시험에 영향을 미치는 효과를 말한다.

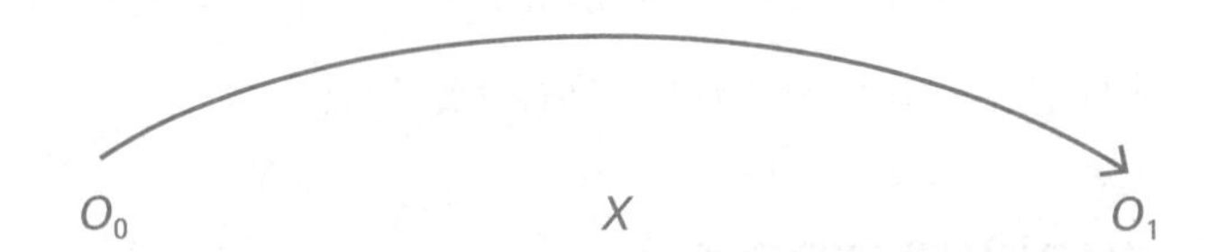

그림 6-4 **주시험효과**

한편 상호작용시험효과란 독립변수에 시험자가 조작을 가하기 전에 실시한 측정이 독립변수 자체에 영향을 미치게 되어 일어나는 현상을 말한다. 독립변수에 영향을 미친다는 의미는 사전측정을 하지 않은 경우보다 독립변수의 효과가 강하게 작용할 수 있다는 것이다. 예컨대, 특정광고가 소비자의 브랜드 인지도에 미치는 영향을 측정하는 경우, 광고를 노출시키기 전에 해당 브랜드에 대한 인지도를 측정하게 되면 나중에 그 광고에 노출될 때 보다 주의를 기울이게 되어 광고의 효과가 더욱 배가될 가능성이 있다.

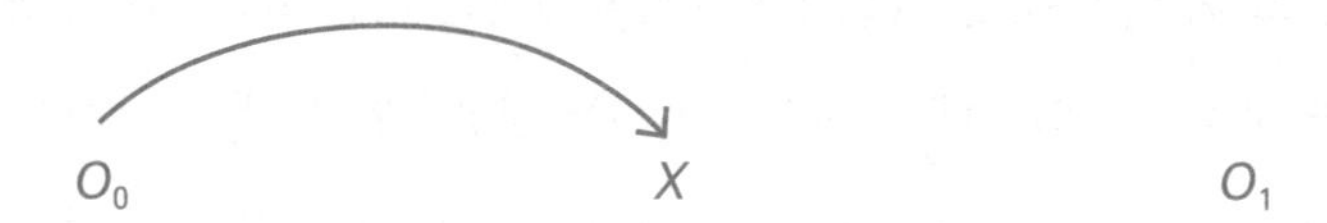

그림 6-5 **상호작용시험효과**

한편 시험효과에는 다음과 같은 하위의 효과가 나타난다.

(1) 이월 효과(carry-over effect)

이전 검사 경험으로 인해 발생한 어떤 효과가 이후 검사 경험 시점까지 잔존함으로써 이후 검사 데이터를 왜곡시키는 경우를 말한다. 이월 효과가 완전히 사라질 수 있도록 두 검사 사이에 충분한 시간적 간격을 둘 필요가 있다.

(2) 학습 효과(learning effect)

검사 경험에 대해서 학습이 이루어짐으로써 전보다 더 수월하고 빠르게 반응할 수 있게 되는 경우를 말한다.

(3) 순서 효과(order effect)

서로 다른 종류의 여러 검사들을 참가자 내에서 순환적으로 경험시킬 경우, 검사가 제시되는 순서에 따라서 이후 시점의 검사 결과가 왜곡되는 경우를 말한다. 사람은 앞서 경험에 비추어서 이후의 경험을 의미화하기에 이런 일이 발생한다. 참가자마다 전부 서로 다른 순서로 검사를 받도록 무작위화하는 역균형화(counter-balancing) 기법이 이에 대한 대안으로 제시되어 있다.

• 생각해 볼 문제

1. 자연과학의 실험과 사회과학의 실험이 같은가? 다른가? 같다면 어떤 점이 같고 다르다면 어떤 점이 다른가?
2. 실험설계의 기초 원리에 대해 정리하고 추가적인 원리는 어떠한 것이 있을 수 있는가?
3. 크로스와 지분은 어떤 차이가 되는지 실험설계의 예를 제시해 보자.
4. 실험에서 호든효과를 막을 수 있는 방안으로는 어떤 것이 있을 수 있는가?
5. 타당성을 저해하는 요인중 교과서에서 제시한 것 이외의 것들을 찾아서 정리해 보자.

소셜 애널리틱스를 위한

연구조사방법론

Research Methodology for Social Analytics

제 7 장

인과관계 실험설계

제 7 장 인과관계 실험설계

· 제 1 절 무작위과정에 의한 실험설계 ·

변수들 간의 인과관계를 조사하기 위해서는 연구목적이나 측정대상, 조사상황 등을 종합적으로 고려하여 적절한 실험설계방법을 설계해야 한다. 실험설계는 앞에서 논의한 실험설계의 기본요소들을 얼마나 갖추고 있는가에 따라 크게 네 가지 실험설계로 구분될 수 있다.

대상선정의 무작위화 및 독립변수의 조작가능성, 실험의 통제정도에 따라 원시실험설계 사전실험설계(pre-experimental design), 순수실험설계(true experimental design), 유사실험설계(quasi-experimental design), 사후실험설계(ex-post facto research design)로 구분한다.

1. 원시실험설계

1) 일회성 사례

일회성 사례연구(one-shot case study; one group after-only design)는 다음 〈그림 7-1〉과 같은 표기법으로 실험설계를 표현할 수 있다.

$X \quad O_1$

그림 7-1 일회성 사례 설계

일회성 사례연구에서는 연구자가 단일그룹만을 대상으로 독립변수에 대한 처리를 하고 결과를 측정하는 실험설계이다. 그러므로 처리효과에 대해서는 정확하게 알 수 없게 된다. 즉, 처리를 받지 않은 대조그룹이 없기 때문에 측정된 결과와 독립변수의 처리 사이의 어떠한 관계가 있는지를 파악할 수 없는 실험설계이다.

이러한 예는 다음과 같은 예를 통해 그 문제점을 파악할 수 있을 것이다. 한 기업에서 신제품을 출시한 후 TV에서 광고하였다고 하자. TV광고가 있은 후, 전화조사를 하였더니 20%가 신제품에 대해 구매의도가 있는 것으로 조사되었다. 그래서 TV광고에 대한 효과는 매우 긍정적으로 파악하였다.

위에 소개된 내용이 전형적인 일회성 사례연구로써의 실험 예이다. 처리로 표현되는 X는 TV를 통한 광고가 되며, O_1은 20%에 해당하는 신제품의 구매의도가 된다. 연구결과를 살펴보면, 문구에서 이미 인과관계를 설명하고 있으며, 이러한 인과관계가 직관적으로 타당한 것같이 보인다. 그러나 이러한 실험설계를 가지고 인과관계의 존재를 확신할 수 없는 이유는 다음과 같다.

첫째, 앞서 말한 바와 같이 처리 받지 않은 대조그룹이 없기 때문에 측정된 결과와 독립변수의 처리사이의 관계를 전혀 알 수 없다.

둘째, 혼란변수를 전혀 통제하지 않았으므로 TV광고에 대한 효과 이외에 다른 요인이 어떻게 작용하여 이러한 결과가 나타났는지 파악할 수 없다는 것이다.

셋째, TV광고가 구매의도에 미치는 영향을 판단할 수 있는 기준이 없기 때문에, TV광고와 신제품의 구매의도가 어떠한 관계인지를 파악할 수 없다. 이와 같이, 일회성 사례연구로부터 인과관계를 파악하고자 하는 오류에 대하여 연구자는 항상 주의를 기울여야 한다.

2) 단일집단 사전사후 실험설계

단일집단 사전사후 실험설계(one-group pretest-posttest design; one-group before-after design)는 아래와 같은 〈그림 7-2〉와 같이 실험설계를 표현할 수 있다.

O_1 X O_2

그림 7-2 **단일집단 사전사후 실험설계**

단일집단 사전사후 실험설계는 처리 전후로 두 번 측정한다는 점에서 일회성 사례연구와 구분된다. 즉, 처리를 하기 전에 사전측정(pretest)을 하여 O_1을 조사하고, 처리를 한 후(X 시점), 사후측정(posttest)을 하여 O_2를 조사하는 실험이다.

일반적으로 일회성 사례연구보다 단일그룹 사전사후측정 원시실험설계가 처리효과를 측정하는 측면에서 보다 우수한 실험설계이다. 그러나 단일그룹 사전사후측정 원시실험설계조차도 혼란변수의 영향력을 통제하지 않고 있기 때문에, 실험결과에 대한 높은 내적타당성을 가질 수 없다. 이러한 문제점으로 인하여 인과관계를 확정적으로 설명하기에는 한계가 있다. 왜냐하면 사전측정에서 사후측정으로의 변화가 처리효과에 의하여 나타날 수도 있지만, 처리효과 이외의 다른 혼란변수에 의하여 그 효과가 나타날 수도 있기 때문이다. 또한 우연적 사건, 성숙효과, 실험대상의 소멸, 시험효과, 측정수단의 변화 등 외생변수들의 영향이 통제되지 않고 있기 때문에 내적타당성의 문제가 있는 실험설계이다. 이러한 실험설계의 경우 처리효과는 사후측정과 사전측정의 차이는 O_2-O_1으로 나타낼 수 있다.

3) 단일집단 사전실험설계

단일집단 사전실험설계(pre-experimental design)는 독립변수를 조작하기 어렵고 실험대상을 무작위화 할 수 없는 등 실험상황에 대한 통제가 불가능한 경우가 많기 때문에 인과관계를 규명하는 데는 매우 한계가 있는 실험설계이다. 따라서 사전실험설계는 가설 검증을 위하여 하기 보다는 순수실험설계를 하기 전에 문제의 도출을 위하여 시험적으로 실시하는 탐색조사의 성격으로 실시하는 경우가 많다.

4) 단일집단 사후측정설계

단일집단 사후측정(one group posttest-only design)은 다른 말로 단일사례연구(one-shot case study)라고도 하며, 연구자가 임의로 선정한 단일집단을 대상으로 독립변수를 조작하여 이에 노출시키고, 사후적으로 결과를 측정하는 실험설계이다. 실험설계를 그림으로 나타내면 다음과 같다.

X	O_1

그림 7-3 단일집단 사후측정설계

예컨대, 선거 기간 중 임의로 선거자들을 선정하여 특정 후보자 TV 연설을 시청하게 한 후, 특정후보에게 투표의사에 변화가 있는지를 측정하는 경우가 단일집단 사후측정설계의 예이다. 그러나 만약 방송 시청 후 "투표 하겠다" 는 응답이 30%가 나왔다 하더라도 이것이 후보자의 TV 연설 방송 효과인지 아니면 기타 다른 효과인지에 대해서는 판단할 수는 없다. 왜냐하면 방송효과 이외에, 표본의 편중, 우연적 사건, 실험대상의 소멸 등 각종 외생변수로 이러한 결과가 나왔을 가능성이 있을 뿐 아니라, 방송 시청 전의 선거자들의 투표의사율(%)을 모르므로 나타난 측정치와 비교가 불가능하기 때문이다. 이 방법은 독립변수의 조작 이전 상태에 대해서 사전측정을 하지 않았기 때문에 독립변수(후보자 TV 연설)의 순수 효과에 대해 파악할 수 없다. 또한 외생변수의 통제가 거의 이루어질 수 없었기 때문에 내적·외적타당성이 모두 결여된 설계방법이다.

5) 집단비교설계

집단비교설계(static-group comparison)방법은 두 집단의 사후측정방법으로서 독립변수에 조작을 가하는 실험집단(experimental group: EG)과 독립변수에 조작을 가하지 않는 통제집단(control group: CG)으로 나누어 두 집단을 비교하는 실험설계이다.

예컨대, 독립변수를 신제품의 TV광고라고 할 때, 실험집단은 광고를 시청하게 한 후 측정을 하고, 통제집단은 광고를 시청하지 않은 상태에서 측정을 하여 광고에 의한 구매의도 효과(E)를 두 집단의 측정치 차이인 O_1-O_2를 비교함으로 얻게 된다. 이 실험설계는 실험대상을 두 집단으로 나누어 측정하였기 때문에 외생변수의 일부를 제거할 수 있다. 그러나 피험자 대상 및 집단 선정 방법에 무작위추출을 하지 않았기 때문에 집단자체의 차이가 통제되지 않는 등 외생변수가 개입될 수 있다. 그럼에도 불구하고 집단비교설계 방법은 실험 간편성과 시간 및 비용 절감효과가 때문에 사회과학 조사에서 실제적으로 많이 활용되고 있다.

2. 순수실험설계

순수실험설계(true experimental design)의 특징은 실험대상 선정 시에 무작위화를 한다는 것이다. 또한 독립변수 조작, 측정 시기 및 측정대상에 대한 통제 등이 연구자의 의도에 따라 가능한 실험설계이며 외생변수의 영향을 효율적으로 제거할 수 있는 실험설계방법이다. 이 설계는 외생변수를 철저히 통제하여 명확한 인과관계를 검증할 수 있다는 장점이 있는 반면, 엄격히 통제된 실험상황의 인위성으로 인해 실험의 결과를 일반화하는 데는 한계가 있을 수 있다. 순수실험설계에는 통제집단 사전사후측정 설계, 통제집단 사후측정설계, 솔로몬 4집단설계가 있다.

1) 통제집단 사전사후 측정설계

통제집단 사전사후 측정설계(pretest-posttest control group design)는 실험대상을 무작위로 두 집단에 할당하여, 실험집단에는 독립변수의 노출 전-후에 각각 종속변수를 측정하고, 통제집단에는 독립변수를 조작하지 않고 종속변수를 두 번 측정하는 방법이다. 통제집단 사전사후 측정설계 방법을 그림으로 나타내면 다음과 같다. 두 집단의 표본은 무작위로 선정하였고 (R)로 표시하였다.

실험집단(EG): (R)	O_0	X	O_1
통제집단(CG): (R)	O_2		O_3

독립변수의 효과(E) : $(O_1-O_0)-(O_3-O_2)$

그림 7-4 통제집단 사전사후 측정설계

독립변수의 효과는 실험집단과 통제집단의 사전측정치와 사후측정치 차이를 계산하고 실험집단의 차이에서 통제집단의 차이를 계산하면 순수한 독립변수에 의한 실험효과를 얻을 수 있다. 이는 두 집단의 무작위화를 통하여 외생변수의 영향이 두 집단에 동일하게 작용할 것이라는 가정 하에서 이루어지기 때문에 대부분의 외생변수의 통제는 가능하다. 그러나 실험집단에만 사전측정을 함으로써 실험자가 받아들이는 독립변수의 강도에 영향을 미치는 상호작용시험효과가 발생할 가능성을 내포하고 있다.

2) 통제집단 사후측정설계

통제집단 사후측정설계(posttest-only control group design) 설계방법은 앞의 통제집단 사전사후 측정설계에서 사전측정을 하지 않은 형태이다. 사전측정을 하지 않음으로써 모두가 외생변수의 영향을 동일하게 받는다는 것을 가정할 수 있다. 통제집단 사후측정설계방법을 그림으로 나타내면 다음과 같다. 두 집단의 표본은 무작위로 선정하였고 (R)로 표시하였다.

실험집단(EG): (*R*)	*X*	O_1
통제집단(CG): (*R*)		O_3

독립변수의 효과(*E*):O_1-O_2

그림 7-5 통제집단 사후측정설계

실험집단의 경우에는 독립변수의 효과와 외생변수의 효과가 작용하고 있으며, 통제집단의 경우에는 외생변수의 효과만이 작용하므로, 두 집단의 차이를 계산하면 순수한 독립변수의 효과를 측정할 수 있다. 사전측정을 하지 않기 때문에 시험효과 등 외생변수의 개입을 방지할 수 있는 반면, 실험 대상들의 반응에 있어서 변화과정을 파악할 수 없고, 두 집단의 최초 상태가 동질적임을 보장하기 어렵다는 단점이 있다. 그러나 실제 사회현상에서는 사전측정이 불가능한 경우가 많으며, 상대적으로 적은 수의 실험대상으로도 실험이 가능하고 집단 간의 격리도 쉽게 할 수 있다는 점에서 널리 활용 되고 있는 실험설계이다. 이 설계에서 실험대상을 무작위로 선택하지 않은 경우는 앞에서 설명된 사전실험설계 중 집단비교설계와 동일하게 되는데, 실제 사용되는 통제집단 사후측정설계에서 실험집단과 통제집단이 무작위화 되지 않은 경우가 대부분이므로 실제로는 집단비교설계인 경우가 많다.

3) 솔로몬 4집단 설계

솔로몬 4집단 설계(solomon four-group design)는 앞서 서술한 통제집단 사전사후 측정설계와 통제집단 사후측정설계를 합친 형태인데 장점으로는 가능한 모든 외생변수를 통제하기 위한 설계방법이다. 먼저 A, B, C, D 4집단을 무작위로 선정하고, A, B 집단은 사전측정을 하며, C, D 집단은 사전측정을 시행하지 않는다. 또한 A, C 집단은 독립변수를 가하고 B, D 집단은 통제집단의 성격으로 실험변수를 가하지 않는다.

집단 A: (R)	O_0	X	O_1
집단 B: (R)	O_2		O_3
집단 C: (R)		X	O_4
집단 D: (R)			O_5

독립변수의 효과(E):

실험효과	$E_1=[O_4-\frac{1}{2}(O_0+O_2)]-[O_5-\frac{1}{2}(O_0+O_2)]$
상호작용효과	$E_2=(O_1-O_0)-[O_4-\frac{1}{2}(O_0+O_2)]$
무작위 효과	(O_2-O_0)
주시험효과	(O_5-O_2)
상호작용시험효과	(O_4-O_1)

그림 7-6 솔로몬 4집단 설계의 효과

이 실험설계방법의 가장 큰 장점은 다른 실험설계방법에서는 불가능한 각종 외생변수의 영향을 분리해 낼 수 있다는 점이다. 특별히 통제집단과 사전사후 측정실험설계에서 문제가 될 수 있는 상호작용효과와 기타 외생변수의 효과를 분리할 수 있다.

이 실험설계 방법은 각각의 집단에 무작위로 피험자들을 배정한다. 그렇기에 4집단이 시작되는 시점에서 동일하다고 가정할 수 있을 뿐 아니라 이러한 무작위화가 외생변수들 중 표본편중의 문제를 상쇄할 수 있는 것이다. 똑같은 논리로 상호작용시험효과를 제외한 다른 외생변수들 간의 영향이 4집단에 동등하게 작용한다. 그러므로 사전측정치의 최종측정치는 두 개의 사전측정치의 최종 측정치는 두 개의 사전측정치의 평균인 $\frac{1}{2}(O_0+O_2)$로 알 수 있다. 또한 집단 A에서 얻어진 사후측정치와 사전 측정치의 차이에는 주시험효과를 포함하여 외생변수효과와 상호작용시험효과가 복합되어 나타난다. 집단 B는 실험변수가 처치되지 않았으므로 주시험효과를 포함한 외생변수의 효과가 나타난다. 집단 C의 경우는 실험변수효과와 외생변수외 효과만 나타난다. 집단 D는 외생변수의 효과만 나타난다. 이를 수식화하면 다음 〈그림 7-7〉과 같다.

O_1-O_0=실험변수효과 +상호작용시험효과 +기타 외생변수효과 (1)

O_3-O_2=기타 외생변수효과 (2)

$O_4-\frac{1}{2}(O_0+O_2)$=실험변수효과 +기타 외생변수효과 (3)

$O_5-\frac{1}{2}(O_0+O_2)$=기타 외생변수효과 (4)

그림 7-7 솔로몬 4집단 설계

위의 식 (1)과 (3)을 이용하여 상호작용실험효과를 산정할 수 있으며 (3)과 (4)를 사용하여 실험효과만을 분리해서 나타낼 수 있다. 뿐만 아니라 사전측정과 실험변수 각각의 효과와 상호작용효과를 분리해 낼 수 있다. 집단 A와 집단 B의 차이에서 실험변수, 집단 C와 집단 D의 차이에서 사전 측정에 의한 효과를 알 수 있다.

또한 O_3, O_1, O_5, O_4 각각을 비교하여 사전측정과 실험변수 간의 상호작용효과의 측정이 가능하다.

이 설계방법은 다른 설계방법에서는 알아내기 불가능한 각종 외생변수의 영향을 완벽히 분리해 낼 수 있다는 것이 가장 큰 장점이다. 특히, 통제집단 사전사후 측정설계에서 문제가 되는 상호작용효과와 기타 외생변수의 효과를 분리해 낼 수 있다. 이 설계방법으로 연구자는 사후측정에서의 차이점이 독립변수에 의한 것인지 사전측정에 의한 것인지의 여부를 알 수 있게 된다.

이 설계는 외생변수의 영향력을 가장 철저히 제거할 수 있기 때문에 내적·외적타당성을 확보하기에는 아주 좋은 실험설계방법이다. 그러나 세밀하고 많은 효과를 얻어낼 수 있는 장점이 있지만, 실험설계가 복잡하고 집단의 수가 늘어남으로써 많은 시간과 비용이 수반된다. 뿐만 아니라, 집단 간 격리가 어려움이 있다는 단점이 있다.

대부분의 사회과학 연구에서는 혼란변수를 통제하고 순수한 처리효과를 얻는 것이 주요 목적이다. 이 때문에, 혼란변수에 의한 효과의 크기를 측정하여 복잡하게 나타나는 솔로몬의 4그룹 순수실험설계는 많은 사회과학 연구에서 사용되지는 않는다. 뿐만 아니라 시간이나 비용측면에서 비효율적이며, 연구를 실행함에 있어서, 연구자는 4그룹을 격리시킨 상태에서 진행해야 하는 어려움을 겪게 된다. 그럼에도 불구하고, 솔로몬의 4그룹 순수실험설계가 중요한 의미를 갖는 이유는 대부분의 혼란변수들을 완벽하게 통제한 상태이므로 순수실험설계 중에서 가장 확신을 가지고 인과관계를 증명할 수 있는 실험설계이기 때문이다.

3. 유사실험설계

유사실험설계(quasi-experimental design)는 실험실 상황이 아닌 실제 상황에서 독립변수를 조작하여 연구하는 설계이다. 현장실험설계(field experimental design)라고도 한다.

유사실험설계의 장점은 다음과 같다.

첫째, 실제 상황에서 실험이 실행되므로 실험결과에 대해서 일반화 가능성(외적타당성)이 높은 편이다. 둘째, 일상생활과 동일한 상황에서 실험이 수행되므로 이론검증 및 현실 문제해결에 유용하다. 특히, 복잡한 사회·심리 영향과 변화에 관한 연구에 적합하다.

유사실험설계의 단점은 다음과 같다.

첫째, 현장에서는 실험대상의 무작위화와 독립변수의 조작화가 현실적으로 어려운 경우가 대부분이다. 둘째, 실제 상황에서의 실험이므로 독립변수의 효과와 외생변수의 효과만을 엄격하게 분리해서 찾아내기 어렵다. 셋째, 측정변수와 외생변수의 완벽한 통제가 어렵기 때문에 실험결과의 정밀성이 낮다. 이러한 이유로 유사실험설계는 순수실험설계보다 현실성·일반화능력은 뛰어나나 통제력이 훨씬 미약하기 때문에 명확한 인과관계 규명은 상대적으로 힘들어 지게 된다.

유사실험설계는 측정시기와 측정대상의 통제만이 가능한 실험설계로서, 그 구성방법에 따라 비동질 집단, 동질 집단 등으로 구분할 있고 구체적인 구성방법은 다음과 같이 나뉜다.

1) 비동질 통제집단 설계

비동질 통제집단 설계(nonequivalent control group design)는 실험대상을 실험집단, 통제집단으로 나눌 수는 있으나, 무작위화를 통한 동질화를 하지 않은 경우이다. 외생변수의 영향이 순수실험설계보다 더 크고 이를 통제하기도 어렵다.

(1) 비동질 통제집단 사전사후 측정설계

비동질 통제집단 사전사후 측정설계(nonequivalent control group design with pre-test-posttest)설계는 사회과학실험연구에서 가장 자주 사용되는 유사실험방법으로, 일반적으로 더 바람직한 다른 조사설계방법이 존재하지 않는다고 판단될 때는 이 방법을 사용하는 것이 무난하다. 이 설계를 그림으로 나타내면 다음 〈그림 7-8〉과 같다.

O_0	X	O_1
O_2		O_3

그림 7-8 비동질 통제집단 사전사후 측정설계

독립변수의 효과는 실험집단과 통제집단의 사전측정치와 사후측정치 사이의 차이를 계산하고 실험집단의 차이에서 통제집단의 차이를 계산하면 순수한 실험효과를 구할 수 있다. 이 방법은 실험조건상 조사대상을 실험집단과 통제집단으로 나눌 수는 있으나, 실험자가 무작위로 대상자를 배정할 수 없는 경우에 행하여지는 실험설계이다. 즉 순수실험설계 중 통제집단 사전사후 측정설계에서 대상의 무작위화만이 되지 않는 실험설계이다. 이 설계유형의 문제점은 내적타당성을 저해하는 외생변수의 영향이 순수실험설계에서 보다 크며, 이를 통제하거나 제거하기도 어렵다는 점이다.

(2) 비동질 통제집단 유사사전 측정설계

비동질 통제집단 유사사전 측정설계(nonequivalent control group design with proxy measures) 방법은 사전조사가 불가능한 경우에 주로 사용되는 방법이다. 예컨대, 영어를 전혀 모르는 아동들에게 영어를 가르치기 위한 영어교육 프로그램(X)의 효과를 측정한다고 하자. 이 경우 측정대상이 되는 아동들이 영어를 전혀 모르므로 사전조사를 할 수가 없다. 따라서 사전조사 대신에 아동들의 언어 적성검사(O_A)를 실시하여 이를 사전조사의 측정값으로 사용하고, 독립변수 노출 후의 영어성적(O_B)을 측정하여 두 집단의 성적 차이를 영어교육 프로그램의 효과로 간주하려는 실험설계이다. 이를 그림으로 나타내면 다음 〈그림 7-9〉와 같다.

O_{A0}	X	O_{B0}
O_{A1}	O_{B1}	

그림 7-9 비동질 통제집단 유사사전 측정설계

이 경우 실험대상의 무작위화를 통한 동질화가 이루어지지 않아 내적타당성의 문제가 있을 뿐만 아니라 사전조사(O_A)와 사후조사(O_B)의 측정방법이 달라 신뢰도가 문제될 수 있다. 또한 사전·사후 측정집단이 달라 각 집단의 특성에 차이가 날 수도 있으므로 이에 따른 문제가 생길 수 있다.

(3) 비동질 통제집단 사전사후 분리설계

비동질 통제집단 사전사후 분리설계(nonequivalent control group design with separate pretest-posttest sample)는 사전측정이 사후측정에 특히 커다란 영향을 미치는 경우에 활용된다. 즉 주시험효과가 확실하게 나타나리라고 예상되는 경우에 사용하는 방법이다. 즉, 문제해결의 실마리를 한 번 인지하게 되면 나중에는 언제라도 할 수 있게 되는 것과 같이, 사전·사후 측정 간에 시간의 간격을 두는 것으로는 그 영향을 제거하기 힘들 때 사용한다.

이 설계는 다음 〈그림 7-10〉과 같이 사전측정집단과 사후측정집단이 수직으로 표시된 점선으로 나누어져 있으며, 이는 사전사후 측정집단을 동일한 모집단에서 서로 독립적으로 뽑는 것을 말한다. 따라서 이 설계가 사용되는 가장 대표적인 상황은 동일한 모집단을 대표할 수 있도록 각각의 실험상황에서 사전측정집단과 사후측정집단을 무작위로 추출할 수 있을 경우이다.

O_0	X	O_1
O_2	O_3	

그림 7-10 비동질 통제집단 사전사후 분리설계

(4) 비동질 통제집단 반복 측정설계

이 실험설계방법은 처치이전에 사전측정을 2회 이상 수행함으로써 독립변수가 영향을 미치지 못하고 있을 때의 두 집단의 사전측정치의 차이, 즉 (O_1-O_0)와 (O_4-O_3)를 비교해 봄으로써 편중성숙효과에 의한 오류가 있는지를 확인할 수 있다. 또한 이 설계는 2회 이상 실시된 사전측정치를 서로 비교함으로써 통계적 회귀효과의 제거가 비교적 용이하다고 할 수 있다. 독립변수의 효과는 실험집단의 차이(O_2-O_1)와 통제집단의 차이(O_5-O_4)를 통해 파악할 수 있다. 그러나 이 실험은 이러한 장점에도 불구하고 시간과 비용상의 제약 때문에 널리 이용되지는 않고 있다.

O_0	O_1	X	O_2
O_0	O_4		O_5

그림 7-11 비동질 통제집단 반복 측정설계

(5) 비동질 통제집단 역실험 사전사후 측정설계

비동질 통제집단 역실험 사전사후 측정설계(reversed-treatment nonequivalent control group design with pretest-posttest)는 서로 반대의 효과를 가진 두 개의 독립변수의 영향력을 알아보기 위한 실험설계이다. 실험집단에 독립변수 X^+를 노출시키고, 통제집단에는 이와 반대의 효과를 가진 X^-를 노출시켜 측정치를 비교한다. 이를 그림으로 나타내면 다음 〈그림 7-12〉와 같다.

O_0	X^+	O_1
O_2	X^-	O_3

그림 7-12 **비동질 통제집단 역실험 사전사후 측정설계**

예컨대, 판매촉진의 방법이 소비자의 만족도에 미치는 영향을 알아보고자 하는 경우, 실험집단에는 새로운 방식의 판매촉진을 적용하고, 통제집단에는 기존의 판매촉진방법을 적용한 후, 두 소비자집단의 만족도를 비교하여 독립변수의 효과를 파악할 수 있다.

2) 동류집단설계

시간이 지나도 유사한 특성을 보이는 실험대상 집단들이 서로 다른 경험으로 인해 차이가 발생할 경우, 이 차이를 통하여 알고자 하는 변수의 효과를 측정하는 방법을 동류집단설계(cohort design)라 한다.

예컨대, 동류집단을 같은 시기에 제품/서비스를 처음 구매한 집단, 혹은 비슷한 유형의 제품/서비스를 구매하는 고객들의 그룹으로 볼 수 있다. 실제적으로 기업에서는 연구자가 가설을 검증하는 방법과 같이 유사하게 마케팅 현실에서 동류집단(cohort)을 사용하여 기업의 전략에 도움을 줄 수 있다.

스트리밍 업체는 동류집단 분석을 사용하여 시간에 따른 사용자 행동과 참여를 연구할 수 있다. 사용자들의 노래 설정, 듣는 시간대, 노래 선호도와 같은 사용자 활동을 추적하여 행동에 따라 다른 동류집단으로 나눌 수 있다. 이처럼 동류집단의 추세와 패턴을 통해 사용자 경험의 질을 더 향상시키며 개인에게 맞춘 마케팅 캠페인을 진행하기도 한다. 뿐만 아니라 전자상거래업체는 시간이 지남에 따라 변하는 사용자 참여도와 이탈률 등을 추적하여 어떤 사용자가 이탈할 가능성이 가장 높은지 확인하고 해당 사용자를 붙잡기 위한 마케팅전략을 구현할 수 있을 것이다.

일반적으로 동류집단설계(전형적 코호트 설계; prospective cohort design)라고 하면 전향적 동류집단 설계를 지칭한다. 전향적 코호트 연구는 특정 시점에 개별 그룹을 모집하고 특정 결과의 발생을 평가하기 위해 일정 기간 동안 전향적으로 추적하는 연구이다. 피험자들(참가자들)은 연구를 시작할 때 결과가 0인 상태를 기준으로 연구에 등록되며 이후 시간지남에 따라 특정 결과값이 나왔는지를 평가한다.

전향적 코호트 연구는 위험 요인에 대한 노출과 결과 발생 사이의 관계에 대한 명확한 증거를 제공할 수 있다. 이를 통해 어떤 요인들이 특정 결과를 도출할 가능성이 더 높았는지를 식별할 수 있다.

전향적 코호트 연구는 다음과 같은 장점이 있다. 첫째, 다수의 원인 및 결과를 평가할 수 있다. 둘째, 원인과 결과 사이의 시간적 인과 관계가 설정될 수 있다.셋째, 기억 편향(bias)에 덜 민감하다는 장점이 있다. 한편 전향적 코호트 연구의 단점으로는 다음과 같다. 시간과 비용이 많이 드며 희귀한 결과값을 도출하기 위해서는 큰 표본 크기가 필요할 수 있다.

한편, 후향적 동류집단설계(후향적 코호트 연구; retrospective cohort design)는 관심 위험 요인에 이미 노출된 개별 그룹을 특정 시점에 식별하고 왜 그런 결과가 발생했는지의 과거를 추적하는 설계이다. 이 설계는 윤리적 또는 물리적 이유로 전향적 연구를 수행할 수 없을 때 유용하다. 뿐만 아니라 관심 결과가 연구 모집단에서 이미 발생했으며, 새로운 사례가 발생하기를 기다리는 것이 가능하지 않을 때 유용하다.

후향적 코호트 연구의 장점으로는 비교적 빠르고 비용이 저렴하다. 뿐만 아니라 희귀한 결과를 연구하는 데 사용될 수 있다. 또한 더 짧은 기간 동안 위험 요인과 결과 사이의 연관성을 평가하는 데 사용할 수 있다. 이에 비해 후향적 코호트 연구의 단점으로는 선택 편향과 회상 편향의 경향이 있다. 또한 인과관계가 불완전하거나 부정확할 수 있다.

동류집단설계의 예를 통해 다시 한 번 알아보자. 외국인 영어강사에 의한 영어수업이 학생들의 영어성적에 미치는 영향을 보려고 한다고 하자. 이때 그 영어수업이 실시되기 이전의 학생들의 영어성적(O_0)이 나와 있다고 가정하다. 그 후 외국인에 의해 영어수업(X)이 실시되고 일정시간이 지난 후, 이를 수강한 학생들의 영어성적(O_1)을 측정함으로써 영어수업의 효과를 파악할 수 있을 것이다. 이를 그림으로 나타내면 다음과 같으며, 실험모형에서 (~~~)는 동류집단을 구분하는 것이다.

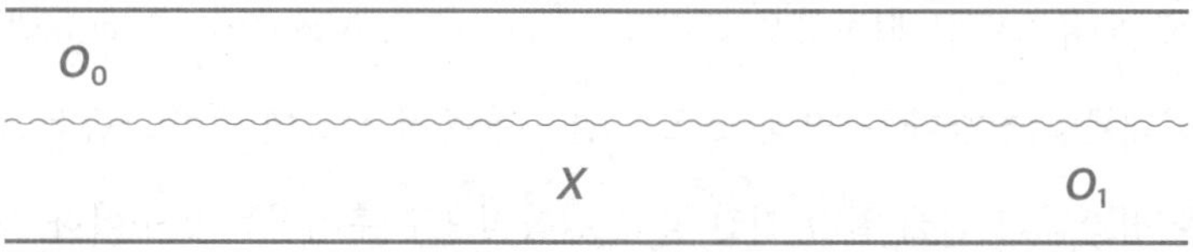

O_0		
	X	O_1

그림 7-13 동류집단설계

정리하면 동류집단 실험설계의 장점은 다음과 같다. 첫째, 어느 한 동류집단은 이와 유사한 다른 동류집단과 큰 차이가 없다고 가정할 수 있다. 둘째, 특정 동류집단에는 독립변수를 노출시키고, 다른 동류집단에는 독립변수를 노출시키지 않는 등의 조작이 가능하다. 셋째, 측정전후에 독립변수에 노출되거나 또는 노출될 동류집단과 그렇지 않은 동류집단을 비교하기 위해 공식적인 기록을 이용할 수 있다. 그러나 이 설계는 표본편중에 의한 오차와 우발적 사건에 취약한 단점을 지니고 있다.

이러한 문제를 해결하기 위하여 수정된 동류집단설계를 할 수 있으며, 독립변수의 노출정도를 다양하게 변화시킬 수 있느냐의 여부에 따라 동류집단 분리설계, 동류집단 비분리 설계와 같이 나눌 수 있다.

(1) 동류집단 분리설계(the cohort design in which treatment partitioning is possible)

독립변수의 노출정도를 변화시킬 수 있다는 것은 각 동류집단에 독립변수를 차이가 나게 줄 수 있다는 것으로, 결국 독립변수에 의해서 집단을 분리할 수 있다는 것을 말한다.

외국인에 의한 회화수업이 중학생들의 영어성적에 미치는 영향을 보고자 할 때, 한 집단 내에서 이 수업을 수강한 학생과 그렇지 않은 학생을 구분할 수 있다거나, 또는 오랜 기간 수강한 학생집단과 단기간 수강한 학생집단으로 구분할 수 있다면, 집단내 적응능력의 차이보다는 집단간 적응 능력 차이가 활씬 큰 것으로 기대할 수 있을 것이다. 즉 이렇게 독립변수의 경험 정도에 따라 대상들을 나누는 것은 동류집단설계의 내적타당성을 크게 강화시키는 방법이 될 것이다. 이와 같은 설계는 특히 나이나 경험 등이 실험결과에 영향을 미칠 때 많이 사용되어진다. 이를 그림으로 나타내면 다음과 같으며, X_1과 X_2는 각각 상이한 독립변수 노출정도를 나타낸다.

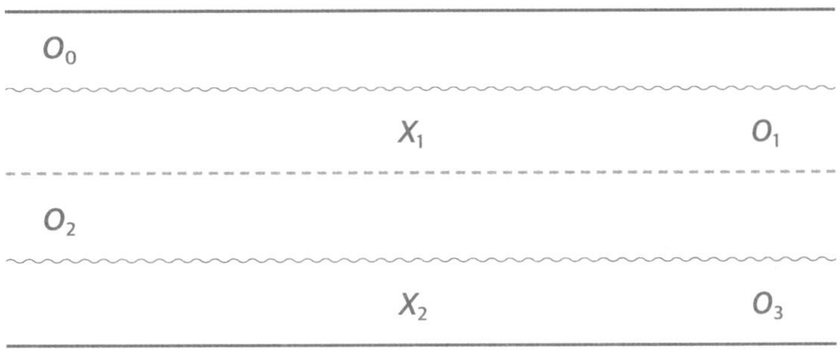

O_0		
	X_1	O_1
O_2		
	X_2	O_3

그림 7-14 동류집단 분리설계

예를 통해 상세히 알아보자. 1학년 학생 중 회화수업을 받은 학생은 실험집단 받지 않은 학생은 통제집단으로 구성한다. 통제집단과 실험집단은 같은 중학교의 1학년이라는 동질성(cohort)을 갖고 있기 때문에 동질성이 유지되느니 동질집단이라 할 수 있다.

이때 O_0과 O_1은 독립변수가 주어지지 않은 동류집단(사전동류집단)에 대한 측정결과이고, O_2와 O_3는 독립변수가 주어진 동류집단(사후동류집단)에 대한 측정결과이다. 앞의 예를 다시 한 번 적용하여 알아보자. 외국인 강사의 수업이 도입되기 이전에 중학교 1학년 학생들의 영어성적(O_0)과 그들이 2학년이 되었을 때의 성적(O_1)이 있다고 가정하자. 이제 작년 중학교 1학년 학생들이 수업을 받지 않았을 때의 성적(O_2)과 이들이 수업을 수강하고 난 후 2학년이 되었을 때의 성적(O_3)이 있을 때, $(O_3-O_2)-(O_1-O_0)$를 독립변수인 외국인 강사의 수업 효과라 할 수 있다.

(2) 동류집단 비분리설계

동류집단 비분리설계(The cohort design in which treatment partitioning is impossible)는 통제집단이 동일한 시점에서 동일한 코호트를 가지는 집단으로 구성될 수 없을 때 사용된다.

앞선 예를 다시 적용해서 보자. 중학교 1학년 학생들에게 외국인 강사수업을 시행하여 2학년 때의 영어성적을 측정하려고 할 때 통제집단을 이전년도 중학교 1학년 학생으로 구성하여 1학년 때의 점수를 측정하고 사전점수로 이용하여 2학년이 되었을 때의 점수를 측정하여 통제집단의 사후점수로 이용하는 것이 이 설계방법의 예라 할 수 있다.

O_0	O_1		
	O_2	X	O_3

그림 7-15 동류집단 비분리설계

(3) 단일집단 반복실험설계

단일집단 반복실험설계(equivalent time-series design)는 실험집단과 통제집단으로 나눌 수 없고 독립변수의 효과가 일시적이거나 변화될 가능성이 있을 때 사용하는 설계방법이다. 이 설계법은 다음과 같이 나누어 볼 수 있다. 첫째, 동일한 대상에 대해 일정한 기간을 두고 독립변수를 반복적으로 노출시킨 뒤에 사전사후 측정을 되풀이 하는 방법으로, 독립변수 제거설계와 독립변수 반복설계가 있다. 둘째, 독립변수를 노출시키기 전후로 종속변수에 대한 측정을 반복하는 방법으로 나누어 볼 수 있다.

① 독립변수 제거설계

독립변수 제거설계(removed-treatment design)는 실험집단과 통제집단을 구분할 수 없고, 독립변수의 효과가 일시적이거나 통제집단에 대해 따로 측정하는 것과 같은 효과를 얻을 수 있을 때 사용하는 방법이다. 이를 그림으로 나타내면 다음 〈그림 7-16〉과 같다.

O_0	X	O_1	O_2	(X)	O_3

그림 7-16 독립변수 제거설계

우선 단일집단에 대한 사전사후 측정설계($O_0\ X\ O_1$)에 의한 측정을 한 후, 독립변수를 노출시키지 않은 경우의 사전사후 측정($O_2\ (X)\ O_3$)을 실시한다. 여기서 (O_1-O_0)은 독립변수의 효과이며, (O_3-O_2)는 독립변수가 노출되지 않았을 경우의 효과라 할 수 있다. 여기서 (X)는 독립변수의 효과를 제거하는 것을 의미한다.

② 독립변수 반복설계

독립변수 반복설계(repeated-treatment design)는 독립변수를 제거한 후 독립변수의 효과가 일정기간 지나 그 효과가 소멸한 후 다시 독립변수를 처치하는 방법이다. 이 설계는 표본집단의 수가 적고 독립변수의 효과가 일시적으로만 지속되고 독립변수를 반복적으로 노출시키더라도 독립변수의 효과를 방해할 만한 요인이 없다고 생각된 때에 사용할 수 있는 방법이다. 다음 〈그림 7-17〉과 같이 나타낼 수 있다.

O_0	X	O_1	(X)	O_2	X	O_3

그림 7-17 독립변수 반복설계

〈그림 7-17〉 이 설계에서 기대하는 가장 바람직한 결과는 O_1과 O_0가 틀리고, O_3와 O_2가 틀리면서, $(O_1\text{-}O_0)$와 $(O_3\text{-}O_2)$가 같은 방향으로 수행되면서 차이 또한 유사한 경우이다. 이 설계를 효과적으로 실행하기 위해서는 측정시점 간의 시간간격과 독립변수의 노출을 일정하게 하지 말고 무작위로 노출함으로써 실험대상자가 측정·관찰되고 있다는 사실을 알지 못하게 하는 것이 무엇보다 중요하다. 또한 가급적 많은 표본을 이용하여 통계적인 검증이 필요하다.

4. 사후실험설계

사후측정 실험설계(ex post facto design)는 실험자가 독립변수를 조작할 수 없는 실험설계이다. 외생변수를 통제하지 않고 있으므로 상관관계는 알아볼 수는 있지만, 인과관계를 파악할 수 없다는 측면이 원시실험설계와 유사하다. ex post facto는 영어에서 after the fact라는 뜻이다. 그러므로 사후측정 실험설계는 어떠한 처리가 발생한 후에 측정되는 실험설계이다. 그러므로 실험자는 원인이 되는 변수에 대한 통제는 불가능하다.

결국, 사전에 집단들이 갖고 있는 어떠한 특성을 파악하기 힘들기 때문에 표본선택 바이어스가 발생할 수 있다. 그러므로 이 실험설계는 중요한 변수의 발견이나 변수들 간의 관계를 밝히기 위한 가설 검증 혹은 탐색적 연구에서 주로 사용된다.

사후실험설계가 필요한 상황은 다음과 같은 경우이다. 첫째, 결혼여부, 성별, 나이 등과 같이 변수의 특성상 실험자가 통제를 할 수 없는 경우이다. 둘째, 독립변수에 대한 통제가 윤리적·도덕적으로 바람직하지 않은 경우이다. 의학 및 약학에서의 연구에서 실험 자체의 윤리적 문제 때문에 가능하면 사후실험설계를 이용한다. 셋째, 독립변수를 통제하는 데 많은 비용과 시간이 소요되거나, 또는 기술적으로 곤란할 경우이다.

1) 사후실험설계의 유형

사후실험설계의 장점은 다음과 같다. 첫째, 기존의 문헌연구 및 이론고찰을 통하여 얻은 가설을 인위적 상황이 아닌 자연적인 실제상황에서 검증함으로써 가설의 실제적 가치 및 현실성이 높을 수 있다. 둘째, 광범위한 대상으로부터 자료를 수집하므로 분석 및 해석에 있어서 편파적이거나 근시안적 관점에서 벗어날 수 있다. 셋째, 실험설계와는 달리 한꺼번에 다양한 변수를 고려하여 연구할 수 있으므로 관련 변수들 간의 종합적인 관계를 파악할 수 있다. 넷째, 인위적인 실험상황을 고려하지 않으므로 조사의 과정 및 결과가 매우 객관적이며 조사를 위해 투입되는 시간 및 비용을 줄일 수 있다.

반면, 몇 가지의 단점이 있다. 첫째, 독립변수의 직접적인 조작이 불가능하다. 그러므로 순수실험설계에 비하여 변수들 간의 인과관계를 명확히 밝히기 어렵다. 둘째, 무작위적 표본추출은 가능하지만 집단분류나 독립변수의 노출은 무작위로 이루어질 수 없기 때문에 외생변수 통제가 어렵다. 셋째, 사후실험설계에서는 현상을 야기한 원인을 추적하여 찾아내는 과정을 거치기 때문에 원인과 결과 반대로 해석할 가능성이 있다.

(1) 현장연구

현장연구(field study)란 연구자가 관심을 가지고 있는 변수들 간의 관계를 인위적이 아닌 현실상황에서 체계적으로 관찰하는 연구조사방법을 말한다. 이는 독립변수를 조작하는 현장실험(field experimentation)과는 근본적으로 다르며, 단지 자연 상태에서 연구대상을 관찰하여 그들의 관계를 규명하는 것으로서, 연구자는 상황에 대한 통제를 전혀 할 수 없게 된다. 이처럼 현장연구(field research)는 실제 환경 또는 이와 가장 가까운 유사한 상태에서 진행되는 연구로써, 실제환경에서 연구한다는 측면에서 사후측정 실험설계를 현장연구라고 볼 수 있으나, 독립변수의 조작이 불가능하다는 측면에서는 일반적인 현장연구와 구분된다.

현장연구는 탐색적 현장연구와 가설검증을 위한 현장연구로 나눈다. 탐색적 현장연구는 관련 변수들을 찾아내거나 변수들이 서로 어떠한 관계에 놓여 있는가를 이해하기 위한 연구이다. 반면 가설검증을 위한 현장연구는 연구자가 구체적으로 세운 연구가설을 현장상황을 관찰함으로써 그 가설의 채택 혹은 기각여부에 대한 결론을 내리려는 연구이다. 그러므로 사후 측정 실험설계는 어떠한 가설을 확인하는 연구목적을 갖는다.

(2) 후향연구

후향연구(retrospective study)란 지금의 특정 현상이 과거의 어떤 요소의 영향으로 인하여 발생하였는가를 찾아내는 연구이다. 즉, 결과가 과거의 어떠한 원인으로 인하여 발생되었는지를 찾아내는 연구로서 사례대조연구(case control research)라고도 부른다.

예컨대, 특정 태도의 형성에 대한 이유, 특정 제품의 구매이유, 특정 질병의 발생원인 등을 알아내는 연구, 폐암환자와 정상인을 선택하여 과거의 흡연여부와 흡연량을 어느 정도 하였는지를 파악하여 흡연과 폐암의 관계를 알아보는 연구가 이에 해당된다.

이 후향 연구는 전향 연구에 비하여 시간과 비용이 절약된다는 측면에서 유용한 방법이다. 그러나 과거시점에 대하여 정확하게 기억하거나 파악할 수 없어서 발생되는 관측바이어스(observation bias)가 발생될 수 있으며, 표본을 선택하는 과정에서 발생하는 표본선택 바이어스가 발생될 수 있다. 표본선택 바이어스의 한 예로는, 질병에 대한 연구를 하는데 질병도중에 실험대상의 사멸(죽는) 등으로 연구를 계속할 수 없음에도 불구하고 이러한 대상의 자료가 혼합되어 있다. 이러한 경우 이들을 연구대상에서 제외해야 하는데 그렇지 못한 경우이다.

(3) 전향연구

전향연구(prospective study)는 후향연구의 반대이다. 이 연구는 결과에 대한 원인변수를 측정하고, 일정 시간이 지난 후에 결과를 측정하여 두 변수의 관계를 파악하는 연구로서 동류집단(cohort)으로 구성하여 실험을 진행한다. 예컨대, 흡연이 폐암에 미치는 영향을 파악하기 위하여 흡연자와 비흡연자 집단을 구성하여 일정기간이 지난 후에 폐암 여부를 조사하는 것이 이에 해당된다.

전향적 연구는 시간이 흐르는 방향과 연구 방향이 동일하다는 특징을 가지고 있다 즉, 어떤 결과의 원인이라고 생각되어질 수 있는 변수들을 파악하고 일정시간이 경과한 후에 과연 예상하였던 결과가 발생하는지를 조사하는 실험이다. 예컨대, 건강상태를 보여줄 수 있는 여러 지표, 즉 몸무게, 키, 폐활량, 혈압, 콜레스테롤, 혈당수치 등에 대하여 여러 사람들을 대상으로 미리 측정하고, 일정기간 후에 특정 질병이 어떤 사람에게 발생하였는지 관찰하여 발병 원인을 찾아내는 것이다.

(4) 기술연구

기술연구(descriptive study)는 있는 그대로의 현상을 기술하는 목적을 가진 연구이다. 반면 이전의 사후실험설계들은 변수들의 인과관계를 이끌어내기 위한 연구이다.

사후측정 실험설계에서는 기술연구 중에서 횡단 연구(cross sectional research)가 주로 사용된다. 횡단 연구는 한 시점에서 어떠한 상황이 발생하였는지를 파악하는 현황연구로서, 여러 시점을 지속적으로 관찰하는 다시점연구(longitudinal research)와 구분되는 연구이다. 예컨대, 남자가 여자보다 무술을 좋아하는가에 대한 연구는 기술연구적 성격의 연구다. 왜냐하면 성별 그 자체가 무술의 선호 원인은 아니기 때문이다. 만약에 어떠한 심리적 차원이 무술 선호도에 영향을 미치는가를 파악하려 한다면 이는 인과관계를 규명하는 연구이다.

(5) 예측연구

예측연구(prediction research)란 과거와 현재의 원인변수를 분석하여, 미래의 결과변수 값을 예측하고자 하는 목적으로 진행되는 연구를 말한다. 예컨대, 우리나라의 내년도 물가상승률을 예측하는 문제가 이에 해당된다.

2) 사후실험설계의 보완방법

앞서 살펴본 바와 같이 사후실험설계로 인과관계의 존재에 대한 확실한 결론을 내리기에는 많은 무리가 따른다. 이러한 약점을 보완하기 위한 최선의 방법은 여러 개의 가설을 검증해 보는 것이다. 즉 사후실험설계에서 Y와 X의 인과관계를 보이기 위해서는 Y와 X_1의 관련성뿐 아니라, Y와 $X_2, X_3, \cdots\cdots X_n$과의 관련성 여부도 확인해야 한다.

예컨대, 학력수준이 소득에 어떠한 영향을 미치는가를 보기 위해서는 소득의 차이에 영향을 미칠 수 있을 것으로 보이는 다른 변수들도 고려하여야 한다. 여러 가지 가설들을 검증하고 비교하여 처음 한 가지 가설검증에 의한 약한 설득력을 보완해 나갈 수 있다. 따라서 사후실험설계를 수행할 경우에는 조사의 설계단계에서 충분한 문헌고찰을 통하여 종속변수들에 영향을 미칠 수 있는 독립변수들의 조합을 사전에 파악해야 한다. 이후 독립변수들과 종속변수들을 교차 결합시킨 대체적 가설을 검토함으로써 외생변수 개입에 대한 통제를 할 수 있으며 연구결과로 인과관계를 유추할 수 있을 것이다.

• 제 2 절 시계열 실험설계 •

1. 기준조건과 처리조건

시계열 실험설계(time series design)란 기준조건(baseline condition)에서 처리조건(treatment condition)으로 조정(intervention)이 일어나면서, 처리가 원인이 되어 연구대상이 시간에 따라 어떻게 변화되는지를 파악할 목적으로 이루진다. 그러므로 일정한 시간간격을 두고 연구대상을 지속적으로 관찰하는 실험설계를 말한다. 따라서 시계열 실험설계는 한 연구대상을 서로 다른 시점에서 반복적으로 측정하는 설계이며, 연구대상의 반응에 대한 변화를 목적으로 실험환경의 조정이 연구기간 중에 발생한다. 이 경우, 연구자는 어떻게 실험단위를 구성할 것인지, 그리고 언제 실험단위를 측정을 할 것인지를 통제하여 실험설계에 적용할 수 있지만, 실험단위가 어느 시점부터 실험조건의 변화에 따른 자극을 받았는지에 대한 통제가 힘들고, 실험단위를 무작위화하는 것이 어렵다는 특징을 가지고 있다.

예컨대, 어떤 제품에 대한 TV광고효과를 파악하기 위하여, 기존 패널을 이용하여, TV광고를 시작하는 시점을 전후로 하여, 일정한 간격을 두고 지속적으로 제품에 대한 태도를 측정하였다고 가정하자. 이러한 시계열 실험설계의 경우, 연구자는 패널을 어떻게 구성할 것인지, 그리고 언제 패널의 태도를 측정할 것인지에 대하여 설계할 수 있으며, TV광고의 시작 시점도 정할 수 있지만, 패널의 구성원들이 언제 이러한 TV광고를 보게 되어 태도가 변할 것인지에 대하여는 알 수 없다는 것이다. 이러한 시계열 실험설계로부터 연구자는 TV광고의 효과가 장기적으로 지속되는 효과인지, 단기적인 효과인지 또는 효과가 존재하지 않고 있는지를 파악할 수 있을 것이다.

한 연구대상을 서로 다른 시점에 반복하여 여러 번 측정하는 것은 연구기간 중에 나타날 수 있는 다른 혼란변수의 효과를 파악하여 제거하고, 실험조건의 조정에 따른 순수한 효과를 얻기 위함이다. 만일 실험조건을 조정하여 그 전후로 한 번씩 측정하는 실험을 설계한다면, 이는 앞 절에서 설명한 사전사후측정 실험설계와 같은 형태가 되어, 시계열 실험설계의 의미가 없어지게 된다. 결국, 시계열 실험설계는 실험조건의 조정 전후로 여러 번 측정하는 형태가 된다.

1) 기준환경과 처리

시계열 실험설계는 실험환경의 조정 후에 나타나는 측정값들을 비교하기 위하여 초기상태 또는 일반적인 환경에서 먼저 측정이 이루어지는데, 이러한 것을 기준환경 혹은 기준조건(baseline condition)이라고 한다. 보다 정확한 기준환경을 파악하기 위하여, 평균값의 5% 범위 내에 연속적인 10개의 측정값들이 속해있는 것이 일반적으로 바람직하다고 한다.

기준환경에서의 측정값에 대한 분산이 적게 나타난다면, 적은 수의 반복측정으로도 충분하겠지만, 만일 측정값에 대한 분산이 크게 나타난다면, 반복측정 횟수를 늘려서 그 변화를 정확하게 파악하는 것이 필요할 것이다. 기준환경에서 안정적인 측정값이 나타났다면, 실험환경의 조정이 이루어지고, 처리(treatment) 환경(condition)이 시작하게 된다. 이 경우, 처리의 측정방법, 반복횟수, 시간 간격은 기준환경의 측정방법, 반복횟수, 시간간격으로 일치시켜 주는 것이 필요하다.

(1) 반전설계와 이중반전설계

반전설계(reversal design) 또는 역설계는 실험환경을 기준환경에서 처리환경으로 바꾸고 다시 기준환경으로 되돌리는 실험설계로서 A-B-A설계(A-B-A design)라고도 부른다. 또한 이중반전설계(double reversal design) 혹은 역이중설계는 실험환경을 기준환경에서 처리환경으로 바꾸고 기준환경으로 되돌린 다음 다시 처리환경으로 바꾸는 실험설계로서 A-B-A-B설계(A-B-

A-B design)이라고도 부른다. 여기서 A는 기준환경을 나타내며, B는 처리환경을 나타낸다.

(2) 다중 기준설계

어떤 연구에서는 처리에서 기준으로 다시 되돌리지 못하는 경우도 있다. 즉, 일단 실험환경의 조정이 이루어지면, 원래 상태로 되돌릴 수 없이 영원히 바뀌는 경우가 있다는 것이다. 이러한 인과관계의 연구에서, 만일 실험환경을 여러 번 조정하는 경우라면, 다중 기준환경설계(multiple baselines design)를 사용할 수 있다.

다중 기준환경설계는 같은 실험단위를 대상으로 서로 다른 환경에서 반복이 이루어지는 경우이며, 이중반전설계는 같은 실험단위를 대상으로 같은 환경에서 반복이 이루어지는 경우에 해당된다. 만일 연구자가 이러한 반복을 여러 실험대상으로 확장시킨다면, 원인변수와 결과변수 사이의 인과관계에 대하여 더욱 확실한 증거를 얻을 수 있을 것이다.

2. 시계열 실험설계 유형

시계열 실험설계의 유형에는 대표적으로 단일집단 시계열 실험설계(simple time series design)와 다집단 시계열 실험설계(multiple time series design)가 있다.

1) 단일집단 시계열 실험설계

단일집단 시계열 실험설계(simple time series design)는 한 집단에 대하여 일정한 시간간격을 두고 지속적으로 결과를 측정하는 실험설계이다. 이 경우, 독립변수의 조작이 나타나는 시점은 연구자가 통제할 수 있거나 또는 자연적으로 나타나기 때문에 연구자가 통제할 수 없을 수 도 있다.

단일집단 시계열 실험설계의 장점은 독립변수의 조작(또는 변화)이 나타나는 시점을 전후로 하여 측정값들을 비교함으로써 몇 가지의 혼란변수들을 통제할 수 있다. 예컨대, 성숙효과, 학습효과, 측정도구의 변화, 회귀효과의 분석이 가능하다. 또한, 무작위화과정을 통하여 표본선택 바이어스(bias)를 줄이고, 피험자에 대한 인센티브를 제공함으로써 피험자의 탈락을 줄일 수 있다.

단일집단 시계열 실험설계의 단점은 특정사건의 영향이 강하게 나타날 수 있다. 또한 독립변수의 조작시점 이후에 학습효과가 갑자기 커지는 처리효과와 학습효과의 상호작용효과가 나타나기도 한다.

2) 다집단 시계열 실험설계

다집단 시계열 실험설계(multiple time series design)는 대조그룹이 추가되어 혼란변수의 통제가 어느 정도 가능하다는 점을 제외하고는 단일그룹 시계열 실험설계와 같다.

이 실험법은 실험자가 대조집단을 실험집단과 유사한 특성을 가진 집단으로 잘 구성할 수 있다면, 단일집단시계열 실험설계보다 많은 혼란변수를 통제할 수 있기 때문에 높은 내적타당성을 갖는 결과를 얻을 수 있다.

뿐만 아니라 실험집단과 대조집단의 비교를 통하여 처리효과의 분석이 가능한 한편 단일집단 시계열 실험설계를 하여, 실험집단으로만 대상으로 독립변수의 조작된 시점의 전후를 비교하여 처리효과의 분석도 가능하다는 장점이 있다.

· 제 3 절 통계적 실험설계 ·

앞서 기본적이며 일반적인 실험설계에 관해 살펴보았다면 본 절에서는 사회과학의 통계적 기법을 중심으로 한 실험설계에 대해 살펴보자. 특히 무작위 실험설계(completely randomized design) 블록 실험설계(block design), 요인 실험설계(factorial design), 부분 실험설계(fractional design), 반복측정 실험설계(repeated measure design)로 구분하여 설명하기로 한다.

1. 무작위 실험설계

무작위 실험 원칙은 앞서 설명한 바가 있으나 자세히 다시 한 번 정리해 보자(제6장 실험, 실험계획법과 기초원리 참조). 무작위 원칙(randomization principle)은 실험설계의 가장 기본이 되는 원칙으로 연구자가 알지 못하는 혼란변수(confounding variable)를 통제하기 위한 방법이다. 무작위 원칙이란 특정한 처리수준을 받게 되는 기회가 모든 연구대상에게 동등하게 주어져야 한다는 원칙이다. 이러한 무작위 원칙은, 1920년에 처음 소개되었지만, 초창기에는 많은 연구자로부터 주목을 받지 못하였다. 그 당시만 하더라도, 대부분의 연구자는 실험이나 연구를 자신의 전문지식만으로 열심히 그리고 주의 깊게 진행하면, 모든 문제가 해결되리라고 믿었기 때문이다.

그러나 그 동안 연구자의 전문지식을 이용하여 처리수준을 피험자들에게 할당하는 경우, 예상하지 못한 결과와 오류가 발생한다는 사실을 알게 되었고 이에 무작위화 원칙이 매우 중요한 것이라는 것을 알게 되었다. 무작위화를 이용하여 처리수준을 피험자들에게 할당하게 되면 실험에 의하여 나타나는 결과를 확률을 이용하여 예측이 가능하도록 분석하고 해석할 수 있게 만들어 준다.

예컨대, 30명의 영업사원을 대상으로 세 종류의 교육 방법에 대한 효과를 알아보는 연구를 생각하여 보자. 이 경우, 30명의 영업사원 중에서 무작위로 10명을 추출한 다음, 첫 번째 집단을 만들고, 그 다음 남은 20명의 영업사원 중에서 10명을 랜덤으로 추출하여 두 번째 집단을 만들고, 나머지 10명의 영업사원들을 세 번째 집단으로 하여, 각 집단에 세 종류의 교육방법을 각각 할당하게 되면, 무작위 원칙에 따른 실험설계가 되는 것이다. 이와 같이 무작위로 전체 연구대상을 처리수준의 수만큼 나눈 후, 처리수준을 각각 할당하는 실험설계를 완전 무작위 실험설계(completely randomized design; CRD)라고 한다.

비록 무작위에 의하여 처리수준이 실험대상에게 할당된 실험설계라 하더라도, 실험결과에서 나타나는 집단 간의 차이가 순수한 처리효과만으로 구성되어 있다고 할 수는 없다. 즉, 앞에서 언급한 교육방법에 대한 예에서, 집단(또는 교육방법)에 대한 결과변수의 차이가 반드시 교육방법에 의한 차이라고 볼 수만은 없다. 학습능력이 뛰어난 판매사원 존재하고, 우연히 우수한 판매사원이 한 그룹에 몰려있을 가능성도 존재할 수 있다. 그러나 통계분석은 이러한 차이가 우연하게 나타날 수 있는 정도인지 아니면 학습방법에 대한 효과에 의하여 나타난 차이인지에 대해 확률이론에 따라 판단할 수 있게 만들어준다.

즉, 통계분석에서 학습방법에 따른 차이가 있다는 결론이 도출되었다면 집단 간의 차이가 우연한 차이로 보기에는 너무 큰 차이가 나타나기 때문에 교육방법의 차이 때문이라고 결론을 내릴 수 있다는 것이다. 이러한 큰 차이의 기준은 확률이론에 따라 결정된다.

2. 블록 실험설계

블록 실험설계(block design)는 실험대상을 비슷한 특성을 가진 블록으로 구분한 다음 진행하는 실험설계를 말한다. 이 경우 블록 내에 속하는 피험자들은 어느 정도 유사한 특성을 가져야 한다. 새로운 광고에 대한 실험을 예를 들어 생각해 보자. 우선 소비자 집단을 유사한 특성을 가진 블록으로 나눈다. 예를 들어, 지역을 기준으로 소비자 블록을 구성할 수 있을 것이다. 즉, A, B, C, D 네 개의 지역으로 나눌 수 있을 것이다. 이후 각 블록(지역) 내에서 기존 광고와 새로운 광고를 무작위로 할당한다. 예를 들어, 각 지역을 다시 두 그룹으로 나누어 한 그룹에는 기존 광고를, 다른 그룹에는 새로운 광고를 노출시킨다. 이후 각 블록 내에서 무작위로 배정된 그룹에 해당 광고를 노출시킨다.

이처럼 무작위화 블록 실험설계(randomized block design)를 통해 지역별 소비자 특성에 따른 변동성을 통제하면서 광고 효과를 정확히 측정할 수 있을 것이다.

3. 요인 실험설계

두 인자에 대한 효과를 분석하는 실험설계가 주어졌다고 하자. 이때 2가지의 인자인 A와 B인자가 있다고 가정해 보자. A인자는 세 가지의 교육방법인 a1, a2, a3를 나타내며, 인자 B는 두 형태의 학습환경 b1, b2를 나타낸다고 하자. 이러한 경우 요인 실험설계(factorial design)는, 두 인자가 서로 크로스된 형태의 실험설계로서, 인자 A의 세 가지 수준(a1, a2, a3)과 인자 B의 두 가지 수준(b1, b2)이 결합하여 총 6개의 수준(3×2)에 따른 결과를 측정하는 실험설계이다.

이처럼 요인 실험설계란 두 가지 이상의 인자가 서로 크로스 되어, 모든 가능한 조합의 수준이 실험에서 측정되는 실험설계를 말한다. 특히, 인자들에 대한 모든 가능한 조합의 수준을 거치는 요인 실험설계를 완전요인 실험설계(complete factorial design)라고 한다.

만일 판매사원에 대한 교육에 대한 연구를 한다고 가정해 보자. 연구대상으로 선택된 판매원에게 한 종류의 교육방법만을 할당받아서 측정이 이루어진다면, 연구대상은 교육방법과 학습환경에 지분되어 있는 경우가 된다. 이러한 실험설계의 경우 요인 실험설계의 한 형태로 취급되며 이를 2요인 독립그룹설계(two-factor independent-groups design)라 한다. 이때 인자의 수가 2개이고 두 개의 인자에 대한 수준의 수가 모두 2개인 경우의 요인 실험설계를 2×2실험설계라 하고, 3개의 인자가 있고, 각각의 인자가 2개의 수준을 갖고 있다면 2×2×2실험설계라고 한다. 일반적으로 n개의 인자가 있고, 각각의 인자가 2개의 수준을 가지고 있다면, 2^n 실험설계라고 한다.

4. 부분 실험설계

완전요인 실험설계의 가장 큰 문제점은 모든 가능한 수준의 인자를 설정하여 실험을 진행하는 방법이기 때문에, 인자의 수가 증가하고, 인자의 수준 수가 증가하게 된다면, 실험의 횟수는 기하급수적으로 늘어나게 된다. 예컨대, A, B, C 세 개의 인자와 각각의 수준이 2, 3, 4개로 구성되어 있다고 가정하자. 이때는 2×3×4 완전요인 실험설계는 24개의 가능한 조합이 된다. 이때 24개의 서로 다른 수준을 고려한 실험은 비용이나 시간 등으로 인해 실험진행이 사실상 불가능하게 된다.

그러나 이러한 경우, 모든 가능한 조합의 일부분을 선택하여, 실험횟수를 줄여나가는 실험설계를 구상할 수 있을 것이다. 이러한 실험설계를 부분 실험설계라고 한다. 부분 실험설계는 완전요인 실험설계와 대비되는 개념이기 때문에 불완전요인 실험설계(incomplete factorial design)라 하기도 한다.

1) 라틴 스퀘어 실험설계

A, B, C의 3가지의 인자가 있고, 각 인자는 3가지의 수준을 갖는다고 하자. 이 경우의 완전요인 실험설계는 3×3×3, 즉 3^3의 형태가 되며, 가능한 수준조합의 수는 27개이므로, 27번의 실험이 이루어져야 한다. 하지만 9번의 실험횟수만을 적용할 수 있는 실험설계를 만들 수 있다.

예컨대, 한 음료 회사가 세 가지 새로운 맛(A, B, C)의 음료가 소비자 선호도에 미치는 영향을 테스트한다고 가정하자. 음료의 맛에 대한 실험이 시간(아침, 점심, 저녁)과 장소(가정, 사무실, 공원)에 따라 그 결과에 영향을 미칠 수 있으므로 이를 균형 있게 배제해야 한다. 각 맛(A, B, C)이 시간과 장소에서 한 번씩 나타나도록 배치해야 하는 라틴 스퀘어 방법을 알아보자.

	가정	사무실	공원
아침	A	B	C
점심	B	C	A
저녁	C	A	B

그림 7-18 라틴 스퀘어 적용의 예

아침 시간에 가정에서 맛 A, 사무실에서 맛 B, 공원에서 맛 C를 테스트하며, 점심 시간에 가정에서 맛 B, 사무실에서 맛 C, 공원에서 맛 A를 테스트하고, 저녁 시간에 가정에서 맛 C, 사무실에서 맛 A, 공원에서 맛 B를 테스트하면 가능할 것이다.

이렇게 라틴 스퀘어 설계를 사용하여 시간과 장소의 영향을 통제한 상태에서 각 음료 맛에 대한 선호도를 분석할 수 있다. 분석 결과, 특정 맛이 다른 맛들에 비해 더 높은 선호도를 보인다면, 그 맛이 소비자에게 더 인기가 있음을 의미한다. 라틴 스퀘어 실험설계를 활용하여 두 가지 요인의 영향을 통제하면서 실험 처리를 정확하게 평가하는 방법이다. 이와 같이, 인자의 특정한 수준이 모든 행과 열에 단 한 번씩만 나타나는 실험설계를 라틴 스퀘어 실험설계(latin square design)라고 한다.

라틴 스퀘어 실험설계의 주요목적은 크게 두 가지로 구분하여 설명할 수 있다. 우선, 인자들이 서로 연관되어 나타날 수 있는 편기(bias)를 통제하기 위한 목적으로 사용된다. 즉, 실험설계에서 나타날 수 있는 처리효과 이외의 다른 효과를 처리효과와 섞이지 않게 하고, 이러한 효과를 희석하여 오차 항에 포함되도록 만들어준다.

라틴 스퀘어 실험설계는 처리수준을 무작위로 할당하는 완전 무작위 실험설계를 대체될 수 있는 방법이다. 즉, 완전 무작위 실험설계에서는 무작위화 과정을 이용하여 순수한 처리효과를 파악하고자 노력하지만, 라틴 스퀘어 실험설계에서는 체계적인 실험설계를 통하여 순수한 처리효과를 파악하고자 노력한다. 특히 한 실험대상이 여러 처리수준을 거치면서 나타나는 순서에 따른 효과가 존재할 경우에는 이러한 라틴 스퀘어 실험설계를 이용하여 외생변수의 효과적으로 통제할 수 있다.

라틴 스퀘어 실험설계를 사용하는 두 번째 주요목적은 노력, 시간, 비용을 절약하기 위해서이다. 인자의 수가 늘어나게 되면, 요인 실험설계의 경우는 실험의 횟수가 기하급수적으로 늘어나게 된다. 이 경우 라틴 스퀘어 실험설계를 사용하게 되면, 적은 수의 실험횟수를 이용하여 효율적인 처리효과를 파악할 수 있게 된다.

그러나 이런 라틴 스퀘어 실험은 상호작용을 보기는 힘들다는 단점이 있다.

2) 지분실험설계

지분실험설계(Nested Design or Nested Experimental Design)는 실험설계에서 특정 요인이 다른 요인에 중첩되어 있는 경우이다. 이 실험법은 복잡한 실험설계에서 여러 수준의 요인들이 서로의 영향을 받는 상황을 다루는 데 유용하며 특히 실험군이 여러 계층으로 나뉘어 있을 때 사용될 수 있다.

예를 들어 알아보자. 고등학교 학생들의 시험 성적을 조사하는 실험을 설계한다고 가정하자. 실험의 목적은 학교와 학급이 학생들의 성적에 미치는 영향을 조사하는 것이다.

다음과 같은 3가지의 요인이 있다고 하자.

요인 1(학교): 여러 개의 학교가 있다(학교 A, 학교 B, 학교 C).

요인 2(학급): 각 학교에는 여러 학급이 있다. 각 학급은 해당 학교에 속해 있으며, 학급 간의 차이는 학교 내에서 중첩되어 있다.

요인 3(학생): 각 학급에는 여러 학생이 있다. 학생들은 학급 내에서 중첩되어 있다.

여기서 학급은 학교에 중첩되어 있고, 학생은 학급에 중첩되어 있으므로 지분 설계(Nested Design)를 사용할 수 있다.

만일 학교는 A, B, C가 있으며 학교 A에는 학급 A1, A2; 학교 B에는 학급 B1, B2; 학교 C에는 학급 C1, C2가 있으며 각 학급에 5명의 학생이 있다고 할 경우 이 실험설계는 다음 〈그림 7-19〉와 같다.

학교	학급	학생
A	A1	학생 1, 학생 2, 학생 3, 학생 4, 학생 5
A	A2	학생 6, 학생 7, 학생 8, 학생 9, 학생 10
B	B1	학생 11, 학생 12, 학생 13, 학생 14, 학생 15
B	B1	학생 16, 학생 17, 학생 18, 학생 19, 학생 20
C	C1	학생 21, 학생 22, 학생 23, 학생 24, 학생 25
C	C1	학생 26, 학생 27, 학생 28, 학생 29, 학생 30

그림 7-19 **지분 실험설계**

이 설계에서는 학생들이 학급에 중첩되어 있으며, 학급들은 학교에 중첩되어 있다. 이 때문에 학급과 학생의 변동성은 학교의 변동성과 독립적으로 분석할 수 있다. 이러한 디자인은 복잡한 계층 구조를 명확하게 구분하여, 각 요인이 실험 결과에 미치는 영향을 정확히 분석할 수 있게 해 준다. 지분설계(Nested Design)는 특히 실험군이 중첩된 구조를 가질 때 유용하며, 각 계층의 요인들이 결과에 미치는 영향을 분리하여 분석할 수 있는 장점이 있다. 그러나 이 연구 역시 상호작용효과를 알 수 없다는 단점이 있다.

이러한 지분 실험설계를 종종 계층적 실험설계(hierarchical design)라 부르기도 한다. 엄밀하게 말하면 상위요인에 따라 하위요인이 존재하는 형태를 계층적 설계라고 부르기도 한다.

한편, 지분 실험설계는 요인 실험설계와 혼합되어 구성될 수도 있다. 예컨대, 두 종류의 교과서와 두 학교 사이에는 크로스된 요인 실험설계의 형태를 갖고, 강사는 교과서와 학교에 지분되어 있는 지분요인이 되는 경우가 이에 해당된다. 이 경우의 실험설계는 교과서와 학교가 크로스 되어 있는 2×2 요인 실험설계가 되고, 강사는 교과서와 학교에 의하여 구성된 4개의 처리수준에 지분되어 있는 지분 실험설계가 된다. 특히, 연구대상이 사람이면서, 다른 인자에 지분되지 않고 크로스된 실험설계를 반복측정실험설계라고 한다. 이에 대해 살펴보자.

5. 반복 측정 실험설계

사회과학 연구에서는, 피험자들에게 여러 처리수준을 거치면서 반복적으로 적용되어 결과를 측정하는 실험설계를 자주 볼 수 있다. 이러한 실험설계를 반복측정 실험설계(repeated measure design, RMD)라고 한다. 반복측정 실험설계의 가장 간단한 형태는 한 개의 인자가 두 개의 수준을 갖는 경우로, 연구대상은 두 수준의 처리를 모두 거치면서 두 개의 관측값이 측정되는 실험설계이다. 이와 같은 실험설계에서는, 한 연구대상에 대하여 두 번의 측정이 이루어지므로, 자료가 쌍으로 구성된다. 이때 통계적으로는 쌍대 t 검정(paired t-test)을 이용하여 통계분석을 한다.

반복측정 실험설계에서는 여러 처리수준을 한 연구대상에 적용시킬 수 있다. 이 경우 어떠한 처리수준을 먼저 연구대상에게 적용할 것인가에 관한 순서의 문제가 중요한 결정사항이다. 처리수준을 연구대상에게 적용하는 순서는 무작위과정을 통하여 결정할 수도 있고, 모든 처리수준이 골고루 처음과 마지막에 적용될 수 있도록 체계적으로 결정할 수도 있다. 이와 같이 처리수준의 순서를 중요하게 생각하는 이유는 처리수준의 순서에 따라 나타날 수 있는 효과를 제거 또는 희석시키기 위해서이다. 그러나 처리수준의 무작위화가 항상 가능한 것은 아니다. 특별히 인자가 시간과 관련되어 있는 경우는 더욱 무작위화가 어려워진다. 예컨대, 오전과 오후로 나누어서 이에 대한 효과를 파악하고자 하는 경우에는 오전과 오후를 무작위화시킬 수 없기 때문이다.

한편 인자가 하나가 있는 반복측정 실험설계를 단일요인 반복측정 실험설계(one-factor experiment design with repeated measurements)라고 한다. 예컨대, 50명의 소비자에게 세 종류의 광고를 모두 보여주고, 이에 대한 태도를 조사하는 실험설계가 이에 해당된다. 이 경우, 자료는 50명의 소비자를 대상으로 관측되지만, 각 소비자가 세 종류의 광고를 평가하기 때문에, 150개의 관측값이 만들어진다.

이러한 반복측정 실험설계는 다양한 형태로 확장될 수 있다. 예컨대, 2×2 요인 실험설계에 대한 4가지 가능한 조합을 연구대상이 모두 거치면서 반복 측정되는 실험설계도 가능할 것이다. 이 경우를 2요인이 반복 측정된 2요인 실험설계(two-factor experiment with repeated measurements on both factors)라고 한다. 또한 두 인자 중에서 한 인자만 반복측정이 되고, 다른 인자는 지분되어 있는 실험설계도 가능하다.

반복측정 실험설계는 몇 가지 장점과 단점을 가지고 있다. 반복측정 실험설계의 장점이라면, 첫 번째로 연구대상이 상관관계를 가지고 다른 인자를 크로스하기 때문에, 각 연구대상이 가지고 있는 개별적인 특성을 파악하여 제거할 수 있다는 점이다. 독립그룹 실험설계에서는 이러한 개별적 특성이 오차로 포함되어 오차가 크게 나타나지만, 반복측정 실험설계에서는 이러한 특성이 제거됨으로써 오차의 크기를 줄이고 순수한 처리효과를 파악할 수 있게 만든다. 반복측정 실험설계의 두 번째 장점이라면, 한 연구대상이 여러 번 반복하여 다른 수준을 거치게 되므로, 비용이나 시간을 절약할 수 있다는 것이다.

하지만, 반복측정 실험설계를 실시하는 경우, 어떠한 처리수준을 먼저 측정할 것인가가 매우 중요한 결정사항으로 남게 된다. 왜냐하면, 연구대상이 여러 번 반복측정을 함으로써 학습효과(learning effect)가 생길 수 있으며, 피로, 지루함 등으로 인하여 두 번째 이후의 측정에 영향을 받을 수 있기 때문이다. 이러한 혼란변수(confounding variable)를 통틀어서 이월효과(carry over effect)라고 한다. 결국 반복측정 실험설계는 이러한 이월효과가 발생하여 연구결과의 타당성을 잃게 될 수 있다. 즉, 처리수준에 따른 차이가 이월효과에 의하여 나타났는지, 또는 처리효과에 의하여 나타났는지를 판단할 수 없게 된다는 의미이다. 또한 통계분석이 간단하지 않으며, 통계분석을 위하여 추가적인 몇 가지 가정이 필요하게 된다.

· 생각해 볼 문제

1. 자연과학의 실험과 사회과학의 실험이 같은가? 다른가? 같다면 어떤 점이 같고 다르다면 어떤 점이 다른가?
2. 실험설계의 기초원리에 대해 정리하고 추가적인 원리는 어떠한 것이 있을 수 있는가?
3. 크로스와 지분은 어떤 차이가 되는지 실험설계의 예를 제시해 보자.
4. 실험에서 호든효과를 막을 수 있는 방안으로는 어떤 것이 있을 수 있는가?
5. 타당성을 저해하는 요인 중 교과서에서 제시한 것 이외의 것들을 찾아서 정리해 보자.

소셜 애널리틱스를 위한

연구조사방법론

Research Methodology for Social Analytics

제 8 장

표본추출

제 8 장 표본추출

· 제 1 절 전수 조사와 표본 조사 ·

연구자는 어떤 집단이나 단체의 구성원에 대해 이해하고 싶어 한다. 예를 들어 어느 지역에 의료보험 가입자의 비율을 궁금해 할 때 그 지역에 모든 주민들의 집을 방문해서 의료보험에 가입했는지를 물어보고 그 정보를 수집할 수 있다. 이 예시에서 모든 주민들을 대상으로 조사하는 것은 전수 조사(census)라고 하고 의료보험 가입자의 비율이 모수(parameter)가 된다. 반면에, 모든 인구 중 일부만 선택해서 어떤 정보를 수집하는 것을 표본 조사(sampling)라고 하고 일부 선택된 집단을 표본(sample)이라 하고 그 알고자 하는 비율을 통계(statistics)라고 부른다. 여기서 중요한 점은 이 일부 선택된 표본이 전체 모수를 대표한다고 가정한다.

1. 전수 조사가 필요할 때

연구자가 궁금해 하는 집단 전체(모집단)의 크기가 아주 작을 때는 전수 조사가 적절하다. 그 이유는 시간과 비용이 그리 많이 들지 않기 때문이다. 전수 조사의 장점은 모집단 모두의 정보가 합해져 누락된 정보 또는 오류나 편향이 발생하지 않는다는 점이다. 더 나아가 표본을 추출하는 과정에서 발생하게 되는 오류가 크거나 표본추출에 비용이 많이 드는 경우 전수 조사가 유리할 수 있다.

2. 표본 조사가 적절할 때

모집단의 크기가 매우 크고 모집단에 대한 정보를 수집하기 위해 시간과 비용이 많이 발생하는 경우 표본 조사가 적절하다. 표본 조사로 빠르게 모집단의 성향이나 성격을 수집할 수 있는 상황에서 전수 조사를 하게 되면 신속한 의사결정을 내리기 어려워질 수 있다. 또한 표본 조사를 할 때 표본 수가 작아 전화 인터뷰 등의 방법으로 자료를 수집하기 때문에 인구조사처럼 우편으로 응답자가 스스로 질문을 읽고 파악하고 답하는 설문지 법 보다 정확도가 높은 장점이 있다.

표본 조사가 적절한 상황을 예로 들어보자. 만약 모집단의 성격이 매우 비슷하다면 표본 조사도 괜찮은 방법이다. 또한 전수 조사 자체가 불가능한 경우도 있다. 예를 들어 세계 인구의 코로나 감염 회복 비율을 알고자 할 때 전 세계 인류를 모두 전수 조사하는 것은 불가능하다.

3. 표본관련 오류

표본추출하는 과정에서 모집단의 모수(parameter)와 표본에서 알게 된 통계량(statistics) 사이의 차이가 발생하는 경우 이를 표본오류(sampling error)라고 부른다. 그리고 전수 조사를 하면서 발생한 오류의 경우 비표본오류(non-sampling error)라고 부른다. 비표본오류는 표본추출 과정에서 생긴 오류 외에 여러 가지 오류를 부르는 명칭으로 측정오류(measurement error), 자료 기입오류(data recording error), 분석 오류(analysis error), 미응답 오류(non-response error) 등이 있다.

• 제 2 절 표본추출과정 •

표본추출방법으로 자료를 조사하기로 하였으면 여러 가지 고려해야 할 점들이 있다. [그림 8-1]에 표본추출과정에 순서대로 나열되어 있다.

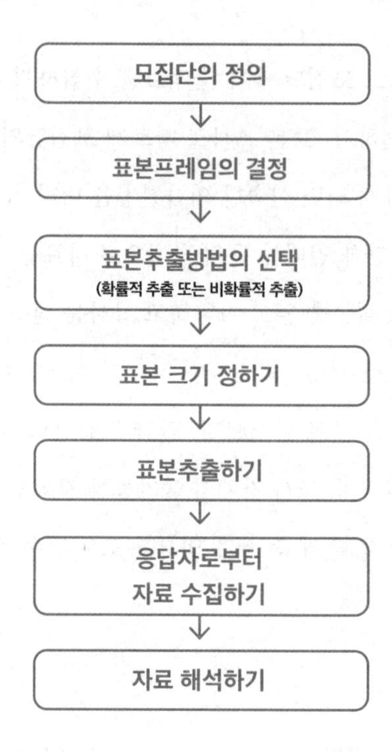

그림 8-1 표본추출과정

1. 모집단의 정의

포본 추출의 목적은 모집단에 대한 정보를 얻는 것이다. 우선 먼저 모집단을 정확하고 명확하게 정의하고 그 외의 집단에 대해서는 제외하는 작업을 한다. 모집단의 기준이 명확하지 않으면 그에 대한 표본 조사의 결과 또한 명확하지 않게 된다. 예를 들어 집을 구입하려고 하는 예비 구매자에 대한 연구를 하려고 할 때 모집단을 성인 남녀로 정의한다면 이 연구는 적절한 정보를 제공할 수 없게 될 것이다. 왜냐하면 성인남녀 중 이미 집을 보유하고 있는 사람도 있을 것이기 때문이다. 이럴 경우 모집단을 구체적으로 나누어 생각해 볼 필요가 있다. 먼저 집을 처음 구매하고자 하는 사람들 그룹과 집을 이미 갖고 있지만 투자 목적으로 두 번째 혹은 n번째 집을 추가로 구매하고자 하는 그룹으로 나누어 고민해 볼 필요가 있다. 이처럼 연구를 시작할 때의 모집단 보다 좀 더 구체적으로 모집단을 수정하면서 더욱 연구가 의미가 있어질 수 있다.

이번에는 다른 예를 생각해 보면서 어떻게 모집단이 잘 정의되지 않았는지 살펴보자.

"서울에 거주하는 자녀를 갖은 가정"을 대상으로 장난감 가게의 연구를 위해 모집단으로 선정했다고 가정하자. 모호하게 정의된 모집단은 여러 가지 문제가 있다. 자녀의 기준이 무엇인가? 몇 세 미만을 자녀로 볼 것인가? 성인이 되기 전이면 모두 자녀인가? 중·고등학생이 장난감을 구입하려고 할까? 서울은 어떻게 정의해야 하나? 행정구역상 서울시에 포함되면 모두 모집단에 포함이 되나? 서울 시민 중 누가 이 정보를 제공하려고 하는가? 등의 다양한 문제가 제기 된다. 그러므로 모집단을 정의할 때는 포본 추출 요소들(부모, 자녀)과 표본의 단위(자녀가 있는 가정), 어느 지역을 포함할지(서울 전체 또는 특정 행정구만)를 신중하게 정해야 한다.

2. 표본프레임의 결정

모집단 프레임과 표본 프레임은 구분되어져야 한다. 표본프레임은 표본추출을 하기 위한 표본에 포함될 수 있는 모든 모집단의 목록을 말한다. 예를 들면 관심 있는 전체 모집단을 대표할 수 있는 어느 일간지 신문 구독자, 어느 모 기업 종사자, 근로자, 대학생 등이 표본 프레임이 될 수 있다. 연구자는 이런 표본 프레임에서 표본을 추출한다.

무작위 추출 방법을 통해서 표본을 추출하는 경우 표본 프레임을 결정하는 것이 가장 어려운 문제가 된다. 최근 핸드폰 사용률이 늘어감에 따라 집에 유선 전화기를 두지 않는 경우가 늘고 있다. 그 결과로 전화국을 통해서 유선 전화번호 목록을 표본 프레임으로 선정하는 것은 모집단에 포함은 되어 있지만 유선전화가 없는 가정이 표본추출에 체계적으로 포함되지 않는 오류가 발생한다. 이런 경우 이동통신사를 통해서 핸드폰 번호 목록을 받아 그 번호를 토대로 무작위 추출 방법으로 포본을 추출하는 방법이 해결책이 될 수 있다.

3. 표본추출방법의 선택

표본을 추출하는 방법은 크게 두 가지로 구분된다. 모집단의 구성원이 표본에 포함될 확률을 계산할 수 있는 확률적 표본추출(probability sampling)과 모집단의 어느 구성원 또는 개체가 표본에 포함될 확률을 계산할 수 없는 비확률적 표본추출(non-probability sampling)로 나뉜다. [표 8-1]에 아홉 가지 표본추출방법을 구분하였다.

표 8-1 아홉 가지 표본추출

확률적 표본추출	비확률적 표본추출
☑ 단순 무작위 표본추출	☑ 편의 표본추출
☑ 층화 표본추출	☑ 판단 표본추출
☑ 체계적 표본추출	☑ 할당 표본추출
☑ 군집 표본추출	☑ 눈덩이 표본추출
☑ 다단계 표본추출	

확률적 표본추출 방식에는 다섯 가지 표본추출 방법이 있다. 단순 무작위 표본추출, 층화 표본추출, 체계적 표본추출, 군집 표본추출, 다단계 표본추출 등이 있다. 확률적 표본추출법의 특징은 모집단에 속한 개체가 표본에 포함될 확률이 모두 동일하고 그 확률을 계산할 수 있다는 것이다.

반대로 비확률적 표본추출법은 개체가 표본에 포함될 확률을 계산할 수 없고 그 확률이 동일하지 않기 때문에 대표성이 작은 특징이 있다. 구체적인 표본추출법의 의미와 장단점은 다음 절에서 자세하게 알아본다.

4. 표본 크기 정하기

표본의 크기를 결정하기 위해 고려해야 할 여섯 가지가 있다. 모집단의 크기, 허용 오차, 신뢰 수준, 변동성, 연구 목적과 자원 및 비용의 측면을 고려해서 표본의 크기를 정한다. 자세한 설명은 제4절에서 알아본다.

5. 표본추출, 수집, 해석

표본이 결정되면 표본을 추출하여 수집하고 수집된 데이터를 바탕으로 분석하여 연구 질문에 답을 도출한다. 평균, 중앙값, 표준편차 등의 기술 통계를 활용하여 데이터의 형태를 이해하고 요약하고 정리한다. 표본 데이터를 바탕으로 추론통계를 활용하여 모집단의 특성을 추정한다. 예를 들어 가설검정이나 회귀분석 등을 통해서 이루어진다.

· 제 3 절 표본추출방법의 분류 ·

표본추출의 방법에는 크게 두 가지로 구분된다. 확률적 표본추출법과 비확률적 표본추출법은 모집단의 개체가 포본으로 선택될 확률을 계산할 수 있는지 없는 지로 구분된다.

1. 확률적 표본추출

먼저 확률적 표본추출 방법에 대해 알아보자. 확률적 표본추출 방식에는 다섯 가지 표본추출 방법이 있다. 단순 무작위 표본추출, 층화 표본추출, 체계적 표본추출, 군집 표본추출, 다단계 표본추출 등이 있다. 확률적 표본추출법의 특징은 모집단에 속한 개체가 표본에 포함될 확률이 모두 동일하고 그 확률을 계산할 수 있다는 것이다.

1) 단순 무작위 표본추출

단순 무작위 표본추출(simple random sampling: SRS) 포본 프레임에서 무작위로 정해진 표본의 수만큼 추출하는 방법으로 매우 간단하고 많이 활용되는 기법이다. 무엇보다 이해하기 쉬워 널리 이용된다. 모집단의 모든 개체가 포본으로 선택될 확률이 모두 동일하고 계산될 수 있다는 점이 특징이다. 추출과정은 간단하다. 먼저 모집단 구성원 모두에게 일련번호를 부여하고 그 번호 중 무작위로 추출하여 포본을 추출한다. 그 결과 추출된 포본은 모집단과 동일한 성격을 갖게 되고 대표성도 갖게 된다. 그리고 표본의 다양한 특성이 잘 반영된다.

단점으로는 모집단의 크기가 클 경우 모집단 모든 구성원 모두에게 일련번호를 부여해야 하는데 이 과정이 시간이 오래 걸리고 비용이 많이 발생할 수 있다. 표본 프레임자체를 만드는데 시간과 비용이 많이 발생한다는 뜻이다. 또한 단순 무작위 추출방법의 경우 포본추출 과정에서 특정 특이한 값들이 포본에 포함되면 모집단을 대표하는 대표성이 낮아지는 경우가 있다. 특별히 표본이 모집단의 중요한 하위 그룹을 잘 대표하지 못하는 경우가 있을 수 있다. 또한 모집단의 크기는 큰데 포본의 크기가 작은 경우 이런 문제가 더욱 심각해 질 수 있다.

표본추출의 효율성과 비용은 서로 상충관계가 있다. 일반적으로 비용이 커지면 정확도가 향상된다. 단순 무작위 추출방법은 이런 상충관계 측면에서 어느 정도 효율적인 편이다. 연구자는 항상 표본추출의 정확도를 높이고자 한다. 그 결과로 다양한 확률적 표본추출방법 중 하나를 선택하게 된다. 표본의 크기를 예로 들어 본다. 더 큰 표본을 추출하면 그 결과로 표본의 신뢰성이 높아질 수 있지만 표본의 크기가 커져서 더 많은 시간과 비용을 소모하게 된다. 반대로 비용을 줄이기 위해 작은 크기의 표본을 추출하면 시간과 비용은 절약할 수 있지만 그 결과로 신뢰도가 떨어질 수 있다. 이런 경우에 층화표본추출과 같은 다른 표본추출방법을 통해서 효율성과 비용을 균형 있게 조절할 수 있다.

2) 층화 표본추출

층화 표본추출(stratified sampling)은 모집단을 여러 층(strata)으로 나눈 후, 각 층에서 표본을 무작위로 추출하는 방법이다. 층화 표본추출은 다양한 특성을 가진 모집단에서 매우 유용한 방법이다. 예를 들어, 인구 조사나 시장 조사에서 연령, 성별, 소득 수준 등 다양한 특성을 고려하여 층화할 수 있다. 이 방법은 모집단 내 다양한 하위 집단이 고르게 표본에 포함되어 하위 집단을 대표하도록 하기 위해 사용된다. 층화 표본추출의 주요 단계와 장단점을 다음과 같다. 첫 단계로 모집단을 서로 배타적인 여러 하위 집단이나 하위 층으로 나눈다. 각 층은 공통된 특성을 갖는다. 두 번째 단계로 각 층에서 표본을 무작위로 표본을 추출한다. 이때 각 층의 크기에 비례해서 표본을 선택하게 된다.

모집단의 중요한 하위 집단이 균형 있게 표본에 추출되기 때문에 추정의 정확도가 올라가는 것이 층화표본추출의 장점이다. 또한 각 층 내에서의 변동성이 줄어들어 전체 표본의 변동성을 낮출 수 있다. 그리고 특정 하위 집단에 대한 정확한 정보를 얻을 수 있어 연구 목적에 따라 더욱 효율적으로 조사할 수 있다. 동시에 단점도 존재한다. 모집단을 적절히 층화하는데 많은 시간과 노력이 필요할 수 있다. 이미 층화가 잘 되어있는 그룹들을 활용하면 이런 시간을 줄일 수 있다. 대학교에서 학년별로 층화된 것으로 모집단을 설정한다면 간단하게 층별로 표본 프레임을 구할 수 있을 것이다. 상대적으로 단순 무작위 추출에 비해 설계와 분석이 더 복잡하다.

3) 체계적 표본추출

체계적 추출 방법(systematic sampling)은 모집단에서 특정한 규칙을 따르면서 표본을 추출하는 방법이다. 먼저 모집단의 총 크기를 파악한 후 조사하고자 하는 표본의 크기를 정한다. 모집단 크기를 표본 크기로 나누어 추출 간격을 계산한다. 예를 들어, 모집단 크기가 500이고 표본 크기가 50이라면, 추출 간격은 10이 된다. 무작위 추출로 첫 번째 표본추출 지점을 정한다. 일반적으로 1부터 추출 간격 사이에서 랜덤하게 하나의 숫자를 선택한다. 예를 들어 추출 간격이 10이면 1부터 10사이의 수 중 하나를 무작위로 선택한다. 설정된 시작점을 기준으로 추출 간격만큼의 간격으로 표본을 추출한다. 예를 들어, 첫 번째 표본이 7번째 지점에서 시작되었다면, 이후에 17번째, 27번째, 37번째 등의 간격으로 표본을 추출한다. 체계적 추출 방법을 활용하면 모집단 전체를 균등하게 대표할 수 있는 표본을 얻을 수 있다. 체계적 추출 방법은 단순 무작위 추출 방법에 비해 더욱 효과적일 수 있다. 왜냐하면, 체계적 추출 방법은 추출 간격만 정해지면 비교적 빠르게 표본을 추출할 수 있기 때문이다. 특히나 데이터가 많을 때 더욱 좋다.

체계적 추출 방법의 장점은 일단 추출 간격이 결정되면 매우 쉽고 간단하게 표본을 추출할 수 있다는 점이다. 그 결과도 모집단을 고르게 대표할 수 있다. 각각의 데이터를 일일이 처리하는 과정이 필요 없기 때문에 편리하다. 반대로 단점으로는 모집단이 어떤 패턴을 가지고 있는 경우에는 그 패턴이 표본에 반영될 위험이 있다. 예를 들어 모집단에 규칙적인 주기가 있는 경우 그 주기가 표본에도 나타날 수 있다. 또한, 어떤 경우에는 모집단의 크기나 구조에 따라 추출 간격을 설정하기 어렵거나 부적절할 수 있다. 그리고 시작점의 선정이 표본에 영향을 줄 수 있다.

4) 군집 표본추출

군집 표본추출(cluster sampling)은 모집단을 여러 개의 소그룹(군집)으로 나누고, 이 중 몇 개의 군집을 무작위로 선택하여 그 군집 내의 모든 개체를 표본으로 사용하는 방법이다. 추출 절차는 다음과 같다. 전체 모집단을 서로 배타적인 소그룹, 즉 군집으로 나눈다. 이때 각 군집은 모집단을 잘 대표하도록 해야 한다. 나누어진 군집 중에서 무작위로 몇 개의 군집을 선택한다. 선택된 군집 내의 모든 개체를 표본으로 추출한다. 예를 들어, 군집이 10개이고 그중 2개를 표본으로 추출 할 경우 개체가 표본에 포함될 확률은 20%가 된다. 이미 각각의 군집이 모집단을 잘 대표하도록 나누어둔 상태이므로 대표성을 확보되어 있다.

군집 표본추출의 장점으로 큰 모집단에서 표본을 추출할 때 매우 효율적이다. 특히 모집단이 지리적으로 넓게 분포되어 있을 때 효과적이다. 또한, 일부 군집만 조사하므로 전체 모집단을 조사하는 데 드는 비용과 시간이 줄어든다. 그리고 군집 내 모든 개체를 조사하므로 표본 추출 과정이 비교적 단순하다. 반면 단점으로 군집이 모집단을 잘 대표하지 못할 경우, 편향된 결과가 나올 수 있다. 군집을 적절하게 나누는 작업이 어려울 수 있으며, 잘못된 군집 분류는 결과의 신뢰성을 떨어뜨릴 수 있다. 선택된 군집 간 변동이 크다면, 추출된 표본이 모집단을 잘 반영하지 못할 수 있다.

5) 다단계 표본추출

다단계 표본추출(multistage sampling)은 큰 모집단을 여러 단계에 걸쳐 점차적으로 작은 그룹으로 나누어 표본을 추출하는 방법이다. 이 방법은 복잡한 모집단에서 효율적으로 표본을 추출할 수 있게 해 준다. 다단계 표본추출은 특히 대규모 조사나 복잡한 구조의 모집단을 대상으로 할 때 유용하다. 다단계 표본추출 방법의 절차 모두 N 단계로 구성된다. 1단계로 1차 군집 추출이다. 모집단을 큰 군집으로 나누고, 이 중 일부 군집을 무작위로 선택한다. 2단계로 2차 군집 추출에서 선택된 1차 군집 내에서 다시 소군집을 무작위로 선택한다. N단계로 최종 표본추출에서 마지막 단계까지 계속해서 군집을 무작위로 선택한 후, 최종적으로 소군집에서 표본을 추출한다.

다단계 표본추출의 장점은 효율성, 유연성, 적응성 세 가지가 있다. 먼저 대규모 모집단에서 표본을 추출할 때 매우 효율적이다. 여러 단계를 통해 점차적으로 작은 표본을 얻기 때문에 조사비용과 시간을 절감할 수 있다. 또한 다양한 모집단 구조에 적용할 수 있으며, 각 단계에서 최적의 표본추출 방법을 선택할 수 있다. 그리고 각 단계에서 모집단의 특성을 고려해 표본을 추출할 수 있다. 반면에 세 가지 단점으로 복잡성, 오차 축적, 비용의 문제가 있다. 먼저 여러 단계를 거치기 때문에 전체 절차가 복잡할 수 있다. 또한 각 단계에서 발생하는 오차가 누적될 수 있으며, 결과적으로 전체 표본의 대표성이 떨어질 수 있다. 마지막으로 단계가 많아질수록 각 단계별 조사비용이 증가할 수 있다.

2. 비확률적 표본추출

비확률적 표본추출 방법에 대해 알아보자. 비확률적 표본추출 방식에는 네 가지 표본추출 방법이 있다. 편의 표본추출, 판단 표본추출, 할당 표본추출, 눈덩이 표본추출 등이 있다.

1) 편의 표본추출법

편의 표본추출법(convenience sampling)은 연구자에게 편리하게 접근할 수 있는 대상들을 표본으로 선택하는 방법이다. 주로 시간과 비용을 절감하기 위해 사용되며, 특히 예비 조사를 위해 많이 활용된다. 특징으로 연구자가 쉽게 접근할 수 있는 대상을 표본으로 선택한다. 예를 들어, 가까운 위치에 있는 사람들이나, 친구, 가족, 직장 동료 등이 대상이 될 수 있다. 시간과 비용이 적게 들며, 빠르게 데이터를 수집할 수 있다.

장점으로 연구자가 쉽게 접근할 수 있는 사람들로 표본을 구성하기 때문에 조사비용과 시간이 절약된다. 표본추출 절차가 단순하여 비교적 빠르게 데이터를 수집할 수 있다. 이런 이유로 주로 예비 조사나 탐색적 연구에 활용될 수 있다. 반면에 표본이 전체 모집단을 대표하지 못할 가능성이 높은 것이 단점이다. 이는 결과의 신뢰성을 떨어뜨릴 수 있다. 또한 연구자가 편리하게 접근할 수 있는 대상들로만 표본을 구성하기 때문에 편향된 결과를 초래할 수 있다. 그리고 편의 표본추출법으로 얻은 결과는 전체 모집단에 대해 일반화하기 어렵다. 편의 표본추출법은 제한된 시간과 자원에서 빠르게 데이터를 수집할 수 있는 방법이지만, 그 결과의 신뢰성과 대표성을 충분히 고려해야 한다.

2) 판단 표본추출법

판단 표본추출법(judgmental sampling) 또는 주관적 표본추출법(purposive sampling)은 연구자가 자신의 전문지식과 경험을 바탕으로 적합하다고 판단하는 대상들을 표본으로 선택하는 방법이다. 이는 연구자가 특정한 특성을 가진 대상들을 의도적으로 선택하여 연구의 목적에 부합하도록 하기 위한 방법이다. 판단 표본추출법은 표본을 선택할 때 연구자의 판단에 크게 의존한다는 점이 특징이다. 그래서 연구의 특정 목적이나 가설에 맞는 대상들을 선택한다.

판단 표본추출법은 특정 연구 목적에 맞는 표본을 선택할 수 있어 연구의 목적에 부합하는 결과를 얻을 수 있다는 장점이 있다. 그리고 연구자가 잘 아는 대상이나 분야에서 표본을 선택하기 때문에 효율적으로 표본을 수집할 수 있다. 또한 특정 특성을 가진 대상들을 깊이 있게 연구할 때 유용하다. 반면에 판단 표본추출법은 연구자의 주관적인 판단에 의존하기 때문에 편향된 표본이 선택될 수 있다. 선택된 표본이 전체 모집단을 대표하지 않을 가능성이 높아 연구 결과를 일반화하기 어렵다. 그 결과로 표본추출 과정의 객관성이 떨어질 수 있다. 판단 표본추출법은 특정 목적에 맞는 표본을 효율적으로 선택할 수 있는 방법이지만, 그 결과의 신뢰성과 대표성을 충분히 고려해야 한다.

3) 할당 표본추출법

할당 표본추출법(quota sampling)은 모집단을 여러 하위 집단으로 나누고, 각 하위 집단에서 일정 수의 표본을 할당하여 추출하는 방법이다. 이는 각 하위 집단이 모집단을 대표하도록 표본을 할당한다. 첫 번째 추출 절차로 전체 모집단을 여러 하위 집단으로 나눈다. 이때 하위 집단은 연령이나 성별 또는 지역 등과 같은 인구학적 특성에 따라 나눌 수 있다. 각 하위 집단에서 추출할 표본의 수 다시 말해 할당량(quota)을 정한다. 각 하위 집단에서 정해진 할당량만큼의 표본을 선택한다. 이때 무작위로 선택할 수도 있고, 연구자의 판단에 따라 선택할 수도 있다.

각 하위 집단에서 일정 수의 표본을 추출하기 때문에 모집단을 보다 잘 대표할 수 있다는 장점이 있다. 또한 연구자가 정한 기준에 따라 표본을 추출하므로 시간이 절약되고, 조사비용이 절감된다. 다양한 하위 집단에 대해 표본을 할당할 수 있어 연구 목적에 맞게 조정 가능하다. 반면에 여러 가지 단점도 있다. 각 하위 집단에서 무작위 추출을 하지 않을 경우, 연구자의 판단에 따른 편향이 발생할 수 있다. 하위 집단의 특성을 잘 파악해야 하며, 각 하위 집단의 표본 수를 정확히 할당하는 것이 어렵다. 그리고 할당 표본추출법으로 얻은 결과는 전체 모집단에 대해 일반화하기 어려울 수 있다. 할당 표본추출법은 특정 인구학적 특성에 대한 연구에서 유용하며, 적절히 설계하면 효과적인 방법이 될 수 있다.

· 제 4 절 표본크기결정 ·

표본 크기를 결정하기 위해 여섯 가지 기준이 있다. [표 8-2] 참조.

표 8-2 **표본 크기 선정 시 고려사항**

기준	고려해야 할 점
모집단 크기	모집단이 클수록 작은 비율의 표본이 필요
허용 오차	허용오차가 작을수록 큰 표본이 필요
신뢰 수준	신뢰 수준이 높을수록 큰 표본이 필요
변동성	변동성이 높을수록 큰 표본이 필요
연구 목적	목적에 따라 표본 크기 다름
자원 및 비용	시간과 가용 예산에 따라 다름

모집단이 매우 크면, 상대적으로 작은 비율의 표본으로도 충분한 신뢰도를 얻을 수 있다. 연구 결과의 오차 범위를 줄이기 위해 더 큰 표본이 필요하다. 허용 오차(margin of error)가 작을수록 더 큰 표본이 필요하다. 일반적으로 95% 또는 99%의 신뢰 수준(confidence level)이 사용된다. 신뢰 수준이 높을수록 더 큰 표본이 필요하다. 모집단의 특성이 얼마나 다양한지를 나타내는데 변동성(variability)이 클수록 더 큰 표본이 필요하다. 연구 목적이 무엇인지에 따라 적절한 표본 크기가 달라질 수 있다. 탐색적 연구와 가설 검증 연구는 각각 다른 표본 크기가 필요할 수 있다. 사용 가능한 시간, 예산 및 자원도 표본 크기를 결정하는 데 중요한 요소다.

표 8-3 **표본과 모집단의 비율, 평균, 표준편차**

	표본	모집단
비율	p	π
평균	$\overline{X}$	μ
표준편차	s	σ

[표 8-3] 표본과 모집단의 비율, 평균, 표준편차를 활용해서 연구자가 얼마나 큰 표본의 크기를 확보해야 하는지 수식을 통해서 알아보자.

1) 오차의 범위(Error 또는 E)는 신뢰구간과 연결되는 개념으로 일반적으로 5%나 1%를 사용한다.

2) 오차의 범위에 맞게 신뢰수준을 결정한다. 만약 오차의 범위가 5%이면 신뢰수준을 95%가 된다.

3) 정규분포를 가정하고 결정된 신뢰수준에 해당하는 표본통계값을 정한다. 가장 많이 활용하는 오차는 5%이고 그에 맞는 신뢰수준은 95%, 그리고 이 상황에서 필요한 정규분포의 표본통계량은 1.96이다. 양측검정을 활용함으로 1.96과 -1.96을 사용한다.

4) [표 8-3] 표본과 모집단의 비율, 평균, 표준편차를 활용해서 신뢰수준을 수식으로 표현하면

$$\Pr\left[\ \overline{X} - 1.96\ \frac{\sigma}{\sqrt{n}} < \mu < \overline{X} + 1.96\frac{\sigma}{\sqrt{n}}\ \right] = 95\%$$

가 된다. 의미는 모집단의 평균이 표본에서 추출한 표본의 오차 범위 안에 들어갈 확률이 95%가 된다는 의미이다.

이 신뢰구간에서 좌 우 측에 더해주고 빼주는 부분이 바로 오차의 범위이다. 이를 다시 수식으로 표현하면 다음과 같다.

$$E = Z\frac{\sigma}{\sqrt{n}}$$

이고 이를 표본의 크기로 정리하면 다음과 같은 식이 된다.

$$n = \frac{Z^2\sigma^2}{E^2}$$

이때 Z는 정규분포표를 활용하여 1.96을 대입하고 모집단의 표준편차를 알고 있으면 그것을 대입해 계산하고 모집단의 표준 편차를 모를 경우 계산해서 대입하는 방법과 표본의 표준편차를 대신 대입해서 계산하는 방법이 있다.

예제 1

25명의 판매사원의 기록에서 최근 6개월 평균 전화 판매횟수가 37회이고 표준 편차는 3일 때 95%의 신뢰 구간은?

답:

$$\begin{aligned} C.I._{\overline{X}} &= \overline{X} \pm Z\frac{\sigma}{\sqrt{n}} \\ &= 37 \pm 1.96 \times \frac{3}{\sqrt{25}} \\ &= 37 \pm 1.18 \end{aligned}$$

이 연구의 결 95% 신뢰구간은 35.72와 38.18 사이이고 해석하면 모집단의 평균 전화 판매횟수는 35.72와 38.18회 사이에 있을 확률이 95%이다.

· 생각해 볼 문제

1. 확률적 표본추출 방법과 비확률적 표본추출 방법의 차이점은?
2. 층화 표본추출 방법과 체계적 추출 방법의 차이점은?
3. 군집 표본추출 방법과 다단계 표본추출 방법의 차이점은?
4. 제4절 표본 크기 결정 [예제 1]에서 오차가 1.18에서 2로 커진다면 동일한 신뢰 수준 95%를 유지하기 위해 표본이 더 필요할까 아니면 덜 필요할까?

소셜 애널리틱스를 위한

연구조사방법론

Research Methodology for Social Analytics

제 9 장

확률과 확률 분포

제 9 장 확률과 확률 분포

· 제 1 절 확률 ·

1. 확률의 개념

확률(probability)은 어떤 사건(event)이 발생할 가능성을 수치로 표현한 개념이다. 확률은 0부터 1 사이의 값으로 나타내며, 0은 해당 사건이 절대 일어나지 않음을 의미하고, 1은 해당 사건이 확실히 일어남을 의미한다. 그리고 일어날 수 있는 모든 가능한 사건들의 확률의 합은 1 또는 100%다. 사건(event)은 어떤 결과를 가지는 하나의 경우를 뜻한다. 예를 들어, 주사위를 던질 때 '5가 나온다'는 하나의 사건이 된다. 표본 공간(sample space)은 가능한 모든 사건의 집합을 말한다. 주사위를 한 번 던질 때의 표본 공간은 {1, 2, 3, 4, 5, 6}이다. 확률 함수(probability function)는 각 사건에 확률을 부여하는 함수다. 예를 들어, 정상적인 주사위에서는 각 면이 나올 확률이 동일하게 1/6이다.

확률의 정의에서 파생된 확률의 법칙은 다음과 같다.

- 합의 법칙 두 사건 A와 B가 서로 배반적(disjoint)이거나 독립적(independent)이라면, A

또는 B가 일어날 확률은 두 사건의 확률의 합과 같다.

$$P(A \cup B) = P(A) + P(B)$$

- 곱의 법칙: 두 사건 A와 B가 독립적(independent)이라면, A와 B가 동시에 일어날 확률은 두 사건의 확률의 곱과 같다.

$$P(A \cap B) = P(A) \times P(B)$$

- 전체 확률의 법칙: 모든 가능한 사건의 합은 1 이다.

$$P(S) = 1$$

합의 법칙을 동전 던지기 예를 들어 알아보자. 공평한 동전을 던질 때, 앞면이 나올 확률은 0.5, 뒷면이 나올 확률도 0.5이다. 곱의 법칙을 예로 들어 보자. 공평한 동전을 두 번 던질 때 1이 두 번 모두 나올 확률은 다음과 같다.

$$P(1) \times P(1) = \frac{1}{6} \times \frac{1}{6} = \frac{1}{36}$$

2. 조건부 확률

조건부 확률(conditional probability)은 하나의 사건이 주어진 상태에서 다른 사건이 일어날 확률을 의미한다. 이는 두 사건이 관련이 있을 때 그 관계를 이해하는 데 유용하다. 조건부 확률은 다음과 같이 정의된다.

$$P(A|B) = \frac{P(A \cap B)}{P(B)}$$

$P(A|B)$는 사건 B가 일어났을 때 사건 A가 일어날 조건부 확률이다. $P(A \cap B)$는 사건 A와 사건 B가 동시에 일어날 확률이다. $P(B)$는 사건 B가 일어날 확률이다. 예를 들어, 주머니에 빨간 공 3개와 파란 공 2개가 있다고 가정하자. 주머니에서 무작위로 공 하나를 뽑을 때, 뽑은 공이 빨간 공인 경우, 그 공이 다시 주머니에 돌아가지 않는다고 가정 할 때, 두 번째로 뽑은 공이 빨간 공일 확률을 구해보자.

처음 뽑은 공이 빨간 공일 확률은 $P(R_1) = \frac{3}{5}$이다. 처음 뽑은 공과 두 번째 뽑은 공이 모두 빨간 공일 확률은 확률의 곱의 법칙을 적용해 다음과 같다.

$$P(R_1 \cap R_2) = P(R_1) \times P(R_2) = \frac{3}{5} \times \frac{2}{4} = \frac{3}{10}$$

처음 뽑은 공이 빨간 공일 때, 두 번째로 뽑은 공이 빨간 공일 조건부 확률은 다음과 같다.

$$P(R_1|R_2) = \frac{P(R_1 \cap R_2)}{P(R_1)} = \frac{\frac{3}{10}}{\frac{3}{5}} = \frac{1}{2}$$

따라서, 처음 공이 빨간 공일 때 두 번째로 뽑은 공이 빨간 공일 조건부 확률은 1/2이다.

조건부 확률은 베이즈 정리(Bayes' Theorem)와 밀접한 관련이 있다. 베이즈 정리는 주어진 조건부 확률을 이용하여 반대 조건부 확률을 계산할 수 있게 해 준다. 베이즈 정리는 다음과 같다.

$$P(A|B) = \frac{P(B|A) \times P(A)}{P(B)}$$

베이즈 정리는 우변의 분자 부분을 조건부 확률 공식을 대입해서 정리하면 조건부 확률의 정의로 돌아간다. 계산과정은 이 장 마지막에 생각해 볼 문제로 남겨 둔다.

· 제 2 절 확률 변수 ·

확률 변수(random variable)는 확률 실험의 결과를 수치화한 변수다. 확률 변수는 불확실한 실험 결과를 수학적으로 다루기 위해 사용된다. 확률 변수는 크게 이산 확률 변수와 연속 확률 변수 두 가지로 나뉜다.

1. 이산 확률 변수

이산 확률 변수(discrete random variable)는 셀 수 있는 값들을 가질 수 있다. 주사위를 생각해 보자.

1) 주사위를 던질 때 나오는 숫자 X={1,2,3,4,5,6}, 각각의 값이 나올 확률은 $P(X=x)=\frac{1}{6}$ 이고 이때 X는 이산 확률 변수이다.

2) 동전 던지기의 결과 Y={앞, 뒤}, 각각의 값이 나올 확률은 $P(Y=y)=\frac{1}{2}$이고 이때 Y는 이산 확률 변수이다.

3) 카드 게임에서 카드의 값 Z={Spade(S)1, S2, ..., S13, Heart(H), H2, ..., H13, Diamond(D)1, D2, ..., D13, Clover(C)1, C2, ..., C13}, 각각의 카드 값이 나올 확률은 이고, 이때 Z는 이산 확률 변수이다.

확률 질량 함수(Probability Mass Function, PMF)는 다음과 같은 형식으로 표현된다

$$P(X=x)$$

여기서 $P(X=x)$는 확률 변수 X가 특정 값 x를 가질 확률을 의미한다. 이산 확률 변수에서 가능한 모든 값의 확률의 합은 1이 된다.

2. 연속 확률 변수

연속 확률 변수(continuous random variable)는 연속적인 값의 범위 내에서 임의의 값을 가질 수 있는 확률 변수를 말한다. 이는 주로 실수(real number) 범위에서 모든 값을 가질 수 있는 변수를 의미한다. 예를 들어, 사람의 키, 몸무게, 온도, 습도, 거리, 밀도, 물체의 속도 등이 연속 확률 변수에 해당한다. 예를 들어,

1) 성인의 키 H: H는 130cm부터 220cm까지의 연속적인 값을 가질 수 있다.

2) 성인의 체중 W: W는 30kg부터 150kg까지의 연속적인 값을 가질 수 있다.

3) 특정 시간에 측정된 온도는 섭씨 영하 7.3도, 영상 25.3도와 같이 연속적인 값을 가질 수 있다.

연속 확률 변수를 설명할 때 중요한 개념은 확률 밀도 함수(Probability Density Function, PDF)이다. 확률 밀도 함수는 변수의 특정 값에서의 확률 밀도를 나타내며, 함수의 적분을 통해 구간 내 값이 발생할 확률을 계산할 수 있다.

· 제 3 절 확률 분포 ·

확률 변수는 확률 분포(probability distribution)에 의해 그 특성이 정의된다. 확률 분포는 확률 변수가 특정 값을 가질 확률을 나타낸다.

- 이산 확률 변수의 확률 분포: 확률 질량 함수(probability mass function, PMF)를 사용하여 각 값에 대해 확률을 나타낸다.
- 연속 확률 변수의 확률 분포: 확률 밀도 함수(probability density function, PDF)를 사용하여 특정 구간 내에서의 확률을 나타낸다.
- 기대값(expected value): 확률 변수의 평균값으로, 확률 변수의 장기적인 평균 결과를 의미한다.
- 분산(variance): 확률 변수의 분포가 기대값 주위에서 얼마나 퍼져 있는지를 나타내는 지표다.

사례를 통해 확률변수의 기대값에 대해 알아보자. 이산 확률 변수의 기대값은 다음과 같은 수식으로 계산된다.

$$E(X) = \sum_{i} x_i \times P(X = x)$$

- $E(X)$는 확률 변수 X의 기대값이다.
- x_i는 확률 변수 X가 가질 수 있는 각각의 값이다.
- P(X=x_i)는 X가 x_i값을 가질 확률이다.

[표 9-1] 은 복권을 구입한 후 복권 당첨가능 액수와 당첨 매수를 정리해 놓은 것이다. 복권 1장의 가격은 1만 원이고 복권은 모두 팔린다고 가정하자.

표 9-1 복권 당첨 가능액수와 당첨 매수

복권 당첨금액	당첨 매수(전체 발행 복권 수 1,000장)
300만 원	1
100만 원	2
50만 원	5
10만 원	10
1만 원	100
0원	882

기대값은 300만원 $\times \frac{1}{1000}$ + 100만원 $\times \frac{2}{1000}$ + 50만원 $\times \frac{5}{1000}$ + 10만원 $\times \frac{10}{1000}$ + 1만원 $\times \frac{100}{1000}$ + 0원 $\times \frac{882}{1000}$ = 9,500원이다. 복권 1장의 가격이 1만 원일 때 한번 복권 한 장을 살 때 기대할 수 있는 복권 당첨 금액이 평균적으로 9,500원이라는 뜻이다. 다시 말해서 장기적으로 복권을 구입한다고 가정할 때 1장당 평균적으로 9,500원이 당첨될 것으로 예상할 수 있다는 뜻이다. 어쩌다가 복권을 1장 산다고 해서 9,500원이 당첨 된다는 뜻은 아니다. 복권을 많이 사면 많이 살수록 당첨 금액의 평균이 9,500원에 가까워진다는 뜻이다. 우리가 알고 있는 것처럼 복권의 기대값은 복권 1장의 가격보다 낮다. 물론 300만원 1등에 당첨될 확률이 없지는 않지만 그 확률은 0.1%로 0원에 당첨될 확률 88%보다 매우 작은 것이 사실이다. 그리고 10%의 확률로 1만원에 당첨금을 받게 된다.

기대값은 표준 편차 또는 분산과 함께 생각해야 더 의미가 있다. 표준편차는 기대값에 비해 상대적으로 작은 경우에 단 한 번의 복권구입으로도 기대값만큼의 수익을 얻을 수 있다고 기대할 수 있다. 그러나 표준편차가 평균과 비교해 매우 크다면 복권 구입량을 늘리거나 지속적으로 복권을 구입한 경우에만 기대값과 비슷한 수익을 예상할 수 있다. 단 한 번의 복권 구입으로는 기대값과 다른 수익을 얻게 된다.

기대값은 반복되는 실험이나 관찰에서 평균적으로 얻을 수 있는 값을 의미한다. 횟수가 많아질수록 실제 결과는 기대값에 가까워지는 경향이 있다. 이를 큰 수의 법칙(The Law of Large Numbers)이라고 한다.

- 이론적 기대값: 확률 분포에 근거한 이론적 기대값

- 경험적 기대값: 실제로 여러 번 실험을 통해 얻어진 평균 값

횟수를 늘리면, 경험적 기대값은 이론적 기대값에 점점 더 가까워진다. 예를 들어, 주사위를 10번 굴렸을 때 평균 눈의 수는 3.5에 가깝게 나오지 않을 수 있지만, 1,000번 굴리면 평균 눈의 수는 3.5에 점점 더 가까워지고 굴리는 횟수를 무한대로 늘리면 기대값은 3.5로 수렴하게 된다.

예를 들어, 동전 던지기에서 앞면이 나오는 기대값은 0.5(앞면이 나올 확률)이다. 100번 던지면 앞면이 나오는 횟수는 50번에 가까워질 가능성이 높아지고, 1,000번 던지면 더 정확하게 500번에 근접 하게 된다. 다시 말해서 횟수가 많아질수록 실제 결과가 기대값에 수렴하게 된다.

• 제 4 절 이항 분포 •

이항분포(binomial probability distribution)는 이산 확률 분포 중 하나로, 고정된 횟수의 시행에서 성공 횟수를 나타내는 분포이다. 주어진 시행 횟수 n과 성공 확률 p를 사용하여 이항분포를 정의할 수 있다. 예를 들어 합격자 200명중 180명이 등록할 확률, 동전을 1000번 던질 때 이 중 350번이 앞면이 나올 확률, 인터넷 쇼핑에서 신규 가입자 100명 중 구매액이 만원이 넘는 고객이 60명일 확률 등과 같이, 둘 중에 하나의 사건만 발생이 가능한 상황에서 특정 사건이 일정 횟수 나타날 확률을 구하는 문제에 이항 분포가 의미 있게 사용될 수 있다. 이항분포는 다음과 같은 특성을 가진다.

- 시행 횟수 n: 고정된 수의 독립적인 시행이다.
- 성공 확률 p: 각 시행에서 성공할 확률이다.
- 성공 횟수 k: 주어진 시행 중 성공한 횟수이다.
- 확률 질량 함수(PMF): 성공 횟수 k에 대한 확률을 나타낸다.

먼저 이항분포의 이론적 근거는 관심 있는 사건의 결과가 오직 두 가지 뿐이며 상호 배타적(mutually exclusive)이라는 점이다. 예를 들어 기계가 작동하거나 고장 나거나, 동전 던지기

의 결과는 앞면이 나오거나 뒷면이 나오는 것과 같다. 주사위 던지기에서 홀수가 나오는 경우는 1, 3, 5, 그리고 짝수가 나오는 경우는 2, 4, 6 이렇게 상호 배타적이면서도 결과가 두 가지 뿐이다. 또한 관심 있는 결과나 이벤트가 나타날 확률은 시행 횟수에 상관없이 일정하다. 동전 던지기 10번을 할 때 매번 앞이 나올 확률은 $\frac{1}{2}$이다. 그리고 독립적인 사건의 결합 확률은 각각의 확률을 곱한 것과 같다.

이항분포의 확률 질량 함수(PMF)는 다음과 같이 표현된다.

$$P(X=k)=\binom{n}{k}p^k(1-p)^{n-k}$$

- $\binom{n}{k}$는 조합(combination)으로, n 번의 시행 중 k 번 성공하는 경우의 수를 나타낸다.
- p^k는 k 번 성공할 확률이다.
- $(1-p)^{n-k}$는 나머지 n-k 번 실패할 확률이다.

예를 들어, 동전을 10번 던질 때 앞면이 나오는 횟수를 이항분포로 모델링할 수 있다. 동전을 던질 때 앞면이 나올 확률이 0.5 라고 하면, 다음과 같이 이항분포를 정의할 수 있다.

- 시행 횟수 n=10
- 성공 확률 p=0.5

이 예에서 확률 질량 함수는 다음과 같다.

$$P(X=k)=\binom{10}{k}0.5^k(1-0.5)^{10-k}$$

이때 만약 우리가 앞면이 2번 나올 확률을 구하고 싶으면 다음과 같이 계산하면 된다.

$$P(X=2)=\binom{10}{2}0.5^2(1-0.5)^{10-2}=10\times9\times0.5^{10}=\frac{90}{1024}=\frac{45}{512}$$

이항분포의 기대값과 분산은 다음과 같이 계산된다.

- 기대값: $E(X)=n\times p$
- 분산: $Var(X)=n\times p\times(1-p)$

따라서, 위 예시에서 기대값은 5, 분산은 2.5가 된다.

· 제 5 절 정규분포 ·

1. 정규분포의 특성

정규분포는 통계학과 확률이론을 배우는데 가장 중요한 개념이다. 가우시안 분포(gaussian distribution)라고도 불린다. 정규분포는 연속 확률 분포의 일종이다. 다음과 같은 이유로 정규분포가 중요함을 알 수 있다.

1) 평균(μ)은 정규분포의 중심 위치를 나타내고 확률곡선의 최고점은 평균에서 발생한다.
2) 표준편차(σ)는 정규분포의 폭은 나타낸다. 표준편차가 작으면 값들이 평균에 집중되어 분포하고, 표준편차가 커지면 값들이 평균에서 멀리 퍼져서 분포한다.
3) 종 모양(bell-shaped curve)으로 생긴 정규분포 그래프는 평균을 중심으로 좌우 대칭이다.
4) 정규분포곡선 아래 전체면적 1이다.
5) 정규분포곡선은 가로 축과 만나지 않는 점근선 형태를 띤다.
6) 정규분포 곡선은 평균과 표준편차에 의해 모양과 위치가 달라진다.

정규분포의 확률 밀도 함수(PDF)는 다음과 같다.

$$f(x) = \frac{1}{\sigma\sqrt{2\pi}} e^{-\frac{1}{2}\left(\frac{x-\mu}{\sigma}\right)}$$

여기서 e는 자연상수이고, π는 원주율이다. [그림 8-1]은 평균은 같고 표준편차가 다른 정규분포 두 개를 하나의 그래프로 그린 것이다.

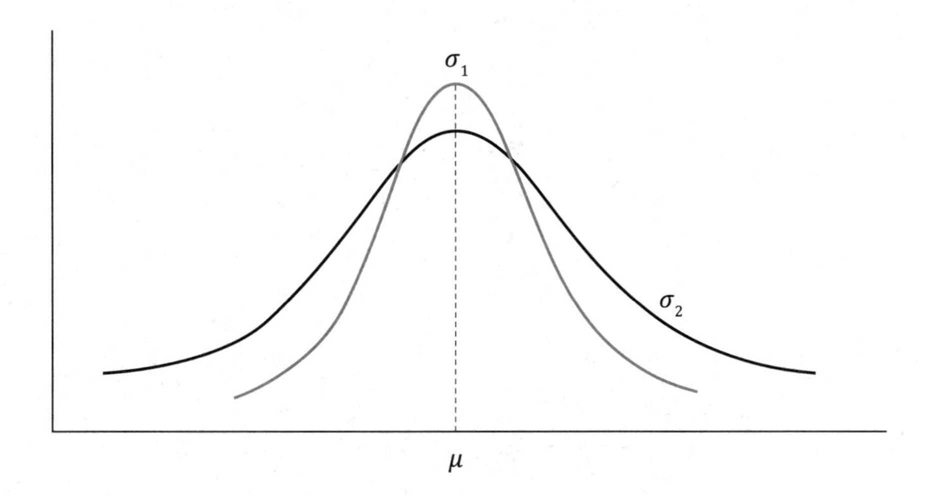

그림 9-1 **평균은 같고 표준편차가 다른 정규분포** $(\sigma_1 < \sigma_2)$

· 생각해 볼 문제

1. 확률의 개념에서 일어날 수 있는 모든 가능한 사건들의 확률의 합은 왜 1 또는 100% 인가?
2. 이산 확률 변수와 연속 확률 변수의 차이점에 대해서 생각해 보자.
3. 이항분포의 확률 질량 함수(PMF)는 다음과 같이 표현된다.

   $$P(X=k) = \binom{n}{k} p^k (1-p)^{n-k}$$

   $\binom{n}{k}$ 는 조합(combination)으로, n 번의 시행 중 k 번 성공하는 경우의 수를 나타낸다. 여기서 n 번의 시행 중 k 번 성공을 계산하는데 왜 조합의 공식이 들어가는 지 고민해 보자.
4. 이항분포가 성립하기 위해 연속된 시행에서 결과들이 독립적이어야 한다는 가정이 꼭 필요한가?
5. 정규분포의 특징에 대해 생각해 보자.

소셜 애널리틱스를 위한

연구조사방법론

Research Methodology for Social Analytics

제 10 장
척도의 평가

제 10 장 척도의 평가

측정은 조사의 과정에서 조사 대상에 대한 비교 가능한 객관적 기술을 그 목적으로 하기 때문에 측정 결과에 대한 객관성의 확보는 조사 결과에 대한 신뢰를 뒷받침하는 중요한 근거가 된다. 따라서, 조사자는 조사 계획 단계에서부터 조사 대상의 측정을 위한 객관적 척도의 탐색 및 개발에 유의하여야 한다. 또한, 조사 이후에도 준비된 척도가 조사 대상을 제대로 측정했는지 평가하여 측정의 결과에 대한 객관성을 반드시 확보하여야 한다.

하지만 설문 조사와 같이 질의 응답 방식으로 피응답자의 주관적 의견이나 태도 등을 측정하는 경우, 조사 대상 또는 계획한 개념을 정확히 측정하는 것이 거의 불가능하며 다양한 오차들이 존재한다. 예를 들어, 조사자가 조사 계획에서 원하는 개념을 잘못 정의하거나, 조사 대상 개념을 잘못된 측정 척도로 측정할 수 있다. 또한, 조사 시점에 응답자가 질문을 잘못 이해하거나 응답을 잘못 할 수도 있으며, 코딩 과정에서 오차가 일어날 수도 있다.

따라서, 조사자는 사전에 준비한 측정 척도를 사용하여 측정된 자료가 실제 측정하고자 하는 개념을 정확하고 올바르게 측정하였는지를 평가하여 제거 가능한 오차를 제거하여 보다 올바르게 측정치들만을 분석에 적용하여야 한다. 이때, 정확하게 측정하였는지를 평가하는 기준을 신뢰성(reliability)이라 하고 올바르게 측정하였는지를 평가하는 기준을 타당성(validity)이라 한다. 본 장에서는 먼저 척도를 사용하여 개념을 측정할 때 발생할 수 있는 오차의 종류를 설명하고 측정된 자료의 신뢰성과 타당성을 분석하는 방법에 대해 살펴보기로 한다.

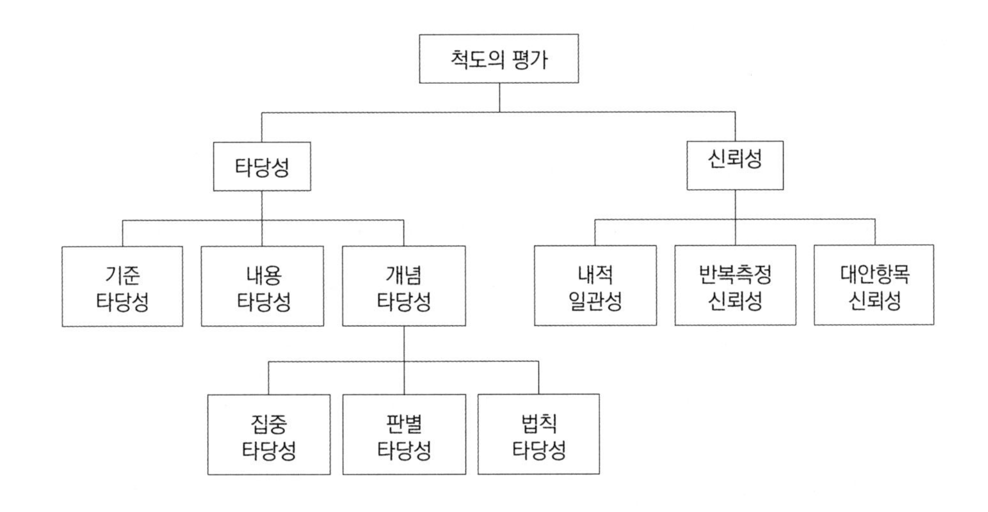

그림 10-1 **측정과 척도의 평가 개념도**

· 제 1 절 측정의 평가 필요성: 측정 오차 ·

일반적으로 측정 오차(measurement error)는 조사자에 의해 만들어지거나 수반되는 측정 과정에 의해 만들어지는 정보의 변동을 의미하며 측정의 전 과정에서 다양하게 발생할 수 있다. 오차의 종류를 체계화 하기 위해 다음과 같이 측정값을 분리할 수 있다.

[개념의 측정값]=[개념의 실제값]+[체계적 오차]+[비체계적/확률 오차]

[개념의 실제값(true score)]은 측정 대상의 실제값이고 [개념의 측정값(observed score)]은 조사 과정을 거쳐 해당 개념을 조사자가 측정한 값을 의미하고 이 값의 차이를 오차 또는 오류라고 할 수 있다. 여기서 이 오차를 [체계적 오차(systematic error)] 와 [비체계적/확률 오차(random error)]로 구분할 수 있다.

1. 체계적 오차(systematic error)

체계적 오차는 일관되게 측정에 영향을 줌으로써 일정한 방향성을 가지는 구조적 오차로서 측정 시 측정값에 영향을 주는 안정적 요인에 의해 발생한다. 일반적으로 체계적 오차에 영향을 줄 수 있는 안정적 요인은 측정값에 영향을 주는 일관된 개인의 특성, 잘못된 측정 문항, 설문지 자체의 기계적 결함 등을 들 수 있다. 체계적 오차는 구조적 오차의 발생요인을 제거함으로써 통제가 가능한 오차이다. 이는 측정 대상에 적합한 측정 도구를 개발하는 작업을 통하여 체계적인 오차를 줄이고, 이와 같은 오차를 줄임으로써 측정된 결과의 타당성을 높일 수 있다.

1) 응답자 개인의 특성에 기인한 체계적 오차의 예

- 응답자의 지식 수준/교육 수준이 다른 경우
- 응답자의 긍정적/부정적 성향 등의 심리적 성격이 다른 경우
- 응답자의 윤리적 기준 등 사회적 준거 기준이 다른 경우

2) 잘못된 측정 문항에 의한 체계적 오차의 예

- 측정 문항에 자의적으로 새로운 문항을 추가한 경우
- 측정 문항에서 자의적으로 하나 이상의 문항을 제거한 경우
- 측정 문항에서 자의적으로 특정 문항을 변경한 경우

3) 설문지 자체의 기계적 결함에 의한 체계적 오차의 예

- 설문지의 인쇄 품질이 낮은 경우
- 질문에 너무 많은 측정 문항이 있는 경우
- 설문지 편집 수준이 좋지 않은 경우

2. 비체계적/확률 오차(random error)

비체계적 오차 또는 확률 오차는 응답자 또는 측정 환경의 우연한 변화와 차이에 의해 발생하는 측정 오차이다. 비체계적 오차에 영향을 줄 수 있는 우연한 변화로는 단기간에만 나타나는 개인의 일시적 특성, 상황적 요인, 척도의 불명확성, 측정과정의 관리 등을 예로 들 수 있

다. 비체계적 오차는 원인이 불분명하며 사실상 통제가 불가능한 오차 요인이지만 표본 크기를 크게 하여 비체계적 오차를 확률적으로 상쇄킬 수 있다.

1) 응답자 개인의 일시적 특성으로 인한 비체계적 오차의 예

- 특정 응답자의 건강 상태가 좋지 않은 경우
- 특정 응답자가 특정 측정 문항에서 감정 상태가 일시적으로 변한 경우
- 응답자가 반복적 질문에 의해 특정 시점에서 피곤을 느끼기 시작한 경우
- 특정 응답 시점이 식사 시간과 겹칠 경우

2) 응답 상황의 상황적 요인으로 인한 비체계적 오차의 예

- 특정 응답자자가 독특한 주변 환경(지나치게 조용하거나, 시끄럽거나)에서 응답을 하는 경우
- 특정 응답 상황에서 너무 덥거나 춥거나 하여 날씨나 온도가 응답에 영향을 주는 경우
- 특정 응답 상황에서 응답자의 응답에 영향을 주는 동행이 있는 경우

3) 측정 과정의 관리 과정에 의해 나타나는 비체계적 오차의 예

- 질문자의 성별, 직업, 출신 지역 등이 차이가 나는 경우
- 질문자가 측정 문항에 영향을 줄 수 있는 특성을 가진 경우

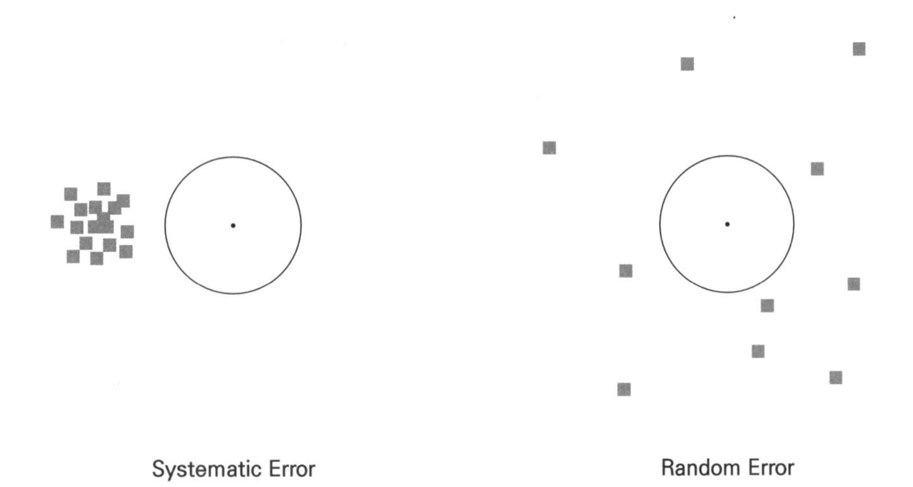

그림 10-2 체계적 오차(systematic Error)와 비체계적 오차(random Error)의 관계

· 제 2 절 측정의 평가: 신뢰성 검정 ·

신뢰성(reliability)이란 반복적인 측정이 이루어졌을 때 척도가 일관되게 측정하는 정도를 의미한다. 체계적 오차는 일관되게 측정에 영향을 주어 비일관된 측정을 유도하는 것을 방지하므로 신뢰성에 직접적인 영향을 주지 않는다. 하지만, 비체계적 오차는 우연한 변화로 비일관성을 만들어 내어 측정의 신뢰성에 직접적으로 부정적 영향을 준다. 따라서, 신뢰성은 비체계적 오차의 정도로 정의할 수 있으며, 비체계적 오차가 적을 경우에 신뢰성은 높아진다고 할 수 있다.

신뢰성의 검증은 일반적으로 동일한 개념에 대하여 동일한 측정 도구로 측정하였을 때 동일한 응답이 나오는 정도를 확인함으로써 이루어진다. 이러한 신뢰성 검증 방법에는 ❶ 검증-재검증(test-retest), ❷ 대안항목(alternative forms), ❸ 내적 일관성(internal consistency) 검증의) 3가지 방법이 있으며, 일반적으로 통계적인 신뢰성 측정 방법인 내적 일관성 검증으로 신뢰성을 검증한다.

1. 검증-재검증 신뢰성

검증-재검증 신뢰성(test-retest reliability)은 동일한 대상에게 동일한 측정 도구를 가지고 다른 시간에 반복적으로 측정한 반복 측정 결과를 비교하는 방법이다. 반복적으로 측정된 측정값 간의 관계가 높거나 일치하는 비율이 높을수록 검증-재검증 신뢰성은 높다고 판단한다. 검증-재검증 신뢰성 검증은 매우 직관적이고 단순하지만 그 실시 과정에는 몇 가지 중요한 고려 사항이 있다.

첫째, 검증-재검증 신뢰성 검정은 측정 간의 시간 간격에 상당한 영향을 받는다. 다른 조건이 동일한 상황에서 측정 시간 간격이 너무 긴 경우 긴 시간동안 여러 가지 영향 요인의 영향을 받을 확률이 높아 결과적으로 낮은 신뢰성을 초래할 수 있다. 반대로 그 기간이 너무 짧은 경우 앞선 측정대답을 응답자가 기억하고 반복 측정에 동일한 응답을 함으로써 잘못된 방식으로 신뢰성을 높일 수 있다.

둘째, 검증-재검증 신뢰성 검정은 반복 측정의 형태로 인해 앞의 측정이 뒤의 측정에 영향을 줄 가능성이 존재한다. 예를 들어, 특정 제품의 '브랜드 인지도'를 측정하고자 하는 경우 측정 과정 중 브랜드에 노출되기 때문에 첫 번째 측정 보다 두 번째 측정에서 일반적으로 '브랜드 인지도'가 올라갈 가능성이 높다.

마지막으로, 검증-재검증 신뢰성 검정이 사실상 불가능할 수도 있다. 새로운 영화에 대한 관객 반응을 조사하는 경우, 첫 번째 관객 반응 측정 후 두 번째 관객 반응의 측정은 다를 수 밖에 없다. 일반적으로 재검증은 첫 번째 검증 후 2~4주 이후에 이루어지고 2회 측정 사이의 유사도 정도를 계산하여 신뢰성을 검증한다.

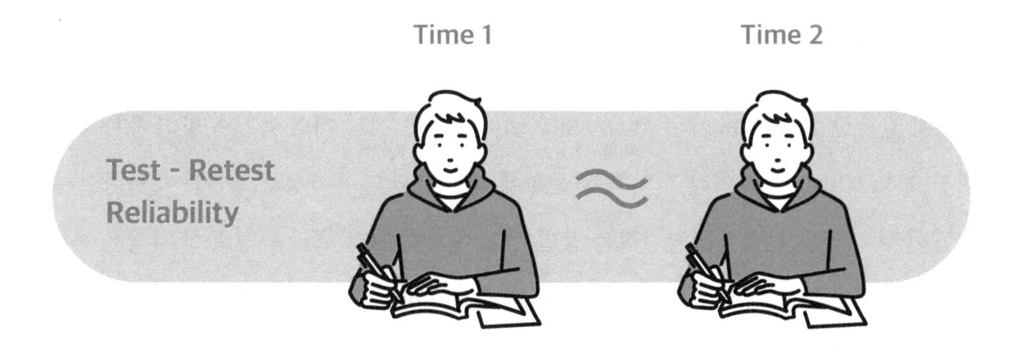

그림 10-3 검증-재검증 신뢰성 개념

2. 대안항목 신뢰성

대안 항목 신뢰성(alternative forms reliability)은 두 개의 동등한 측정 문항을 만들어 동일한 대상에게 다른 시간에 각각 다른 측정 항목으로 측정을 실시한 후, 그 상관관계를 계산하여 신뢰성을 검증한다. 그러나 이 방법은 동등한 측정 문항을 개발하는 것이 상당한 시간적·금전적 비용이 발생한다는 문제점이 있다. 또한 동등한 측정 항목을 개발하는 것 자체 역시 어려운 작업이다. 결과적으로 두 측정 항목의 측정 결과의 낮은 상관관계가 신뢰성이 낮아 나타난 결과인지, 동등하다고 여겨지는 두 측정 항목의 자체의 차이로 인한 결과인지 구별하기가 어려울 수 있다.

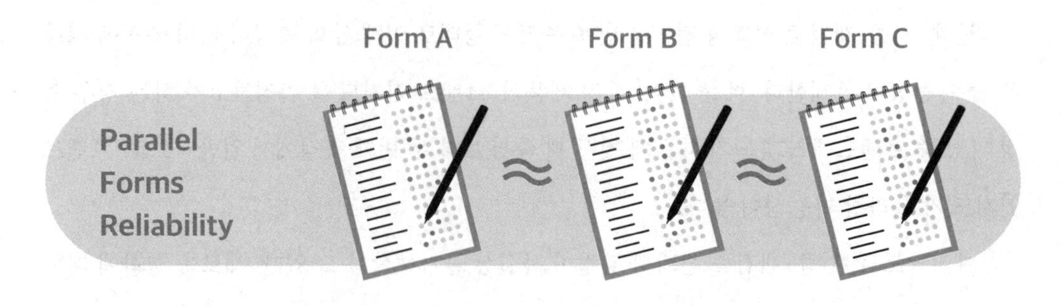

그림 10-4 대안 항목 신뢰성 개념

3. 내적 일관성 신뢰성

내적 일관성 신뢰성(internal consistency reliability)은 여러 개의 측정 문항의 총합 형태로 구성된 측정 개념의 경우 여러 개의 측정 문항에 대한 응답의 유사성을 평가하여 하나로 총합 구성된 측정 개념의 신뢰성을 평가하는 방법이다. 여기서 여러 개의 측정 문항 각각은 하나의 측정 개념을 측정하기 위한 전체 척도의 각 부분을 측정하고 각 측정 문항들 간의 일관성을 평가함으로써, 측정 항목의 내적 일관성의 신뢰성을 평가한다.

가장 간단한 내적 일관성의 신뢰성 평가 방법은 분할신뢰성(split-half reliability)이다. 분할 신뢰성은 척도의 측정 문항을 반으로 나누어 별도로 측정한 후 이렇게 분할된 측정 문항의 상관관계를 계산하여 신뢰성을 평가한다. 분할 신뢰성은 비록 단순하고 간단하지만 분할 방법에 따라 그 결과가 달라질 수 있다는 문제점을 가지고 있다. 이러한 문제점을 해결하기 위해 가장 널리 활용하는 방법은 Cronbach's α(alpha)이다. Cronbach's α는 측정 항목들의 분할 가능한 모든 측정 문항 집합 간 상관관계의 평균으로 정의된다. 이 값이 0.6보다 크다면 내적 일관성을 가지는 것으로 알려져 있다. 측정 항목들 중 상관관계가 낮은 측정 항목을 제거시킴으로써 전체 척도의 내적 일관성을 높일 수 있다.

표 10-1 내적 일관성 신뢰성 측정의 예

Cronbach's alpha	Internal consistency
$\alpha \geq 0.9$	Excellent
$0.9 \geq \alpha \geq 0.8$	Good
$0.8 \geq \alpha \geq 0.7$	Acceptable
$0.7 \geq \alpha \geq 0.6$	Questionable
$0.6 \geq \alpha \geq 0.5$	Poor
$0.5 > \alpha$	Unacceptable

Internal Consistency Reliability

Item 1 ≈ Item 2 ≈ Item 3

그림 10-5 내적 일관성 신뢰성 개념

4. SPSS 통계 분석 연습

SPSS에서는 통계적으로 신뢰성을 확인할 수 있는 방법인 내적 일관성 신뢰성 측정 방법을 제공한다. 다음과 같이 "분석"→ "척도분석"→ "신뢰도 분석"메뉴를 통해 내적 일관성 신뢰성 분석을 할 수 있다.

샘플데이터2.sav [데이터세트1] - IBM SPSS Statistics Data Editor

파일(F) 편집(E) 보기(V) 데이터(D) 변환(T) 분석(A) 그래프(G) 유틸리티(U) 확장(X) 창(W) 도움말(H) Meta Analysis KoreaPlus(P)

보고서(P)
기술통계량(E)
베이지안 통계량(B)
표(B)
평균 비교(M)
일반선형모형(G)
일반화 선형 모형(Z)
혼합 모형(X)
상관분석(C)
회귀분석(R)
로그선형분석(O)
신경망(W)
분류분석(F)
차원 축소(D)
척도분석(A)
비모수검정(N)
시계열 분석(T)
생존분석(S)
PS Matching
다중반응(U)
결측값 분석(Y)...
다중대체(T)
복합 표본(L)
시뮬레이션(I)...

신뢰도 분석(R)...
다차원 확장(PREFSCAL)(U)...
다차원척도법(PROXSCAL)...
다차원척도법(ALSCAL)(M)...

	NO	CCL1	CCL5	CCC1	CCC2	CCC3	CCC4
1	1.0	7	6	6	6	6	5
2	2.0	5	7	5	7	6	6
3	3.0	4	5	5	4	3	5
4	4.0	6	6	3	2	2	7
5	5.0	3	6	6	6	6	5
6	6.0	4	4	5	7	6	7
7	7.0	5	4	4	4	6	6
8	8.0	3	3	4	5	3	5
9	9.0	7	5	5	5	5	5
10	10.0	4	4	3	2	2	3
11	11.0	5	6	3	7	7	6
12	12.0	5				4	6
13	13.0	5				6	6
14	14.0	3				1	7
15	15.0	5				6	6
16	16.0	5				5	5
17	17.0	6	6	5	6	5	6
18	18.0	5	7	7	7	7	7
19	19.0	6	6	4	4	5	3
20	20.0	7	6	5	5	5	4
21	21.0	2	5	4	4	6	7
22	22.0	7	7	7	7	7	7

그림 10-6 SPSS에서 내적 일관성 신뢰성 분석

"신뢰도 분석"을 실행하면 다음과 같이 신뢰도 분석 대상이 되는 척도의 측정 항목을 선택하는 창이 나타난다. 본 예에서는 "직무다양성" 척도를 측정하기 위해 4개의 항목("직무다양성1", "직무다양성2", "직무다양성3", "직무다양성4")을 사용하였고, "직무자율성" 척도를 측정하기 위해 4개의 항목("직무자율성1", "직무자율성2", "직무자율성3", "직무자율성4")을 사용하였다. 그중 "직무다양성" 척도에 대한 신뢰도 분석을 하기 위해, "직무다양성" 측정 항목 4개를 선택하여 이동 화살표를 사용하여 "항목" 창으로 이동한다.

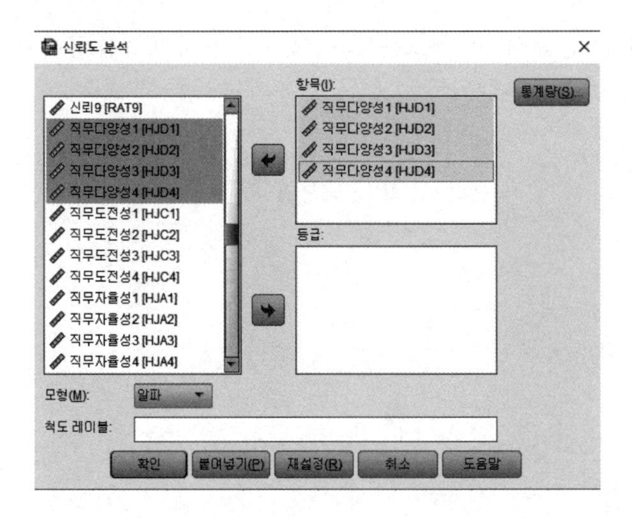

그림 10-7 신뢰도 분석 예시 (1)

이후 "통계량" 옵션을 선택하면 다음과 같이 다양한 신뢰도 분석 통계량 관련 옵션들이 포함된 창이 나타난다. 이 중 간략하게 "항목"과 "항목제거시 척도" 선택 항목을 선택한 후 "계속"을 선택한다.

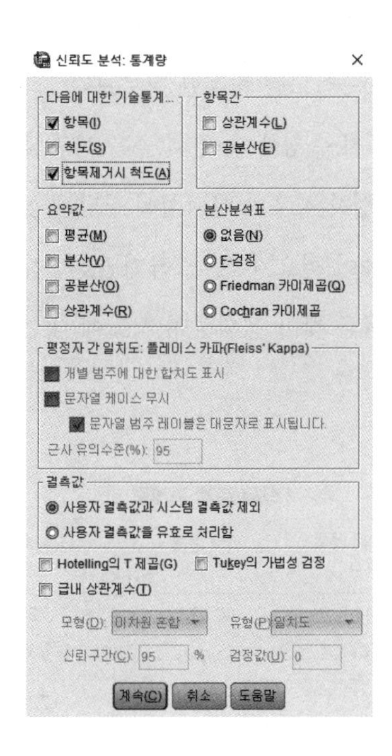

그림 10-8 신뢰도 분석 예 (2)

"통계량" 옵션들을 선택한 후 "확인"을 선택하면 해당 척도 "직무다양성"에 대한 신뢰도 분석 결과를 얻을 수 있다. 신뢰도 분석 결과에서 "신뢰도 통계량"은 내적 일관성 신뢰성 지표이니 "Cronbach의 알파" 통계량을 확인할 수 있으며, 본 예에서는 "0.844"으로 내적 일관성 신뢰성 판단 기준을 바탕으로 "Good"이라고 판단할 수 있고, 해당 척도 측정에 신뢰성은 확보되었다 볼 수 있다.

Cronbach 알파	항목수
.844	4

그림 10-9 신뢰도 분석 결과 (1)

다음으로 추가 분석을 통해 측정 항목들 중 특정 항목을 제거하였을 때의 “Cronbach의 알파” 통계량을 확인하여 척도의 측정에 대한 신뢰성을 높일 수 있는 방법도 있다. [그림 10-10]는 “직무다양성” 척도의 측정 항목 4개 각각을 척도 측정 항목에서 제거하였을 때 “Cronbach의 알파”를 보여준다. 예를 들어 “직무다양성4”를 제거할 경우 “Cronbach의 알파”는 “0.870”으로 오히려 4개의 측정 항목으로 척도를 측정한 경우보다 “직무다양성4”를 제외한 3개의 측정 항목으로 척도를 측정한 경우가 측정에 대해 더 높은 신뢰성을 보여준다. 본 예의 경우에는 4개의 측정 항목으로 척도를 측정한 경우의 신뢰성이 상당히 높기 때문에 굳이 “직무다양성4”를 제외시켜 측정의 신뢰도를 높이 필요가 없다. 하지만, 원 측정 항목의 신뢰성이 낮은 경우 신뢰성을 낮추는 일부 측정 항목을 찾아 제외하여 척도에 대한 측정의 신뢰성을 높이기 위해 이 방법을 활용할 수 있다.

항목 총계 통계량

	항목이 삭제된 경우 척도 평균	항목 총계 통계량	수정된 항목 - 전체 상관 계수	항목이 삭제된 경우 cronbach 알파
직무다양성1	15.41	10.513	.726	.782
직무다양성2	15.01	10.845	.770	.761
직무다양성3	15.19	11.109	.738	.776
직무다양성4	14.37	13.867	.499	.870

그림 10-10 **신뢰도 분석 결과 (2)**

5. R 통계 분석 연습

R에서는 다양한 유형의 신뢰성 분석 기능을 지원한다. 본 장에서는 SPSS와 동일하게 내적 일관성(Cronbach의 알파) 신뢰성 분석 방법에 대해 살펴보자. 내적 일관성 분석 기능을 제공하는 여러 다양한 라이브러리 중 “psych” 라이브러리의 “alpha()” 함수를 활용하여 내적 일관성 신뢰성 분석을 할 수 있다. “psych”를 라이브러리를 사용하기 위해서 먼저 해당 라이브러리를 설치한 후 “library(psych)”를 명령어로 “psych”를 불러온다. 다음으로 분석할 척도와 측정

항목이 포함된 데이터 화일을 불러온다("sampledata=read.csv("sampledata2.csv")"). 분석할 측정항목이 결정되면 해당 측정항목들을 대상으로 "alpha()" 함수를 사용하여 내적 일관성 통계량(Cronbach의 알파)를 계산하여 다음과 같은 결과를 확인한다. "alpha()" 함수의 자세한 활용법은 "help(alpha)" 또는 "?alpha"를 사용하여 확인할 수 있는 매뉴얼 통해 확인하기 바란다. 내적 일관성 신뢰성 분석 결과는 SPSS와 동일하다. SPSS와 유사한 형태로 분석 결과를 보여주지만 "alpha()" 함수는 좀 더 자세한 통계량 계산 결과를 보여준다. 결과의 해석 방법은 SPSS의 결과 해석과 같다.

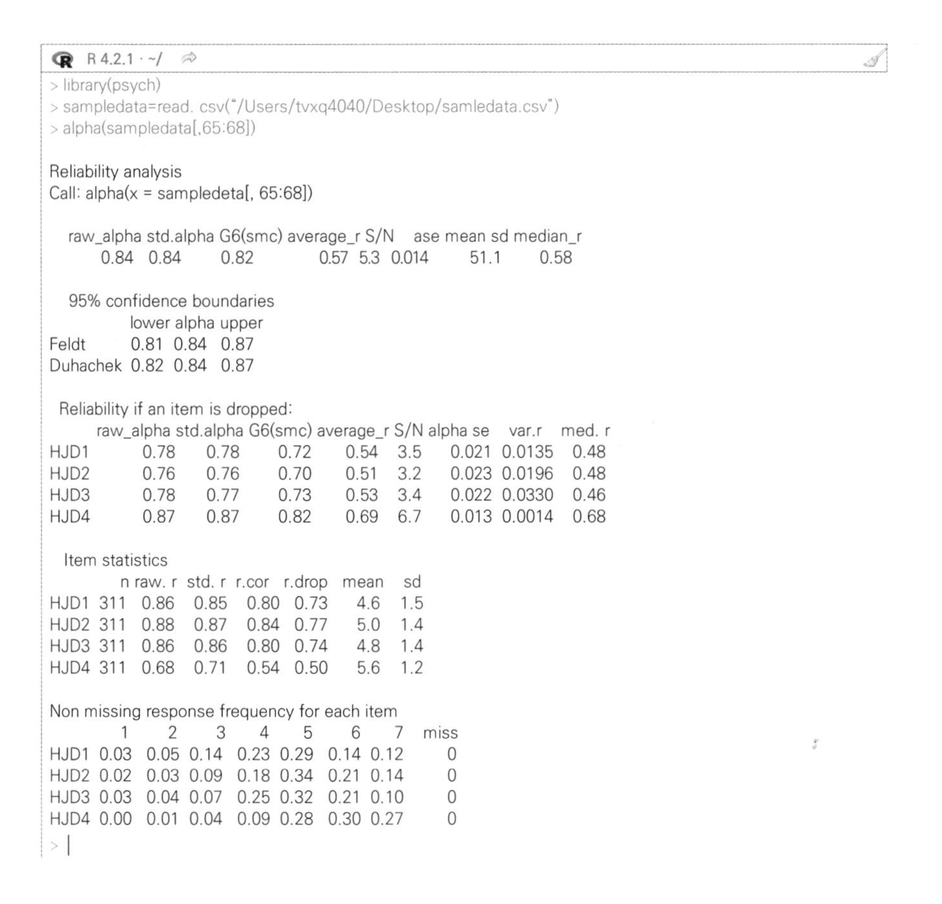

```
R 4.2.1 · ~/
> library(psych)
> sampledata=read. csv("/Users/tvxq4040/Desktop/samledata.csv")
> alpha(sampledata[,65:68])

Reliability analysis
Call: alpha(x = sampledeta[, 65:68])

  raw_alpha std.alpha G6(smc) average_r S/N   ase mean sd median_r
       0.84      0.84    0.82      0.57 5.3 0.014  51.1      0.58

  95% confidence boundaries
         lower alpha upper
Feldt     0.81  0.84  0.87
Duhachek  0.82  0.84  0.87

 Reliability if an item is dropped:
     raw_alpha std.alpha G6(smc) average_r S/N alpha se  var.r med. r
HJD1      0.78      0.78    0.72      0.54 3.5    0.021 0.0135  0.48
HJD2      0.76      0.76    0.70      0.51 3.2    0.023 0.0196  0.48
HJD3      0.78      0.77    0.73      0.53 3.4    0.022 0.0330  0.46
HJD4      0.87      0.87    0.82      0.69 6.7    0.013 0.0014  0.68

 Item statistics
       n raw. r std. r r.cor r.drop mean  sd
HJD1 311   0.86   0.85  0.80   0.73  4.6 1.5
HJD2 311   0.88   0.87  0.84   0.77  5.0 1.4
HJD3 311   0.86   0.86  0.80   0.74  4.8 1.4
HJD4 311   0.68   0.71  0.54   0.50  5.6 1.2

Non missing response frequency for each item
        1    2    3    4    5    6    7 miss
HJD1 0.03 0.05 0.14 0.23 0.29 0.14 0.12    0
HJD2 0.02 0.03 0.09 0.18 0.34 0.21 0.14    0
HJD3 0.03 0.04 0.07 0.25 0.32 0.21 0.10    0
HJD4 0.00 0.01 0.04 0.09 0.28 0.30 0.27    0
> |
```

그림 10-11 **R에서 내적 일관성 신뢰도 분석 예시 및 결과**

• 제 3 절 타당성(validity) 평가 •

신뢰성이 비체계적 오차를 최소하여 정확하게 개념을 측정하는 정도를 의미한다면 타당성은 체계적 오차를 최소화하여 올바르게 개념을 측정하는 정도를 의미한다. 일반적으로 타당성(validity)은 측정값의 체계적 오차의 정도가 정도가 작을 수록 더 높다. 즉, 측정 도구와 상황에서 일관되고 지속적인 체계적 오차가 많이 발생한다면, 그 측정값은 타당성에 문제가 있다고 판단할 수 있다. 특히, 타당성이 낮은 척도는 신뢰성 검정과 같이 반복 측정을 하더라도 체계적 오차의 특성상 동일한 오차가 발생하게 된다. 타당성의 평가 유형으로는 크게 내용 타당성(content validity), 기준 타당성(criterion validity), 구성개념 타당성(construct validity)으로 구분되고, 구성개념 타당성은 다시 수렴 타당성(convergent validity), 판별 타당성(discriminant validity), 법칙 타당성(nomological Validity)로 구분된다. 일반적으로 조사자는 앞서 언급한 모든 유형의 타당성 평가에서 높은 평가 결과를 얻어야 해당 척도의 타당성이 확보되었다고 볼 수 있다.

1. 내용 타당성(content validity)

내용 타당성은 표면 타당성(face validity) 이라고도 알려져 있는데 어떤 개념을 측정하기 위해 개발된 척도나 측정 항목들이 그 개념을 구성하고 있는 모든 측면을 포괄적으로 반영하고 있는 정도를 의미한다. 예를 들어, 자동차에 대한 소비자 태도를 조사하는 경우, 자동차에 대한 태도는 안정성, 경제성, 성능, 디자인의 네 가지 측면으로 구성되어 있다고 가정할 수 있고, 따라서 자동차에 대한 태도 측정 척도는 이들 네 가지 측면의 측정 지표를 포괄적으로 반영하여야 내용 타당성을 확보했다고 할 수 있다. 그러나, 만약 자동차의 태도를 측정하기 위해 경제성만을 중심으로 측정하는 척도를 사용하였다면, 자동차에 대한 태도를 측정하기 위한 척도가 해당 개념을 측정하기 위한 모든 측면을 반영하고 있지 않으므로 내용 타당성을 확보하고 있다고 할 수 없다. 척도에 대한 내용 타당성은 평가는 해당 조사 영역에 대한 전문 지식을 갖고 있는 조사자의 주관적 판단에 의하여 평가되기 때문에 척도 또는 측정 도구의 개발 시

조사자는 해당 분야의 전문가가 개발된 측정 문항들이 원하는 개념을 측정하는 데 적절한지를 평가하도록 하여 타당성이 높은 측정 항목들만을 선별해야 한다. 내용 타당성 평가 과정은 측정 도구가 조사과정에서 효과적으로 실행되기 위해서 필요한 측정 항목이나 방법에 대한 내용적 측면에서 조사자와 응답자 사이에 합치의 정도를 사전에 평가하는 과정으로 볼 수 있다.

2. 기준 타당성(criterion validity)

기준타당성은 측정 결과를 평가할 수 있는 외적 기준을 선정하여 타당성을 평가하는 방법으로 예측 타당성(predictive validity)과 동시 타당성(concurrent validity)의 방법이 있다. 예측타당성은 측정하고자 하는 개념과 그 개념과 높은 상관 관계가 예상되는 다른 개념이 실제로 얼마나 높은 상관 관계를 나타나는 가를 확인함으로써 측정 개념이 예측 개념을 예측하는 정도로 타당성을 평가하는 방법이다. 예를 들어, 한 브랜드의 구매 의도를 측정하는 척도를 개발한 후, 실제 구매 이력을 파악할 수 있는 패널 데이터를 통해 해당 브랜드의 실제 구매 이력과 비교하여 이 둘간의 상관 관계를 확인함으로써 예측 타당성을 확보할 수 있다. 동시 타당성은 측정하고자 하는 개념의 척도로 측정한 결과와 동시에 유사한 개념을 측정한 다른 척도로 측정한 결과의 상관 관계를 비교함으로써 타당성을 평가하는 방법이다. 예를 들어, 배우에 대한 선호도 척도와 해당 배우가 출연한 영화에 대한 선호도 척도의 상관 관계를 비교함으로써 배우에 대한 선호도 척도와 영화에 대한 선호도 척도의 동시 타당성을 평가할 수 있다.

3. 구성개념 타당성(construct validity)

현실적으로 조사의 대상이 되는 측정 대상은 대부분 직접적 관찰이 불가능한 선호, 태도, 이미지, 인지도 등 추상적 개념들이 대부분이다. 이들 추상적 개념들은 제한적으로 관찰 가능한 구체적 개념으로 재정의하고, 이들을 측정하기 위해 개발된 척도를 통해 측정을 한 후, 이를 활용하여 추상적 개념을 추론하여 측정한다. 예를 들어, 소비자의 "브랜드 충성도"를 측정하기 위해 "친근감", "신뢰감", "사용경험", "반복구매" 등 다양한 여러 항목들을 이용하여 측정하는데, 이 경우 추상적 개념인 "브랜드 충성도"를 측정하기 위한 측정 항목들이 과연 적절히 "브랜드 충성도"를 추론할 수 있는지에 대한 평가가 필요하다. 특히, 추상적 개념을 측정 가능한 수준의 항목으로 변환시키는 것을 조작적 정의라고 하는데, 구성개념 타당성은 이 조작적 정의가 적절히 이루어졌는지에 대한 평가를 의미한다. 따라서, 앞서의 내용 타당성과 기준 타당성이 추상적 개념 수준에서 개념 자체에 대한 주관적 평가에 초점을 맞추어 타당성 평가를 했다면, 구성개념 타당성은 추상적 개념 수준에서 측정가능한 구체적 수준(조작적 정의 수준)에서 개념의 타당성을 구조적으로 검증한다. 구성개념 타당성 평가를 위해 수렴 타당성(convergent validity), 판별타당성(discriminant validity), 법칙타당성(nomological validity)의 방법이 있다.

1) 수렴 타당성(convergent validity)

수렴 타당성은 이론적으로 관계가 높은 개념들을 측정하기 위한 척도를 이용하여 측정한 두 개의 측정값이 실제 관계된 정도로 정의한다. 즉, 측정값의 상관 관계가 높을 수록 수렴 타당성이 높다. 예를 들어, "브랜드 충성도"를 측정한기 위해 개발한 척도로 측정한 "브랜드 충성도" 측정값이 이론적으로 "브랜드 충성도"와 높은 상관 관계를 보이는 "재구매 의도"를 측정하기 위해 개발한 척도로 측정한 "재구매 의도" 측정값과 높은 상관 관계를 보인다면 "브랜드 충성도"는 수렴 타당성을 가졌다고 판단할 수 있다. 또는 하나의 개념 이상으로 구성된 다차원 개념의 경우, 이들 구성 개념 간의 높은 상관 관계를 확인하는 것을 통해 수렴 타당성을 평가할 수 있다. 예를 들어, 앞서 자동차에 대한 태도는 안정성, 경제성, 성능, 디자인의 네 가지 개념으로 구성된 다차원 개념이다. 이 다차원 측정 개념들이 이론적으로 자동차의 태도와 함께 높은 상관 관계를 가질 것으로 예상된다. 따라서 이들 네 가지 개념의 척도 측정값 간에 높은 상관 관계를 가진다면, 다차원 개념인 자동차에 대한 태도는 수렴 타당성을 가진다고 볼 수 있다.

2) 판별 타당성(discriminant validity)

판별 타당성은 수렴 타당성과는 반대로 이론적으로 관계가 낮은 개념들을 측정하기 위한 척도를 이용하여 두 개의 측정값이 실제 관계된 정도로 정의한다. 판별 타당성은 수렴 타당성과 반대로 측정값의 상관 관계가 낮을 수록 높게 나타난다. 수렴 타당성이 관련된 개념 간 구체적 추정치의 높은 상관 관계를 확인하는 것을 목적으로 한다면, 판별 타당성은 구별되는 개념간 구체적 추정치의 낮은 상관 관계를 확인하는 것을 목적으로 한다. 예를 들어, "브랜드 충성도"와 별개의 개념인 "소비자 개성"은 각각의 측정값들의 상관 관계 역시 낮게 나와야 "브랜드 충성도"와 "소비자 개성"의 판별 타당성이 확보될 수 있을 것이다.

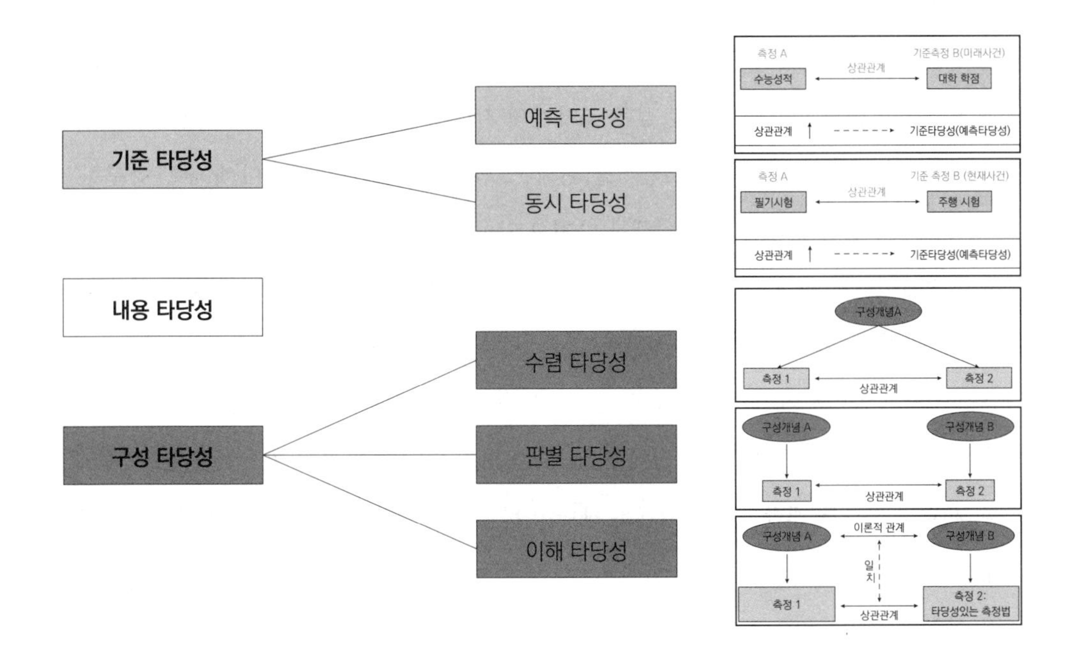

그림 10-12 **타당성 평가의 종류**

4. 신뢰성과 타당성의 관계

이론적으로 측정이 완벽한 경우([개념의 측정값]=[개념의 실제값]), 완벽한 타당성을 가지게 되며 체계적 오차와 비체계적 오차가 모두 0으로 신뢰성도 동시에 완벽하게 확보된다. 반대로, 신뢰성이 확보되지 않았다는 의미는 타당성을 확보하지 않았으며, 동시에 비체계적 오차도 존재할 수 있음을 의미한다. 그러나, 완벽한 타당성이면 완벽한 신뢰성을 의미한다. 하지만, 완벽한 신뢰성은 완벽한 타당성을 의미하지 않는다. 이는 체계적 오차에 의해 타당성이 발생하기 때문이다.

타당성은 측정상의 체계적 오차로 주로 개념에 대한 모호한 정의, 잘못된 척도의 사용 등에서 발생하게 된다. 따라서 타당성의 많은 부분은 조사 담당자의 조사 분야에 대한 이론적 지식의 정도에 의해 좌우되는 경우가 많다. 예를 들어 "브랜드 충성도"와 관련된 조사를 할 경우 "브랜드 충성도"에 대한 조사자의 이론적 지식과 이를 바탕으로한 "브랜드 충성도"의 명확한 정의의 선택 또는 개발, 그리고 조사에 가장 적절한 해당 개념 측정을 위한 척도의 선택 또는 개발이 선행되어야 적절한 수준의 타당성을 확보할 수 있다. 즉, 상대적으로 객관적 비교와 계량화가 가능한 신뢰성에 비해 타당성은 조사자의 지식 수준과 경험에 많이 의존하는 경향이 있다. 따라서, 타당성 있는 측정의 실시를 위해 조사자는 반드시 조사 분야에 대한 충분한 지식 습득과 측정 방법에 대한 높은 이해를 가지고 있어야 한다. 일반적으로 타당성을 손쉽게 확보하기 위해서는 특정 척도를 직접 개발하는 것보다는 이미 타당성 확보가 이루어진 척도를 이용하는 것이다. 이미 여러 조사나 문헌에서 성공적으로 활용된 척도는 내용 타당성과 기준 타당성의 확보가 이루어졌기 때문에 요인분석 등을 활용하여 조작적 정의 수준에서 구성 개념 타당성을 일부 확인하거나 검토를 보는 것으로 척도의 타당성 평가가 가능하다. 그렇지 않은 경우, 새로운 척도를 개발하기 위해서는 타당성 전 부분에 대한 평가를 거쳐야 하는 어려움이 존재한다.

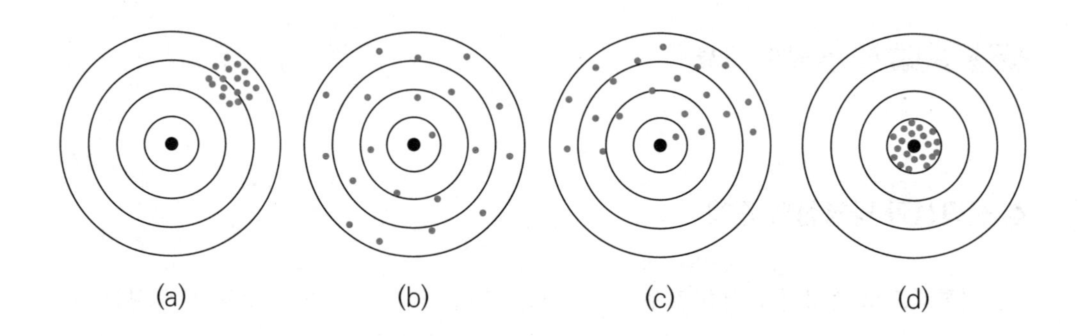

a: 신뢰성은 높지만 타당성은 낮음　　b: 신뢰성과 타당성은 낮음
c: 신뢰성과 타당성 모두 낮음　　d: 신뢰성과 타당성 모두 높음

그림 10-13 신뢰성과 타당성의 관계

5. SPSS 통계 분석 연습

SPSS에서는 통계적으로 타당성을 확인할 수 있는 방법인 탐색적 요인 분석(explanatory factor Analysis) 방법을 제공한다. 여기서 요인(factor)은 척도(scale) 또는 변수(variable)에 대응되는 관측치를 의미하며, 사실상 유사한 의미로 해석하면 된다. 탐색적 요인 분석은 척도 또는 변수의 측정에 대한 타당성 평가 기준 중 구성 개념 타당성의 집중 타당성과 판별 타당성의 평가 방법으로 활용될 수 있다. 하지만, 타당성 평가는 통계적으로 비체계적 오차의 정도를 점검하는 신뢰성 평가와는 다르게 통계적 방법으로 완벽하게 평가하는 것은 불가능하다. 다만, 측정 항목 간의 상관 관계를 바탕으로 측정항목과 척도의 관계를 추론함으로써 부분적으로 타당성을 평가하고 있다. 타당성의 평가 방법으로는 탐색적 요인 분석 방법 외에 확증적 요인 분석(confirmatory factory analysis) 방법이 활용될 수 있으며, 이들 분석 방법을 활용하여 집중 타당성 및 판별 타당성 평가를 위한 다양한 분석 방식이 사용되고 있다. 본 장에서는 척도 또는 변수의 측정에 대한 타당성 평가의 가장 기초가 되는 탐색적 요인 분석을 살펴보도록 한다.

다음과 같이 "분석"→"차원축소"→"요인분석" 메뉴를 통해 탐색적 요인 분석을 할 수 있다.

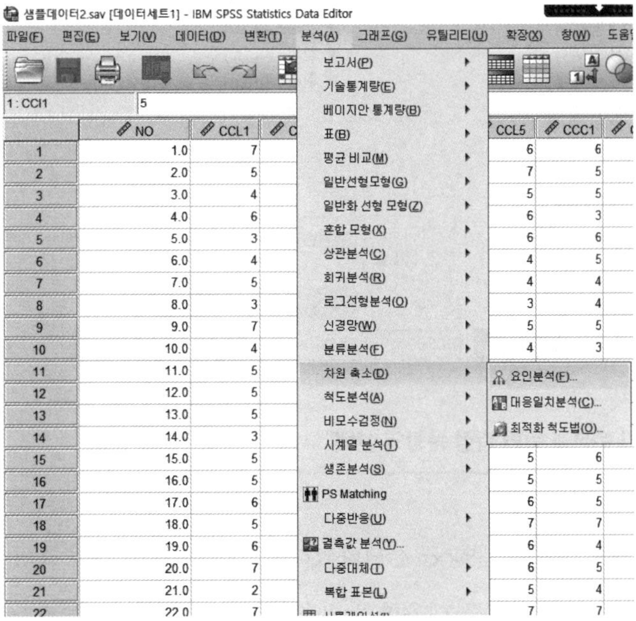

그림 10-14 SPSS에서 탐색적 요인 분석

SPSS에서 탐색적 요인 분석을 실행하면 다음과 같이 요인 분석에 포함될 측정 문항을 선택하는 창이 나타난다. 이 창에서 요인 분석에 포함할 측정 문항을 선택한다. 일반적으로, 요인 분석 시 여러 가지 척도의 측정 문항을 모두 함께 선택하여 요인 분석을 한다. 예를 들어, 종속 변수를 위한 측정 문항 전체 또는 독립 변수들을 위한 측정 문항 전체를 하나의 요인 분석에 포함시킨다. 그 이유는 분석에 포함된 척도들에 대한 측정 문항들 간의 관계를 동시에 확인하여 해당 척도들에 대한 집중 타당성과 판별 타당성을 동시에 확인하기 위함이다. 반대로 각각의 척도에 해당하는 측정 문항들만을 포함하여 각각의 요인분석을 할 경우에는 해당 척도에 대한 집중 타당성의 점검은 가능하지만 판별 타당성의 점검은 사실상 불가능하다.

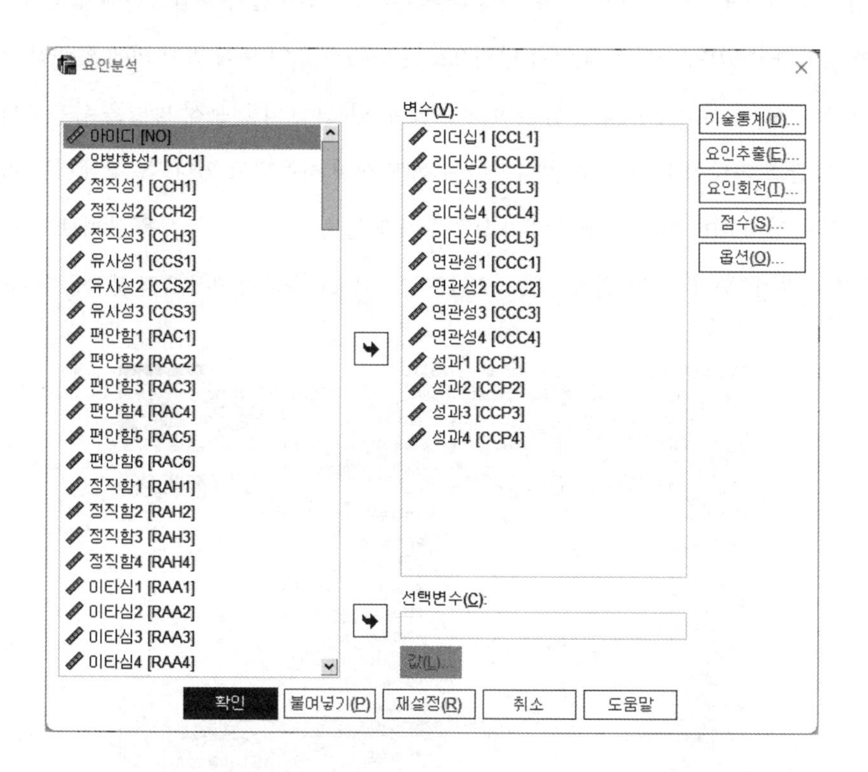

그림 10-15 **요인 분석을 위한 측정 문항의 선택**

요인 분석에 포함될 측정 문항을 선택하였다면, 다음으로 요인 추출의 방법을 선택하여야 한다. 일반적으로, "주성분"을 이용한 방법을 사용하며, 요인 추출 기준은 "고유값(eigen value)"이 "1"보다 큰 요인을 추출하는 방법을 사용한다.

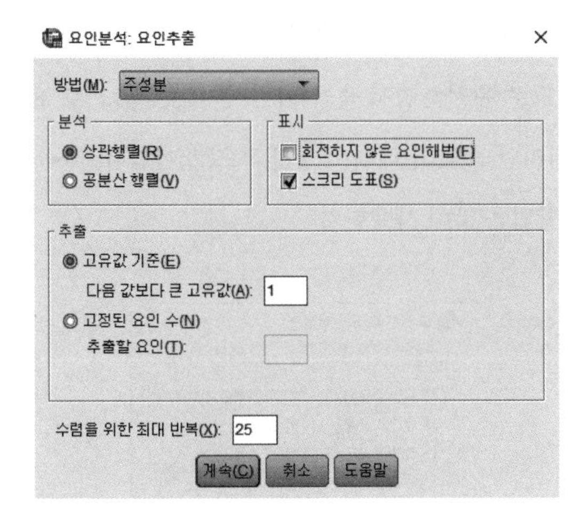

그림 10-16 요인 추출 방법의 선택

요인 추출 방법이 선택된 후에는 요인 회전(factor rotation)의 방법을 선택한다. 요인 회전이란 일차적으로 추출된 요인을 일정한 기준에 따라 조사자가 해석하기 편하게 조정하는 절차를 의미한다. 즉, 요인과 측정 항목 사이의 관계를 명확히 보여주기 위해 측정 항목과 요인이 단순한 구조가 되도록 요인 구조의 축을 변화 시켜 관측된 요인들과 척도 또는 변수의 관계를 쉽게 이해할 수 있도록 한다.

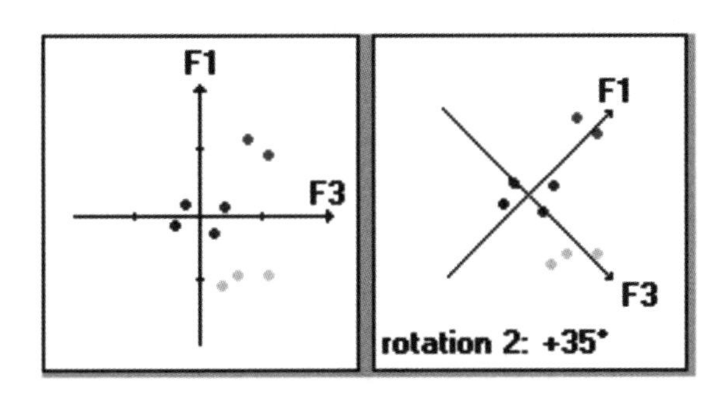

그림 10-17 요인 회전의 원리

요인 회전의 방법으로 직각 회전(varimax, 베리맥스)과 사각 회전(oblique, 오블리민)이 주로 사용된다. 직각 회전은 요인 간의 상관이 0이 되도록 요인 간의 각도를 직각으로 유지시키면서 축을 회전 시키는 방법이다. 직교 회전에 의해 추출된 요인은 서로 독립적이어서 각 요인을 해석하기가 상대적으로 쉽다. 반면에 사각회전은 요인 간에 상관이 있도록 요인 간의 각도를 직각이 아닌 다른 각도로 유지하면서 축을 회전시키는 방법으로 요인 간에 상관이 있다고 가정되는 경우에 사용되지만 요인의 해석이 상대적으로 어렵다. 따라서, 특별한 경우가 아니면 직각 회전(베리맥스) 방법을 많이 사용한다.

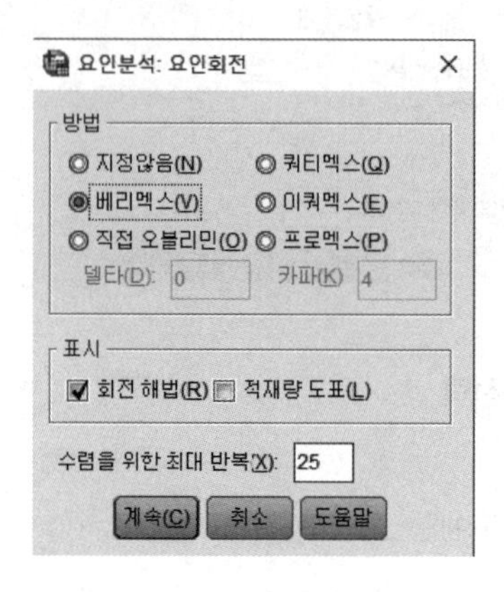

그림 10-18 **요인 회전 방법의 선택**

요인 회전 방법을 선택하면 사실상 요인 분석의 모든 준비는 끝났다. 그러나, 추출된 요인에 대한 검증과 해석을 용이하게 하기 위해 다음과 같이 "옵션" 창 에서 출력 방식을 "크기순 정렬"을 선택해 준다. 이 옵션을 선택해 주면, SPSS에서는 추출된 요인과 관계가 높은 측정항목 순으로 측정항목을 나열을 해주기 때문에, 측정항목 간의 관계를 파악하기가 용이하다.

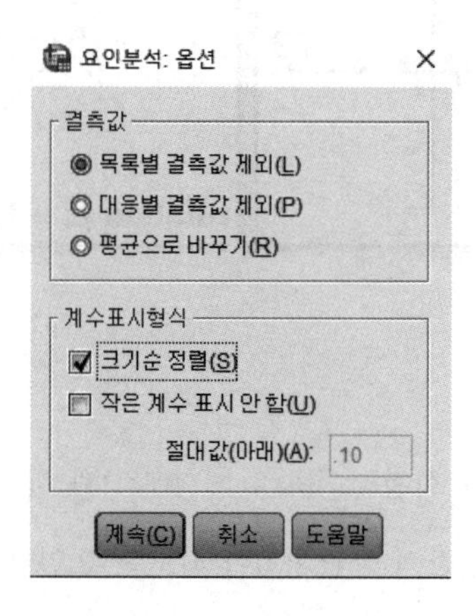

그림 10-19 **출력 옵션의 선택**

SPSS에서 탐색적 요인 분석을 실행하면 다음과 같이 분석 결과를 출력한다. "설명된 총분산"은 추출된 총 요인의 개수를 파악할 수 있다. 선택된 측정항목이 13개인 점을 감안하여 최대 13개의 요인을 추출할 수 있지만, 요인 추출의 기준인 고유값이 1보다 큰 경우가 3개이기 때문에 13개의 측정항목을 3개의 요인으로 추출하는 것이 최적임을 알 수 있다. 또한, 3개의 요인으로 13개의 측정 항목에 대한 설명된 총분산이 약 63.3%임을 알 수 있다. 측정항목 13개를 3개의 요인으로 축소하였기 때문에 필수적으로 정보의 손실이 발생하게 되지만, 13개 항목으로 100%를 설명하는 것과 비교해서 3개 항목으로 63.3%를 설명하는 것이 효율성 면에서 더 뛰어나다고 판단할 수 있다.

설명된 총분산

	초기 고유값			추출 제곱한 적재량			회전 제곱합 적재량		
성분	전체	%분산	누적%	전체	%분산	누적%	전체	%분산	누적%
1	5.477	42.127	42.127	5.477	42.127	42.127	3.396	26.127	26.127
2	1.514	11.643	53.770	1.514	11.643	53.770	2.573	19.795	45.922
3	1.241	9.546	63.316	1.241	9.546	63.316	2.261	17.394	63.316
4	.993	7.636	70.951						
5	.642	4.937	75.889						
6	.626	4.819	80.708						
7	.600	4.612	85.320						
8	.428	3.294	88.614						
9	.407	3.134	91.748						
10	.349	2.683	94.431						
11	.281	2.162	96.593						
12	.248	1.905	98.498						
13	.195	1.502	100.000						

추출 방법: 주성분 분석

그림 10-20 요인 분석 출력 결과

마지막으로 추출된 요인 3개와 각 요인과의 측정항목 간의 관계를 "회전된 성분행렬"을 통해 확인한다. "회전된 성분행렬"에는 3개의 성분(요인) 1부터 3까지가 추출되었음을 표시하고, 13개의 측정항목과 각 성분 간의 관계의 정도 즉, 요인 적재값(factor loading)을 보여준다. 예를 들어, "성과3" 측정항목의 경우 성분 1에 대해서는 ".787", 성분 2에 대해서는 ".102", 성분

3에 대해서는 ".201"의 요인 적재값을 가지고 있어 "성과3" 측정항목은 성분 1과 더 높은 관계를 가지고, 결국 성분 1을 측정하기 위한 측정항목임을 알 수 있다. 반대로 "연관성1" 측정항목의 경우 성분 1에 대해서는 ".265", 성분 2에 대해서는 ".798",성분 3에 대해서는 ".283"의 요인 적재값을 가지고 있어 "연관성1"은 성분 2를 위한 측정항목이라고 판단할 수 있다. 즉, 각 측정항목의 각 성분에 대한 요인 적재값을 비교하여 가장 큰 요인 적재값을 가지는 성분을 해당 측정 항목이 측정하고자 하는 성분으로 판단한다. 하지만, 요인 적재값이 0.4보다 작은 항목은 집중 타당성을 저해하는 항목으로 간주하여 배제되고, 동시에 여러 성분에서 높은 요인 적재값을 가지는 측정항목은 척도의 판별타당성을 저해하는 항목으로 간주하여 배제할 수 있다.

회전된 성분행렬[a]

	성분		
	1	2	3
성과3	.787	.102	.201
성과4	.787	.136	.220
성과1	.766	.132	.230
성과2	.749	.219	.117
연관성4	.648	.315	.059
연관성3	.155	.886	.090
연관성2	.207	.880	.179
연관성1	.265	.798	.283
리더십1	-.101	.045	.737
리더십3	.362	.031	.670
리더십4	.343	.271	.634
리더십5	.401	.200	.560
리더십2	.184	.257	.523

추출 방법: 주성분 분석
회전 방법: 카이저 정규화가 있는 베리멕스
a.5 반복계산에서 요인회전이 수렴되었습니다.

그림 10-21 **요인 분석의 결과**

요인 적재값과 관련 성분에 대한 검토를 마친 후 "성과3", "성과4", "성과1", "성과2"는 성분 1을 위한 측정항목으로, "연관성3", "연관성2", "연관성1"은 성분 2를 위한 측정항목으로 판단할 수 있다. 요인 분석을 완료한 후에는 해당 요인을 실제로 분석에 활용할 요인 점수를 계산해야 한다. 요인 점수로 활용 가능한 지표로는 SPSS에서 자동으로 계산해 주는 요인 점수값, 측정항목들의 총합, 그리고 측정항목들의 평균이 활용될 수 있다.

• 제 4 절 R 통계 분석 연습 •

R에서는 탐색적 요인 분석과 확증적 요인 분석을 포함한 다양한 유형의 요인 분석을 지원한다. 본 장에서는 SPSS와 동일하게 주성분 분석에 기반한 탐색적 요인 분석에 대해 살펴보자. 앞서 신뢰성 분석에서 활용한 "psych" 라이브러리의 "principal()" 함수를 활용하여 요인 분석을 할 수 있다. "psych"를 라이브러리를 사용하기 위한 방법은 앞서 신뢰성 분석의 과정을 참고하기 바란다. 분석할 척도와 측정항목이 포함된 데이터 화일을 불러 온 ("sampledata=read.csv("sampledata2.csv")") 후 분석할 측정항목이 결정되면 해당 측정항목들을 대상으로 "principal()" 함수를 사용하여 다음과 요인 분석 결과를 확인할 수 있다. "principal()" 함수의 자세한 활용법은 "help(principal)" 또는 "?principal"를 사용하여 확인할 수 있는 매뉴얼 통해 확인하기 바란다. "principal()"함수를 사용한 R에서 요인 분석 결과는 SPSS와 동일하다. 다만, SPSS와 달리 원하는 요인의 숫자를 미리 정의하고, 요인 분석의 옵션을 사전에 정의("principal(sampledata,2,rotate="varimax")")해야 한다. [그림 10-22]는 추출하고자 하는 성분을 2개로 정하여 분석한 결과의 일부를 보여준다.

```
> principal(sampledata,2,rotate="varimax")
Principal Components Analysis
Call: principal(r = sampledata, nfactors = 2, rotate = "varimax")
Standardized loadings (pattern matrix) based upon correlation matrix
        RC1  RC2      h2   u2 com
NO    -0.01 0.02 0.00032 1.00 1.2
CCL1   0.10 0.38 0.15084 0.85 1.1
CCL2  -0.10 0.55 0.30867 0.69 1.1
CCL3   0.20 0.43 0.22852 0.77 1.4
CCL4   0.08 0.53 0.29082 0.71 1.0
CCL5   0.20 0.47 0.26219 0.74 1.3
CCC1  -0.01 0.62 0.38744 0.61 1.0
CCC2  -0.02 0.59 0.34796 0.65 1.0
CCC3  -0.04 0.53 0.27846 0.72 1.0
CCC4   0.02 0.47 0.22439 0.78 1.0
CCI1   0.03 0.60 0.36632 0.63 1.0
CCP1   0.17 0.55 0.33013 0.67 1.2
CCP2   0.14 0.52 0.28932 0.71 1.1
CCP3   0.19 0.57 0.36204 0.64 1.2
CCP4   0.20 0.53 0.32098 0.68 1.3
CCH1   0.08 0.63 0.40576 0.59 1.0
CCH2   0.16 0.63 0.42455 0.58 1.1
CCH3   0.03 0.61 0.37799 0.62 1.0
CCS1  -0.08 0.65 0.42889 0.57 1.0
CCS2   0.03 0.64 0.40584 0.59 1.0
CCS3   0.02 0.54 0.29720 0.70 1.0
RAC1   0.33 0.53 0.38455 0.62 1.7
RAC2   0.28 0.52 0.34448 0.66 1.5
RAC3   0.34 0.52 0.38313 0.62 1.7
RAC4   0.32 0.55 0.40282 0.60 1.6
RAC5   0.31 0.47 0.31443 0.69 1.7
RAC6   0.39 0.55 0.45525 0.54 1.8
RAH1   0.43 0.56 0.49890 0.50 1.9
RAH2   0.18 0.34 0.14571 0.85 1.5
RAH4   0.32 0.47 0.32908 0.67 1.8
RAA1   0.29 0.44 0.27590 0.72 1.7
RAA2   0.35 0.46 0.33488 0.67 1.9
RAA3   0.38 0.53 0.42117 0.58 1.8
RAA4   0.43 0.49 0.42344 0.58 2.0
RAI1   0.35 0.49 0.36516 0.63 1.8
RAI2   0.26 0.48 0.29965 0.70 1.5
RAI3   0.23 0.52 0.31685 0.68 1.4
RAI4   0.34 0.53 0.39415 0.61 1.7
RAI5   0.39 0.47 0.37175 0.63 1.9
RAI6   0.20 0.49 0.27687 0.72 1.3
RAS1   0.41 0.48 0.40308 0.60 2.0
RAS2   0.50 0.41 0.42086 0.58 1.9
RAS3   0.39 0.50 0.40538 0.59 1.9
RAS4   0.39 0.49 0.39588 0.60 1.9
RAP1   0.37 0.54 0.42292 0.58 1.8
RAP2   0.33 0.49 0.34886 0.65 1.7
RAP3   0.33 0.54 0.40279 0.60 1.6
RAO1   0.42 0.49 0.41632 0.58 2.0
RAO2   0.07 0.39 0.15443 0.85 1.1
RAO3   0.10 0.48 0.24477 0.76 1.1
RAU1   0.32 0.52 0.37045 0.63 1.7
RAU2   0.19 0.53 0.31263 0.69 1.3
RAU3   0.20 0.47 0.26287 0.74 1.3
RAU4   0.13 0.45 0.21978 0.78 1.2
RAT1   0.41 0.52 0.43202 0.57 1.9
RAT2   0.38 0.53 0.42275 0.58 1.8
RAT3   0.45 0.55 0.50417 0.50 1.9
RAT4   0.51 0.56 0.56867 0.43 2.0
RAT5   0.38 0.55 0.44091 0.56 1.8
RAT6   0.44 0.54 0.47983 0.52 1.9
RAT7   0.46 0.54 0.50027 0.50 1.9
RAT8   0.49 0.51 0.49453 0.51 2.0
RAT9   0.53 0.55 0.58351 0.42 2.0
HJD1   0.56 0.19 0.34694 0.65 1.2
HJD2   0.52 0.25 0.32895 0.67 1.4
HJD3   0.62 0.21 0.43097 0.57 1.2
```

그림 10-22 R에서 요인 분석 결과

첫 번째 항목은 앞서 SPSS의 "회전된 성분 행렬"의 출력 결과와 유사하다. "RC1"은 성분 1을 "RC2"는 성분 2를 의미한다. RC1과 RC2에 요인 적재값을 확인할 수 있으며, 이를 바탕으로 각 요인에 대한 측정 항목을 결정할 수 있다. 다음으로 SPSS에서는 고유값을 기준으로 적정한 요인의 수를 결정하지만 R에서 "principal()" 함수는 적정한 요인의 수에 대한 가설 검정을 한다. 본 예에서는 해당 가설이 지지되어 2개의 요인이 적절함을 확인할 수 있다. 또한 요인 수를 변경하면서 최적의 요인 수를 결정할 수 있다.

• 생각해 볼 문제

1. 측정된 각각의 구성개념들의 신뢰성을 평가하기 위해 어떤 과정과 방법을 활용해야 하는지에 대해서 논의해 보자.
2. 신뢰성을 평가할 구성개념의 측정항목들을 선택해 보고, SPSS를 활용하여 분석한 후 그 결과를 해석해 보자.
3. 측정된 각각의 구성개념들의 타당성을 평가하기 위해 어떤 과정과 방법을 활용해야 하는지에 대해서 논의해 보자.
4. 타당성을 평가할 구성개념의 측정항목들을 선택해 보고, SPSS를 활용하여 분석한 후 그 결과를 해석해 보자.

소셜 애널리틱스를 위한 연구조사방법론

분석 방법

Research Methodology for Social Analytics

소셜 애널리틱스를 위한
연구조사방법론

Research Methodology for Social Analytics

제11장
통계적 가설 검정의 원리

제 11 장 통계적 가설 검정의 원리

· 제 1 절 통계적 검정의 개념 ·

1. 통계적 검정의 필요성

지금까지 과학적 조사를 위한 개념 및 절차, 종류(research methodologies), 표본계획(sampling)을 포함한 자료 수집 방법(data collection), 그리고 수집된 자료의 요약(descriptive statistics)에 대하여 알아보았다. 그리나, 조사의 범위가 일반적으로 모집단(population)을 대상으로 하기 때문에 표본 계획에 의해 수집된 자료의 요약된 정보 그 자체를 조사의 결과로 그대로 인정하기에는 부족한 부분이 많이 존재한다. 예를 들어, 한 조사 기업이 브랜드 A의 소비자 인지도 조사를 의뢰 받아 표본을 선정하여 조사를 실시 하였다. 분석결과, 브랜드 A의 소비자 인지도 평균은 7점, 리커트 척도 기준 4.7 점이었다. 한 달 뒤 동일한 조사를 새로운 표본에 실시하여 조사 자료를 분석한 결과 브랜드 A의 소비자 인지도는 5.0 점이었다. 이때 조사 기업과 이를 의뢰한 고객 기업은 "브랜드 A의 소비자 인지도 조사 결과 브랜드 A의 소비자 인지도는 전달 4.7점에 비해 5.0점으로 0.3점 증가하였다."라고 결론을 내렸다. 과연 이 결론이 합리적인가?

현명한 조사 담당자라면 다른 표본을 선정하면 브랜드 A의 소비자 인지도가 동일하게 5.0점을 얻을 수 있을지에 대한 의문을 제기할 것이다. 일반적으로 표본을 대상으로 한 조사는 태생적으로 표본 오차가 존재하게 된다. 표본이 전체 모집단(population)의 모든 구성원을 포함하고 있지 않기 때문에 평균, 중위수, 중앙값 등 표본의 통계량은 전체 모집단의 통계량과 차이가 발생하게 되는 것이다.

표본 오차(sampling error)는 이 모집단과 표본 사이의 통계량 차이를 의미한다. 예를 들어 대한민국 국민의 몸무게 평균을 조사하기 위해 표본으로 천 명을 선정하여 이들의 평균 몸무게를 조사하였다면, 표본의 평균 몸무게와 대한민국 5천만명의 평균 몸무게는 같지 않을 것이다. 이때 발생하는 차이 중 다른 원인이 아닌, 순수하게 표본 선택에 의해 발생한 차이를 표본 오차라고 한다. 따라서, 브랜드 A의 소비자 인지도 조사 결과 0.3점의 증가는 한 달간 브랜드 A의 인지도를 높이기 위한 다양한 노력, 또는 시장의 변화 등에 의한 시스템적 차이에 의한 변화일 수도 있지만, 표본의 변화로 발생하는 단순 오류에 의한 표본 오차이거나 심지어 단순 우연일 수도 있다. 이 표본 오차는 모든 표본 조사에서 발생하고, 서로 다른 표본에서 다르게 발생할 수 있다. 표본 오차의 정확한 측정이 불가능하지만, 확률적 추론(probabilistic inference)을 통해 표본 오차를 추정(estimate)할 수 있다. 이 표본 오차를 추정하기 위한 확률적 추론 과정이 바로 표본의 통계량에서 모집단의 통계량을 추정하기 위한 통계적 검정의 한 과정이다.

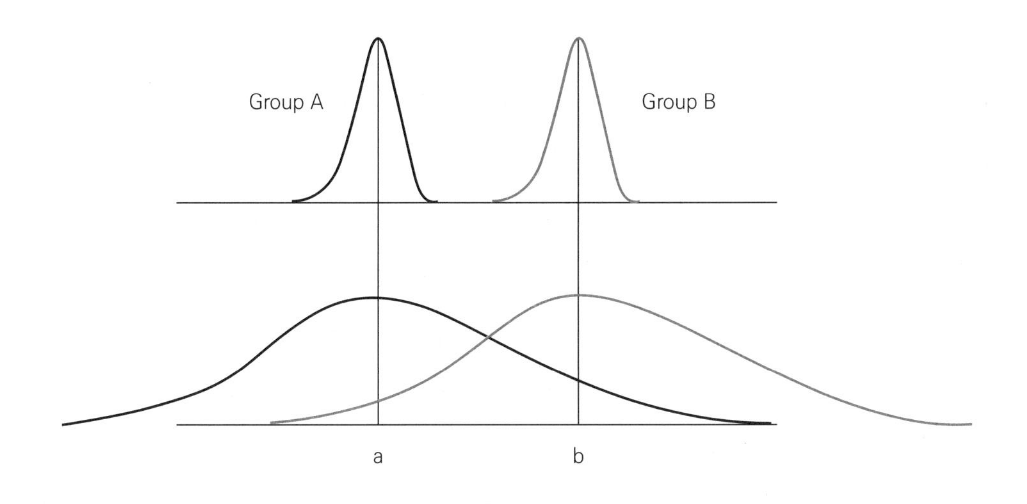

그림 11-1 평균의 산술적 차이와 통계적 차이의 비교

여기서 주의할 점은 수학적으로는 당연히 4.7과 5.0이 절대 같을 수 없지만, 통계적으로는 4.7점과 5.0이 다르지 않은 상황이 존재한다는 것이다. 이는 수학에서는 4.7과 5.0이 절대적 값을 의미하는 반면, 통계에서 4.7과 5.0은 절대적 값을 조사하기 위한 부분 집합인 표본으로부터의 추정치에 불과하기 때문에 이를 수학에서와 같이 절대적 수치와 동일하게 생각하는 오류를 범하지 말아야 한다. 앞서의 예와 같이, 두 번의 소비자 인지도 조사 결과 소비자 인지도는 4.7과 5.0으로 수학적 의미에서는 일견 차이가 있어 보이지만, 결론을 내리기 전에 이 두 소비자 인지도가 표본 조사에 의한 통계량이라는 점을 고려한다면 통계적 검정을 통해 과연 이 두 통계량이 통계적으로 다른지 검토를 한 후 결론을 내려야 한다.

또 다른 예로 조사 기업이 두 개의 다른 시장에서 특정 브랜드에 대한 소비자 선호도 평가를 조사하였다. 이때 시장 A의 소비자들은 4.7점, 시장 B의 소비자들은 5.0점을 주었다. 그렇다면, 이 조사를 통해 시장 A의 소비자보다 시장 B의 소비자가 이 브랜드를 더 선호한다고 결론을 내릴 수 있을까? [그림 11-1]은 이 조사 결과에 대해 두 가지 형태의 가능한 결론을 비교하여 보여준다. 4.7점을 a, 5.0점을 b라고 한다면, 당연히 산술적 비교에서는 a < b가 되어 시장 B의 소비자들이 이 브랜드를 선호한다고 할 수 있다. 하지만, 다양한 소비자들의 의견을 물은 선호도 조사의 경우, 그 본질이 통계적 조사이기 때문에 통계적 비교를 통해 결론을 얻어야 한다. [그림 11-1]의 상단 그림은 두 개의 집단 그룹 A(시장 A, 검정색)와 그룹 B(시장 B, 초록색)의 선호도 조사 결과의 분포(빈도)를 보여 준다. 평균은 각각 a와 b로 다르고 그 분포도 다르다. 하단 그림 역시 동일하다. 그러나 상단 그림과 하단 그림은 그 형태가 명백히 다르다. 상단 그림의 경우 두 집단(시장 A와 시장 B) 사이에 교집합이 전혀 존재하지 않는다. 하지만, 하단 그림의 경우 두 집단 사이에 교집합이 많이 존재한다. 즉, 상단 그림의 경우 그룹 B의 선호도 평균이 그룹 A의 선호도 평균보다 더 높으면서 동시에 그룹 B의 소비자 모두는 그룹 A의 소비자 보다 이 브랜드를 더 선호하지만, 하단 그림의 경우 그룹 B의 선호도 평균이 그룹 A의 선호도 평균보다 더 높음에도 불구하고 그룹 B의 소비자 중 상당수가 그룹 A의 소비자 보다 이 브랜드를 더 선호하지 않는 경우가 발생한다. 이러한 상황을 고려할 때 하위 그림의 경우 상위 그림에 비해 두 그룹 또는 두 시장 간에 브랜드 선호도에 차이가 상대적으로 적거나 또는 확률적으로 적다고 이야기 할 수 있다. 따라서, 통계적 검정 과정에서는 조사 대상의 분포를 함께 고려하여 그 결론을 얻고, 이러한 과정을 통계적 검정 과정이라고 한다.

표본의 통계량으로 모집단의 통계량을 통계적 검정으로 추정한다는 것은 모집단의 통계량을 직접적으로 또는 하나의 숫자로 추정한다는 것을 의미하지 않는다. 대신에, 통계적 검정을 통하여 모집단의 통계량을 간접적으로 또는 그 범위를 추정한다. 예를 들어, 앞서의 소비자 인지도 조사 중 첫 번째 표본 조사에서 소비자 인지도 평균은 4.7이었다. 이를 이용하여 모집단의 통계량을 통계적 검정을 통해 추정한다면 그 결과는 "소비자 인지도의 평균은 4.3 점에서 5.1 점일 가능성이 95%이다."와 같이 표현될 것이다. 즉, 추정된 모집단의 소비자 인지도의 평균을 정확하게 하나의 숫자 형태가 아닌 범위 형태(신뢰구간, confidence interval)로 나타내고 이 범위 조차 절대적이 아닌 "95%"와 같이 상대적(물론, 가능성이 아주 높지만, 여전히 오류의 가능성을 내포한다)으로 표현하게 된다. 이와 같이 통계적 검정에 의한 추정의 결과는 적당한 범위와 함께 그 가능성(확률)의 형태로 제시함으로써 표본 오차 또는 오류의 가능성을 고려한다. 게다가 이 추정된 소비자 인지도의 평균의 범위는 사실 정확한 의미에서 모집단의 소비자 인지도의 평균이 이 추정된 범위인 4.3점에서 5.1점에 있을 가능성이 95%임을 의미하지 않는다. 정확히 그 의미를 표현한다면, 100번의 표본 조사를 했을 때 95번(95%)의 표본 조사의 소비자 인지도 평균은 4.3점에서 5.1점 범위 안에 있을 것임을 의미한다. 그 이유는 통계적 검정의 이론적 근거에서 자세히 설명할 것이다.

인구 조사(census)와 같이 전체 모집단을 대상으로 하는 조사가 아닌 표본에 대한 조사가 대부분의 조사의 형태라는 점을 감안한다면 통계적 검정은 조사의 결과 해석에 상당히 큰 영향을 끼칠 수 있다. 앞서 소비자 인지도 조사의 예의 목적이 광고 효과의 분석이라고 한다면, 소비자 인지도가 한 달 동안 4.7점에서 5.0점으로 증가한 사실은 브랜드 A 관리자에게 이 광고 효과 분석을 바탕으로 상당히 중요한 의사 결정을 하는 기회를 제공한다. 하나의 가능성은 이 증가량(0.3점의 소비자 인지도 변화)이 브랜드 A의 마케팅팀 또는 광고팀의 효과적 광고 전략으로 증가되었다고 해석하여 현재 마케팅 또는 광고 전략의 유지를 결정할 수 있다. 또 다른 가능성은 이 증가량이 효과적 광고 전략에 의한 것이 아니라, 사실은 단순한 표본 오차에 의한 것으로 통계적으로 소비자 인지도의 변화가 없다고 해석하여 현재의 전략을 수정할 수 있다. 따라서, 통계적 검정은 조사의 결과를 최종적으로 일반화(generalization)함으로써 조사의 결과가 의사 결정을 위해 중요한 증거로서 활용할 수 있게 한다.

2. 통계적 검정의 이론적 근거: 표본분포 및 정규분포, 중심 극한 정리

일반적으로, 조사의 목적은 모집단의 특성 또는 모수(parameter)를 알기 위한 것이다. 예를 들어, 기업이 가격 인상을 하였을 때의 시장의 반응을 조사하고자 한다면, 그 궁극적 목적은 가격 인상에 대한 해당 기업의 모든 고객 반응을 확인하는 것이다. 하지만, 특수한 경우를 제외하고는 모든 고객들의 반응을 일일이 확인하는 것은 사실상 불가능하다. 이러한 목적을 달성하기 위해 가장 자주 사용되는 방법이 모든 고객들을 대표할 가능성이 높은 일부 고객들을 제한된 크기로 선정하여 이들로부터의 반응을 조사하여 이를 바탕으로 모든 고객들의 반응을 유추하는 것이다. 여기서 모든 고객들을 모집단(population), 대표할 가능성이 높은 일부 고객들을 표본(sample), 일부 고객들의 반응을 통계량(statistics), 궁극적 목적인 모든 고객들의 반응을 모수(parameter), 그리고 통계량을 이용하여 모수를 유추하는 것을 통계적 추론(statistical inference) 또는 검정(statistical testing)이라 한다. 따라서, 궁극적 목적인 모든 고객들의 반응을 정확히 확인하기 위해서는 좋은 표본과 적절한 통계적 추론의 사용은 필수 불가결한 요소이다. 좋은 표본은 앞장에서 설명한 표본추출 방법(sampling method)을 통해 얻을 수 있고, 적절한 통계적 추론은 다양한 통계적 이론을 바탕으로 얻을 수 있다. 통계적 추론의 이론적 과정에서 중요한 핵심 개념으로 표본분포(sampling distribution)를 들 수 있다. 표본분포와 또 다른 중요한 핵심 개념인 중심 극한 정리(central limit theorem)는 통계적 추론의 과정을 단순화 시키는데 결정적 역할을 하기 때문에 이들에 대한 이해는 통계적 추론의 이해를 위한 반드시 필요하다. 중심 극한 정리는 다음 절에서 설명을 하고, 이 중심 극한 정리의 이해를 위한 기초 개념으로 표본분포에 대해 알아보도록 하자.

표본분포를 이해하기 위해서는 먼저 분포(distribution)의 개념을 이해하는 것이 필요하다. 분포(distribution)란 일반적으로 흩어져 있는 정도 또는 형태를 의미한다. 조사의 관점에서는 하나의 사건 또는 변수에 대한 전체 관측치, 측정치 또는 자료의 집합을 의미하며, 좀 더 이론적으로는 통계학에서 확률변수(random variable)의 분포인 확률분포(probability distribution)를 의미한다고 볼 수 있다. 여기서 확률변수란 일정한 확률을 가지고 발생하는 사건에 수치가 부여된 변수를 의미하고, 확률 분포란 확률 변수가 특정한 값을 가질 확률을 나타내는 함수를 의미한다. 즉, 분포란 일련의 특정한 관측치들 또는 수집된 자료들의 빈도/횟수/확률들로 표현된 빈도 수치의 집합이라 볼 수 있다. 예를 들어 [그림 11-2]은 2015년도 대한민국 경제 활동인구 분포를 보여준다. 우리는 이 분포를 통해 20~29세, 30~39세, 40세~49세, 50세~59세, 60세 이상의 연령별 경제활동인구수와 그 분포를 확인할 수 있으며, 이를 전체 경제활동가능 인구수로 나누어 그 확률분포를 얻을 수 있다. 대표적인 확률분포로는 정규분포를 들 수 있다. [그림 11-2]의 경제활동인구 분포와 [그림 11-3]의 표준 정규분포와 비교하면 그 형태가 상당히 유사하다. 정규분포(normal or gaussian distribution)는 확률 이론에서 가장 일반적인 연속 확률 분포로서 분포가 알려지지 않은 자연 또는 사회 현상을 설명하기 위해 종종 사용되며, 통계학적으로 아주 중요한 분포이다. 특히, 정규분포는 다음에서 설명할 중심 극한 정리(central limit theorem)로 인해 다양한 분야에서 수집된 자료의 분포를 근사하는 용도로 폭넓게 사용된다. 정규분포는 전체 관측치의 평균을 중심으로 좌우대칭인 형태를 보이며, 가운데인 평균이 관측될 가능성이 가장 높고 양극단으로 갈수록 관측될 확률이 적어진다. 이와 같이 분포는 관측치 또는 자료의 빈도들의 집합을 의미하고 이 집합을 다양한 도표로 표현하여 그 특성을 확인해 볼 수 있다. 통계학적 분포로는 정규분포 외에도 이항분포, 포하송분포, 기하분포, 지수분포, 감마분포, 베타분포 등 그 수는 헤아릴 수 없이 많이 존재하고 다양한 현상들을 위해 사용된다.

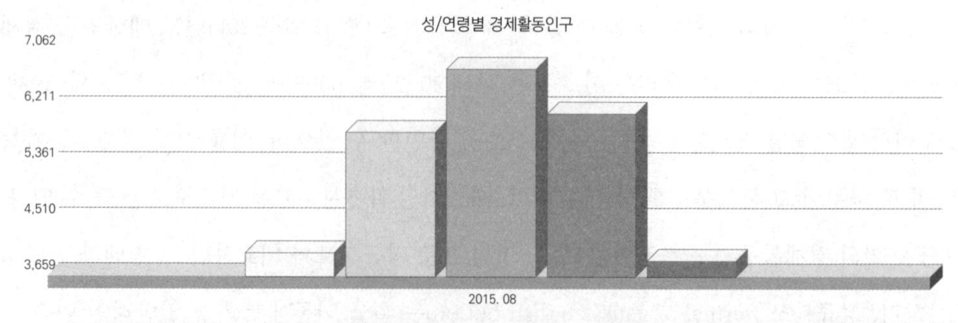

	항목	성별	연령계층별
□	경제활동인구(천 명)	계	20 - 29세
■	경제활동인구(천 명)	계	30 - 39세
■	경제활동인구(천 명)	계	40 - 49세
■	경제활동인구(천 명)	계	50 - 59세
■	경제활동인구(천 명)	계	60세 이상

성별	연령계층별	2015. 08
		경제활동인구(천 명)
계	20 - 29세	4,034
	30 - 39세	5,852
	40 - 49세	6,819
	50 - 59세	6,156
	60세 이상	3,902

그림 11-2 2015년도 대한민국 경제활동인구 분포(자료: 통계청)

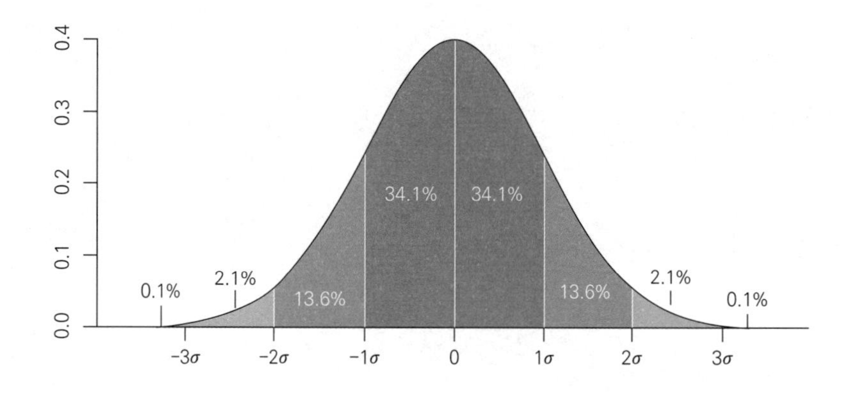

그림 11-3 표준정규분포

표본분포(sampling distribution)란, 모집단으로부터 같은 크기의 표본을 반복적으로 추출하여 얻게 되는 통계량이 갖는 분포를 의미한다. 즉, 모집단으로부터 첫 번째 표본을 추출하여 얻게 되는 통계량, 두 번째 표본을 추출하여 얻게 되는 통계량, 이를 반복하여 n번째 얻게 되는 통계량을 포함한 n개의 통계량으로 구성된 집합을 표본분포라 한다. 예를 들어, 대한민국 남성의 평균 키를 조사하고자 할 경우, 모수(parameter)인 대한민국 전체 남성들의 실제 평균 키를 조사하기 위해 대표성을 고려하여 추출한 200명의 남성 표본으로부터 얻게 된 평균키(통계량)를 얻을 수 있다. 표본분포를 얻기 위해서는 또 다른 200명의 남성 표본을 추출하여 이 표본으로부터 다시 평균 키(통계량)를 얻고, 이를 약 30번 이상 반복할 경우, 30개 이상의 표본들의 평균 키를 얻을 수 있다. 이 30개 이상의 표본들의 평균 키(통계량)의 집합이 바로 표본분포가 된다. [그림 11-4]의 표본분포는 표본의 크기가 41인 표본을 반복적으로 추출하여 얻은 각 표본들의 SAT 시험 성적 평균들의 분포를 보여주고 있다. 그 형태가 앞서 설명한 정규분포와 상당히 유사하다. SAT 시험 성적의 표본분포가 정규분포와 유사해지는 이유는 다음의 중심 극한 정리로 설명할 수 있다.

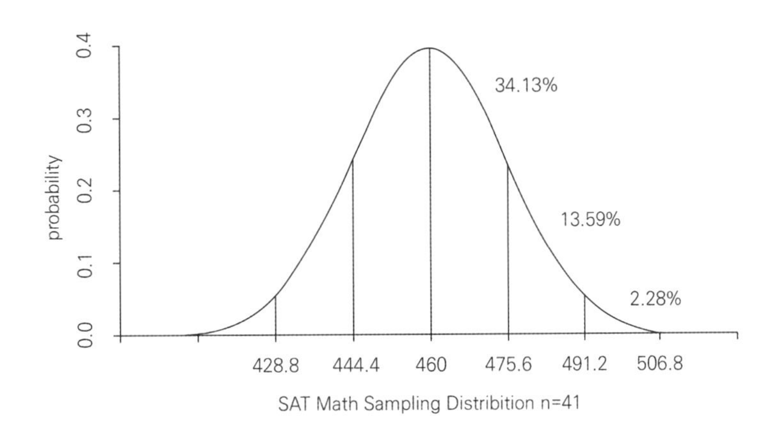

그림 11-4 **표본분포 예(미국 SAT 시험 성적)**

통계학적 분포로는 이항분포, 포하송분포, 기하분포, 정규분포, 지수분포, 감마분포, 베타분포 등이 있다. 앞서 설명한 바와 같이 일반적으로 분포란 하나의 사건을 복수로 관측하였을 때 각 관측치들의 빈도(확률)로 이해할 수 있다. 이러한 분포 중 일반적으로 정규분포가 대중에게 가장 많이 알려져 있고 학문적으로도 가장 중요한 분포이다. 이는 세상의 많은 일들이 정규분포를 따르고 있다는 믿음(사실은 오해)에서 시작되었다. 이러한 믿음의 기초에 중심 극한 정리(central limit theorem)가 있다. 하지만, 이러한 믿음에는 다소 왜곡된 면도 존재한다. 다음을 통해 중심 극한 정리를 이해하고, 왜곡된 믿음의 양상도 살펴볼 수 있을 것이다.

1) 중심 극한 정리

모집단으로부터 무작위로 추출된 확률변수(X)의 표본평균($\overline{X}$)의 분포는 표본의 크기가 충분히 큰 경우 근사적으로 모집단의 평균(μ)과 분산(σ)에 의한 정규분포를 따르게 된다.

$$\frac{\bar{X}-\mu}{\sigma/\sqrt{n}} \rightarrow N(0,1) \quad \text{as } n \rightarrow \infty$$

표본 조사를 바탕으로 모집단의 특성(예: 평균)을 추정하는 통계적 검정의 방법론적 기반으로 중심 극한 정리는 매주 중요한 역할을 한다. 특히, 중요한 점은 모집단 변수의 분포형태에 대한 제한이 없다는 것이다. 정규분포가 아닌 어떠한 종류의 분포를 가지는 모집단의 변수라 할지라도, 그 표본분포는 정규분포를 따르게 된다는 것이다. 예를 들어, 대한민국의 소득평균을 추정하고자 조사를 할 경우, 일반적으로 소득 분포는 정규분포와는 상당한 차이를 가지게 된다. 따라서, 표본 조사의 평균으로 대한민국의 소득 평균을 추정할 때 대한민국의 소득분포를 정규분포라 가정하여 표본 조사의 평균으로 이를 추정하는 것은 적절치 않다. 그러나, 중심 극한 정리를 활용하여 표본 조사의 평균과 정규분포를 활용하여 대한민국의 소득 평균을 추정할 수 있다. 중심 극한 정리에 의하면, 표본 크기가 1000명인 표본을 무작위로 100회 추출하여 100개의 표본의 평균들의 히스토그램을 그리면 정규분포에 가까운 형태가 되어 표본평균 들의 분포가 정규분포를 따르게 된다. 즉, 모집단의 분포가 정규분포를 따르는 것이 아니라, 그 표본들의 표본 평균들의 분포가 정규분포를 따르게 된다. [그림 11-5]는 모집단이 균일분포(위)인 경우와 표준가우스분포(표준정규분포, 아래)일 경우 추출된 표본의 평균의 분포를 모의 실험(simulation)한 결과를 보여준다. 모집단의 분포가 균일 분포일 경우 모집단으로부터 30개, 100개, 250개의 표본을 500번 추출하여 얻게된 평균의 표본분포는 전반적으로 정규분포의 형태를 따르고, 표본의 크기가 커질 수록(N=30 → N=100 → N=250) 정규분포에 더욱 가까워 짐을 확인할 수 있다. 이러한 현상은 모집단이 표준가우스분포일 경우에도 동일하며,

카이제곱 테스트 결과 이들간에 유의한 차이가 없음을 알 수 있다. 따라서, [그림 11-5]는 모집단의 분포에 상관없이 표본크기가 상당히 클 경우 표본분포는 정규분포를 따르게 된다는 중심 극한 정리와 일치된 결과를 보여준다.

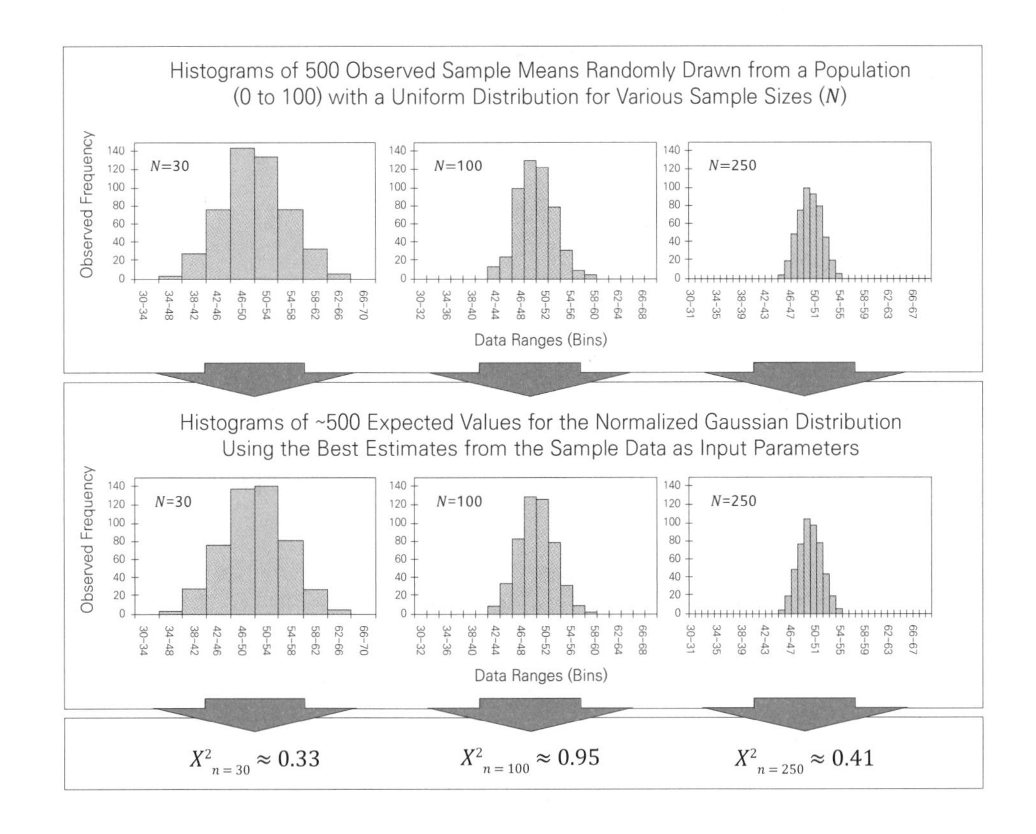

그림 11-5 중심 극한 정리를 위한 모의 실험

확률 이론에서, 중심 극한 정리는 가설의 통계적 검정에 중요한 이론적 토대를 제공한다. 일반적으로 조사에서는 동일한 목적을 위해 하나의 조사 주체가 여러 개의 표본을 조사하는 경우는 드물다. 대부분 하나의 표본을 바탕으로 모집단의 평균을 추정한다. 이러한 상황을 고려하면 중심 극한 정리의 중요성을 쉽게 이해하기 힘들다. 그러나, 하나의 표본에 대한 평균(표본 평균)이라고 해도 이 표본 평균이 정규분포에 따른 확률 변수의 관측값이라는 사실이 통계적 추론을 위해 중요한 역할을 한다. 즉, 현재 조사된 표본의 평균 값은 여러 개의 표본들의 평균에 의해 구성될 분포(또는 이상적으로 표본 평균들의 분포)로부터 실현된 값이라는 것이다.

따라서, 이를 역으로 활용하여 표본 평균 또는 기타의 표본 통계량에 대해서 정규분포를 가정한 가설에 대해 통계적 검정을 하거나 신뢰구간을 추정할 수 있다. 가설의 통계적 검정에 대한 자세한 설명과 중심 극한 정리의 적용은 다음 절에서 자세히 설명하도록 하겠다.

3. R 통계 분석 실습 - 중심 극한 정리 모의 실험

R을 활용하여 실제로 중심 극한 정리대로 임의의 분포로 부터 표본을 추출하여 표본 평균의 분포가 정규분포가 되는지를 모의실험을 통해 확인해 보자.

모의 실험의 과정은 다음과 같다.

1) 모집단 분포가 될 임의의 분포를 정한다.

2) 모집단 분포로 부터 표본 크기 만큼 표본을 임의(random)로 추출한다.

3) 추출된 표본의 평균을 구하고 이를 모집단의 평균과 분산으로 표준화한다.

$$\text{표준화: } \frac{\bar{X}-\mu}{\sigma/\sqrt{n}}$$

4) 2와 3의 과정을 충분히 많이 많이 하면서 표본 평균의 표준화 값을 저장한다.

5) 저장된 표본 평균의 표준화 값으로 히스토그램을 그려 정규분포를 이루는지 확인한다.

다음은 지수분포(exponential distribution)를 모집단의 분포로 하는 중심 극한 정리 모의 실험을 위한 R코드이다. 이때, 표본 크기는 30개, 10000회의 표본을 추출하였다. 지수분포의 평균과 분산은 지수분포의 모수가 일 때이다. [그림 11-6]은 모수에 따른 지수분포의 형태를 보여준다.

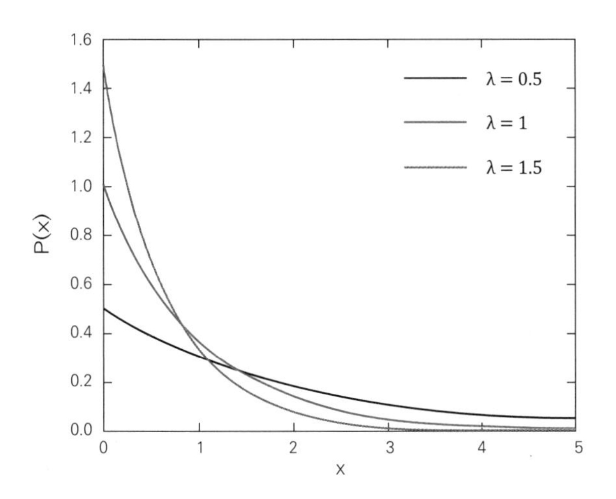

그림 11-6 **지수분포**

```
n=30 # sample size
lamda=1 # Parameter for distribution
smean =numeric(0)
for (i in 1:10000) { # number of sampling
S = rexp(n, lamda)  # Draw n random numbers from exponential distribution with
  parameter lamda
smean[i]=(mean(S)- (1/lamda))/sqrt(1/lamda)/sqrt(n) # Normalization of Sample
 Mean
}
hist(smean, prob=T) # Graph 10000 sample means
hist(S, prob=T)
```

모의 실험 결과는 다음과 같다. 먼저, [그림 11-7]은 10000번 추출된 표본 중 하나의 표본의 분포를 예시로 보여준다. 그래프에서 볼 수 있듯이, 표본의 분포는 앞서 [그림 11-6]에서 확인한 모집단의 분포인 지수분포의 형태를 따른다. 그러나, 표본 평균의 분포는 모집단의 분포인 지수분포와 별개로 중심 극한 정리대로 대칭의 정규분포 형태가 됨을 알 수 있다.

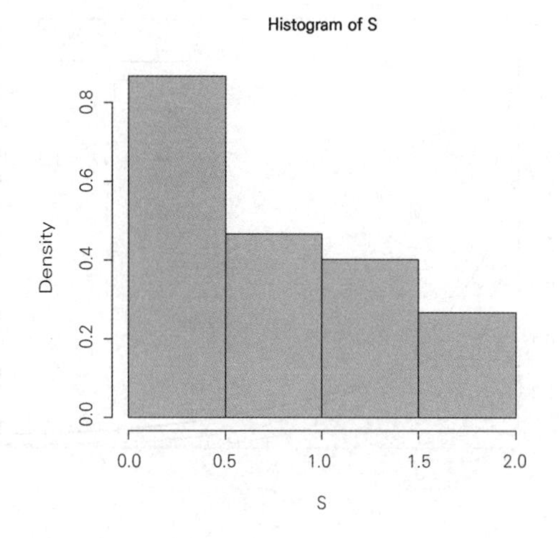

그림 11-7 표본의 분포 – 모집단 분포는 지수분포

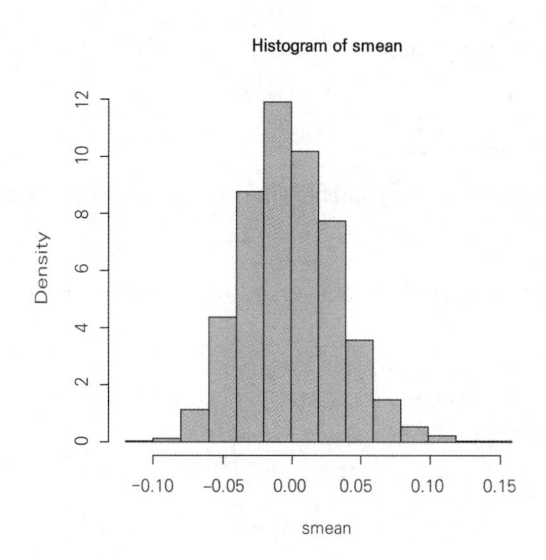

그림 11-8 표본 평균의 분포

다른 분포, 예를 들어 이산(binomial) 분포나 포아송(poisson) 분포를 모집단의 분포로 했을 때도 유사한 결과가 나타남을 확인해 보자.

• 제 2 절 가설 검정의 절차 •

1. 가설의 의미와 통계적 검정

가설의 검정은 흔히 가설이라고 알려진 이론적 가정과 함께 출발한다. 가설이란 기존의 과학적 이론으로 설명할 수 없는 현상이나 사건에 대해 이론 근거가 뒷받침되며 논리적 체계를 갖춘 과학적 방법으로 검증 가능한 설명을 의미한다. 조사 과정에서 조사자는 앞서 설명한 연구 문제에 대한 대안적 답안 또는 가능한 답안으로 가설을 설정하고, 이 가설이 옳은지 여부를 판단하기 위해 조사를 진행한다. 많은 조사에서 가설 설정 대신에 연구 문제 설정을 통해 조사가 수행된다. 하지만, 이러한 연구 문제는 가설과 본질적으로 다르다. 가설은 본질적으로 대안적 답안 또는 예측된 결과를 제시하기 때문에, 조사의 목적과 방향을 명확히 결정하는 데에 많은 도움이 된다. 따라서, 좋은 조사자는 연구 문제로부터 어떻게 적절한 가설을 설정하는지를 이해해야 한다. 연구 문제로부터 적절한 가설을 도출하기 위해서는 연구 문제와 가설의 차이에 대한 이해가 선행되어야 한다. 예를 들어 "간접 광고가 프로그램 시청에 영향을 주는가?"라는 연구 문제에 대해 다음과 같은 몇 가지 대안적 답안들로서 가설을 설정할 수 있다.

가설 1: "간접 광고의 노출 횟수는 프로그램 선호도에 영향을 준다."
가설 2: "간접 광고가 현저한 정도는 프로그램 시청 태도에 영향을 준다."

예로 든 가설에서 알 수 있듯이 일반적으로 가설은 두 개 이상의 변수들을 포함하고 이들 간의 관계를 규정하는 형태이다. 가설 1의 경우 노출 횟수와 선호도 두 개의 변수가 있고, 가설 2의 경우 현저한 정도와 시청 태도라는 두 개의 변수가 있다. 앞서 제시된 연구 문제와 가설을 통해 이 둘의 차이를 파악할 수 있다. 먼저, 연구 문제에서는 두 개의 변수 또는 개념(간접 광고와 프로그램 시청) 간의 관계에 대한 문제를 제기하였고, 가설은 이 문제 제기에 대한 가능한 답안을 제시하고 있다. 또한, 연구 문제는 실증적 조사를 통해 제시한 문제가 해결 가능하지만, 가설만큼 구체적인 방향이나 결과를 예상하지는 않는다. 즉, 연구 문제는 가설에 비해 좀 더 추상적이고 넓은 개념들을 활용하여 서술되고, 이러한 연구 문제의 답안이 될 수 있는 다양한 가설들을 설정하게 된다. 마지막으로, 연구 문제는 본질적으로 참 또는 거짓으로 판정될 수 없지만, 가설은 조사 결과에 따라 옳다고 판정(채택)되기도 하고 옳지 않다고 판정(기각)되기도 한다. 특히, 가설을 기반으로 하는 조사의 최종 과정은 가설의 채택 또는 기각하는 과정이 된다.

가설이 조사자가 예측한 이론적 논리적 설명이지만, 모두 좋은 가설이 되는 것은 아니다. 좋은 가설이 되기 위해서는 몇 가지 갖추어야 할 조건이 있다. 첫째, 좋은 가설은 반드시 질문 형태의 의문문이 아닌 예측 결과를 서술하는 설명문 형태여야 한다. 즉, "수영 선수가 육상 선수 보다 힘이 더 좋은가?"의 형태가 아닌, "수영 선수가 육상 선수보다 힘이 더 좋다." 형태여야 한다. 둘째, 변수들 간의 기대되는 관계에 대해 서술하고, 이 관계를 명확히 표현하여야 한다. 즉, 앞서 가설 2의 경우 "간접 광고가 현저한 정도는 프로그램 시청 태도에 부정적 영향을 준다."라고 변경할 경우 기대되는 관계를 좀 더 명확하게 표현한 가설이 된다. 셋째, 가설은 그 가설의 이론적 논리적 근거가 되는 이전의 이론들을 반영한다. 따라서 좋은 가설은 존재하는 이전의 이론들과 중요한 연결을 가지고 있다. 예를 들어 앞서의 예를 든 가설의 경우 간접 광고가 현저할수록 시청자들의 집중력을 낮추거나 심리적 거부감을 높일 수 있다는 이전 이론 또는 문헌들이 존재하는 경우 좋은 가설로 평가될 수 있다. 넷째, 좋은 가설은 간명하여야 한다. 즉, 변수들 간의 관계를 직접적이고 명시적으로 표현하여야 한다. 따라서, 많은 변수들 간의 다양한 관계를 동시에 표현한 가설은 지양되어야 한다. 예를 들어, "간접 광고의 현저한 정도는 프로그램 선호도와 신청 태도에는 부정적 영향을 주고, 브랜드 선호도에는 긍정적 영향을 줄 것이다."라는 가설은 4개 변수 간의 3가지 관계를 동시에 표현함으로써 가설의 간명성(parsimony)를 낮추고 있다. 다섯째로, 가장 중요한 좋은 가설의 요건은 검증 가능성(testability)이다. 즉, 가설의 변수들을 실제로 측정 또는 관찰 가능하여야 하고 이 변수들 간의 관계를 과학적 방법으로 조사할 수 있어야 한다. 가설 1의 경우 간접 광고의 노출 횟수는 직접적으로 간접 광고의 노출 횟수를 확인할 수 있고, 프로그램 선호도 역시 직접 조사 가능하기 때문에 이 가설은 검증 가능하다. 마지막으로, 좋은 가설은 더 큰 일반적 환경에 잘 적용될 수 있어야 하고 새로운 이론을 제시할 수 있어야 한다. 즉, "화장품의 간접 광고의 노출 횟수는 프로그램 선호도에 영향을 준다."라는 가설보다는 가설 1이 좀 더 일반성이 높은 가설이라고 하겠다. 또한, 좋은 가설은 현재까지 알려져 있는 이론으로 설명하기 어려운 사실이나 미래를 잘 예측하거나 설명할 수 있어야 한다.

가설의 통계적 검정은 가설에 가정된 모집단의 모수와 표본 통계량간의 차이에 대한 통계적 평가를 의미한다. 많은 조사 상황에서 가설에 가정된 모집단의 모수를 검증하기 위해 표본의 통계량과의 가설에 가정된 모집단의 모수를 비교한다. 표본의 통계량과 가설에 가정된 모집단의 모수의 차이가 작을수록 가설에 가정된 모집단의 모수가 맞을 가능성이 높고, 반대로 그 차이가 클수록 틀릴 가능성이 높다. 예를 들어 "대한민국 남자 고등학생의 수학 성적은 여자 고등학생의 수학 성적보다 크다."라는 가설에서 가설에 가정된 모집단의 모수는 남자 고등학생의 수학 성적과 여자고등학생의 수학 성적의 차이 정도가 될 것이다. 이 경우 표본으로부터 남자고등학생과 여자고등학생의 수학성적의 차이가 큰지 작은지를 조사하여 가설을 검정하게 된다. 이때 통계적 검정의 경우 가설에 가정된 모집단의 모수가 맞을 가능성과 틀릴 가능성에 대한 판단은 앞으로 설명할 통계적 기준을 따르게 된다.

통계적 검정을 위해 가설을 설정할 때 귀무 가설 또는 영 가설(null hypothesis)과 대립 가설 또는 연구 가설(alternative hypothesis)이 명시적 또는 암묵적으로 동시에 설정된다. 연구 가설 또는 대립 가설은 일반적으로 조사자나 조사를 통해 입증하고 지지하고자 하는 예상이나 주장으로써 일반적으로 두 개 이상의 변수 간의 특별한 관계를 제시하고 H_a로 표시한다. 반대로, 귀무 가설은 연구 가설과는 정반대의 주장으로 조사자가 부정 또는 기각하고자 하는 예상이나 주장으로 일반적으로 두 개 이상의 변수간의 관계가 없다고 가정하고 H_0로 표시한다. 통계적 검정에서 귀무 가설의 필요한 이유는 과학적 연구 방법이 가설의 채택하려는 의도보다 가설을 기각하려는 의도로부터 출발했기 때문이다. 즉, 통계적 검정 방법은 연구 가설 또는 대립 가설을 채택하려는 의도보다는 귀무 가설을 기각하기 위한 시도로 해석하는 것이 합당하다. 따라서, 실제 조사자 또는 연구자는 자신이 주장하는 연구 가설을 지지하고자 하지만 과학적 연구 방법에서는 연구 가설과 반대되는 귀무 가설을 기각함으로써 연구 가설을 채택하는 논리적 구조를 가지고 있다. 예를 들어 가설 1(간접 광고의 노출 횟수는 프로그램 선호도에 영향을 준다)은 조사자의 주장을 직접적으로 제시한 연구 가설로써, "간접 광고의 노출 횟수는 프로그램 선호도에 영향을 주지 않는다."라는 귀무 가설을 암묵적으로 내포하고 있다. 조사자는 가설 1을 채택 또는 기각 여부를 확인하기 위해 자료 수집 및 분석을 통해 귀무 가설의 기각 여부를 통계적으로 판단하고, 만약 귀무 가설이 기각될 경우 연구 가설이 채택되고, 귀무 가설을 기각할 수 없을 경우, 연구 가설이 기각된다고 통계적 결론을 내린다. 따라서, 전문 연구자 또는 조사자는 이러한 귀무 가설의 개념과 논리를 이해할 필요가 있다.

2. 가설의 통계적 검정의 일반적 과정

대부분의 사회과학 조사는 전수 조사(census)를 제외하고 일반적으로 가설 검정을 목적으로 한다. 조사의 목적인 가설 검정을 위해서는 적절히 선정된 표본으로부터의 조사된 결과 또는 통계량과 모집단의 실제값 또는 사실과의 관계를 설명하는 과정이 반드시 필요하다. 이러한 과정을 통상 조사 결과의 일반화(generalization)라고 하며 이 과정 중 다양한 통계 분석 방법을 적용하는 통계적 검정 과정을 거치게 된다.

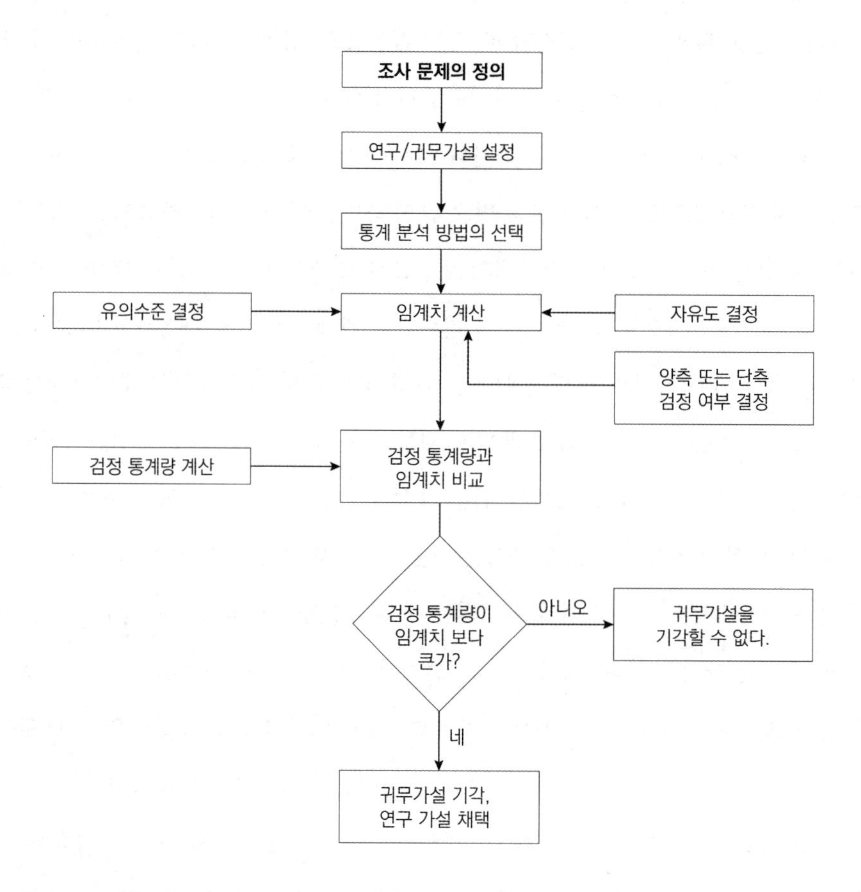

그림 11-9 가설의 통계적 검정 과정

[그림 11-9]는 가설의 통계적 검정 과정을 설명하고 있다. 그림에서 보는 것처럼 조사 전에 현재 당면한 문제 정의를 하고 이를 바탕으로 조사를 위한 가설을 설정하고, 이 가설을 검정하기 위한 적당한 확률 분포(probability distribution)와 통계 검정 방법(statistical test)을 선택한다. 적당한 통계 검정 방법이 정해진 후 해당 검정 방법의 통계량에 대한 검정 기준이 되는 임계값(critical value)을 유의수준(significance level), 자유도(degrees of freedom), 검정 방법(one-or two-tail test)을 고려하여 정한다. 조사를 통해 수집된 자료를 통해 도출된 검정 통계량(test statistic)과 사전에 정의된 임계값을 비교하여, 검정 통계량이 임계 범위(일반적으로 임계값보다 같거나 큰 경우)안에 들어올 경우, 귀무 가설은 기각된다.

1) 조사 문제의 정의

조사와 마찬가지로 가설의 통계적 검정의 첫 번째 과정은 명확한 문제의 정의이다. 문제를 정의할 때 조사자는 조사의 목적, 적절한 배경 정보, 필요한 정보의 유형, 조사 결과의 활용 형태 등을 고려해야 한다. 적절한 문제를 정의하기 위해 조사자는 사전에 의사 결정권자, 관련 산업 전문가 및 조사 전문가들과 면담은 물론, 이를 바탕으로 표적집단면접과 같은 정성적 조사를 통해 문제를 명확하게 정의할 수도 있다. 특히, 통계적 검정 단계에서 조사 문제의 정의는 이후 명확한 가설 설정의 사전 단계로서 조사 문제의 검정 가능성을 높이는 것이 중요하다.

2) 귀무/연구가설의 설정

야기된 문제 또는 관심 주제에 관한 적절한 가설, 연구가설과 그에 수반되는 귀무 가설을 명확히 설정한다. 앞서 설명한 좋은 가설의 조건을 갖춘 가설을 설정한 후 조사자가 해당 가설을 검증하기 위해 여러가지 다양한 통계 분석 기법 중 가장 적절한 통계 기법을 선택한다. 때로는 여러 개의 적절한 통계 기법을 활용하여 하나의 가설을 검증하기도 한다.

3) 통계 분석 방법의 선택

조사의 목적에 따라 수립된 가설의 종류와 형태에 따라 가설 검정을 위해 적절한 통계 분석 방법 또는 검정 확률 분포(Z 분포-정규분포, t 분포, F 분포, 카이제곱 분포 등)을 선정하여야 한다. 가설의 형태(집단 비교 or 관계 비교), 가설 내 변수 또는 척도의 유형(범주형, 연속형 또는 명목, 서열, 등간 비율척도), 표본의 수, 표본의 분산에 대한 정보 및 독립성 등을 고려하여 통계 분석 방법과 검정 확률 분포가 결정된다. 검정 확률 분포에 따라 가설 채택 또는 기각을 판단하기 위해 중요한 판단 기준 중의 하나가 되는 검정통계량의 계산되는 방법이 결정되게 된다. 따라서, 통계 분석 방법의 선택은 가설 검증 결과에 대한 타당성 판단에 중요한 역할을 하게 된다.

4) 다변량 분석 방법 vs. 다변량 분석 방법

일반적으로 통계 분석 방법은 종속 변수의 수에 따라 단변량 분석 방법(univariate statistical methodology)와 다변량 분석 방법(multivariate statistical methodology)으로 구분된다. 단변량 분석 방법은 종속 변수가 하나인 분석으로서 관련된 하나 이상의 독립 변수들과 하나의 종속 변수 간의 관계를 설명하기 위한 다양한 통계적 방법을 사용할 수 있다. 본서에서는 단변량 분석 방법으로 t 검정, 분산분석, 회귀 분석 등을 다룬다. 다변량 분석 방법은 여러 개의 종속 변수들과 여러 개의 독립 변수들의 관계를 동시에 분석하는 것으로서, 여러 개의 단변량 분석을 종속 변수들의 관계를 고려하여 동시에 수행하는 것을 의미한다. 본서에서는 다변량 분석 방법으로 요인분석을 다루고, 그외 판별분석, 군집분석, 다변량분산분석, 구조방정식모형, 그리고 정준상관계수 등이 대표적인 다변량 분석 방법이다.

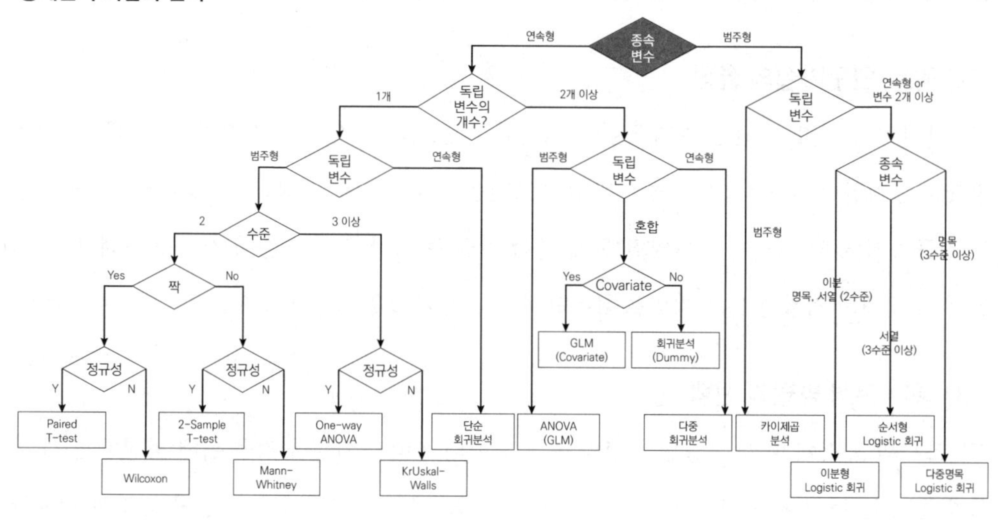

그림 11-10 척도와 통계 분석 방법

[그림 11-10]은 가설을 구성하는 변수의 척도에 따른 검정 통계량의 분류하였다. 먼저 가장 기초적인 형태로서 종속 변수가 등간 및 비율 척도와 같은 연속형인 경우로 독립 변수가 명목이나 서열 척도 같은 범주형인 경우 t-test, ANOVA 등의 통계 분석 방법을 활용할 수 있고, 독립 변수가 연속형인 경우 일반적으로 상관 분석 또는 회귀 분석을 활용할 수 있다. 상대적으로 분석 방법의 난이가 높은 형태로서 종속 변수가 범주 형인 경우 카이제곱 분석과 이산형(binomial) 또는 다중 명목(multinomial) 로짓 등이 활용 가능하다.

5) 검정 기준 결정: 유의수준, 자유도, 양측/단측 검정, 임계치의 선택

가설 검정을 통계 분석 방법과 검정 확률 분포를 선정하였다면 가설의 채택과 기각 여부를 판단할 수 있는 기준을 결정하는 것이 필요하다. 일반적으로 이러한 기준을 임계치(critical value)라고 하고, 귀무가설이 맞다고 가정하였을 때 검정 통계량이 따르는 확률분포에서 표본에서 계산된 검정 통계량으로 나타나야될 최대 한계로써 정의된다. 이 임계값을 결정하기 위해 유의수준(significance level), 자유도(degrees of freedom), 그리고 단측/양측 검정(one-or two-tail test) 여부 등 3가지의 기준을 고려하여야 한다.

유의 수준은 일반적으로 가설 검증 시 귀무가설 참임에도 불구하고 표본 결과가 귀무 가설을 기각하는 판단의 오류 수준(귀무 가설을 잘못 기각할 확률)을 말하며, 제 1 종 오류(type I error)의 확률()을 의미한다. 따라서, 유의 수준은 제 1 종 오류의 허용 확률을 의미한다. 즉, 제 1 종 오류인 참인 귀무 가설을 기각할 위험의 허용 가능한 수준을 설정함으로써, 잘못된 판단의 가능성을 통제하는 것이다. 따라서, 유의 수준에 대한 선택은 제 1 종 오류를 범할 경우에 발생할 유무형의 비용에 따라 결정되게 된다. 일반적으로 사회 과학에서는 5% 유의 수준을 준용한다. 일반적으로 가설이 5% 유의수준에서 가설을 검정한다는 의미는 연구 가설을 채택할 경우 귀무 가설이 참일 확률이 최대 5% 가 된다는 것을 의미하고, 현재 연구 가설이 잘못 채택될 확률이 5% 된다는 것을 의미한다. 따라서, 5% 유의 수준에 따른 가설 검정 결과에 대한 신뢰성을 대변하게 된다. [그림 11-11]은 유의 수준이 5%일때 귀무 가설의 채택 영역과 기각 영역을 보여주고 있다. 결국 유의 수준은 표본분포에서 귀무 가설이 기각 여역 넓이를 의미하게 된다. 즉, 유의 수준을 크게 하면(5%→10%) 귀무 가설이 채택될 확률이 낮아지고, 기각될 확률이 높아지게 되는 것이다. 결국, 가설 검정의 신뢰성인 가설 검정 결과가 잘못된 확률이 커지게 된다.

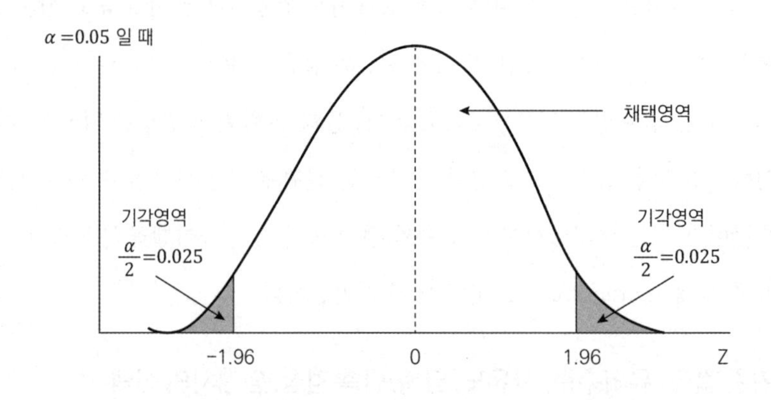

그림 11-11 5% 유의수준에서 귀무가설의 기각영역과 채택 영역의 관계

자유도는 이론상으로는 주어진 조건하에서 자유롭게 변할 수 있는 정도를 의미한다. 하지만, 개념적으로는 활용 가능한 자료의 개수와 추정하고자 하는 모수 간의 관계를 의미한다. 따라서, 자료의 개수 또는 표본의 개수가 적고 추정하고자 하는 모수가 많다면 자유도는 작아지고, 자료의 개수 또는 표본의 개수가 많고 추정하고자 하는 모수가 적다면 자유도는 커지게 된다. 이 자유도는 확률 분포와 유의 수준을 통해 임계치를 추정할 때 분포의 형태를 결정하는 데 중요한 역할을 하게 된다. 일반적으로 각 분포별로 자유도를 계산하는 방법은 결정되어 있어 조사자는 이 방법을 따르면 된다.

6) 양측(two-tailed) 검정 vs. 단측(one-tailed) 검정

양측 검정과 단측 검정은 가설 검정의 방향과 관련이 있다. 원론적으로 연구/대립 가설의 형태가 "같이 않다"의 형태라면 큰 경우와 작은 경우를 모두 조사해 봐야 하기 때문에 양측 검정을 적용하고 "크다" 또는 "작다"의 형태라면 큰 경우 또는 작은 경우만을 조사하면 되기 때문에 단측 검정을 적용한다. 따라서 아래 두 개의 가설 중 가설 1은 양측 검정을 가설 2는 단측 검정을 할 수 있다.

가설 1: "간접 광고의 노출 횟수는 남여에 따라 다를 것이다."

가설 2: "간접 광고의 노출 횟수는 여자가 남자보다 클 것이다."

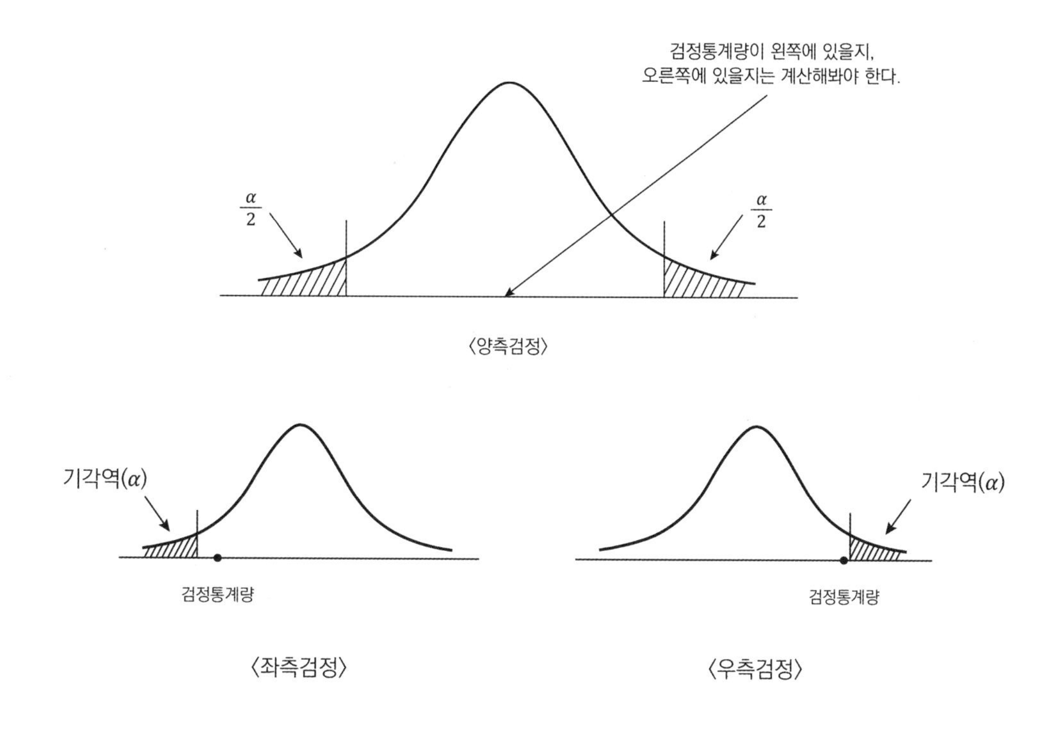

그림 11-12 **양측 검정과 단측(좌/우) 검정**

[그림 11-12]의 상단은 양측 검정을 하단은 단측(좌/우) 검정의 예를 보여주고 있다. 양측 검정과 단측 검정은 기본적으로 같은 형태의 검정이다. 다만, 검정의 유의 수준의 크기가 달라져 검정의 신뢰성 또는 엄격성의 정도에 차이가 있다. 앞서 설명하였듯이 가설의 형태에 따라 단측 검정을 하거나 양측 검정을 하는 차이가 있지만, 동일한 검정 확률 분포를 이용한다는 점에서 검정의 전반적 과정과 형태는 동일하다. 그러나, 동일한 유의 수준에 대한 사실상의 기각역의 넓이가 단측 검정이 양측 검정의 두배가 된다. 즉, 단측 검정이 양측 검정에 비해 귀무 가설을 기각할 확률이 두 배가 된다. 이는 가설 검정의 결과의 신뢰성을 낮출 가능성이 존재하기 때문에, 양측 검정이 단측 검정에 비해 엄격한 가설 검정의 결과를 제시하게 된다. 따라서, 조사 결과의 엄격성을 확보해야 하는 경우 단측 검정보다는 양측 검정을 시행하는 것을 권장한다.

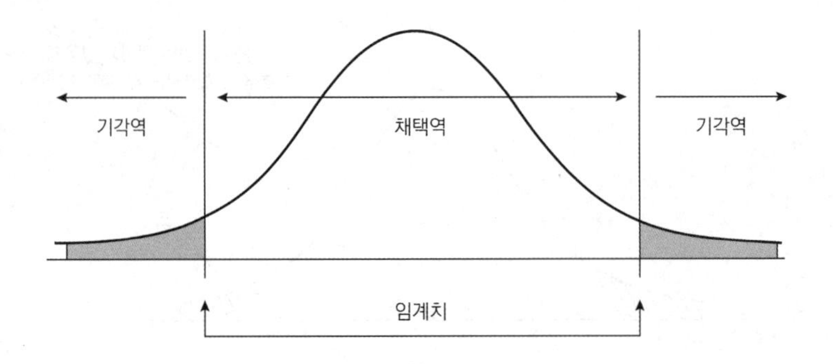

그림 11-13 **임계치와 귀무가설의 채택역과 기각역의 관계**

임계치는 가설 검정에서 기각역과 채택역의 경계가 되는 값으로 유의수준, 자유도, 그리고 양측 또는 단측 검정에 따라 검정 확률 분포의 계산 방식에 따라 결정이 된다. 따라서, 조사자가 유의 수준과 검정의 형태(양측 또는 단측)를 결정하면 자동으로 계산이 된다. [그림 11-13]는 임계치와 귀무가설의 채택역, 기각역의 관계를 보여주고 있다.

7) 검정 통계량의 계산 및 임계치와 비교 그리고 가설의 채택 여부 결정

검정통계량이란 통계적 가설 검정을 위한 표본으로부터의 관측치들의 어떤 특성 또는 통계량을 대표하는 하나의 값이다. 일반적으로 가설의 검정은 표본의 관측치들을 수리적으로 요약할 수 있는 하나의 값으로 변환한 검정통계량을 대상으로 수행된다. 이러한 검정 통계량은 일반적으로 표본의 관측치들을 활용한 계산식으로 정의된다. 예를 들어, 다음 [식]은 집단 1과 집단 2의 모평균이 같다는 귀무 가설을 검정하기 위한 검정통계량이다. 이 식으로 계산된 t값이 검정통계량으로 귀무 가설이 옳다는 가정하에 이 통계량의 표본분포는 t 분포를 따른다. t 검정통계량을 사용하는 분석 방법을 일반적으로 t 검정(t-test)라고 하며, 평균의 크기를 통계적으로 비교할 때 주로 사용한다.

$$t = \frac{(x_1 - x_2) - d_0}{s_p\sqrt{\dfrac{1}{n_1} + \dfrac{1}{n_2}}},$$

$$s_p^2 = \frac{(n_1 - 1)s_1^2 + (n_2 - 1)s_2^2}{n_1 + n_2 - 2},$$

$$df = n_1 + n_2 - 2$$

대부분의 통계 분석 방법은 적절한 확률 분포를 가정하고 이 확률 분포에 따라 검정 통계량을 계산하는 방법이 결정이 된다. 따라서, 조사자는 앞서의 통계 분석 방법의 선택을 통해 사실상 검정 통계량 계산 방법을 결정하게 되며, 대부분의 통계 분석 프로그램은 관련된 검정 통계량 계산을 제공한다.

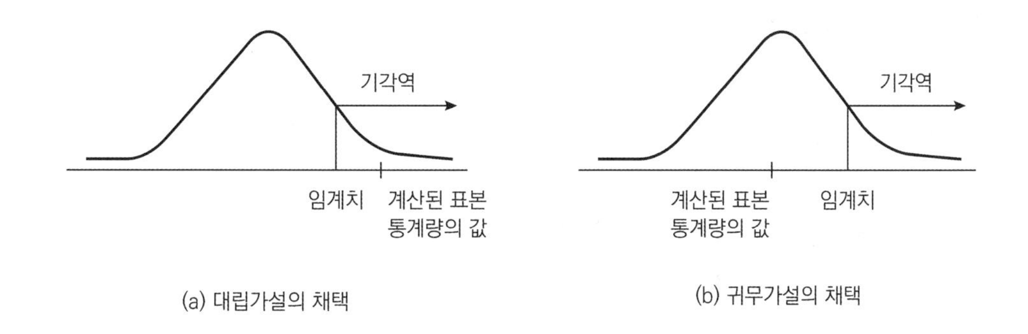

그림 11-14 **대립가설과 귀무가설의 채택 여부의 결정**

검정 통계량이 계산된 후 앞서 계산한 임계치를 바탕으로 귀무 가설을 채택 또는 대립 가설을 채택하게 된다. [그림 11-14]는 가설 채택 여부에 따른 임계치와 검정 통계량의 관계를 보여준다. 임계치보다 검정 통계량이 클 경우 귀무 가설을 기각하고 대립 가설은 채택이 되고, 반대로 임계치보다 검정 통계량이 작을 경우 귀무 가설을 기각할 수 없어 대립 가설을 채택할 수 없게 된다. 최종적으로 조사자는 이러한 가설 검정의 결과를 바탕으로 조사의 목적과 문제에 따라 조사 결과를 해석하고 표현하여야 한다.

3. 가설의 통계적 검정 사례

1) 조사문제의 정의

특정 브랜드의 "브랜드 충성도"가 전 달에 비해 이번 달에 다양한 마케팅 활동을 통해 증가했는지를 확인하고자 한다.

2) 귀무/연구가설의 설정

- 귀무 가설 H0: 이번달의 “브랜드 충성도” = 전달의 “브랜드 충성도” ()
- 대립 가설 H0: 이번달의 “브랜드 충성도” > 전달의 “브랜드 충성도” ()

3) 통계분석 방법의 선택: Z검정(정규분포 가정)

4) 검정 기준의 결정

- 유의 수준 = 0.05, Z값 임계치 = 1.96, t값 임계치(자유도=99)= 1.98
- 양측 검정을 시행한다.

5) 검정통계량의 계산 및 임계치와 비교

평균()=5.5, 표본표준편차()=0.5, z값=10

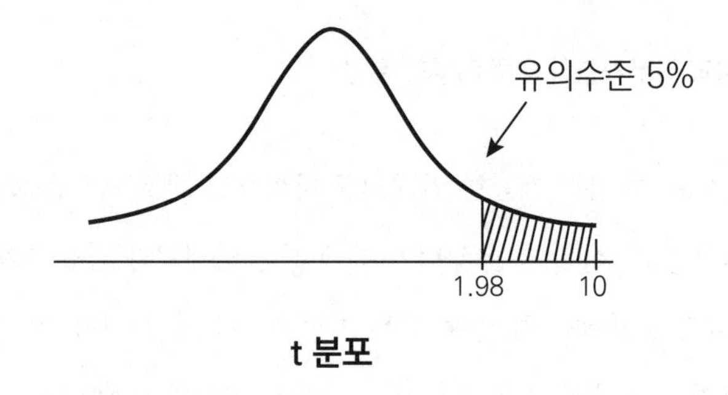

t 분포

6) 가설 채택 여부 결정

Z값 통계량(1)이 임계치(1.98)보다 크며, 검정통계량이 기각 영역에 있어 유의 수준 0.05에서 귀무 가설을 기각하고 대립가설을 채택한다. 따라서, 이달의 “브랜드 충성도”는 증가하였다고 볼 수 있다.

· 제 3 절 통계 분석 실습의 준비 ·

1. EXCEL 활용 준비

본 서는 다음 장부터 EXCEL을 활용하여 통계 분석을 하기 위한 방법을 소개한다. 이에 앞서 통계 분석을 위해 EXCEL을 활용하기 위해 필요한 기본적인 설정 사항에 대해 살펴 보자. 본 서에서 활용하는 EXCEL의 버전은 "Microsoft Office Professional Plus 2019"를 기준으로 한다. 하지만, EXCEL의 버전이 다른 경우에도 통계 분석 방법의 과정의 거의 유사하다.

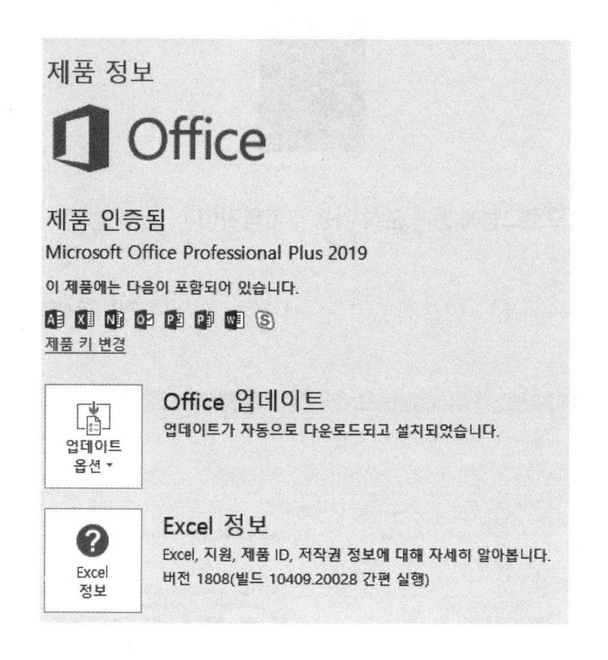

그림 11-15 EXCEL 프로그램 정보

Excel에서 다양한 그래프 및 통계 기능을 사용하기 위해서는 먼저 "분석 도구" 추가 기능을 활성화 시켜야 한다. 이를 위해 주 메뉴에서 "파일" → "옵션"을 선택한다.

그림 11-16 EXCEL 프로그램에 통계 분석 기능 추가하기(1)

"옵션" 창에서 "추가기능" → "분석도구"를 선택한 후 "이동"을 선택한다.

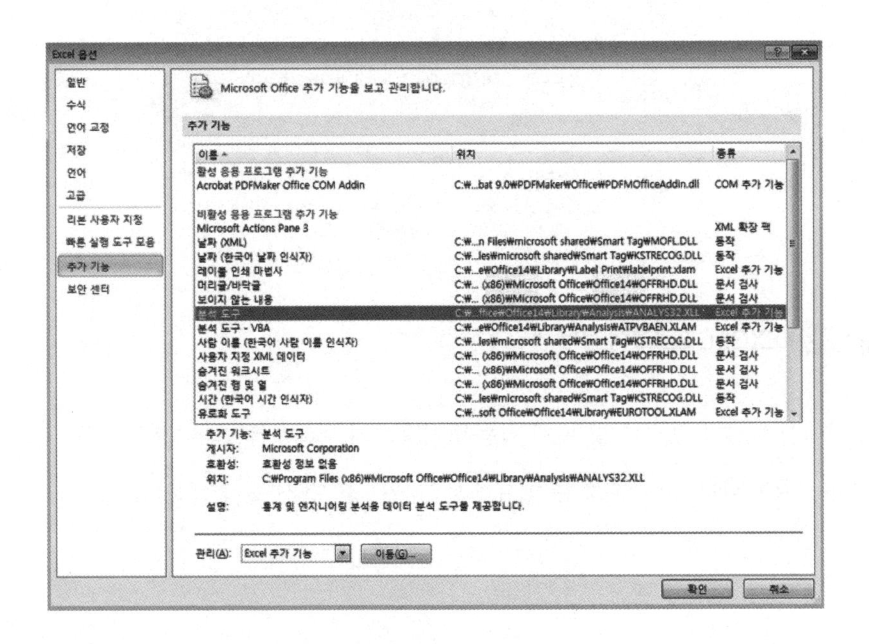

그림 11-17 EXCEL 프로그램에 통계 분석 기능 추가하기(2)

"추가 기능"창에서 "분석도구" → "확인"을 선택하여 "분석도구"를 활성화 시킨다.

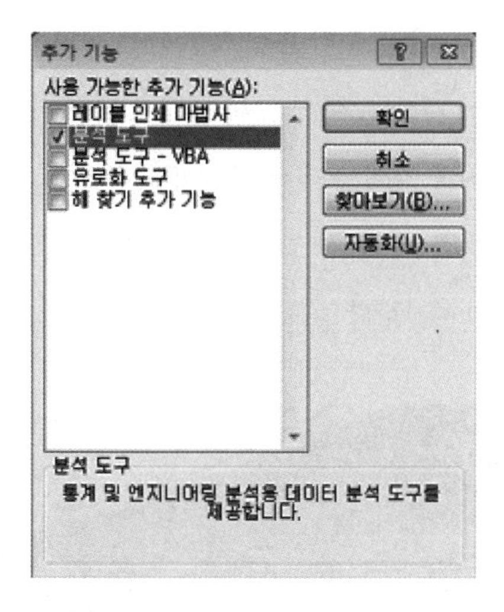

그림 11-18 EXCEL 프로그램에 통계 분석 기능 추가하기(3)

그림 11-19 EXCEL 프로그램에 통계 분석 기능 실행하기(1)

이제 "데이터" 탭에서 "데이터분석" 아이콘을 확인할 수 있으며, 이 아이콘을 선택하여 다양한 분석 방법을 활용할 수 있다. EXCEL에 입력된 자료를 대상으로 다양한 통계 분석의 활용이 가능하다. 다음 장들에서 다양한 통계 분석 방법에 대해 설명하도록 한다.

그림 11-20 EXCEL 프로그램에 통계 분석 기능 실행하기(2)

2. SPSS 활용 준비

EXCEL과 더불어 본 서는 다음 장부터 통계 분석 패키지 프로그램인 SPSS를 활용하여 통계 분석을 하기 위한 방법을 소개한다. 이에 앞서 통계 분석을 위해 SPSS를 활용하기 위해 필요한 기본적인 설정 사항과 사용 방법에 대해 간단히 살펴 보자. 본 서에서 활용하는 SPSS의 버전은 “IBM SPSS Statistics 버전 27”을 기준으로 한다. 하지만, SPSS의 버전이 다른 경우에도 통계 분석 방법의 과정의 거의 유사하다.

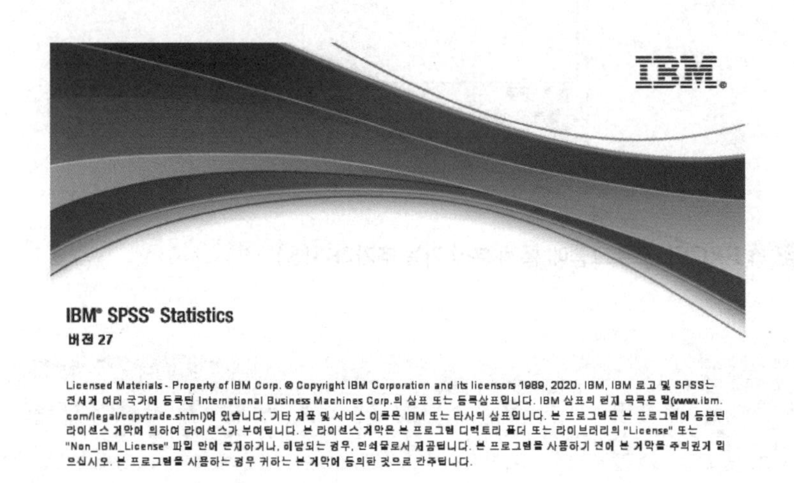

그림11-21 SPSS 프로그램 정보

만약 정식 SPSS 프로그램이 없다면 다음의 SPSS 홈페이지에서 무료 체험판(14일 제한)을 다운로드 받거나 정식으로 월정액 라이센스를 구매하여 사용할 수도 있다.

IBM SPSS 무료체험판 URL

https://www.ibm.com/analytics/kr/ko/technology/spss

다음은 SPSS 무료 체험판 설치 과정이다. 먼저 위의 IBM SPSS 홈페이지 무료체험판 다운로드 URL에 접속하여 아래의 화면에서 “무료 체험판 다운로드”를 선택하여, 회원 가입 및 로그인 등의 과정을 거쳐 무료 체험판 설치 파일을 다운로드 받는다.

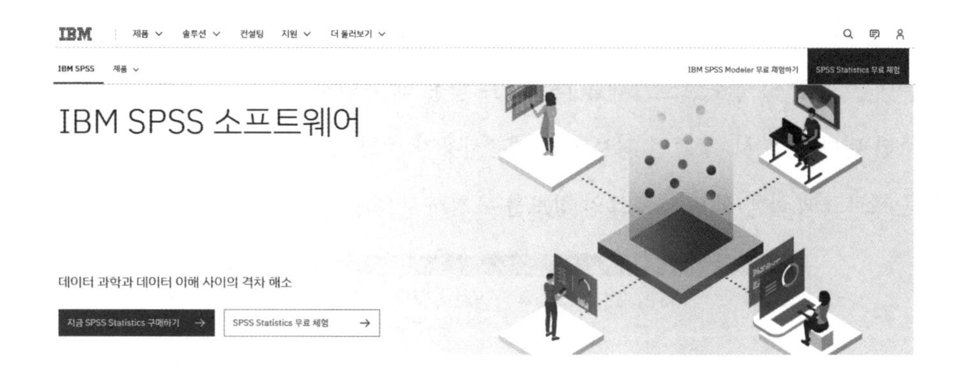

무료 체험판 설치 파일을 다운로드 받은 후 설치 파일을 실행하면 다음과 같은 화면이 나타난다.

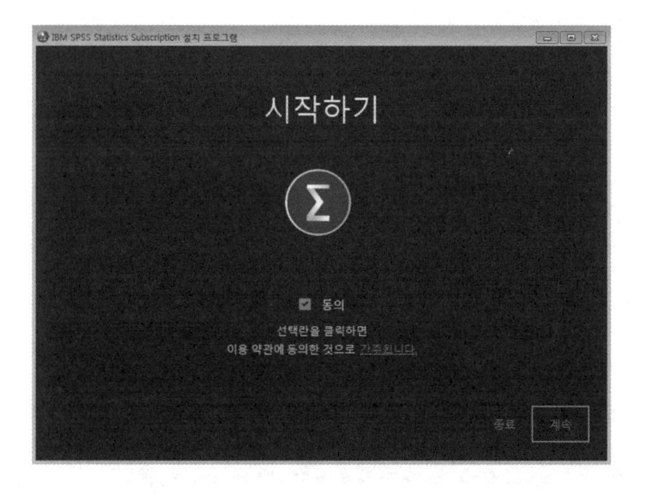

기본 이용약관에 동의하고 "계속"을 선택하면, 설치 폴더를 선택하면 설치가 완료된다.

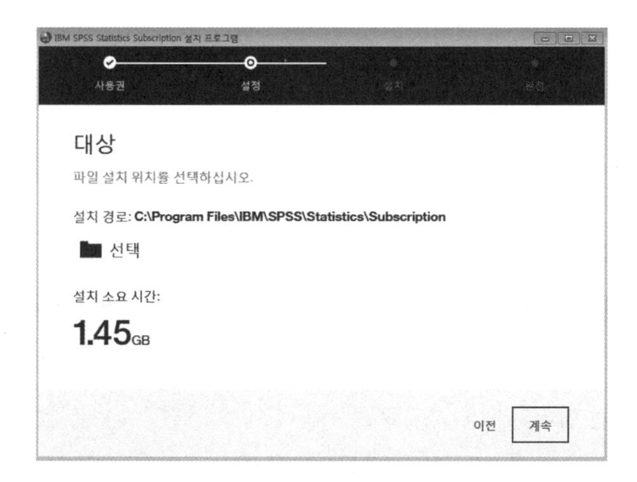

설치가 완료되고 SPSS 프로그램을 처음 실행하면 다음과 같이 로그인 정보 입력을 요청하게 되는데, 이는 SPSS 설치프로그램을 다운로드 받을 때 가입하거나 입력한 로그인 정보를 입력해 주면 된다. 반드시, 로그인 정보 입력 후 "사용자 이름 및 비밀번호 저장" 설정을 선택해야 다음 프로그램 실행 시 다시 로그인 정보를 요청하지 않는다.

로그인
IBM
IBM에 로그인
IBMid가 없으신가요?
계정을 생성하세요.
IBMid
IBMid를 잊으셨나요?
회사 신임 정보로 로그인
(SSO)
비밀번호
비밀번호를 잊으셨나요?
도움이 필요하신가요? IBM 헬프 데스크에 문의하세요.
사용자 이름 및 비밀번호 저장
로그인
문의 개인정보처리방침 이용 약관 접근성

로그인 정보를 입력하고 로그인을 하게 되면 이제 정상적으로 SPSS 프로그램이 다음과 같이 실행된다.

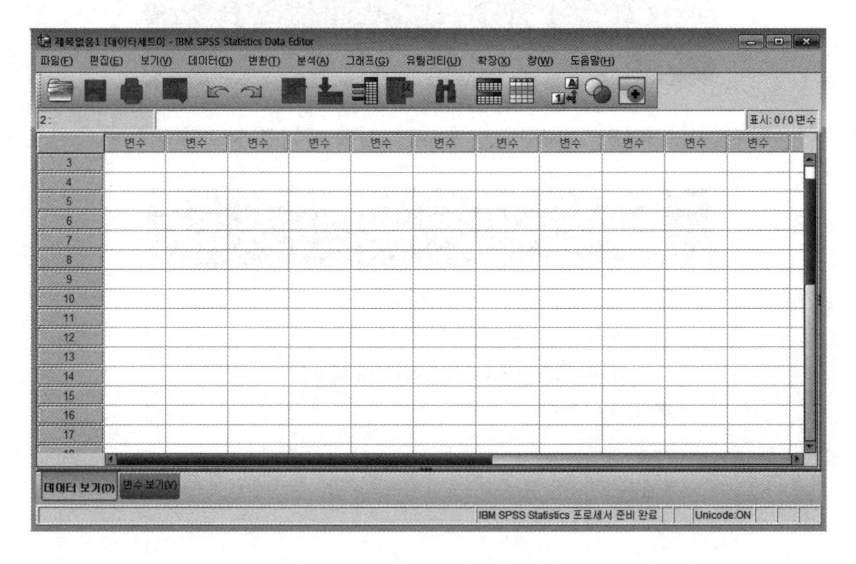

• SPSS에서 자료 입력

SPSS를 실행시키면 아래 그림과 같이 EXCLE의 워크시트와 유사한 형태로 "데이터 보기"

탭의 화면이 나타난다. 이 화면에서 EXCEL과 동일한 방식으로 아래와 같이 직접 조사하고자 하는 자료를 입력할 수 있다. "데이터 보기"탭에서 열은 변수들을 의미하고, 행은 개별 자료들을 의미한다. 따라서, 아래 예는 VAR000001이라는 변수에 3개의 자료 또는 3명의 응답자가 있음을 알 수 있다.

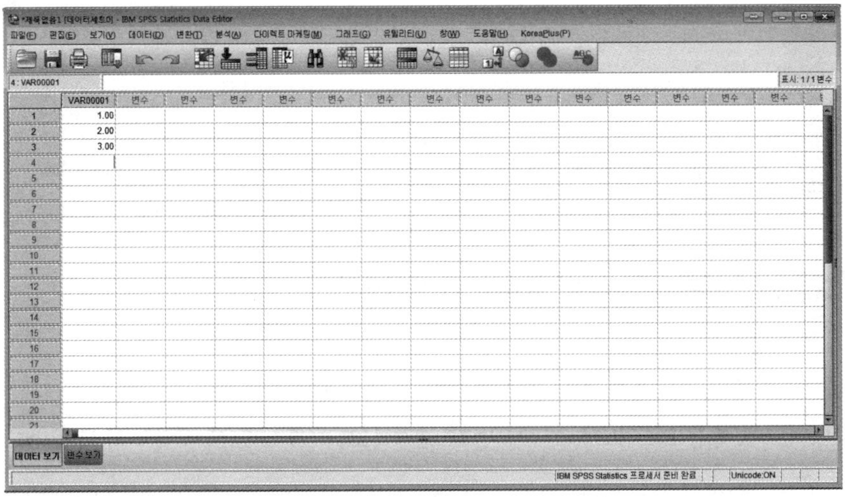

그림 11-22 SPSS의 "데이터 보기" 탭에서 자료 입력 예시 화면

"데이터 보기" 탭 옆에는 "변수 보기" 탭을 선택하면 아래와 같이 화면이 전환되고, 이 자료에 어떤 변수들이 있고 그 변수들은 어떤 형태 또는 특징이 있는지가 정의되어 있다. 화면에서 보는 봐와 같이 변수 이름과 변수 유형 등의 다양한 변수의 특징들이 표시되고 동시에 정의할 수 있다. 예를 들어, VAR000001은 정수 자리 8개와 소수점이하 자리 2개까지 표시되는 숫자 형태의 자료들이다.

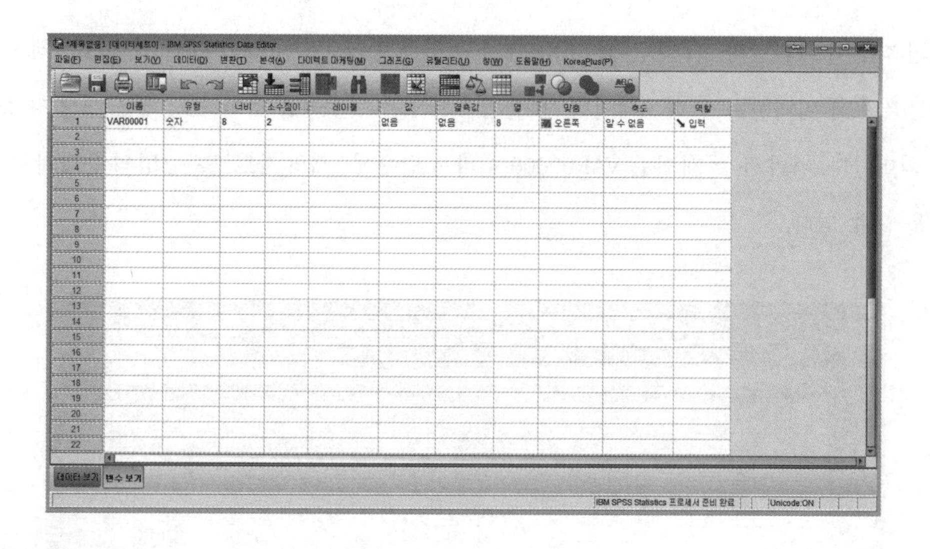

그림 11-23 **SPSS의 "변수 보기" 탭에서 변수 특성 확인**

물론 SPSS 프로그램에 직접 자료를 입력할 수 있지만, 사용자의 편의와 프로그램의 유용성이 상대적으로 좋은 EXCEL에 자료를 먼저 입력하고, 이를 SPSS에서 불러와서 통계 분석 과정을 진행하는 방식이 선호된다. EXCEL에 자료를 입력하는 방식은 앞서의 SPSS "데이터 보기" 탭의 형태와 동일하게 열에는 변수들을 행에는 개별 자료들을 입력하면 된다. SPSS "파일" 메뉴에서 "열기"를 선택한 후 "데이터"를 선택하면 다음과 같은 자료 화일을 불러올 수 있는 창이 나타난다. SPSS는 다양한 자료 화일 형태를 지원한다. 만약, 불러올 자료의 형태가 SPSS이면 바로 원하는 SPSS 자료 화일을 선택하면 된다. 그렇지 않은 경우, "파일 유형"에서 원하는 자료의 화일 형태를 설정한다. EXCEL 자료 화일을 원할 경우 EXCEL을 선택하면 다음 그림 처럼 해당 자료 화일들이 보이고, 이들 자료 화일 중 원하는 자료 화일을 선택한 후 "열기"를 선택하면, 해당 자료 화일을 SPSS로 불러올 수 있다.

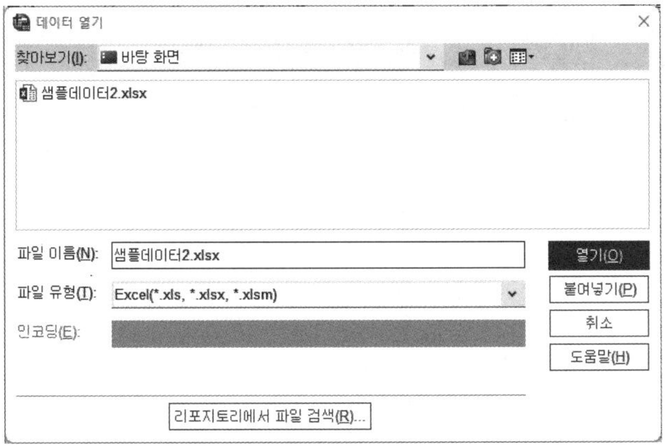

데이터 열기
찾아보기(I): 바탕 화면
샘플데이터2.xlsx
파일 이름(N): 샘플데이터2.xlsx
파일 유형(T): Excel(*.xls, *.xlsx, *.xlsm)
인코딩(E):
열기(O)
붙여넣기(P)
취소
도움말(H)
리포지토리에서 파일 검색(R)...

그림 11-24 SPSS의 "데이터 열기" 창에서 EXCEL 형태의 자료를 불러오기

EXCEL 자료 화일을 선택한 경우, 아래와 같이 불러올 자료가 있는 정확한 EXCEL의 워크시트와 범위(필요 행과 열의 위치)를 결정하기 위한 "Excel 데이터 소스 열기" 창이 나타난다. 여기서, SPSS는 자동으로 필요한 위치를 설정하여 알려준다. 이를 확인하거나 필요 시 워크시티와 범위를 변경하면 된다. 일반적으로 EXCEL의 첫 번째 행은 변수 이름으로 입력하기 때문에 자료의 첫 행을 자료의 변수로 정의하기 위해 "데이터 첫 행에서 변수 이름 읽어오기" 옵션을 선택할 수 있다. 이를 선택할 경우 다음 그림과 같이 SPSS 자료의 변수명이 EXCEL의 첫번째 행에 입력한 것 변수명으로 자동으로 정의된다.

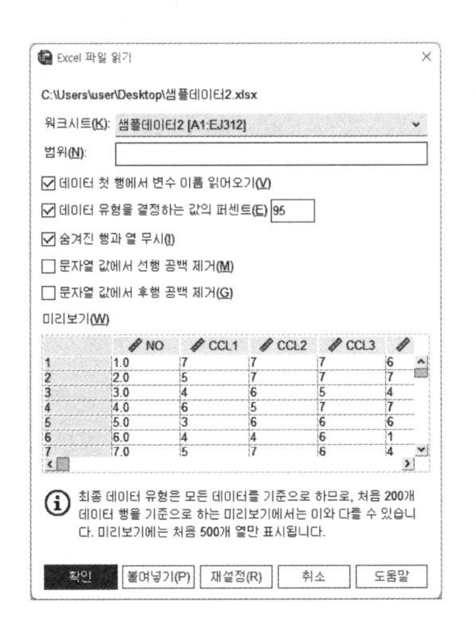

그림 11-25 SPSS의 "Excel 데이터 소스 열기" 창에서 변수명 함께 불러오기

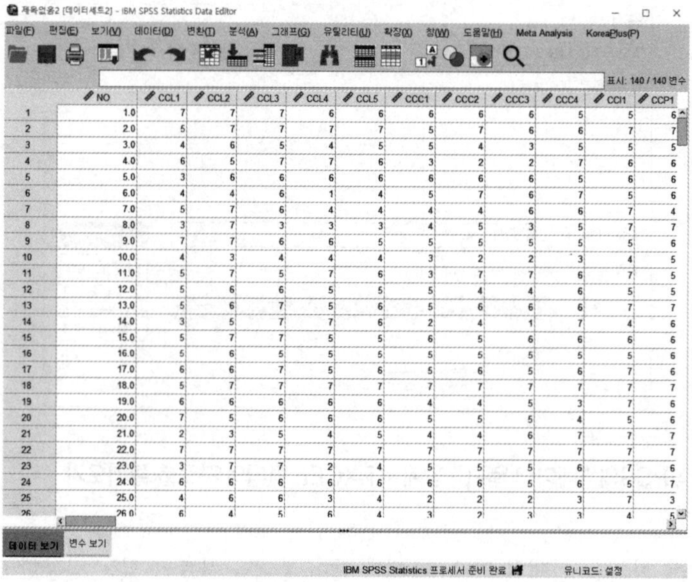

제목없음2 [데이터세트2] - IBM SPSS Statistics Data Editor

파일(F) 편집(E) 보기(V) 데이터(D) 변환(T) 분석(A) 그래프(G) 유틸리티(U) 확장(X) 창(W) 도움말(H) Meta Analysis KoreaPlus(P)

표시: 140 / 140 변수

	NO	CCL1	CCL2	CCL3	CCL4	CCL5	CCC1	CCC2	CCC3	CCC4	CCI1	CCP1
1	1.0	7	7	7	6	6	6	6	6	5	5	6
2	2.0	5	7	7	7	7	5	7	6	6	7	7
3	3.0	4	6	5	4	5	5	4	3	5	5	5
4	4.0	6	5	7	7	6	3	2	2	7	6	6
5	5.0	3	6	6	6	6	6	6	6	5	6	6
6	6.0	4	4	6	1	4	5	7	6	7	5	6
7	7.0	5	7	6	4	4	4	4	6	6	7	4
8	8.0	3	7	3	3	3	4	5	3	5	7	7
9	9.0	7	7	6	6	5	5	5	5	5	5	6
10	10.0	4	3	4	4	4	3	2	2	3	4	5
11	11.0	5	7	5	7	6	3	7	7	6	7	5
12	12.0	5	6	6	5	5	5	4	4	6	5	5
13	13.0	5	6	7	5	6	5	6	6	6	7	7
14	14.0	3	5	7	7	6	2	4	1	7	4	6
15	15.0	5	7	7	5	5	6	5	6	6	6	6
16	16.0	5	6	5	5	5	5	5	5	5	5	6
17	17.0	6	6	7	5	6	5	6	5	6	7	6
18	18.0	5	7	7	7	7	7	7	7	7	7	7
19	19.0	6	6	6	6	6	4	4	5	3	7	6
20	20.0	7	5	6	6	6	5	5	5	4	5	6
21	21.0	2	3	5	4	5	4	4	6	7	7	7
22	22.0	7	7	7	7	7	7	7	7	7	7	7
23	23.0	3	7	7	2	4	5	5	5	6	7	6
24	24.0	6	6	6	6	6	6	6	5	6	5	7
25	25.0	4	6	6	3	4	2	2	2	3	7	3
26	26.0	6	4	5	6	4	3	2	3	3	4	5

데이터 보기 변수 보기

IBM SPSS Statistics 프로세서 준비 완료 유니코드: 설정

그림 11-26 **SPSS로 Excel 자료 파일을 불러온 예시 화면**

SPSS에 자료가 입력된 후 입력된 자료의 변수들을 그 특성에 맞게 설정할 필요가 있다. 단순히 입력된 자료들은 숫자나 문자 이상의 의미를 가지지 않기 때문에 통계 분석에 필요한 변수들의 형태, 예를 들어, 숫자 변수인지 문자 변수인지, 척도의 형태가 범주형인지 연속형인지, 범주형인 경우 각각의 숫자가 갖는 의미는 무엇인지 등의 해당 변수에 대한 구체적 정의가 필요하다. 자료가 입력된 SPSS 화일에서 "변수 보기" 탭을 설정한 후 "측도"항목에서 변수의 측정 방식에 따라 등간 척도와 비율 척도인 경우 "척도"를 선택하고, 서열 척도인 경우 "순서형", 명목 척도인 경우 "명목형"을 선택한다.

제목없음2 [데이터세트2] - IBM SPSS Statistics Data Editor

파일(F) 편집(E) 보기(V) 데이터(D) 변환(T) 분석(A) 그래프(G) 유틸리티(U) 확장(X) 창(W) 도움말(H) Meta Analysis KoreaPlus(P)

	이름	유형	너비	소수점이...	레이블	값	결측값	열	맞춤	측도	역
1	NO	숫자	12	1	아이디	지정않음	지정않음	12	오른쪽	척도	입력
2	CCL1	숫자	12	0	리더십1	지정않음	지정않음	7	오른쪽	척도	입력
3	CCL2	숫자	12	0	리더십2	지정않음	지정않음	7	오른쪽	척도	입력
4	CCL3	숫자	12	0	리더십3	지정않음	지정않음	7	오른쪽	척도	입력
5	CCL4	숫자	12	0	리더십4	지정않음	지정않음	7	오른쪽	척도	입력
6	CCL5	숫자	12	0	리더십5	지정않음	지정않음	7	오른쪽	척도	입력
7	CCC1	숫자	12	0	연관성1	지정않음	지정않음	7	오른쪽	척도	입력
8	CCC2	숫자	12	0	연관성2	지정않음	지정않음	7	오른쪽	척도	입력
9	CCC3	숫자	12	0	연관성3	지정않음	지정않음	7	오른쪽	척도	입력
10	CCC4	숫자	12	0	연관성4	지정않음	지정않음	7	오른쪽	척도	입력
11	CCI1	숫자	12	0	양방향성1	지정않음	지정않음	7	오른쪽	척도	입력
12	CCP1	숫자	12	0	성과1	지정않음	지정않음	6	오른쪽	척도	입력
13	CCP2	숫자	12	0	성과2	지정않음	지정않음	6	오른쪽	척도	입력
14	CCP3	숫자	12	0	성과3	지정않음	지정않음	6	오른쪽	척도	입력
15	CCP4	숫자	12	0	성과4	지정않음	지정않음	6	오른쪽	척도	입력
16	CCH1	숫자	12	0	정직성1	지정않음	지정않음	6	오른쪽	척도	입력
17	CCH2	숫자	12	0	정직성2	지정않음	지정않음	6	오른쪽	척도	입력
18	CCH3	숫자	12	0	정직성3	지정않음	지정않음	6	오른쪽	척도	입력
19	CCS1	숫자	12	0	유사성1	지정않음	지정않음	6	오른쪽	척도	입력
20	CCS2	숫자	12	0	유사성2	지정않음	지정않음	6	오른쪽	척도	입력
21	CCS3	숫자	12	1	유사성3	지정않음	지정않음	6	오른쪽	척도	입력
22	RAC1	숫자	12	0	편안함1	지정않음	지정않음	6	오른쪽	척도	입력
23	RAC2	숫자	12	0	편안함2	지정않음	지정않음	6	오른쪽	척도	입력
24	RAC3	숫자	12	0	편안함3	지정않음	지정않음	6	오른쪽	척도	입력
25	RAC4	숫자	12	0	편안함4	지정않음	지정않음	6	오른쪽	척도	입력
26	RAC5	숫자	12	0	편안함5	지정않음	지정않음	6	오른쪽	척도	입력
27	RAC6	숫자	12	0	편안함6	지정않음	지정않음	6	오른쪽	척도	입력

데이터 보기 변수 보기

IBM SPSS Statistics 프로세서 준비 완료 유니코드: 설정

그림 11-27 SPSS에서 변수 특성 설정 예시 화면(1)

"명목형" 척도의 경우 "값" 항목에서 각 명목 또는 범주에 대한 값을 정의해 준다.

제목없음2 [데이터세트2] - IBM SPSS Statistics Data Editor

파일(F) 편집(E) 보기(V) 데이터(D) 변환(T) 분석(A) 그래프(G) 유틸리티(U) 확장(X) 창(W) 도움말(H) Meta Analysis KoreaPlus(P)

	이름	유형	너비	소수점이...	레이블	값	결측값	열	맞춤	측도	역할
1	NO	숫자	12	1	아이디	지정않음	지정않음	12	오른쪽	척도	입력
2	CCL1	숫자	12	0	리더십1	지정않음	지정않음	7	오른쪽	척도	입력
3	CCL2	숫자	12	0	리더십2	지정않음	지정않음	7	오른쪽	척도	입력
4	CCL3	숫자	12	0	리더십3	지정않음	지정않음	7	오른쪽	척도	입력
5	CCL4	숫자	12	0	리더십4	지정않음	지정않음	7	오른쪽	척도	입력
6	CCL5	숫자	12	0	리더십5	지정않음	지정않음	7	오른쪽	척도	입력
7	CCC1	숫자	12	0	연관성1	지정않음	지정않음	7	오른쪽	척도	입력
8	CCC2	숫자	12	0	연관성2	지정않음	지정않음	7	오른쪽	척도	입력
9	CCC3	숫자	12	0	연관성3	지정않음	지정않음	7	오른쪽	척도	입력
10	CCC4	숫자	12	0	연관성4	지정않음	지정않음	7	오른쪽	척도	입력
11	CCI1	숫자	12	0	양방향성1	지정않음	지정않음	7	오른쪽	척도	입력

그림 11-28 SPSS에서 변수 특성 설정 예시 화면(2)

예를 들어 112번째 행의 "YJP1" 변수는 명목형으로써 응답자의 직급이 "사원" 또는 "대리" 등 인지를 구분해 준다. 이때 숫자 "1"은 "사원"을 의미하고 숫자 "2"는 "대리" 등을 의미하게 자료가 입력되었다. 이를 SPSS에서 손쉽게 확인하고 분석에 정확히 반영하기 위해, 다음과 같이 각각의 "기준값"에 "레이블"을 입력한 후 "추가"를 선택하여, 해당 "기준값"(범주값)의 의미(범주명)을 정의한다. 여러 개의 "기준값" 또는 범주가 있는 경우, 해당 개수만큼 이를 반복하여 추가하면 된다.

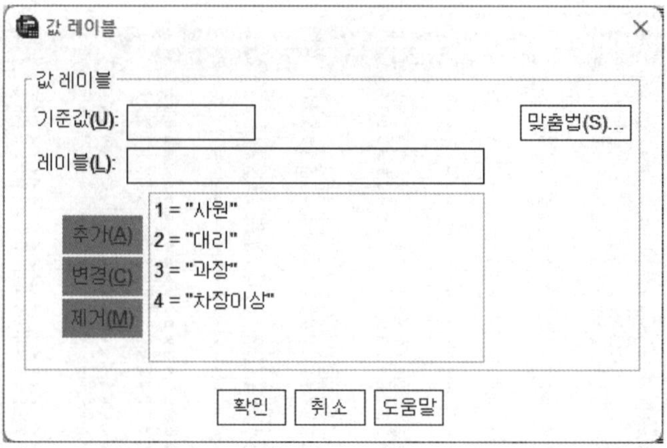

그림 11-29 SPSS에서 변수 특성 설정 예시 화면(3)

통계 분석의 종류와 형태에 따라 입력된 자료를 바탕으로 통계 분석에 적당한 자료로 재가공할 필요가 있을 수 있다. 예를 들어, 연속형 척도 형태인 개인 소득을 고소득 집단과 저소득 집단으로 나눠 통계 분석을 할 경우 개인 소득 변수를 바탕으로 평균 소득 또는 중간 소득 이상은 고소득 집단, 평균 소득 또는 중간 소득 미만은 저소득 집단으로 구분하는 소득 집단 변수가 필요할 수 있다. 이와 이미 존재하는 변수를 활용하여 새로운 형태의 변수를 생성 변경하기 위해 SPSS에서는 "변수 계산" 또는 "코딩 변경"의 기능을 제공한다.

"변환" 메뉴에서 "변수 계산" 기능을 선택하면, 다음과 같은 "변수 계산" 창이 나타난다. 현재 입력된 자료에서 리더십 변수들(리더십1[CCL1], 리더십2[CCL2], 리더십3[CCL3], 리더십4[CCL4], 리더십5[CCL5]) 변수를 종합하여 "리더십"이라는 새로운 변수를 생성하고자 할 경우, 다음과 같이 "목표 변수"에 새로이 생성될 "리더십" 변수를, "숫자표현식" 창에 "리더십"을 위한 변수와 그 계산 방식 "CCL1 + CCL2 + CCL3 + CCL4 + CCL5"를 입력한다. "숫자표현식"을 입력할 때 "변수"는 "왼쪽" 선택창과 이동화살표를 이용하여 변수를 선택할 수 있고, 표현식은 가운데 다양한 표현식을 선택하여 사용할 수 있다. "목표 변수"와 "숫자표현식"을 모두 입력한 후 "확인"을 선택하면 SPSS 입력창에 새로운 변수인 "리더십"이 새롭게 입력되어 있다.

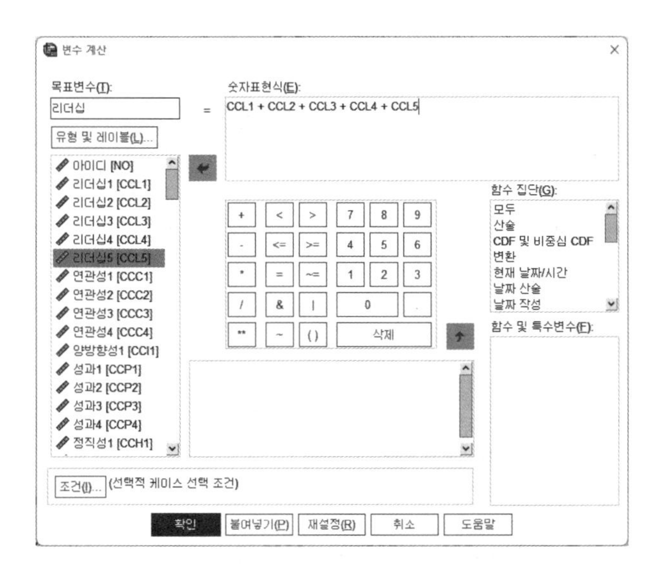

그림 11-30 SPSS에서 변수 계산 예시 화면

*제목없음2 [데이터세트2] - IBM SPSS Statistics Data Editor

	HJC_SUM	HJA_SUM	HED_SUM	HJS_SUM	HOP_SUM	HTI_SUM	리더십	변수
1	5.00	6.50	6.40	5.63	6.30	4.40	33.00	
2	5.75	5.25	5.80	5.00	5.00	4.20	33.00	
3	5.75	6.00	6.20	5.75	5.40	3.00	24.00	
4	6.00	6.75	5.90	5.63	5.80	2.80	31.00	
5	7.00	7.00	5.50	5.50	5.90	4.80	27.00	
6	5.50	6.25	6.10	3.63	5.20	2.00	19.00	
7	5.25	5.50	5.30	4.88	6.20	1.00	26.00	
8	5.00	3.50	4.10	3.13	4.20	4.40	19.00	
9	5.00	6.25	5.60	5.75	6.20	3.60	31.00	
10	3.50	5.25	4.00	4.25	3.40	4.20	19.00	
11	5.00	4.50	4.70	4.75	5.40	4.00	30.00	
12	3.75	3.75	3.30	3.38	2.90	6.00	27.00	
13	4.75	6.00	4.50	6.25	5.10	2.60	29.00	
14	3.00	4.00	2.80	2.88	2.90	4.00	28.00	
15	4.00	4.00	3.90	3.00	5.00	5.20	29.00	
16	6.00	6.00	5.80	5.88	5.00	2.20	26.00	
17	6.00	6.00	5.70	5.50	5.90	5.60	30.00	
18	5.25	5.50	4.50	3.88	5.00	4.00	33.00	
19	5.00	6.00	5.70	5.63	5.80	5.40	30.00	
20	5.50	4.75	4.80	4.00	5.10	3.60	30.00	

그림 11-31 SPSS에서 변수 계산 결과 화면

"변환" 메뉴에서 "다른 변수로 코딩변경" 기능을 선택하면, 다음과 같은 "다른 변수로 코딩변경" 창이 나타난다. 코딩 변경을 원하는 변수를 왼쪽 창에서 선택하여 이동 화살표를 활용하여 "숫자변수 → 출력변수" 창으로 이동시킨다. "출력변수" 입력 영역의 "이름" 입력란에 코딩이 변경된 자료가 입력된 변수명을 입력한다. 예시 화면은 "리더십" 변수를 "리더십2" 변수로 코딩 변경한다.

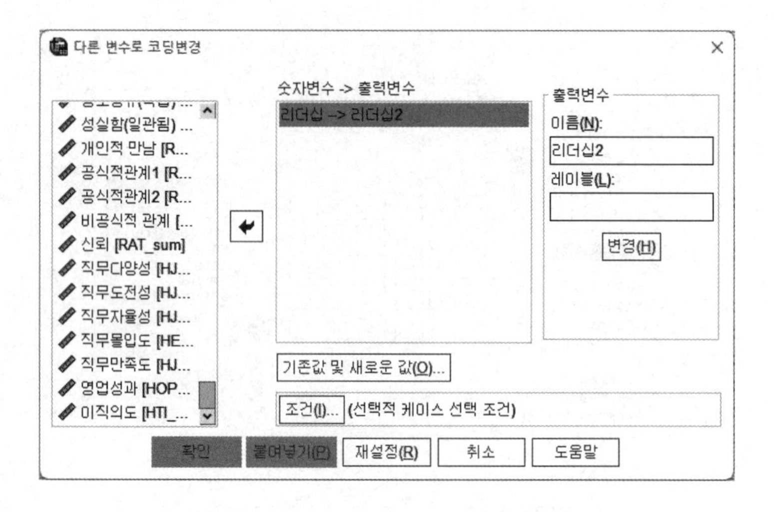

그림 11-32 SPSS에서 다른 변수로 코딩변경 예시 화면(1)

변경될 변수(숫자변수)와 변경된 변수(출력변수)가 설정되었으면, 다음으로 "기존값 및 새로운 값"을 선택하여 "다른 변수로 코딩변경: 기존값 및 새로운 값" 창에서 변경될 변수의 기존값과 변경된 변수의 새로운 값을 각각 매칭하여 입력한다. 다음 예시는 변경될 변수("리더십")의 값 1부터 26까지의 값을 변경된 변수("리더십2")의 새로운 값("기준값") 1로 변경하고, 변경될 변수("리더십")의 값 27 부터 나머지 값을 변경된 변수("리더십2")의 새로운 값("기준값") 2로 변경한다.

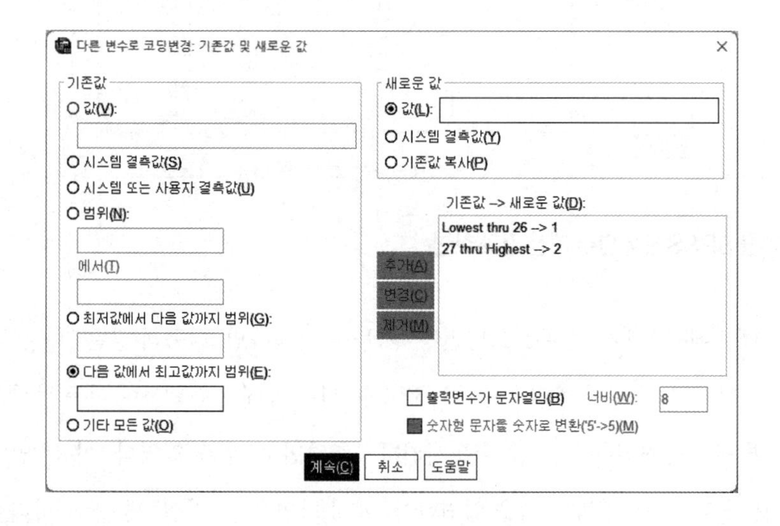

그림 11-33 SPSS에서 다른 변수로 코딩변경 예시 화면(2)

"다른 변수로 코딩변경"의 결과는 다음과 같다.

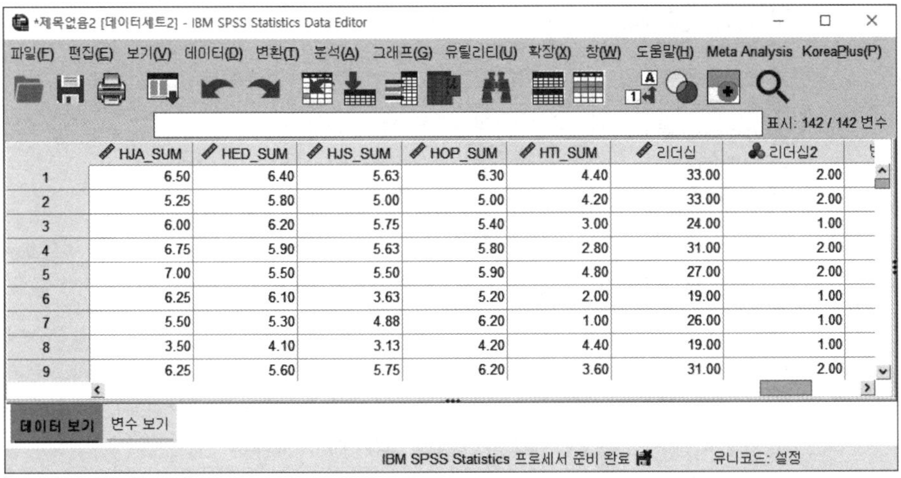

*제목없음2 [데이터세트2] - IBM SPSS Statistics Data Editor

파일(F) 편집(E) 보기(V) 데이터(D) 변환(T) 분석(A) 그래프(G) 유틸리티(U) 확장(X) 창(W) 도움말(H) Meta Analysis KoreaPlus(P)

표시: 142 / 142 변수

	HJA_SUM	HED_SUM	HJS_SUM	HOP_SUM	HTI_SUM	리더십	리더십2
1	6.50	6.40	5.63	6.30	4.40	33.00	2.00
2	5.25	5.80	5.00	5.00	4.20	33.00	2.00
3	6.00	6.20	5.75	5.40	3.00	24.00	1.00
4	6.75	5.90	5.63	5.80	2.80	31.00	2.00
5	7.00	5.50	5.50	5.90	4.80	27.00	2.00
6	6.25	6.10	3.63	5.20	2.00	19.00	1.00
7	5.50	5.30	4.88	6.20	1.00	26.00	1.00
8	3.50	4.10	3.13	4.20	4.40	19.00	1.00
9	6.25	5.60	5.75	6.20	3.60	31.00	2.00

데이터 보기 변수 보기

IBM SPSS Statistics 프로세서 준비 완료 유니코드: 설정

그림 11-34 SPSS에서 다른 변수로 코딩변경 결과 화면

변수의 변경 및 재생성과 더불어 SPSS는 통계 분석에 포함될 자료를 선택적으로 결정할 수 있다. SPSS는 자료를 "케이스"라고 정의하며 일반적으로 설문 조사에서 응답자를 의미한다. 따라서, 통계 분석에 포함된 응답자를 선별적으로 선택할 수 있는 기능을 SPSS는 제공한다.

"데이터" 메뉴에서 "케이스 선택"을 선택하면 다음과 같은 "케이스 선택" 창이 나타난다. 이 창에서 선택의 기준을 제시할 변수를 선택한다. 예를 들어 "직급"이 "사원"인 케이스만을 선택하여 통계 분석을 하고자 할 경우, 먼저 선택 기준 변수로서 왼쪽 창에서 "직급(YJP1)"변수를 선택한 후, 적당한 조건을 입력하기 위해 "조건" 버튼을 선택한다.

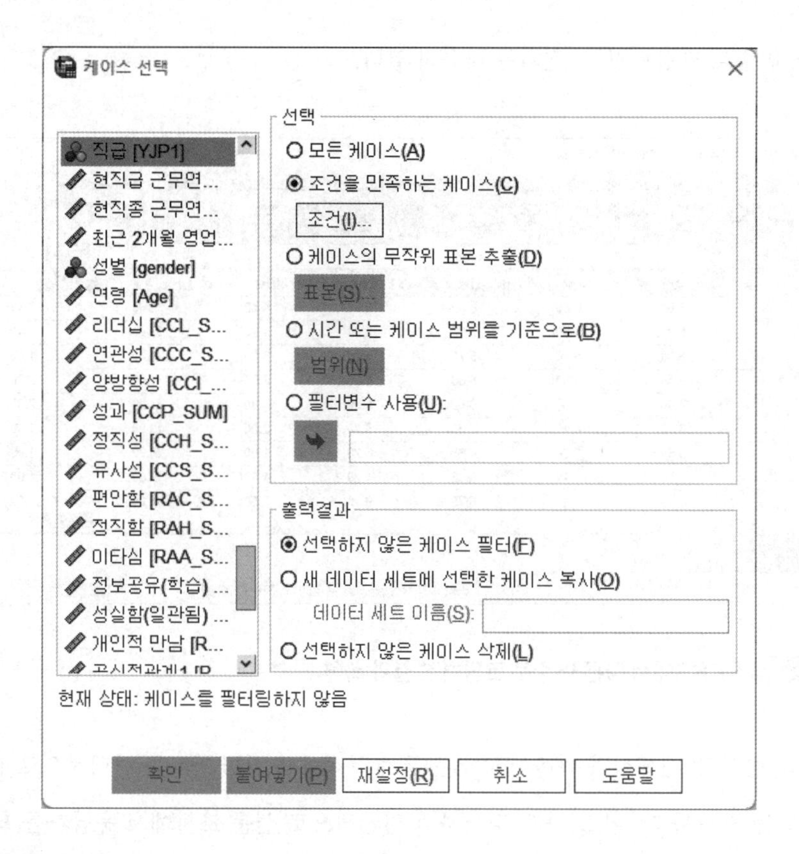

그림 11-35 SPSS에서 케이스 선택 예시 화면(1)

"조건"을 선택하면 다음과 같이 "케이스선택:조건" 창이 나타난다. 여기서 다시 선택 기준 변수로서 "직급(YJP1)"를 선택한 후 선택 조건을 입력한다. "직급(YJP1)"가 "사원"인 케이스만을 선택하기 위해 "직급(YJP1)" 범주의 "기준값"인 "1"을 고려하여 "YJP1=1"인 조건을 입력한다. 이 조건의 의미는 "직급(YJP1)"의 값이 "1"과 같은 케이스만을 통계 분석에 적용하라는 것으로서 여기서 "1"의 의미는 앞서 명목형 변수 정의시 입력한 직접적 명목인 "사원"를 의미한다. 케이스 선택 시 필요한 계산이 있다면 중간의 여러 산술/논리 계산식을 사용할 수 있다.

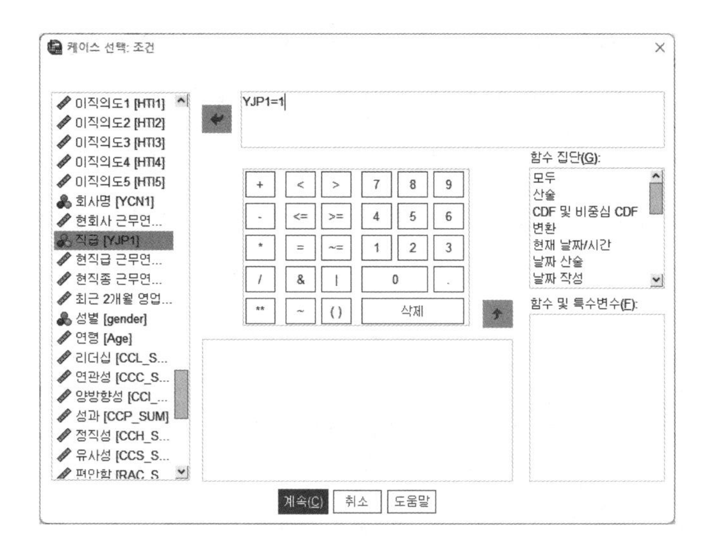

그림 11-36 SPSS에서 케이스 선택 예시 화면(2)

케이스 선택 조건을 입력한 후 "계속"을 선택하여 다시 "케이스 선택" 메인 화면으로 돌아오면 다음과 같이 "조건" 옆에 앞서 입력한 케이스 선택 조건인 "YJP1=1"이 명시된다.

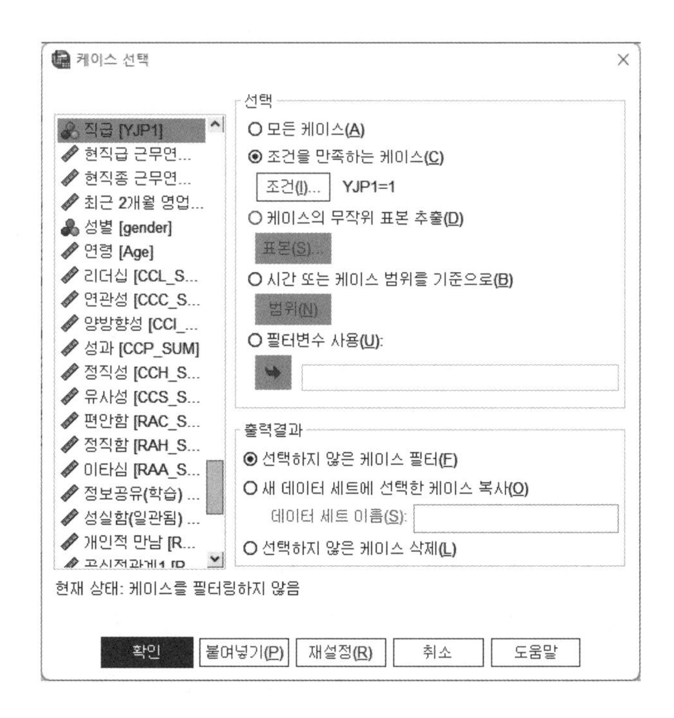

그림 11-37 SPSS에서 케이스 선택 예시 화면(3)

케이스 선택 조건을 확인한 후 “확인”을 선택하면, 다음과 같이 케이스 선택 결과를 확인할 수 있다. SPSS “데이터 보기” 탭에서 왼쪽 케이스 번호 부분에 사선이 있는 케이스는 선택이 안된 케이스를 의미하고 사선이 없는 케이스는 선택이 된 케이스를 의미한다. 이 상태에서 어떤 통계 분석을 실시할 경우 사선이 없는 케이스 즉, 선택된 케이스만을 대상으로 통계 분석이 실시되게 된다.

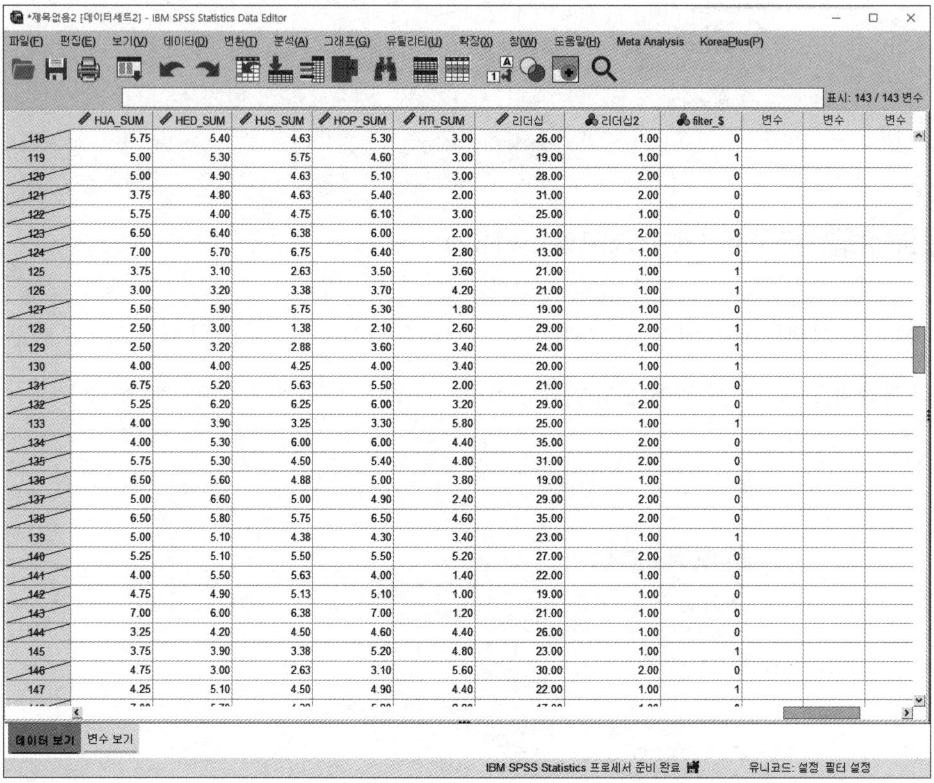

*제목없음2 [데이터세트2] - IBM SPSS Statistics Data Editor

파일(F) 편집(E) 보기(V) 데이터(D) 변환(T) 분석(A) 그래프(G) 유틸리티(U) 확장(X) 창(W) 도움말(H) Meta Analysis KoreaPlus(P)

표시: 143 / 143 변수

	HJA_SUM	HED_SUM	HJS_SUM	HOP_SUM	HTI_SUM	리더십	리더십2	filter_$	변수	변수	변수
118	5.75	5.40	4.63	5.30	3.00	26.00	1.00	0			
119	5.00	5.30	5.75	4.60	3.00	19.00	1.00	1			
120	5.00	4.90	4.63	5.10	3.00	28.00	2.00	0			
121	3.75	4.80	4.63	5.40	2.00	31.00	2.00	0			
122	5.75	4.00	4.75	6.10	3.00	25.00	1.00	0			
123	6.50	6.40	6.38	6.00	2.00	31.00	2.00	0			
124	7.00	5.70	6.75	6.40	2.80	13.00	1.00	0			
125	3.75	3.10	2.63	3.50	3.60	21.00	1.00	1			
126	3.00	3.20	3.38	3.70	4.20	21.00	1.00	1			
127	5.50	5.90	5.75	5.30	1.80	19.00	1.00	0			
128	2.50	3.00	1.38	2.10	2.60	29.00	2.00	1			
129	2.50	3.20	2.88	3.60	3.40	24.00	1.00	1			
130	4.00	4.00	4.25	4.00	3.40	20.00	1.00	1			
131	6.75	5.20	5.63	5.50	2.00	21.00	1.00	0			
132	5.25	6.20	6.25	6.00	3.20	29.00	2.00	0			
133	4.00	3.90	3.25	3.30	5.80	25.00	1.00	1			
134	4.00	5.30	6.00	6.00	4.40	35.00	2.00	0			
135	5.75	5.30	4.50	5.40	4.80	31.00	2.00	0			
136	6.50	5.60	4.88	5.00	3.80	19.00	1.00	0			
137	5.00	6.60	5.00	4.90	2.40	29.00	2.00	0			
138	6.50	5.80	5.75	6.50	4.60	35.00	2.00	0			
139	5.00	5.10	4.38	4.30	3.40	23.00	1.00	1			
140	5.25	5.10	5.50	5.50	5.20	27.00	2.00	0			
141	4.00	5.50	5.63	4.00	1.40	22.00	1.00	0			
142	4.75	4.90	5.13	5.10	1.00	19.00	1.00	0			
143	7.00	6.00	6.38	7.00	1.20	21.00	1.00	0			
144	3.25	4.20	4.50	4.60	4.40	26.00	1.00	0			
145	3.75	3.90	3.38	5.20	4.80	23.00	1.00	1			
146	4.75	3.00	2.63	3.10	5.60	30.00	2.00	0			
147	4.25	5.10	4.50	4.90	4.40	22.00	1.00	1			

데이터 보기 변수 보기

IBM SPSS Statistics 프로세서 준비 완료 유니코드: 설정 필터 설정

그림 11-38 SPSS에서 케이스 선택 결과 화면

지금까지 SPSS를 활용하여 통계 분석을 하기 위해 필요한 가장 기본적이고 기초적인 SPSS의 기능에 대해 살펴보았다. 본 장에서 언급한 SPSS의 기능은 앞으로 본 서에서 소개할 통계 분석 기법을 활용하기 위해 필요한 필수적인 기본 기능만을 언급하였음을 다시 한번 상기하고 싶다. 만약, 더 자세한 SPSS의 기능에 대해 살펴보고자 할 경우 SPSS의 기능을 상세히 다룬 다른 관련 서적을 참고하기 바란다.

3. R활용 준비

EXCEL, SPSS와 더불어 본 서는 다음 장부터 통계 분석 프로그래밍 언어인 R을 활용하여 통계 분석을 하기 위한 방법을 소개한다. 이에 앞서 통계 분석을 위해 R을 활용하기 위해 필요한 기본적인 설정 사항과 사용 방법에 대해 간단히 살펴 보자. R은 유료 소프트웨어인 EXCEL과 SPSS와 달리 오픈소스를 기반으로 한 무료 소프트웨어를 의미한다. 또한, 특정 기능을 수행하기 위해 프로그램으로 만들어진 EXCEL과 SPSS와는 다르게 통계 분석을 위한 다양한 기능을 구현하기 위해 개발된 프로그래밍 언어를 의미한다. R은 1990년대 초에 처음 소개된 이후 그동안 일부 통계 전문가들이 주로 사용하여 통계 전문가를 위한 특별한 방법으로 일반인들이 접근하기 어렵다고 알려져 왔다. 하지만, 최근 10년 사이에 IT 기술의 발전, 고급 프로그램 사용자의 증가, 프로그래밍 언어 교육의 확산으로 인해 R에 대한 관심이 급격히 확장되고 있다. 특히, 최근 산업계의 빅데이터 분석에 대한 높은 관심은 R에 대한 관심을 폭발적으로 증가시키고 있으며, 오픈소스라는 특징을 기반으로 최신 통계 분석 기술을 적용한 패키지의 빠른 대응은 사용자층을 급격히 확장시키고 있다. 비록, 뛰어난 확장성과 기능의 융통성을 제공하는 프로그래밍 언어 기반으로 인해 본질적으로 사용 편의 면에서 아직까지 대중화에 어려움이 많이 존재하지만, 산업적 수요와 사용자의 IT 활용력 증가는 사용 편의에 대한 저항을 점차적으로 낮출 것으로 기대한다.

무료로 배포되는 R은 R 공식 홈페이지(www.r-project.org) 또는 R 공식 아카이브(cran.r-project.org)에서 직접 다운로드하여 설치 가능하다. R 공식 홈페이지나 R 공식 아카이브에서 현재 사용 중인 운영체제에 따라 적당한 버전을 선택하여 다운로드한다. 예를 들어, Windows 사용자의 경우 “Download R for Windows”를 선택한다.

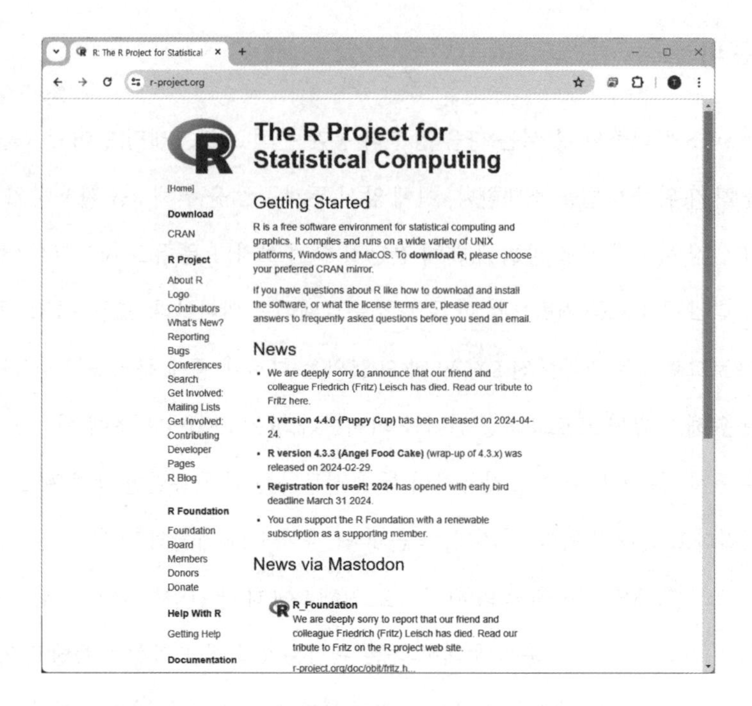

그림 11-39 R 공식 홈페이지(www.r-project.org)

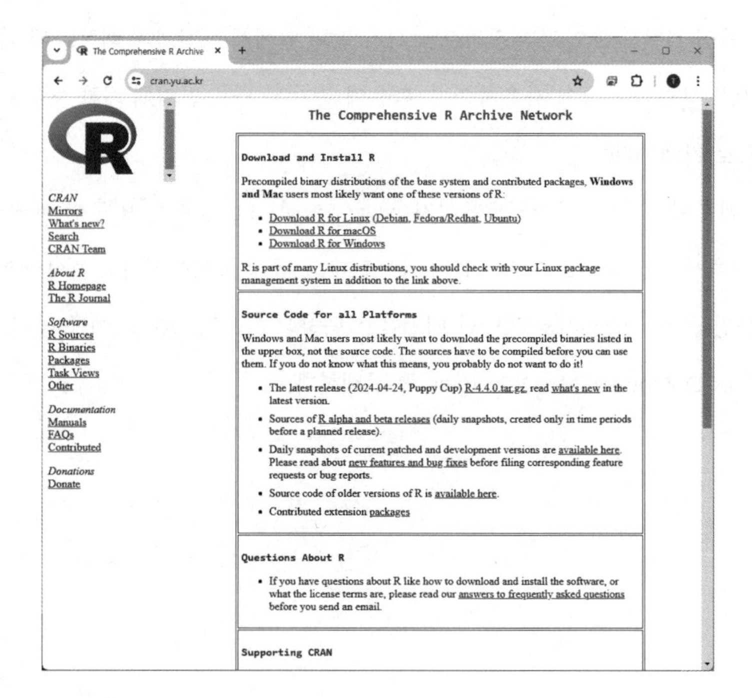

그림 11-40 R 공식 아카이브(cran.r-project.org)

설치 파일을 다운로드한 후 해당 설치 파일을 실행시켜 R 프로그램을 적당히 설치한다. 설치가 완료된 후 R 프로그램을 실행하면 다음과 같은 화면이 나타난다.

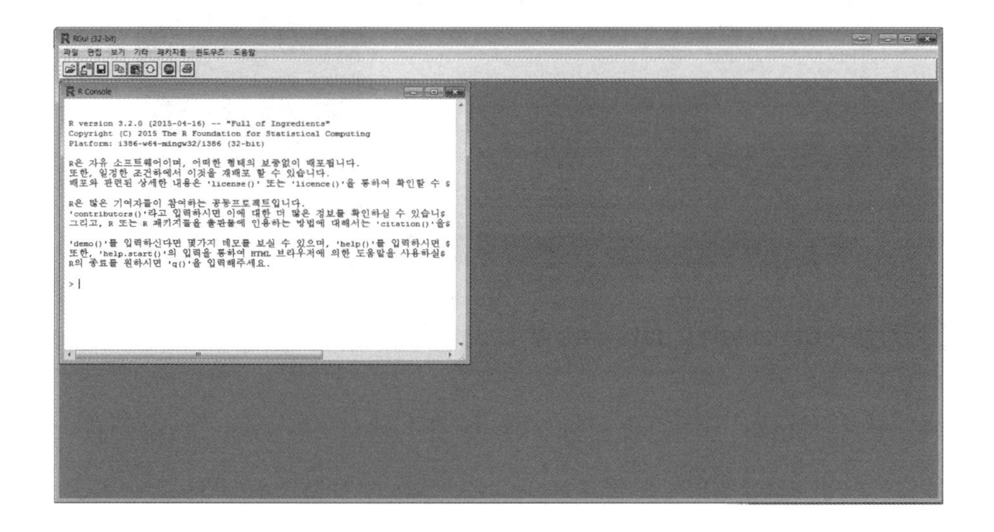

그림 11-41 **R 프로그램**

R 프로그램은 사실 “R 프로그램”을 의미하기 보다는 통계 분석 프로그래밍 언어인 R을 활용하여 컴퓨터 또는 운영체제에 명령을 전달하기 위한 번역기(Interpreter)를 의미한다. 즉, R 언어를 R 프로그램을 통해 “컴퓨터”에 특별한 명령을 전달하면 해당 명령을 수행하여 R 프로그램을 통해 명령의 결과를 전달하는 구조이다. 이때 명령을 전달하고 결과를 전달받는 역할을 하는 창구가 바로 “R Console”이다. 예를 들어 “R Console”창에 “library(MASS)”라는 명령어를 전달하면 “R Console”은 이 명령어를 “컴퓨터”에게 전달하여 정해진 작업을 하게 한다. “library(MASS)”명령은 다양한 수학 관련 기능들을 모여 있는 기능 집합(패키지)을 사용하기 위해 준비하라는 명령으로서 수학 패키지를 불러오라는 명령어이다. 따라서, 이 명령어를 “R Console”에 전달하면 “R Console”은 “MASS”라는 패키지를 사용 가능하게 준비해 놓는다. 유사하게 “data()” 명령은 현재 사용 가능한 예제 자료를 보여주는 명령어이다. 이 명령어 의해 “R data sets”라는 새로운 창이 나타나고, 현재 사용 가능한 다양한 예제 자료를 보여준다.

그림 11-42 R Console과 R data sets 예시 화면

예를 들어, "MASS" 패키지에 있는 "Cars93"를 사용하고자 한다. "R data sets"에서 "Cars93" 자료의 정보를 확인해 보면 "Data from 93 Cars on Sale in the USA in 1993"로 설명이 되어 있어 어떤 자료인지 알 수 있다. "data(Cars93)"을 실행하면 "R Console"은 "Cars93" 자료를 사용할 수 있게 준비를 한다. "head(Cars93)" 명령은 Cars93의 자료 중 앞 부분을 보여준다. 다음과 같이 "head(Cars93)"를 실행하면, Cars93 자료에는 "Manufacturer(차량제조사)", "Model(차량모델)", "Type(차량종류)", "Min.Price(최저가격)", "Price(평균가격)" 등 어떤 정보 또는 변수들이 있는지 확인 가능하다.

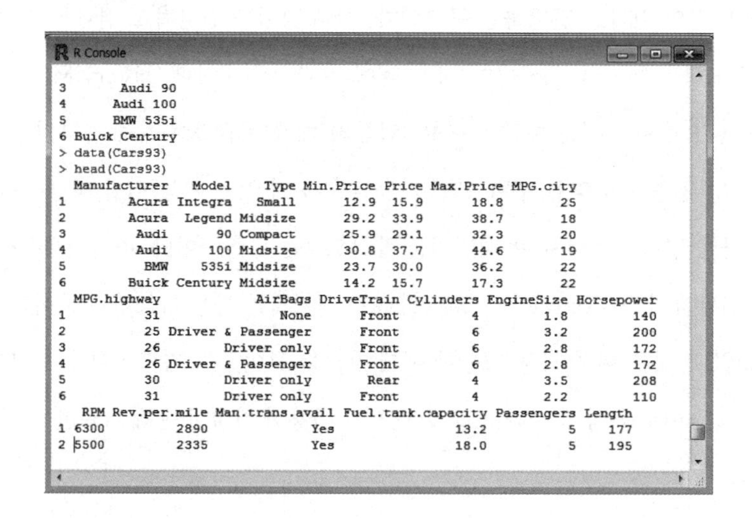

그림 11-43 샘플 자료 활용 예시 화면

"Cars93"에 대해 더 자세한 설명을 원한다면 "?Cars93" 명령을 실행하면 된다. 여기서 "?"는 도움말을 요청하는 명령어이다. 예를 들어, 통계 분석 방법인 "t.test"의 사용 방법을 정확히 알고 싶다면, 다음과 같이 "?t.test"라는 명령을 활용하여 "t.test"의 사용 방법을 [그림 11-44]와 같이 확인할 수 있다.

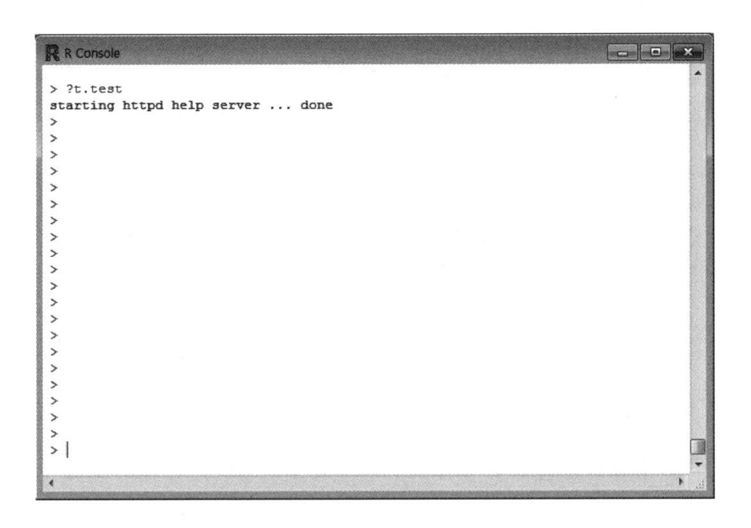

그림 11-44 "t.test" 도움말(?) 활용 예시 화면(1)

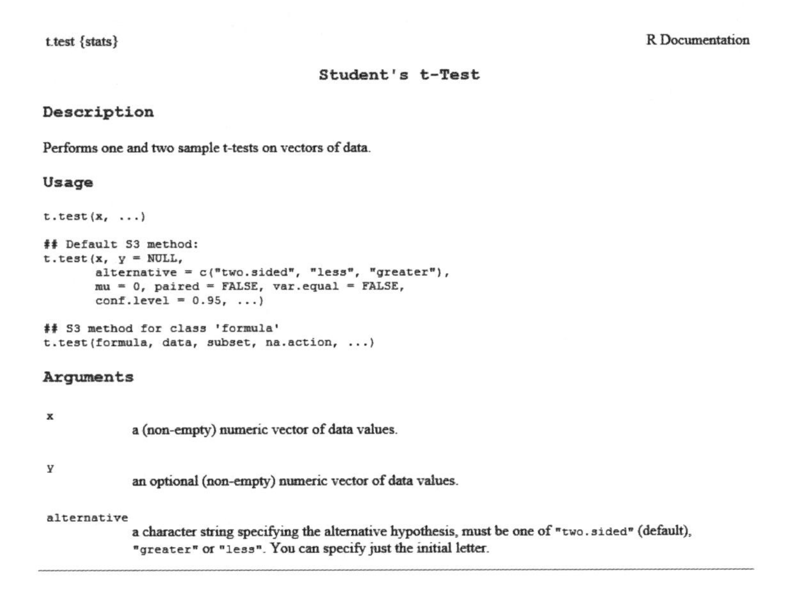

t.test {stats} R Documentation

Student's t-Test

Description

Performs one and two sample t-tests on vectors of data.

Usage

```
t.test(x, ...)

## Default S3 method:
t.test(x, y = NULL,
       alternative = c("two.sided", "less", "greater"),
       mu = 0, paired = FALSE, var.equal = FALSE,
       conf.level = 0.95, ...)

## S3 method for class 'formula'
t.test(formula, data, subset, na.action, ...)
```

Arguments

x
: a (non-empty) numeric vector of data values.

y
: an optional (non-empty) numeric vector of data values.

alternative
: a character string specifying the alternative hypothesis, must be one of "two.sided" (default), "greater" or "less". You can specify just the initial letter.

그림 11-45 "t.test" 도움말(?) 활용 예시 화면(2)

"R Console"에서 직접 자료를 입력할 수도 있지만, SPSS와 유사하게 사용자의 편의와 프로그램의 유용성이 상대적으로 좋은 EXCEL에 자료를 먼저 입력하고, 이를 "R Console"에서 불러와 통계 분석 과정을 진행하는 방식이 선호된다. EXCEL에 자료를 입력하는 방식은 앞서의 SPSS "데이터 보기" 탭의 형태와 동일하게 열은 변수들을 의미하고, 행은 개별 자료들을 의미하게 입력하면 된다. 하지만, R의 자료 활용시 가장 적합한 파일 형태는 "CSV(comma separated value)"로서 EXCEL에서 자료를 입력한 후 다른 이름 저장에서 저장 파일 형태를 ".csv"로 선택하여 다음과 같이 저장하여야 한다.

입력 자료 ".csv"형태로 저장한 뒤 "R 프로그램"에서는 해당 자료 파일을 불러오기 위해 해당 화일이 저장된 디렉토리/폴더를 "작업 디렉토리"로 설정해야 한다. 이를 위해 다음과 같이 "작업 디렉토리 변경" 메뉴를 활용하여 입력 자료 파일이 저장된 위치를 "작업 디렉토리"로 먼저 설정을 해준다. 현재 "작업 디렉토리"는 "getwd()" 함수로 확인할 수 있어, "getwd()"로 "작업 디렉토리"가 잘 설정되었는지 확인한다. "작업 디렉토리"를 제대로 설정하지 않은 경우 자료 파일 불러오는 명령을 실행할 때 "No such file or directory"와 같은 오류를 만날 수 있다.

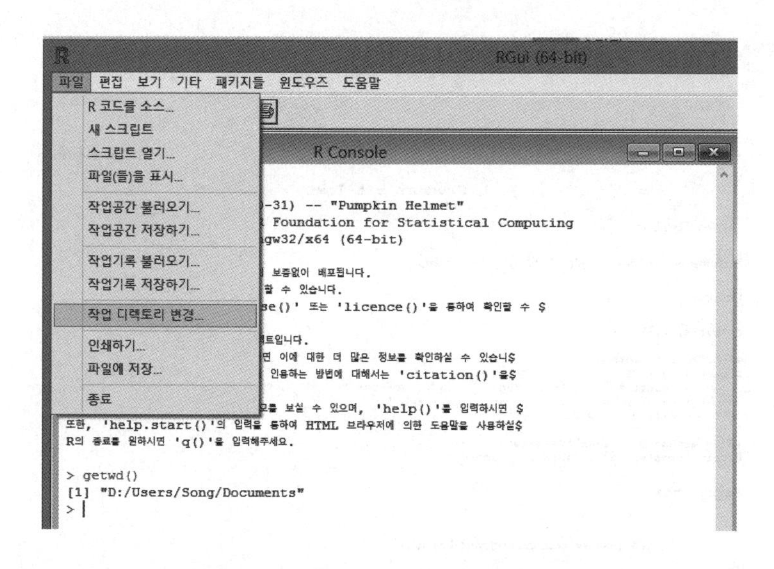

그림 11-46 R 자료 입력을 위해 "작업 디렉토리" 설정 및 getwd() 함수로 확인 예시

"작업 디렉토리"를 설정한 후 "read.csv()" 기능을 이용하여 실제 CSV 입력 자료 파일의 자료를 "R Console"로 불러올 수 있다.

R의 가장 중요한 이점은 다양한 통계 분석 기능을 쉽게 활용할 수 있다는 것이다. 이 이점을 활용하기 위해서는 다양한 통계 분석 라이브러리/패키지를 R 프로그램에 설치를 하여야 한다. 다음은 어떻게 R프로그램에 원하는 통계 분석 라이브러리/패키지를 설치하는지 알아보자. 예를 들어 "aqfig" 이라는 통계 그래프 라이브러리를 활용하고 싶다면, 먼저 R프로그램의 "패키지들" 메뉴에서 "패키지(들) 설치하기" 메뉴를 선택한다.

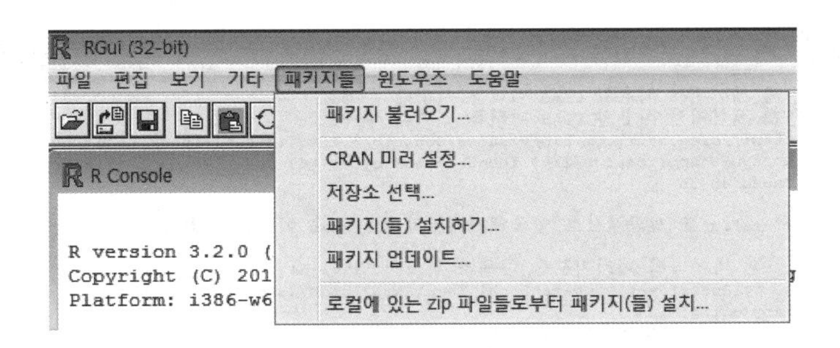

그림 11-47 라이브러리/패키지 설치하기(1)

"패키지(들) 설치하기"를 선택하면 다음과 같이 처음에 패키지를 다운로드 받을 국가 또는 서버를 설정하는 창이 먼저 나오고 이후 설치하고자 하는 패키지를 선택하는 창이 나타난다. 본 예에서는 "Korea"를 선택하고 설치 대상 패키지로 "aqfig"을 선택하였다.

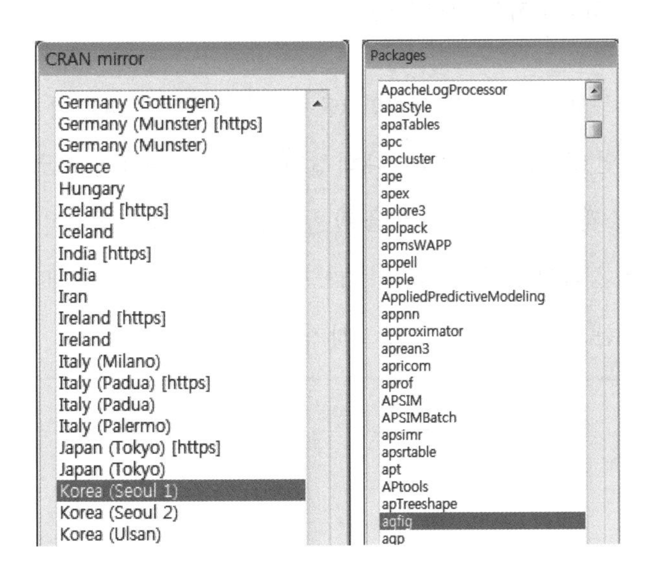

그림 11-48 라이브러리/패키지 설치하기(2)

패키지의 설치가 완료되면, 다음과 같이 설치가 잘 이루어 졌다는 메시지를 “R Console”에서 확인할 수 있다. 실제 패키지를 활용하여 패키지 내 다양한 함수를 활용하기 위해서는 “library(aqfig)” 명령으로 해당 패키지(“aqfig”)를 R 프로그램으로 불러와야 한다. R 프로그램이 기본적으로 제공하는 몇몇 패키지를 제외하고는 필요시마다 해당 패키지/라이브러리를 R 프로그램으로 불러와야 한다.

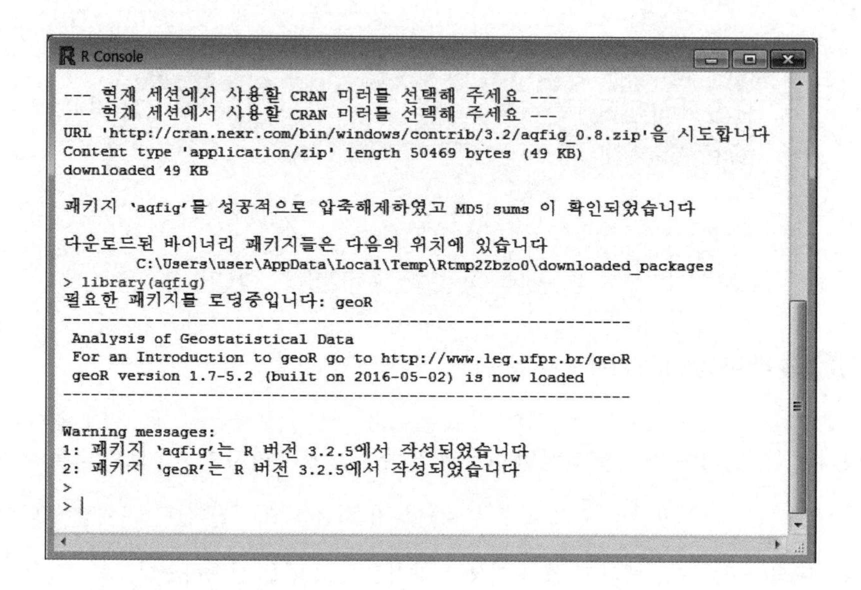

그림 11-49 라이브러리/패키지 설치하기(3)

지금까지 통계 분석 프로그래밍 언어인 R을 활용하여 통계 분석을 하기 위해 필요한 가장 기본적이고 기초적인 R의 구조와 기능에 대해 살펴보았다. 본 장에서 언급한 R에 대한 설명은 앞으로 본 서에서 소개할 통계 분석 기법을 활용하기 위해 필요한 필수적이고 기본적인 설명만이 포함되어 있음을 다시 한번 상기하고 싶다. 만약, 더 자세히 R에 대해 살펴보고자 할 경우 R에 대해 자세히 다룬 다른 관련 서적을 참고하기 바란다.

· 생각해 볼 문제

1. 실생활에서 통계 검정이 필요한 경우를 찾아보고, 왜 필요한지에 대해 논의해 보자.
2. 정규분포의 중요성을 중심 극한 정리를 바탕으로 설명해 보자.
3. EXCEL의 난수 생성 기능을 활용하여 중심 극한 정리의 증명해 보자.

소셜 애널리틱스를 위한

연구조사방법론

Research Methodology for Social Analytics

제 12 장

차이에 기반한 가설 검정

제 12 장 차이에 기반한 가설 검정

통계적 추론의 과정은 조사 실무에 있어서 최종적 의사 결정을 위한 중요한 참고 자료로 활용된다. 따라서 성공적 의사 결정을 위한 엄격한 통계적 추론은 아주 중요한 과정이라고 할 수 있다. 통계적 추론이 필요한 여러 가지 상황 중에서 차이에 대한 검정은 의사 결정을 위한 가장 기본적이고 빈번한 상황이다. 예를 들어, 여러 세분 시장 상의 고객의 반응의 차이를 확인하고 최적화된 마케팅 활동을 결정하기 위한 경우나, 전체 고객 집단의 일반적 성향 파악은 시장 환경 파악을 위한 필수 불가결한 요소이다.

본 장에서는 가장 기본적인 통계적 추론인 차이에 기반한 가설 검정을 위한 분석 방법에 대해 살펴보고자 한다. 먼저, 표본으로부터 조사된 자료를 바탕으로 모집단의 특성을 파악하는 모집단에 대한 가설 검정을 살펴보도록 한다.

· 제 1 절 모집단에 대한 가설 검정 ·

모집단의 특성 또는 모수를 확인하기 위한 가설 검정은 크게 단일 모집단의 평균을 검증하는 것과 단일 모집단의 비율을 검증하는 것으로 나눌 수 있다. 단일 모집단의 평균에 대한 검증은 평균이 계산 가능한 비율 척도나 등간 척도인 경우에 적용하며, 단일 모집단의 비율에 대한 검증은 측정 척도가 빈도 형태로 평균이 계산 불가능한 서열 척도나 명목 척도인 경우 적용 가능하다.

1. 모집단 평균에 대한 통계적 추론

모집단 평균에 대한 통계적 추론은 표본의 크기에 따라 Z검정 또는 t검정을 시행할 수 있다. 단일 표본 집단으로 부터 수집된 자료를 바탕으로 모집단의 평균을 검증하기 위해 조사자는 다음의 순서를 따른다.

1) 모집단의 평균에 대한 가설(귀무가설과 대립가설)을 결정

2) 표본의 기술 통계량(표본 평균, 표본 분산/표준편차)을 계산

3) 표본분포(정규분포/t 분포) 가정 또는 분석 방법(Z-test/t-test)의 결정

4) 분석 방법에 따른 적당한 검정 통계량(Z값/t값)을 귀무 가설이 맞다는 가정하에 계산

5) 가설 채택 기준인 임계치(예: z=1.96) 또는 유의 수준(예: α=0.05)을 결정

6) 임계치와 검정 통계량을 비교하거나 유의 수준과 유의확률(p-value)를 비교하여 가설 채택 여부 결정

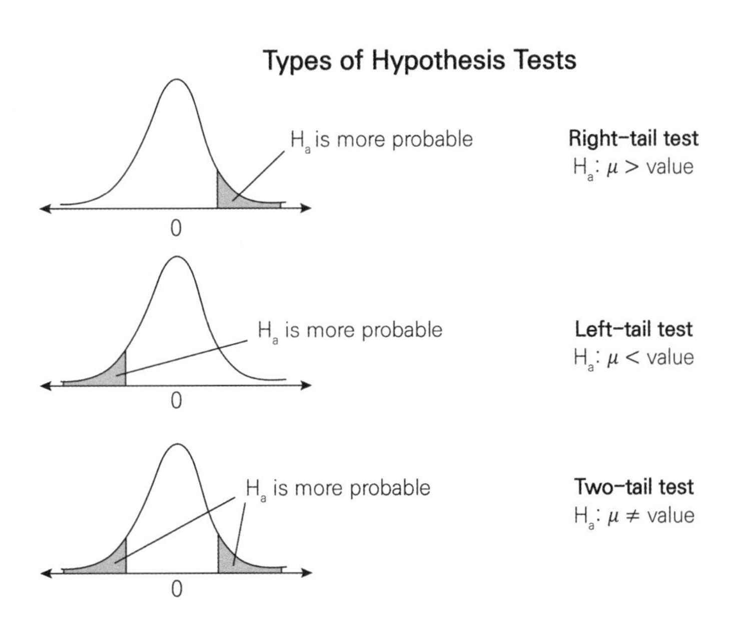

그림 12-1 **가설 검정의 형태**

검증할 가설의 형태에 따라 조사자는 양측검증(two-tailed test) 또는 단측검증(one-tailed test)을 적용할 수 있다. 일반적으로 방향성이 없는 가설은 양측검정과 크기 구분이 있는 단측 검증을 할 수 있다. 양측 검정의 경우 가설 기각역이 양측에 위치하지만 단측 검증의 경우 가설 기각 역이 오른쪽 또는 왼쪽에 존재한다. 특히, 모집단의 평균이 특정 값보다 크다는 가설을 검증하기 위해서는 오른쪽 단측 검증을, 모집단의 평균이 특정 값보다 작다는 가설을 검증하기 위해서는 왼쪽 단측 검증을 실시할 수 있다.

하지만, 단측 검정의 경우 동일 유의수준에서 양측 검증에 비해 가설 기각역이 넓어져 귀무 가설을 좀 더 쉽게 기각할 수 있어 통계적 추론의 엄격성을 다소 완화할 가능성이 높다. 예를 들어, z-test의 경우 5% 유의 수준에 대해 단측 검정의 임계치는 1.65이고 양측 검정의 임계치는 1.96으로 귀무 가설을 기각하고 대립 가설을 채택하기 위해 필요한 검정통계량값(z값)은 양측 검정의 경우 1.96 이상의 값이 필요하지만, 단측 검정의 경우 1.65 이상이기만 하면 대립 가설을 채택할 수 있다. 따라서, 검증할 가설의 방향성에 상관 없이 통계적 추론의 엄격성을 유지하기 위해 양측 검정을 할 것을 권장한다.

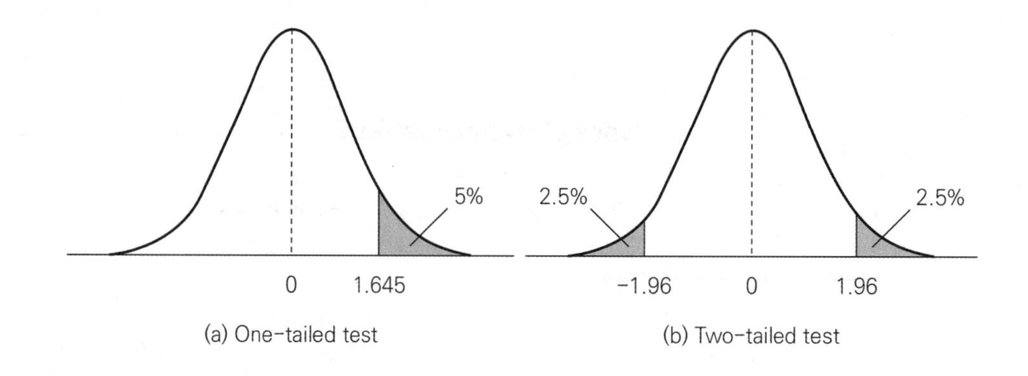

그림 12-2 양측 검정과 단측 검정의 기각역 비교

모집단의 평균에 대한 통계적 추론을 위해 일반적으로 Z-test 또는 t-test 두 가지 분석 방법이 활용된다. Z-test는 표본의 크기가 30보다 클 경우 중심 극한 정리(central limit theorem)에 따라 표본분포를 정규분포(normal distribution)로 가정하고 표본크기가 충분히 크기 때문에 모집단의 표준 편차 근사치로 표본표준편차를 사용하여 Z값을 검정 통계량으로 사용한다.

하지만, 표본의 크기가 상대적으로 작고 모집단의 분산(표준 편차)을 모를 경우에 표본 표준 편차를 모집단의 표준 편차로 근사할 수 없어 정확한 정규분포를 구할 수 없다. 따라서, 자유도가 n-1인 t분포로 근사하여 Z값 대신 t값을 검정 통계량으로 사용한다. t분포는 종 모양의 대칭형 분포로 그 모양이 정규분포와 아주 유사하다. 그러나, t분포는 정규분포에 비해 양쪽 꼬리 부분이 두껍고, 중심이 상대적으로 더 얇다. 이는 t분포의 경우 모집단의 분산이 표분 분산에 의해 추정되기 때문이다(표본 분산은 모집단의 분산보다 n/(n-1)배 더 크다). 표본의 크기가 커질 경우 t분포는 정규분포에 점점 가까워지고 표본 크기가 120이상이 되면 두 분포는 거의 동일하다.

$\bar{x}=\frac{1}{n}\sum_{i=1}^{n}x_i$	$s^2=\frac{1}{n-1}\sum_{i=1}^{n}(x_i-\bar{x})^2$	$z=\frac{x-\mu}{\frac{\sigma}{\sqrt{n}}}\approx\frac{x-\mu}{\frac{s}{\sqrt{n}}}$
$\bar{x}=\frac{x_1+\cdots+x_n}{n}$, $s^2=\frac{1}{n-1}\sum_{i=1}^{n}(x_i-\bar{x})^2$	$t=\frac{\bar{x}-\mu}{s/\sqrt{n}}$	

Density of the t-distribution(red) for 1, 2, 3, 5, 10 and 30 drgrees of freedom compared
to the standard normal distribution (blue).
Previous plots shown in green.

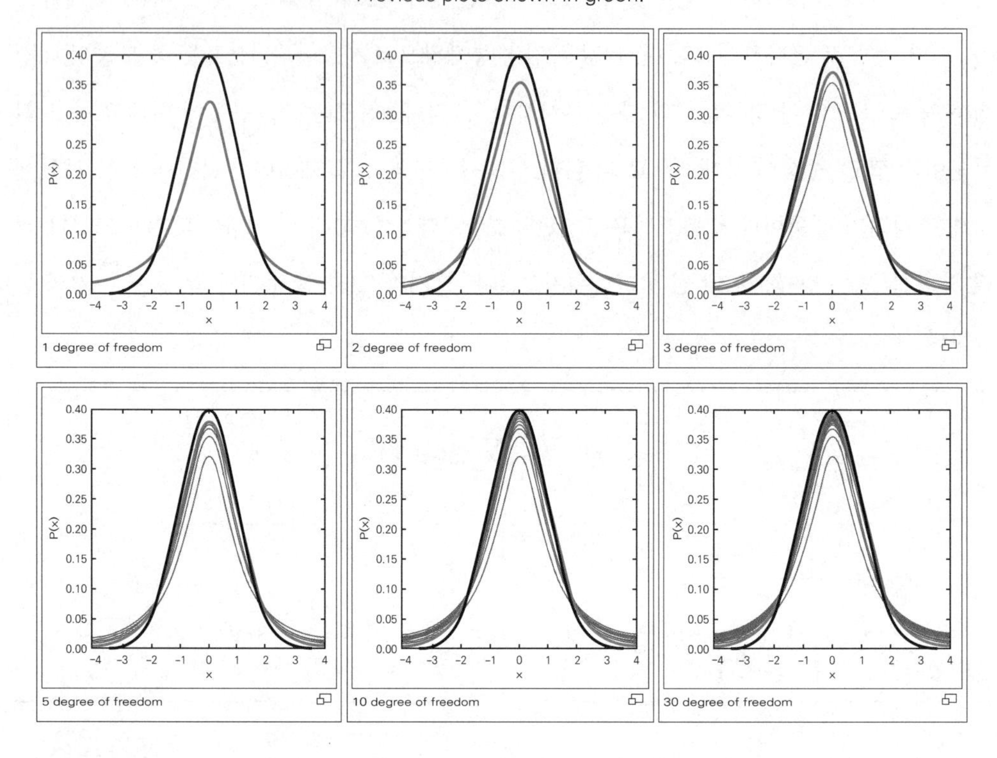

그림 12-3 표본크기/자유도에 따른 t 분포 그래프

예를 들어, 특정 브랜드의 "브랜드 충성도"가 전 달에 7점 척도 기준 5점이었는데, 이번 달에 다양한 마케팅 활동을 통해 이것이 증가했는지를 확인하는 조사를 시행하였다고 가정하자. 100명을 표본으로 추출하여 7점 척도의 다문항으로 조사하였다. 조사 과정에서 "브랜드 충성도"의 측정 척도에 대해 신뢰성과 타당성이 검증되었고 단일 변수화(다문항의 평균값)가 이루어졌다. "브랜드 충성도"의 기술 통계 분석 결과, 표본의 "브랜드 충성도" 평균은 5.5점이고 표본표준편차는 0.5이었다.

[통계적 추론의 과정]

(1) 가설의 설정

- 귀무 가설 H0: $\mu = 5$
- 대립 가설 Ha: $\mu > 5$

(2) 표본의 기술 통계량: 평균($\overline{X}$)=5.5, 표본표준편차(S)=0.5

(3) 표본분포의 결정

- 표본크기가 30보다 크기 때문에 정규분포와 t분포 모두 가정 가능

(4) 검정 통계량 계산

- Z=(5.5-5)/0.5/10 = 10
- t=(5.5-5)/0.5/10 = 10

(5) 임계치와 유의 수준의 결정

- 양측검정 시행
- 유의 수준 = 0.05, Z값 임계치 = 1.96, t값 임계치(자유도=99)= 1.98

(6) 가설 채택 여부 결정

- Z값 통계량과 t값 통계량 모두 Z값 임계치와 t값 임계치보다 큼
- Z분포 유의확률 0, t분포 유의확률 0로 모두 유의 수준보다 작음
- 검정통계량이 모두 기각 영역에 있어 유의 수준 0.05에서 귀무 가설을 기각하고 대립가설을 채택

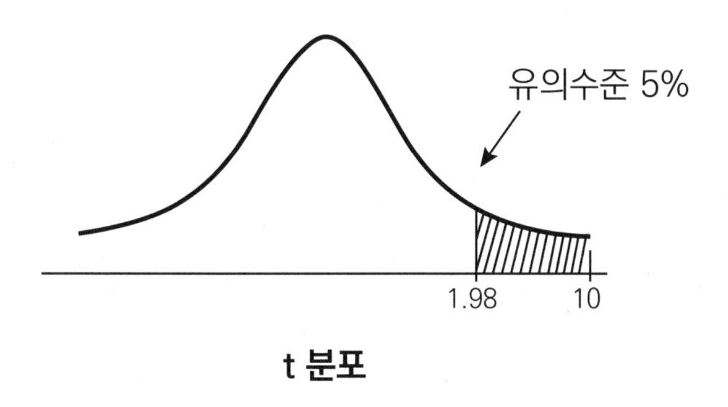

그림 12-4 검정통계량과 임계치의 비교

따라서, 통계분석 결과 (다른 요인에 변화가 없다면) 이달의 다양한 마케팅 활동 결과 "브랜드 충성도"는 증가하였다고 볼 수 있다.

2. SPSS 통계 분석 연습

SPSS 에서는 모집단에 대한 통계적 추론을 위해 “일표본 T검정”을 기능을 제공한다. SPSS에서 다음과 같이 “분석”→”평균 비교”→”일표본 T검정”을 통해 모집단의 통계적 추론을 할 수 있다.

샘플데이터2.sav [데이터세트1] - IBM SPSS Statistics Data Editor
파일(F) 편집(E) 보기(V) 데이터(D) 변환(T) 분석(A) 그래프(G) 유틸리티(U) 확장(X) 창(W) 도움말(H)
보고서(P)
기술통계량(E)
베이지안 통계량(B)
표(B)
평균 비교(M)
일반선형모형(G)
일반화 선형 모형(Z)
혼합 모형(X)
상관분석(C)
회귀분석(R)
로그선형분석(O)
신경망(W)
평균분석(M)...
일표본 T 검정(S)...
독립표본 T 검정...
요약 독립표본 T 검정
대응표본 T 검정(P)...
일원배치 분산분석(O)...

	NO	CCL1
1	1.0	7
2	2.0	5
3	3.0	4
4	4.0	6
5	5.0	3
6	6.0	4
7	7.0	5
8	8.0	3
9	9.0	7

그림 12-5 일표본 T 검정 과정(1)

“일표본 T검정”을 실행하면 [그림 12-6]과 같은 창이 나타난다. 다른 분석들과 유사하게 왼쪽 변수 창에서 분석을 원하는 변수를 선택하여 오른쪽 변수 창으로 이동화살표를 이용해 이동시킨다. 이후 원하는 검정값을 검정값 란에 입력한다. 여기서는 검정값을 0으로 한다면, 이 분석의 가설은 “직무만족도가 0과 같지 않다.”가 된다.

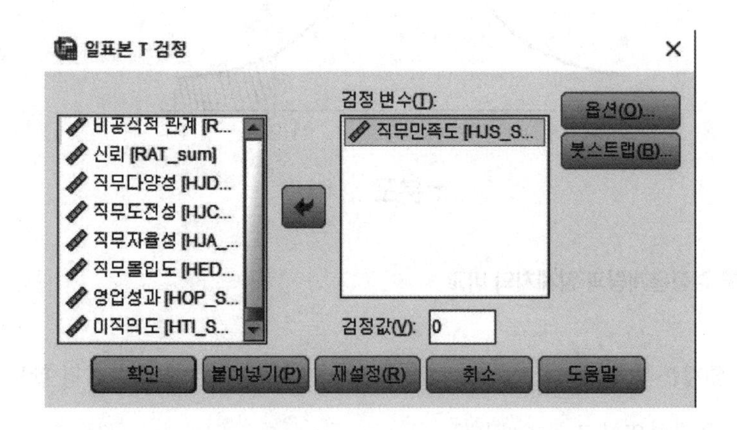

그림 12-6 일표본 T 검정 과정(2)

"일표본 T검정" 결과는 다음의 표들과 같다. 먼저 첫번째 표는 기본적인 기술 통계량을 보여준다. 이를 통해 표본의 크기는 "311"명이며, "직무만족도"의 평균은 "4.76"이고, 표준화편차는 "1.127" 임을 알 수 있다. 두 번째 표는 통계적 추론에 대한 검정 결과로서 "검정값=0", 즉 "직무만족도가 0과 같지 않다"는 가설에 대한 통계적 추론 결과를 보여준다. 두번째 표는 여러 가지 통계량 관련 수치가 있다. 자유도는 310이고, 앞서의 추정 방식을 설명한 t값은 74.411로서 상당히 크고, 당연히 유의확률(p-value)은 0에 거의 가깝고, 평균차이는 4.755(4.755 – 0)이다. 95% 신뢰구간은 4.63에서 4.88으로 검정값이 0을 포함하지 않는다. 따라서, 유의수준 0.05에서 "검정값=0"인 귀무가설은 기각할 수 있고, 연구 가설 "직무만족도가 0과 같지 않다."는 채택할 수 있다.

일표본 통계량

	N	평균	표준화 편차	표준오차평균
직무만족도	311	4.76	1.127	.064

일표본 검정

	검정값=0					
					차이의 95% 신뢰구간	
	t	자유도	유의확률(양측)	평균차이	하한	상한
직무만족도	74.411	310	.000	.4755	4.63	4.88

그림 12-7 일표본 T 검정 결과(검정값 = 0)

앞서의 예가 "검정값=0"이라는 귀무 가설을 검정했는데, "직무만족도"가 7점 척도로 측정된 변수라는 점에서 현실성이 다소 떨어진다. 따라서, 조사자가 검정값을 4로 변경하여, "직무만족도가 4와 같지 않다"로 수정하여 통계적 추론을 하고자 할 경우, [그림 12-8]과 같이 검정값을 "4"로 수정하면 된다.

일표본 검정

	검정값 = 4					
					차이의 95% 신뢰구간	
	t	자유도	유의확률(양측)	평균차이	하한	상한
직무만족도	11.818	310	.000	.755	.63	.88

그림 12-8 일표본 T 검정 결과(검정값 = 0)

검정값을 "4"로 변경하여 통계적 추론을 한 결과는 다음과 같다. 먼저 t값이 앞서 "검정값 =0"인 조건과 다르게 나왔고, 유의 확률은 여전히 0.000로 나왔으며, 평균차은 -4(0.755 - 4)이고 95% 신뢰구간은 0.63에서 0.88이 되었다. 따라서 유의수준 0.05에서 "검정값=4"인 귀무가설은 기각할 수 있고, 연구 가설 "직무만족도가 4와 같지 않다"는 채택할 수 있다.

3. R 통계 분석 연습

R에서 모집단의 평균에 대한 통계적 추론을 위해서는 "t.test()"함수를 활용한다. 먼저 "read_excel()"함수를 활용하여 "샘플데이터2.csv"파일을 "data"에 저장한다. SPSS의 예와 동일하게 "직무만족도" 변수에 대한 모집단의 평균 검정을 하자. "직무만족도"는 순서상 "data"의 138열에 있기 때문에 "data[,138]"가 "직무만족도" 변수의 변수값들이 된다. "직무만족도"에 대한 모집단의 평균에 대한 통계적 추론(검정값=4) 분석 결과는 [그림 12-9]와 같다. 통계량은 SPSS의 분석 결과와 동일하고 해석도 동일하다. "t.test()" 함수에 대한 자세한 사항은 "help(t.test)" 또는 "?t.test"로 확인할 수 있다.

```
library(readxl)
data <- read_excel("C:/Users/user/Desktop/자료/샘플데이터2.xlsx")
t.test(data[,138],mu=4)
> t.test(data[,138],mu=4)

        One Sample t-test

data:  data[, 138]
t = 11.818, df = 310, p-value < 2.2e-16
alternative hypothesis: true mean is not equal to 4
95 percent confidence interval:
 4.629482 4.880968
sample estimates:
mean of x
 4.755225
```

그림 12-9 단일표본 T 검정 예와 결과(검정값 = 4)

[그림 12-10]은 모집단 평균에 대한 통계적 추론을 t분포를 기반으로 하는 t검정이 아닌 z분포로 기반으로 하는 z검정의 예이다. R에서는 z검정을 직접적으로 지원하지 않기 때문에, "z.test()"라는 함수를 직접 만들어 사용하였다. 표본 크기가 상대적으로 크기 때문에 z값은 앞서 예의 t값과 거의 유사하며, 결과와 그 해석도 동일하다.

```
library(readxl)
data <- read_excel("C:/Users/user/Desktop/자료/샘플데이터2.xlsx")

z.test = function(a,mu,var){
  zeta = (mean(a)- mu) / (sqrt(var / length(a)))
  return(zeta)
}

z.test(data[,138], 4,var(data[,138]))
```

그림 12-10 단일표본 Z 검정 예와 결과(검정값 = 4)

4. 모집단의 비율에 대한 통계적 추론

모집단의 비율에 대한 통계적 추론은 앞서 모집단의 평균에 대한 통계적 추론과 유사하고, 다만 사용하는 검정 통계량의 식이 변한다. 즉, 검정 통계량은 변화가 없이 모집단 분포의 가정이 변하여 분산의 추정 방식이 변한다. 일반적으로 비율이라면 n번의 시도 중 k번 성공 횟수를 의미한다고 볼 수 있다. 따라서, 이러한 과정은 이산 분포를 따르게 되고, 성공 확률이 p일때 n 회 시도하였다면 성공 확률에 대한 이산 분포의 분산은 np(1-p)이다. 이를 활용하여 Z값을 계산하면 다음과 같다.

$$Z = \frac{p - p_0}{\sqrt{\frac{p(1-p)}{n}}}$$

예를 들어, 특정 브랜드에 대한 재구매 비율을 높이기 위한 프로모션 집행 후의 재구매 비율이 증가했는지를 조사하고자 한다. 일반적으로 재구매율이 20% 보다 커야 프로모션에 의해 재구매율이 향상되었다고 평가할 수 있다. 100명을 표본으로 추출하여 이들의 재구매 여부를 확인하였을 때 25%정도가 재구매를 하였다고 응답하였다.

[통계적 추론의 과정]

(1) 가설의 설정

- 귀무 가설 H0: $\mu = 0.2$
- 대립 가설 Ha: $\mu > 0.2$

(2) 표본의 기술 통계량: 평균($\overline{X}$)=0.25

(3) 표본분포의 결정

- 표본크기가 30보다 크기 때문에 정규분포 가정 가능

(4) 검정 통계량 계산

- Z=(0.25-0.2)/0.04 = 1.25

(5) 임계치와 유의 수준의 결정

양측검정 시행

- 유의 수준 = 0.05, Z값 임계치 = 1.96

(6) 가설 채택 여부 결정

- Z값 통계량이 Z값 임계치보다 작음
- Z분 포 유의확률 0.89로 유의 수준 보다 큼

• 검정통계량이 기각 영역 밖에 있어 유의 수준 0.05에서 귀무 가설을 기각할 수 없어 대립가설을 기각

따라서, 통계분석 결과 (다른 요인에 변화가 없다면) 프로모션은 재구매율을 20% 초과하여 증가시키는데 실패하였다고 볼 수 있다.

5. R 통계 분석 연습

SPSS는 모집단 비율에 대한 통계적 추론 방법을 직접적으로 제공하지 않는다. R에서도 z 검정을 바탕으로 한 모집단 비율에 대한 통계적 추론 방법은 제공하지 않지만, X-squared 검정에 기반한 "prop.test()"를 활용하여 모집단 비율 대한 통계적 추론이 가능하다. 다음은 앞서의 예와 동일하게 100명 중 25명이 찬성하였을 때, 모집단의 찬성 비율이 20%(0.2)보다 더 크다고 할 수 있는지를 분석한 결과이다. 분석 결과는 유의 확률(p-value)이 0.2606으로 유의 수준 0.05보다 크기 때문에 "찬성률이 0.20과 같다."는 귀무가설을 기각할 수 없으므로, "찬성률이 0.2보다 크다"는 대립가설을 채택할 수 없다고 할 수 있다.

```
> prop.test(25,100,p=0.2)

        1-sample proportions test with continuity correction

data:  25 out of 100, null probability 0.2
X-squared = 1.2656, df = 1, p-value = 0.2606
alternative hypothesis: true p is not equal to 0.2
95 percent confidence interval:
 0.1711755 0.3483841
sample estimates:
   p
0.25
```

그림 12-11 모집단 비율에 대한 카이제곱 검정 및 결과

[그림 12-12]는 앞서 설명한 모집단 비율에 대한 Z 검정으로, R에서 직접적으로 해당 분석을 제공하지 않기 때문에 "z.prop.test()" 함수를 직접 만들어 분석한 예이다. 먼저 "z.prop.

test()" 함수를 다음과 같이 정의한 후 "z.prop.test(25, 100, p=0.20)" 으로 모집단 비율에 대한 Z 검정을 실시한다. 분석결과, 앞서의 통계적 추론의 과정 예와 동일하게 Z통계량 1.25, 유의확률 0.89나왔으며, 결과의 해석도 동일하다.

```
> z.prop.test <- function(x,n,p=NULL,conf.level=0.95,alternative="less") {
+     ts.z <- NULL
+     cint <- NULL
+     p.val <- NULL
+     phat <- x/n
+     qhat <- 1 - phat
+
+     if(length(p) > 0) {
+           q <- 1-p
+           SE.phat <- sqrt((p*q)/n)
+           ts.z <- (phat - p)/SE.phat
+           p.val <- pnorm(ts.z)
+           if(alternative=="two.sided") {
+              p.val <- p.val * 2
+           }
+           if(alternative=="greater") {
+              p.val <- 1 - p.val
+           }
+      } else {
+     SE.phat <- sqrt((phat*qhat)/n)
+      }
+      cint <- phat + c(
+           -1*((qnorm(((1 - conf.level)/2) + conf.level))*SE.phat),
+           ((qnorm(((1 - conf.level)/2) + conf.level))*SE.phat) )
+     return(list(estimate=phat,ts.z=ts.z,p.val=p.val,cint=cint))
+ }
> z.prop.test(25,100,p=0.20)
$estimate
[1] 0.25

$ts.z
[1] 1.25

$p.val
[1] 0.8943502

$cint
[1] 0.1716014 0.3283986
```

그림 12-12 모집단 비율에 대한 Z 검정 및 결과

· 제 2 절 독립된 두 집단의 평균 차이 비교 ·

1. 독립된 집단의 평균 차이에 대한 통계적 추론(independent two-sample t-test)

조사 실무에서 특정 고객 집단을 모집단으로 하여 특정 고객 집단의 특성을 파악하기 위한 모집단 평균에 대한 통계적 추론 또는 모집단 비율에 대한 통계적 추론도 자주 실시하지만, 좀 더 전략적으로 두 개 이상의 고객 집단의 특성을 비교하여 두 집단의 차별화 된 특성을 파악하기 위한 조사도 많이 실시한다. 이렇게 두 개 이상의 집단을 비교 분석하는 방법을 독립 집단 차이 검정이라고 한다.

남자 고객과 여자 고객의 특정 브랜드에 대한 "브랜드 충성도"의 차이를 조사하고자 하는 경우, "브랜드 충성도"가 비율 또는 등간 척도로 측정되었다면 평균 계산이 가능한 두 집단의 평균의 차이를 비교 분석하는 경우에 해당된다. 이때 일반적으로 사용하는 검정 통계량은 자유도가 d.f 인 t분포를 따르는 t 통계량이다.

$$t = \frac{\overline{x_1} - \overline{x_2}}{s_{\overline{\Delta}}} \qquad s_{\overline{\Delta}} = \sqrt{\frac{s_1^2}{n_1} + \frac{s_2^2}{n_2}} \qquad d.f. = \frac{(s_1^2/n_2 + s_2^2/n_2)^2}{(s_1^2/n_1)^2/(n_1-1) + (s_2^2/n_2)^2/(n_2-1)}$$

n1: 첫 번째 집단의 표본크기

n2: 두 번째 집단의 표본크기

예를 들어, 특정 브랜드의 "브랜드 충성도"가 남성 고객과 여성 고객 사이에 차이가 있는지 조사하려고 한다. 남성 60명, 여성 50명을 표본으로 추출하여 7점 척도 다문항으로 조사하였다. 조사 과정에서 "브랜드 충성도"의 측정 척도에 대한 신뢰성과 타당성이 검증되었고 단일 변수화(다문항의 평균값)가 이루어졌다. "브랜드 충성도"의 기술 통계 분석 결과 남성 표본의 "브랜드 충성도" 평균은 5.5점, 표준편차는 0.9이고 여성 표본의 "브랜드 충성도" 평균은 5.2, 표준편차는 0.9였다.

[통계적 추론의 과정]

(1) 가설의 설정

- 귀무 가설 H0: $\mu_{남성} = \mu_{여성}$
- 대립 가설 Ha: $\mu_{남성} \neq \mu_{여성}$

(2) 표본의 기술 통계량: 남성 평균($\overline{X}$)=5.5, 여성 평균($\overline{X}$)=5.2, 남성 표준편차(S_1)=0.9, 여성 표준편차(S_2)=0.9

(3) 표본분포의 결정

- t분포 가정 가능

(4) 검정 통계량 계산

(5) 임계치와 유의 수준의 결정

- 양측검정 시행
- 유의 수준 = 0.05, t값 임계치(자유도=108)= 1.98

(6) 가설 채택 여부 결정

- t값 통계량 t값 임계치보다 작음
- t분포 유의확률 0.08로 모두 유의 수준 보다 큼
- 검정통계량이 모두 기각 영역에 밖에 있어 유의 수준 0.05에서 귀무 가설을 기각할 수 없어 대립가설을 기각(단, 유의 수준을 0.10으로 할 경우 대립 가설을 채택할 수 있음)

따라서, 통계분석 결과 (다른 요인에 차이가 없다면) 남성 고객과 여성 고객의 브랜드 충성도에는 차이가 없다고 볼 수 있다.

2. EXCEL 통계 분석 연습

EXCEL에서는 "데이터 분석" 툴에서 t 검정 기능을 제공한다. 독립된 두 집단의 통계 분석을 위해서는 "t-검정: 이분산 가정 두집단"을 활용하면 된다. 두 집단의 통계 분석을 실시하기

전에 평균 차이를 비교할 두 집단을 선택해야 한다. 본 예에서는 성별에 따라 즉, "남성"와 "여성"을 본 집단에 따라 "직무몰입도"에 차이가 있는지를 분석하려고 한다. 따라서, 두 집단은 "성별" 변수에 의해 구별되는 "남성"집단과 "여성" 집단이며, "남성" 집단을 "1"로 정의하였고, "여성" 집단을 "2로" 정의하였다. 분석 과정에서 변수의 선택을 용이하게 하기 위해 다음과 같이 "직무몰입도"를 기준으로 정렬을 한다.

"데이터 분석"을 선택하여 [그림 12-13]과 같은 다양한 통계 분석 방법 중 "t-검정: 이분산 가정 두집단"을 선택한다. EXCEL에서는 3가지 t-검정 분석 방법을 제공하는데, "쌍체비교"는 추후 설명할 예정이며, "등분산 가정 두집단"은 두 집단의 분산이 동일하다는 가정을 바탕으로 차이 검정을 할 때 활용한다. 본 예에서는 "이분산 가정 두집단" 즉, 두 집단의 분산이 동일하지 않다는 좀 더 일반적 가정을 사용한다.

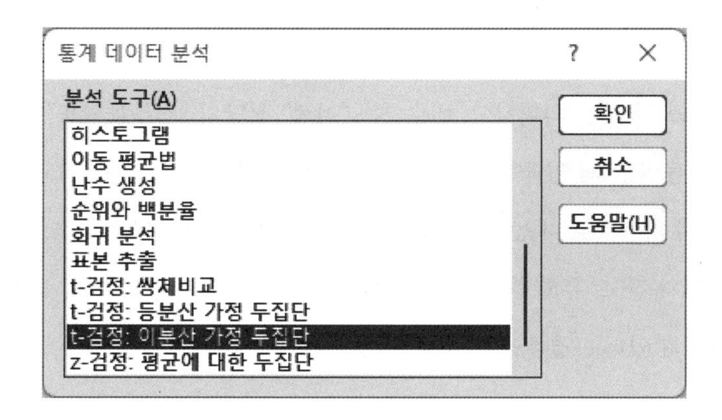

그림 12-13 **t-검정의 선택**

분석방법이 결정되면 다음과 같이 분석 대상 자료를 선택해야 한다. 앞서 두 집단 구분 변수("성별")에 따라 자료가 정렬이 되어 있기 때문에, 순서대로 "남성" 집단의 "직무몰입도"를 입력($EG$2:$EG$251)하고, 다음으로 "여성"집단의 "직무몰입도"를 입력($EG$252:$EG$312)한 후, "확인"을 눌러 t검정을 실시한다.

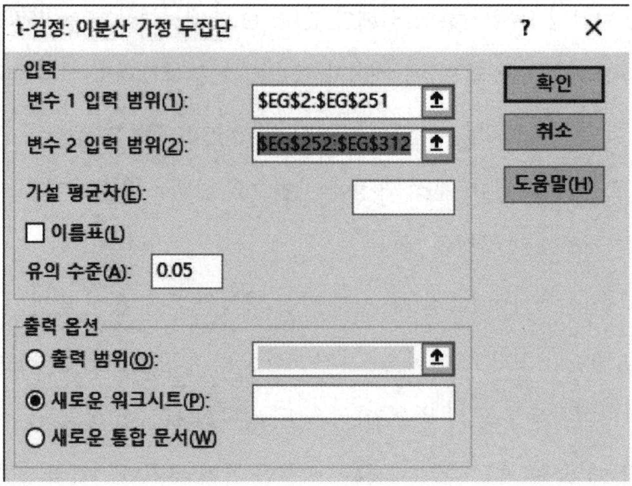

t-검정: 이분산 가정 두집단

입력
변수 1 입력 범위(1): $EG$2:$EG$251
변수 2 입력 범위(2): $EG$252:$EG$312
가설 평균차(E):
이름표(L)
유의 수준(A): 0.05

출력 옵션
출력 범위(O):
새로운 워크시트(P):
새로운 통합 문서(W)

확인
취소
도움말(H)

그림 12-14 분석 대상 자료의 선택

다음의 예는 독립된 두 집단의 평균 차이 t검정의 분석 결과를 보여준다. 변수 1은 "남성" 집단의 "직무몰입도"를 의미하고, 변수 2는 "여성" 집단의 "직무몰입도"를 의미한다. "남성"집단의 "직무몰입도"의 평균은 5.14, "여성"집단의 "직무몰입도"는 4.45로 "남성"집단의 "직무몰입도"가 수치상으로 더 높다. 하지만, 통계 추론 결과 t 통계량은 4.85로 유의 수준 0.05에 대한 임계치보다 작고, 유의 확률은 0.000으로 나왔으며 두 집단의 "직무몰입도"는 통계적으로 유의한 차이가 있다고 결론을 내릴 수 있다.

t-검정: 이분산 가정 두 집단

	변수 1	변수 2
평균	5.136	4.447541
분산	0.807694779	1.031869
관측수	250	61
가설 평균차	0	
자유도	84	
t 통계량	4.850388689	
P(T<=t) 단측	0.0000027995	
t 기각치 단측	1.663196679	
P(T<=t) 양측	0.0000055991	
t 기각치 양측	1.988609667	

그림 12-15 독립된 두 집단의 t검정 분석 결과

3. SPSS 통계 분석 연습

SPSS에서는 [그림 12-16]과 같이 "평균비교" 메뉴에서 "독립표본 T검정"을 통해 독립된 두 집단의 평균 차이 검정을 실시할 수 있다.

그림 12-16 독립표본 T 검정

독립표본 T검정을 위해 검정의 대상이 되는 변수(종속변수)와 집단변수(독립변수)를 정의하여야 한다. EXCEL과 동일하게 검정 변수로 "직무몰입도", 집단변수로 "성별"을 선택한다.

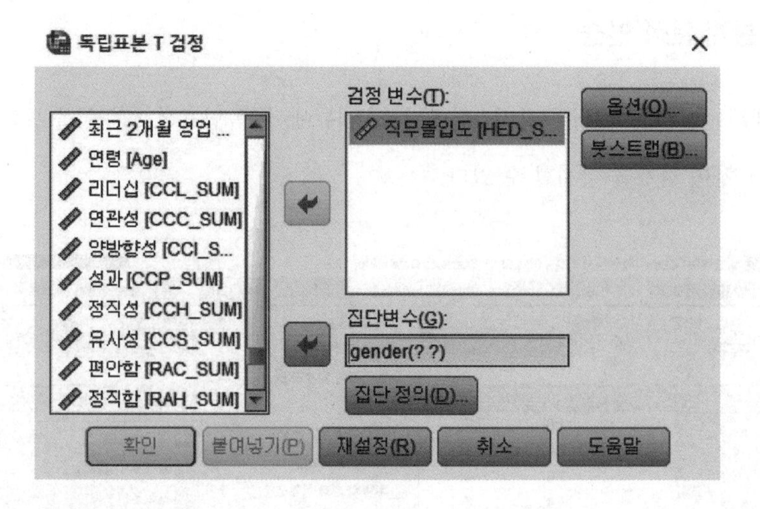

그림 12-17 **독립표본 T검정 예(1)**

집단변수의 경우, 각각의 집단을 다음과 같이 정의하여야 한다. T검정의 경우 두 개 집단만을 대상으로 하기 때문에, 여러 개의 집단/범주가 있는 경우에도 집단 1과 2를 정의하면 해당되는 두 개 집단만을 대상으로 T 검정이 가능하다. 또한, 집단 변수가 아닌 연속 변수의 경우 "절단점" 즉, 집단을 구분하는 값을 정의하여 주면 자동으로 두 개 집단으로 구분해 줄 수도 있다.

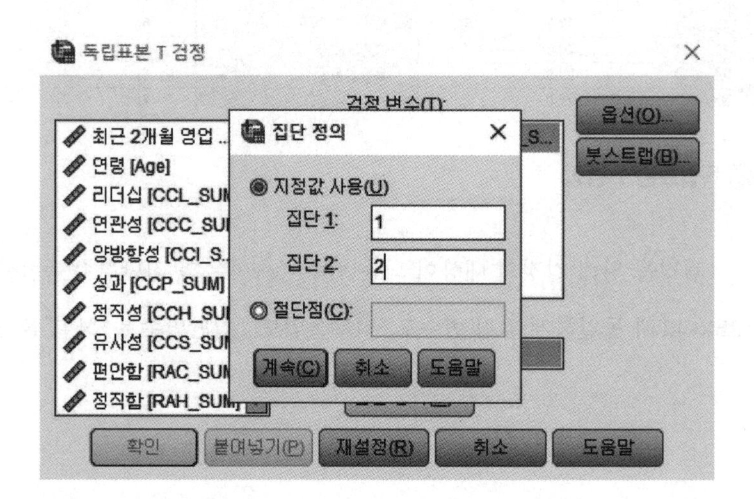

그림 12-18 **독립표본 T검정 예(2)**

이렇게 집단 변수와 분석해 포함할 집단 범주를 결정하면 [그림 12-19]와 같이 집단 변수에 집단 범주가 나타난다. "확인"을 선택하여 독립표본 T 검정을 실시한다.

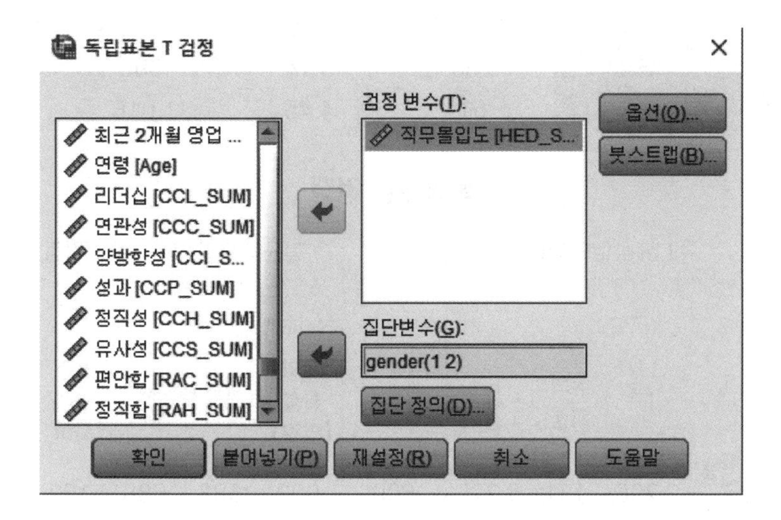

그림 12-19 독립표본 T검정 예 (3)

다음은 독립 표본 T검정 분석 결과를 보여준다. 첫 번째 표는 각 성별에 따라 "직무몰입도"에 대한 기술통계량을 보여준다. "성별"이 "1", 즉, "남성"인 경우는 250명이 응답했고, "직무몰입도"는 5.14이고, 표준편차는 0.899 이며, "성별"이 "2", 즉, "여성"인 경우는 61명이 응답했으며, "직무몰입도"는 4.45이고, 표준편차는 1.016 임을 알 수 있다. 따라서, 수치상으로는 "남성" 집단에 비해 "여성" 집단의 "직무몰입도"가 더 낮다. 두 번째 표는 이 두 집단에서 "직무몰입도"의 차이가 통계적으로 유의한지 보여준다. 먼저 앞쪽 열의 "Levene의 등분산 검정"은 두 비교 집단의 분산이 동일한지 아닌지를 확인한다. 만약 유의 확률이 유의 수준 보다 크다면 "두 비교 집단의 분산이 같다."는 귀무 가설을 기각할 수 없어 등분산 가정이 유지되어 첫 번째 행의 결과를 바탕으로 통계적 유의성을 판단하지만, 그렇지 않을 경우 귀무 가설을 기각하고 등분산을 가정하지 않고 두번째 행의 결과를 바탕으로 통계적 유의성을 판단한다. 유의확률이 0.131로 유의 수준 0.05보다 크기 때문에 등분산 가정이 유지되어 첫번째 행의 결과를 바탕으로 통계적 유의성을 확인한다. 첫 번째 행에서 t값은 5.225 이고, 유의 확률은 0.000로서 유의 수준 0.05에서 통계적으로 유의하다. 따라서, 분석 결과 두 집단 "남성"와 "여성" 집단의 "직무몰입도"의 차이는 있다고 판단할 수 있다.

집단통계량

	성별	N	평균	표준화 편차	표준오차 평균
직무몰입도	남성	250	5.14	.899	.057
	여성	61	4.45	1.016	.130

독립표본 검정

		Levene의 등분산 검정		평균의 동일성에 대한 T 검정					차이의 95% 신뢰구간	
		F	유의확률	t	자유도	유의확률(양측)	평균차이	평균차이	표준오차차이	하한	상한
직무몰입도	등분산을 가정함	2.296	.131	5.225	309	.000	.688	.688	.132	.429	.948
	등분산을 가정하지 않음			4.850	84.366	.000	.688	.688	.142	.406	.971

그림 12-20 독립표본 T검정 결과

4. R 통계 분석 연습

R에서 두 집단의 평균에 대한 통계적 추론에도 모집단의 평균에 대한 통계적 추론과 동일하게 "t.test()"함수를 활용한다. 다만, 모집단의 평균에 대한 통계적 추론에는 하나의 변수만 포함되었다면, 두 집단의 평균 비교를 위해 두 집단에 각각 두 개의 변수값이 필요하다. 하나의 변수에 일반적으로 두 개의 집단에 대한 변수값이 섞여 있기 때문에 이를 분리하는 작업이 필요하다. 이는 "data[data[,116]=='남성',137]" 명령을 통해 "남성" 경우에 대해서만 "직무몰입도" 자료를 추출하게 된다. "data[,116]=='남성'"은 116번째 열에 '남성'이라는 문자가 있는 행을 선택하며, 선택된 행들의 137번째 열의 값을 가져온다. 따라서, "여성"의 경우에 대해서만 "직무몰입도" 자료를 추출하기 위해서는"data[,116]=='여성'" 명령을 사용하면 된다. 이 두 변수를 각각 "x"와 "y"에 저장하고 이를 "t.test()" 함수의 입력값으로 사용한다. 다음으로 SPSS에서 설명했

듯이 두 비교 집단의 분산의 동질성을 확인할 필요가 있기 때문에, "t.test()"를 위한 옵션 "var.equal=FALSE"를 사용하여 두 집단의 분산이 동일하지 않다는 가정을 적용해 본다. "t.test()" 함수의 사용법과 옵션 대한 자세한 사항은 "help(t.test)" 또는 "?t.test"로 확인할 수 있다. 다음 분석 결과의 통계량은 SPSS의 통계량들과 동일하고 따라서, 해석도 동일하게 하면 된다.

```
library(readxl)
data <- read_excel("C:/Users/user/Desktop/자료/샘플데이터2.xlsx")

x=data[data[,116]=='남성',137]
y=data[data[,116]=='여성',137]
t.test(x,y,var.equal=FALSE)

        Welch Two Sample t-test

data:  x and y
t = 4.8504, df = 84.366, p-value = 5.568e-06
alternative hypothesis: true difference in means is not equal to 0
95 percent confidence interval:
 0.4062158 0.9707023
sample estimates:
mean of x mean of y
 5.136000  4.447541
```

그림 12-21 R에서 독립표본 T검정 결과

· 제 3 절 독립하지 않은 두 변수 간의 평균 차이 비교 ·

1. 독립하지 않은 두 변수 간의 평균 차이에 대한 통계적 추론(Paired-samples t-test)

앞서의 두 독립 집단 간의 평균 차이에 대한 통계적 추론은 두 집단이 상호 독립적인 별개의 집단이라고 가정하였다. 상호 독립적이라는 의미는 두 집단간의 영향이 전혀 존재하지 않는 상황으로 두 집단 간의 공통 요소가 전혀 존재하지 않는 다는 것을 의미한다. 그러나, 한 집단내에서 두 개의 서로 다른 변수 또는 동일 변수에 대해 시간적 차이를 두고 측정한 값의 차이를 조사하고 싶은 경우에도 평균 차이에 대한 통계적 추론을 적용해 볼 수 있다. 이것을 독립하지 않은 두 변수 간의 평균 차이 검정 또는 짝을 이룬 집단의 평균 차이 검정(Paired-samples t-test)라고 한다.

예를 들어, 새로운 광고를 방영하기 전과 후의 "브랜드 선호도"의 차이를 검증하고자 할 경우, 방영 전과 후의 고객의 "브랜드 선호도"를 각각 측정한, 이 측정값의 차이를 통계적으로 추론하여 새로운 광고의 효과를 조사할 수 있다. 이 경우 두 독립 집단의 동일 변수에 대한 평균 차이를 검증하기 보다 하나의 동일 집단 내에서 동일 변수의 시점에 따른 다른 측정치 또는 다른 변수의 평균 차이를 통계적으로 추론하는 것으로 짝을 이룬 집단의 평균 차이 검정이 적당하다.

일반적으로 독립하지 않은 두 변수 또는 짝을 이룬 집단의 두 측정값은 동일 응답자로 측정되었기 때문에 서로 독립적이지 않게 된다. 결국, 독립 집단 평균 차이 검정은 독립된 두 변수의 평균 차이 검정이고, 짝을 이룬 집단의 평균 차이 검정은 독립되지 않은 두 변수의 평균 차이 검정이라 볼 수 있다. 독립하지 않은 두 변수간의 평균 차이 검정은 일반적으로 n-1의 자유도를 가지는 t분포를 따르는 t통계량을 사용하여 검정한다. 개념상으로는 독립하지 않은 두 변수 간의 차이를 하나의 변수로 보고 모집단의 차이 변수의 평균이 0 (두 변수 간의 차이=0)이라는 귀무 가설을 검증하기 방식이기 때문에, 앞서의 모집단 평균에 대한 통계적 추론 방법을 그대로 적용할 수 있다.

$$t = \frac{\overline{X}_D - \mu_0}{\frac{s_D}{\sqrt{n}}}$$

X_D: 두 변수 간의 차이의 평균 $X_D=\Sigma(X2-X1)/n$ (n: 표본 크기)

S_D: 두 변수 간의 차이의 표준편차 $S_D=\Sigma((X2-X1-X_D)$^2)/(n-1)

예를 들어, 새로운 광고 전 후의 특정 브랜드에 대한 "브랜드 선호도"를 조사하려고 하기 위해 고객 60명을 표본으로 추출하여 7점 척도로 다문항으로 조사하였다. 조사 과정에서 "브랜드 선호도"의 측정 척도에 대해 신뢰성과 타당성이 검증되었고, 단일 변수화(다문항의 평균값)가 이루어졌다. 기술 통계 분석 결과 "브랜드 선호도"의 광고 전 후 차이의 평균은 0.15점, 표준편차는 0.5 였다.

[통계적 추론의 과정]

(1) 가설의 설정

- 귀무 가설 H0: $\mu_2 - \mu_1 = d = 0$

- 대립 가설 Ha: $\mu_2 - \mu_1 = d > 0$
- μ_1 첫 번째 변수의 모집단의 평균(광고 전 "브랜드 선호도")
- μ_2 두 번째 변수의 모집단의 평균(광고 후 "브랜드 선호도")

(2) 표본의 기술 통계량: 두 변수 간의 평균($\overline{X}_D$)=0.5, 표본표준편차(S)=0.35, 표본크기(n) = 60

(3) 검정 통계량 계산

$$t = \frac{0.15 - 0}{\frac{0.5}{\sqrt{60}}} = 2.32$$

(4) 임계치와 유의 수준의 결정

- 양측검정 시행
- 유의 수준 = 0.05, t값 임계치(자유도=59)= 2.00

(5) 가설 채택 여부 결정

- t값통계량 t값 임계치보다 큼
- t분포 유의확률 0.024 로 유의 수준보다 작음
- 검정통계량이 모두 기각 영역에 있어 유의 수준 0.05에서 귀무 가설을 기각하고 대립가설을 채택

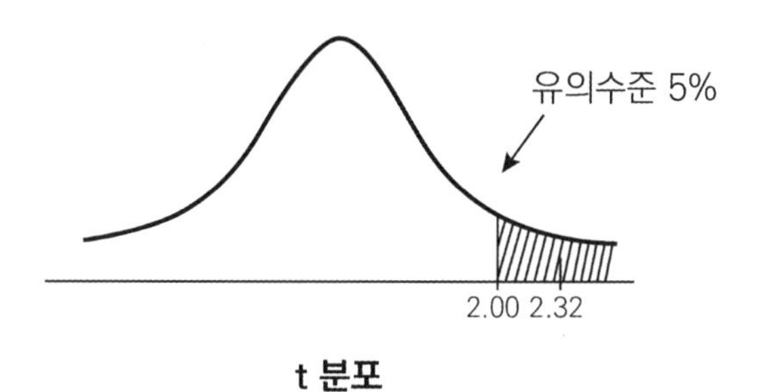

t 분포

따라서, 통계분석 결과 (다른 요인이 영향이 없다면) 새로운 광고 방영으로 "브랜드 선호도"는 증가하였다고 볼 수 있다.

2. EXCEL 통계 분석 연습

"직무몰입도"와 "직무만족도"에 차이가 있는지를 조사할 경우, 쌍체비교 t-검정을 실시할 수 있다. 다른 통계 분석과 동일하게 "데이터 분석"을 선택하여 다음과 같은 다양한 통계 분석 방법 중 독립되지 않은 집단의 두 변수를 비교하기 위해 "t-검정: 쌍체비교"를 선택한다.

"통계 데이터 분석" 창에서 분석 방법을 선택하면, [그림 12-22]와 같이 "t-검정: 쌍체비교" 창이 나타나고, 변수 1과 변수 2를 입력한다. "변수 1"에는 "직무몰입도"에 해당하는 셀들($EG$2:$EG$312)을 입력하고, "변수 2"에는 "직무만족도"에 해당하는 셀들($EH$2:$EH$312)을 입력한 후, "확인"을 선택하여 t검정을 실시한다.

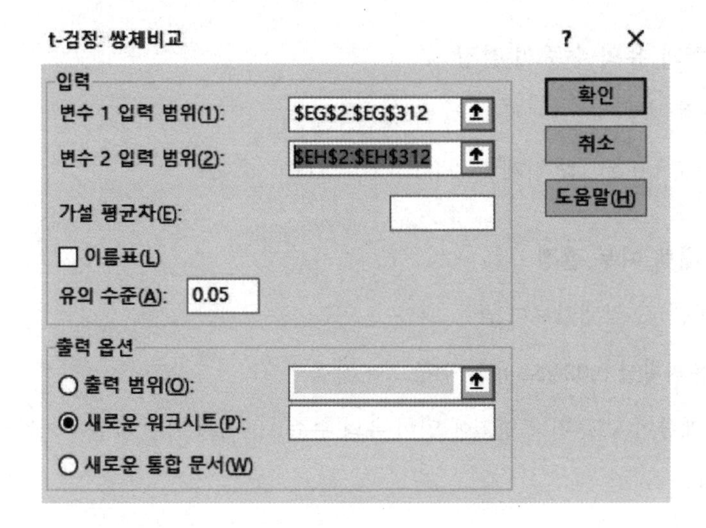

그림 12-22 EXCEL에서 쌍체비교 t검정 분석 대상 자료의 선택

다음은 쌍체비교 t검정의 분석 결과를 보여준다. 변수 1은 "직무몰입도"를 의미하고, 변수 2는 "직무만족도"를 의미한다. "직무몰입도"의 평균은 5.00, "직무만족도"는 4.76로 "직무몰입도"가 "직무만족도"에 비해 더 높다. 통계 추론 결과 t 통계량은 5.18로 유의 수준 0.05에 대한 임계치보다 크고, 유의 확률 역시 아주 작기 때문에 "직무만족도"와 "직무몰입도"는 통계적으로 유의한 차이가 있으며, 결론적으로 "직무몰입도"가 "직무만족도"보다 높다고 판단할 수 있다.

t-검정: 쌍체 비교		
	변수 1	변수 2
평균	5.000965	4.755225
분산	0.923451	1.270083
관측수	311	311
피어슨 상관 계수	0.689025	
가설 평균차	0	
자유도	310	
t 통계량	5.175562	
P(T<=t) 단측 검정	2.05E-07	
t 기각치 단측 검정	1.649784	
P(T<=t) 양측 검정	4.09E-07	
t 기각치 양측 검정	1.967646	

그림 12-23 EXCEL에서 쌍체비교 t 검정 결과

3. SPSS 통계 분석 연습

SPSS에서는 [그림 12-24]와 같이 "평균비교" 메뉴에서 "대응표본 T검정"을 통해 쌍을 이루는 변수의 평균 차이 검정을 실시할 수 있다.

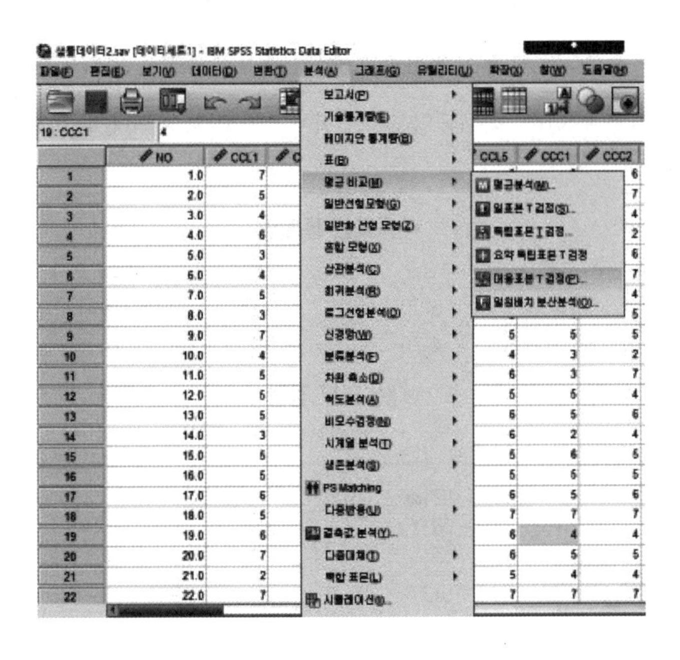

그림 12-24 SPSS에서 대응표본 t 검정

대응표본 T검정을 위해 검정의 대상이 되는 두 개의 변수(변수 1, 변수 2)와 정의하여야 한다. EXCEL과 동일한 예로 두 변수로 "직무몰입도"와 "직무만족도" 집단변수로 선택한다.

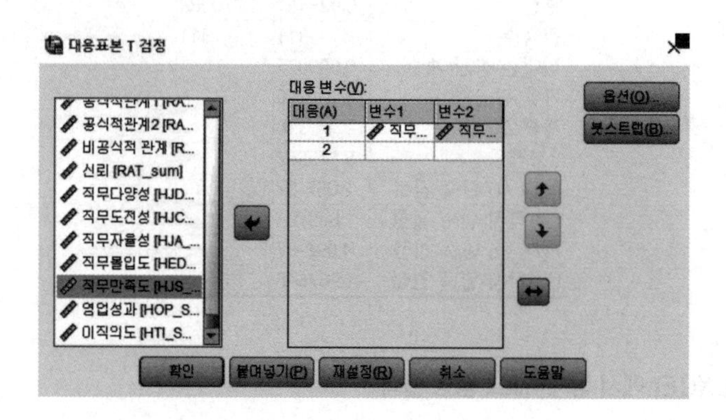

그림 12-25 SPSS에서 대응표본 t 검정 예

[그림 12-26]은 대응 표본 T검정 분석 결과를 보여준다. 첫 번째 표는 두 변수 "직무몰입도"와 "직무만족도"에 대한 기술통계량을 보여준다. "직무몰입도"의 평균은 5.00, "직무만족도"의 평균은 4.76로 수치상으로는 "직무몰입도"가 "직무만족도"에 비해 집단의 더 높다. 두 번째 표는 이 두 변수의 평균 차이가 통계적으로 유의한지 보여준다. EXCEL과 동일하게 평균 차이는 0.246이고 t값은 5.176 이고, 유의 확률은 0.000로서 유의 수준 0.05에서 통계적으로 유의하다. 따라서, 분석 결과 두 변수 "직무몰입도"가 "직무만족도"보다 더 높다고 판단할 수 있다.

대응표본 통계량

		평균	N	표준화 편차	표준오차 평균
대응 1	직무몰입도	5.00	311	.961	.054
	직무만족도	4.76	311	1.127	.064

대응표본 검정

		대응차					t	자유도	유의확률 (양측)
		평균	표준화 편차	표준 오차 평균	차이의 95% 신뢰구간				
					하한	상한			
대응 1	직무몰입도 - 직무만족도	.246	.837	.047	.152	.339	5.176	310	.000

그림 12-26 대응표본 T검정 결과

4. R 통계 분석 연습

R에서 대응 표본 T 검정을 위해 모집단의 평균에 대한 통계적 추론과 독립 표본 T 검정과 동일하게 "t.test()"함수를 활용한다. 독립 표본 T검정과 동일하게 대응 표본 T 검정도 두 개의 변수 입력이 필요하다. R 활용에서도 EXCEL과 SPSS 활용과 동일하게 "직무몰입도"와 "직무만족도"를 비교하고자 한다. "t.test()"함수에 "직무몰입도"를 위해 "data[,137]" 변수와 "직무만족도"를 위해 "data[,138]" 변수를 입력하고, 대응표본 T검정을 위해 "paired=TRUE"를 입력한다. "t.test()" 함수의 사용법과 옵션에 대한 자세한 사항은 "help(t.test)" 또는 "?t.test"로 확인할 수 있다. 다음 분석 결과의 통계량은 SPSS의 통계량들과 동일하고 따라서, 해석도 동일하게 실시한다.

```
library(readxl)
data <- read_excel("C:/Users/user/Desktop/자료/샘플데이터2.xlsx")

# t.test 함수 호출
t.test(data[, 137], data[, 138], paired = TRUE)

        Paired t-test

data:  column_137 and column_138
t = 5.1756, df = 310, p-value = 4.092e-07
alternative hypothesis: true mean difference is not equal to 0
95 percent confidence interval:
 0.1523143 0.3391648
sample estimates:
mean difference
      0.2457395
```

그림 12-27 R에서 대응표본 T검정 결과

· 제 4 절 두 집단 간 빈도 또는 비율 비교 ·

1. 두 집단 간 빈도 또는 비율 차이에 대한 통계적 추론

지금까지 집단 또는 변수 간의 평균 차이 검정에 대해 살펴 보았다. 조사 분야에서 가장 많이 이루어지는 분석 중 하나가 바로 차이 검정이다. 그러나, 평균으로 계산 가능한 측정 척도는 등간 척도와 비율 척도만 가능하기 때문에 그 외 서열 척도와 명목 척도로 측정된 변수의 차이 검정은 앞서의 t-test로는 검정이 불가능하다. 본 절에서는 서열 척도 또는 명목 척도로 측정된 변수에 대해 차이를 검정할 수 있는 교차 분석에 대해 살펴 보고자 한다. 본질적으로 서열 척도 또는 명목 척도의 기술 통계 기법은 빈도를 기반으로 한다. 따라서, 서열 척도 또는 명목 척도로 측정된 변수의 차이는 빈도 또는 비율의 차이를 의미한다. 예를 들어, 고객들이 좋아하는 브랜드를 조사하고자 하는 경우, 특정 브랜드를 좋아하는 횟수 또는 그 비율로 조사할 수 있다. 이 비율 또는 빈도의 차이에 대한 통계적 추론은 두 가지 형태의 분석 방법을 사용할 수 있다. 먼저 집단 간의 빈도 차이를 나타내주는 교차표를 바탕으로 집단 간의 비율을 비교하여 통계적 추론을 하는 교차 분석 방법이 있다. 다른 하나로는 집단 간의 비율 차를 Z분포를 비교하는 Z 검정이 있다. 교차 분석 방법은 3개 이상의 집단 간의 비율을 비교할 수 있기 때문에 다음 장에서 알아보기로 하고. 이 장에서는 Z 검정에 대해서만 설명한다.

두 집단 간의 비율 차이를 검증하는 경우 독립적으로 추출된 두 독립 표본들 간의 측정 비율에 차이가 있는지를 통계적으로 추론하기 위해 정규분포를 따르는 z통계량을 사용하여 검정한다. 개념적으로는 두 집단의 비율이 같다는 귀무가설을 검정하기 위해 개념적으로 두 집단의 비율 차이가 0인지를 확인하기 위해 비율 차이에 대한 분산이 $\frac{p_0q_0}{n_1}+\frac{p_0q_0}{n_2}$을 사용하여 앞서 단일 모집단의 비율 검정 방법을 그대로 적용할 수 있다.

$$z=\frac{(\hat{p_1}-\hat{p_2})}{\sqrt{\hat{p}(1-\hat{p})(\frac{1}{n_1}+\frac{1}{n_2})}}$$

$$\hat{p}=\frac{n_1p_1+n_2p_2}{n_1+n_2}$$

예를 들어, 두 개의 고객 집단(A, B)에서 특정 브랜드를 인지하는 비율을 비교하는 조사를 하고자 한다. 각각의 집단에서 100명의 고객을 표본으로 추출하여 브랜드 인지도를 조사하였더니, 집단 A에서 25%의 고객이 특정 브랜드를 인지한 반면, 집단 B에서는 29%의 고객이 특정 브랜드를 인지하였다. 이때 두 집단의 특정 브랜드에 대한 인지 비율 차이를 통계적으로 추론하면 다음과 같다.

[통계적 추론의 과정]

(1) 가설의 설정

- 귀무 가설 H0: $p_1 - p_2 = 0$
- 대립 가설 Ha: $p_1 - p_2 \neq 0$

(2) 표본의 기술 통계량

- 집단 A의 비율(p_1)=0.25, 집단 B의 비율(p_2)=0.29, 표본크기(n_1, n_2)=100

(3) 검정 통계량 계산

$$\hat{p} = \frac{100(0.25+0.29)}{100+100} = 0.27$$

$$z = \frac{0.25-0.29}{\sqrt{0.27(1-0.27)(\frac{1}{100}+\frac{1}{100})}} = -0.64$$

(4) 임계치와 유의 수준의 결정

- 양측검정 시행
- 유의 수준 = 0.05, Z값 임계치 = 1.96

(5) 가설 채택 여부 결정

- Z값통계량이 Z값 임계치보다 작음
- Z분포 유의확률 0.52로 유의 수준보다 큼
- 검정통계량이 기각 영역 밖에 있어 유의 수준 0.05에서 귀무 가설을 기각할 수 없어 대립가설을 기각

따라서, 통계분석 결과 (다른 요인에 변화가 없다면) 두 집단에서 특정 브랜드를 인지하는 비율에는 차이가 없다.

2. R 통계 분석 연습

SPSS는 비율 차이에 대한 통계적 추론 방법을 직접적으로 제공하지 않는다. R에서도 z검정을 바탕으로 한 비율 차이에 대한 통계적 추론 방법은 제공하지 않지만, x-squared 검정에 기반한 "prop.test()"를 활용하여 비율 차이에 대한 통계적 추론이 가능하다. 다음은 앞서의 예와 동일하게, 첫 번째 집단에서 100명 중 25명이 브랜드를 인지하였고, 두 번째 집단에서 100명 중 29명이 브랜드를 인지하였을 때 두 집단 간의 브랜드 인지도에 차이가 있는지를 분석한 결과이다. 분석 결과는 유의 확률(p-value)이 유의 수준 0.05보다 큰 0.633이기 때문에 "두 집단의 브랜드 인지도 비율이 같다."는 귀무가설을 기각할 수 없어, 두 집단 간의 브랜드 인지 비율에는 차이가 없다고 판단할 수 있다.

```
> prop.test(c(25,29),c(100,100))

        2-sample test for equality of proportions with continuity correction

data:  c(25, 29) out of c(100, 100)
X-squared = 0.22831, df = 1, p-value = 0.6328
alternative hypothesis: two.sided
95 percent confidence interval:
 -0.17293209  0.09293209
sample estimates:
prop 1 prop 2
  0.25   0.29
```

그림 12-28 집단 간 비율 비교(1)

R에서 직접적으로 해당 분석을 제공하지 않기 때문에 "z.prop.test()" 함수를 직접 만들어 분석한 예이다. 먼저 "z.prop.test()" 함수를 통계 수식을 적용하여 코딩한 후 "z.prop.test(25,29,100,100)" 으로 모집단 비율에 대한 Z 검정을 실시하다. 분석 결과, 앞서의 통계적 추론의 과정 예와 동일하게 Z통계량 0.64로 나왔으며, 결과의 해석도 동일하다.

```
> z.prop.test = function(x1,x2,n1,n2){
+   numerator = (x1/n1) - (x2/n2)
+   p.common = (x1+x2) / (n1+n2)
+   denominator = sqrt(p.common * (1-p.common) * (1/n1 + 1/n2))
+   z.prop.ris = numerator / denominator
+   return(z.prop.ris)
+ }
> z.prop.test(25,29,100,100)
[1] -0.6370913
```

그림 12-29 집단 간 비율 비교(2)

· 제 5 절 차이에 기반한 가설 검정(2): 세 개 이상 집단 간 차이 ·

지금까지는 주로 두 개 집단의 특성 차이를 통계적으로 추론하는 방법으로 t-test에 대해 살펴보았다. 여러 번의 t-test를 통해 여러 쌍의 두 집단을 비교 분석한다면 세 개 이상의 집단 간 차이도 검정이 가능하다. 하지만, 그러한 방법은 효율적이지 않을 뿐만 아니라, 세 개 이상의 집단 간의 특성을 제대로 반영할 수 없다. 본 장에서는 세 개 이상의 집단의 특성의 차이를 통계적으로 추론하기 위해 주로 사용되는 분석 기법인 분산분석(ANOVA: ANalysis Of VAri-ance)에 대해 살펴본다. 사실, t-test는 검정 가능한 집단의 수가 제한된다는 점 외에도 단 하나의 집단 특성을 반영할 수 밖에 없다는 또 다른 제한점이 있다. 예를 들어, 특정 브랜드에 대한 "브랜드 선호도"가 성별(남/여)에 따라 차이가 나는지를 조사하는 경우와, 지역(수도권/비수도권)에 따라 차이가 나는지를 조사하는 경우, 각각의 분석은 t-test를 활용하여 분석 가능하다. 하지만, 이 두 요인(성별, 지역)을 고려하는 분석은 t-test를 통해 할 수 없다. 즉, 수도권의 여성 고객과 비수도권의 남성 고객의 비교는 사실상 분석하는 것이 불가능하다. 두 요인 이상 또는 두 가지 이상의 집단 분류를 동시에 고려하는 통계적 추론은 분산분석으로 수행이 가능하다.

분산분석의 경우 명목 척도로 측정된 집단 구분 변수가 독립 변수(independent variable) 또는 처치 변수(treatment variable)가 되고, 등간 척도 또는 비율 척도로 측정된 연속 변수가 종속 변수(dependent variable) 또는 반응 변수(response variable)가 된다. 분산분석은 하나의 독립 변수 또는 요인(factor)이 있는 일원(배치) 분산분석(one-way ANOVA)부터 여러 개의 독립 변수 또는 요인을 가지는 다원 또는 다중 분산분석(multi-way ANOVA)이 가능하다. 통계분석에서는 일원(하나의 집단 구분 변수 대상, 예: 성별), 이원(두 개의 집단 구분 변수 대상, 예: 성별과 지역), 삼원(세 개의 집단 구분 변수 대상, 예: 성별, 지역, 학력) 분산분석을 주로 많이 사용한다.

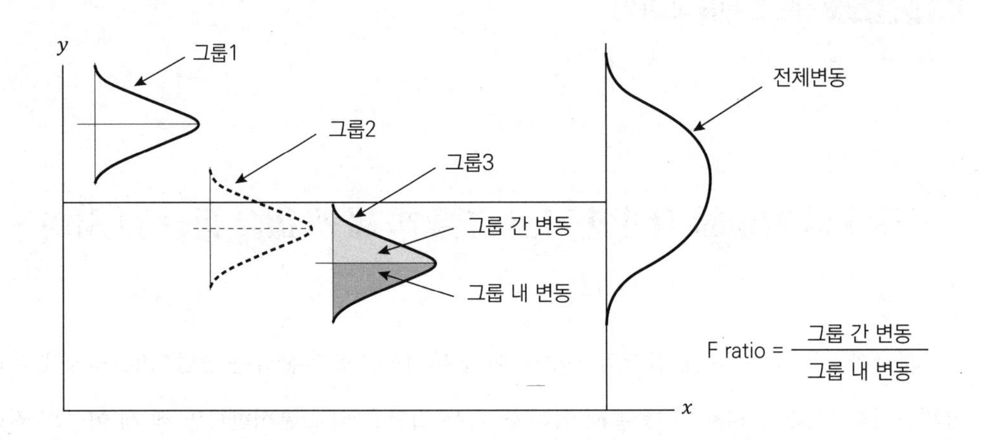

그림 12-30 **분산분석의 개념**

분산분석은 개념적으로 "전체 변동/분산"을 고려하고 "집단 간 변동/분산"과 "집단 내 변동/분산"을 비교하여, "집단 간 변동/분산"이 큰 경우 집단 간 차이가 발행한다고 추론한다. 즉, 집단 간 변동이 상대적으로 클수록 집단 내 변동 보다는 집단 간 변동이 전체 변동의 원인이 될 가능성이 높다는 것이다. 이 가능성이 높아질수록 집단 내에서 발생하는 차이보다 집단 간에 발생하는 차이가 커지게 된다.

1. 분산분석(ANOVA)

먼저, 하나의 집단 구분 변수(독립 변수, 요인)가 있는 상황에서 집단 내 어떤 특성(종속 변수)의 차이에 대한 통계적 추론을 할 경우, 일원(배치) 분산분석이라고 한다. 예를 들어, 연령별로 특정 브랜드의 선호도 차이를 조사한다고 하자. 이때, 연령이 10대, 20대, 30대, 40대, 50대

이상으로 구분이 되어 있다면, 일원(배치) 분산분석이 가능하다. 여기서, 연령은 일원(배치) 분산분석에서 독립변수 또는 요인이 되고, 브랜드 선호도가 종속 변수가 된다. 일원 배치 분산분석은 집단 간 변량과 집단 내 변량의 비율이 F분포를 따른다고 가정하여 F통계량을 바탕으로 통계적 추론을 한다.

1) 일원(배치) 분산분석의 전제 조건들

- 집단 간 독립성
- 오차 분포의 정규성
- 집단의 모집단의 분산 동질성

$$\overset{①}{\sum_{i=1}^{r}\sum_{j=1}^{n}(Y-\overline{Y})^2} = \overset{②}{\sum_{i=1}^{r}n(Y_t-\overline{Y})^2} + \overset{③}{\sum_{i=1}^{r}\sum_{j=1}^{n}(Y_{tj}-\overline{Y_t})^2}$$

SST = SSTR + SSE

① SST: 총제곱합(Total of Squares)

② SSTR: 처리제곱합(Treatment Sum of Squares)

③ SSE: 오차제곱합(Error Sum of Squares)

일반적으로 분산분석은 집단 내 분산과 집단 간 분산의 비교를 통해 통계적 추론을 실시한다. 즉, 전체 변동(SST)은 집단 내 변동(SSE)와 집단 간 변동(SSTR)의 합으로 구성되고, 이들 간의 비율의 크기를 이용하여 집단 간의 차이가 유의한지를 검정한다. 이를 그림으로 나타내면 [그림 12-31]과 같다.

- Y_{tj} : 종속변수 Y의 개별 측정값
- $\overline{Y}$: 종속변수의 전체 평균
- n : 집단의 표본수
- r : 집단 수
- $\overline{Y_t}$: 집단 i의 평균

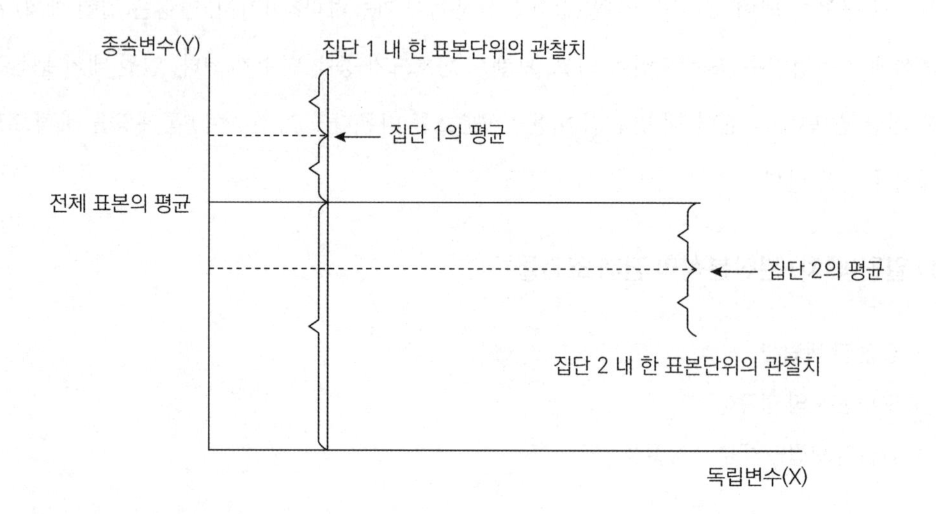

그림 12-31 **집단 간 변동 vs. 집단 내 변동**

전체 변동은 각 측정값들이 전체 표본의 평균으로부터 얼마의 변동을 보이는가를 의미하고, 집단 간 변동은 독립 변수(집단 변수)에 의해 나누어진 각 집단의 평균이 전체 표본의 평균을 중심으로 어느 정도의 변동을 보이는지를 의미하며, 집단 내 변동은 각 집단 내 개별 측정값들이 각 집단의 평균을 중심으로 어느 정도의 변동을 보이는지를 의미한다. 이 집단 내 변동과 집단 간 변동의 비율을 바탕으로 F통계량을 추정하여 집단간 차이를 검증한다. 집단 내 변동, 집단 간 변동, 그리고 전체 변동 등을 포함하여 F통계량을 계산하는 과정을 하나의 표로 요약한 것이 [표 12-1]의 분산분석표 이다.

표 12-1 **분산분석표**

요인	제곱합	자유도	평균제곱	F값	유의확률
처리	$SS_{tr} = n\sum_{i=1}^{k}(\overline{y_i} - \overline{y_{..}})^2$	$k-1$	$MS_{tr} = \frac{SS_{tr}}{k-1}$	$f = \frac{MS_{tr}}{MSE}$	$P(F \geq f)$
잔차	$SSE = \sum_{i=1}^{k}\sum_{j=1}^{n}(y_{ij} - \overline{y_{i.}})^2$	$N-k$	$MSE = \frac{SSE}{N-k}$		
계	$SST = \sum_{i=1}^{k}\sum_{j=1}^{n}(y_{ij} - \overline{y_{..}})^2$				

조사자는 분산분석표를 활용하여 다음과 같은 일반적 가설 검정 과정을 거친다. ❶ 가설을 설정하고, ❷ 분산분석의 기술 통계량에 해당하는 분산분석표를 작성하고, ❸ 검정 통계량인 F통계량을 계산한 후, ❹ 유의수준과 임계치를 결정한 후, ❺ 가설 채택 여부를 결정한다. F통계량은 자유도 (k-1)과 (N-k)의 F분포를 따르며, 조사자는 유의 수준(α)에 따라 자유도(k-1)와 (N-k)의 F값을 임계치로 결정하여 가설 검정을 한다. F통계량이 임계치보다 큰 경우, 귀무 가설이 기각되고 대립가설이 채택된다. 따라서 조사자는 집단 간에 평균에서 차이가 있으며, 독립 변수(집단, 요인)와 종속 변수(결과, 반응) 사이에 관계가 있다고 결론 내릴 수 있다.

2. 사후분석 - 다중 비교

분산분석은 세 개 이상의 집단 간 차이를 검정하기 위해 활용한다. 하지만, 세 개 이상 집단 간에 차이가 있다고 결론이 난다 할지라도, 모든 집단들이 모두 다 다르다는 것을 의미하지는 않는다. 예를 들어, A, B, C 세 개 집단의 차이를 조사하고자 할 경우, 분산분석은 이 세 집단 전체에서 차이가 있는지를 검정하지만, 구체적으로 어떤 집단 간에 차이가 있는지를 검정하지는 않는다. 즉, A, B, C 세 개 집단에서 유의한 차이가 있다고 결론이 난 경우, 분산분석은 그 중 A, B 두 집단은 유의한 차이가 있고, 집단 C는 유의한 차이가 없는지, 아니면 A, B, C 세 집단 모두 유의한 차이가 있는지 명확히 알려 주지 않는다. 따라서, 분산분석을 통해 집단 간의 유의한 차이를 확인한 후 구체적으로 어떤 집단 간의 유의한 차이가 있는지를 확인하기 위해 집단 간의 쌍 비교를 할 필요가 있다. 물론, 분산분석 결과 집단 간 차이가 없다고 결론이 날 경우, 사후 검정을 할 필요가 없다. 집단 간의 쌍 비교를 위해 앞서 살펴 본 t-test를 개별 집단 비교 각각에 직접적으로 적용할 수 있지만, 여러 집단을 반복해서 비교하는 t-test를 시행할 경우 각 개별 t-test의 제 1 종 오류가 누적이 되어 전체적으로 제 1 종 오류의 크기가 커지는 문제가 생긴다. 따라서, 여러 집단을 반복해서 비교하더라도 전체적으로 제 1 종 오류의 크기가 기대하는 수준을 넘지 않도록 하기 위해 다중 비교(multiple comparison)을 적용한다. 다중 비교 방법은 LSD검정, Duncan 검정, Tukey 검정, Scheffe검정 등이 있다. LSD검정은 가장 잘 쓰여지는 방법 중 하나로 집단 간의 표본수가 달라도 사용이 가능하며 가능한 모든 집단의 평균을 비교할 수 있다. Duncan검정은 동일한 표본일 때 사용되며, 각 집단의 평균을 크기대로 배열하여 가장 큰 집단과 작은 집단을 비교한 뒤 그 다음 큰 것과 작은 것을 순차적으로 비교해 가는 방식이다. Tukey검정은 집단 간 표본수가 동일한 경우에만 사용되고, 가능한 모든 집단의 평균을 비교할 수 있다. Scheffe검정은 집단 간 표본의 수가 일정하지 않아도 되고, 가능한 모든 집단의 평균을 비교할 수 있는 가장 보수적 방법으로 검증력이 상대적으로 약하다.

3. SPSS 통계 분석 연습

SPSS에서 분산분석을 위해 세 개 이상의 범주를 가지는 새로운 집단 변수를 만들어야 한다. 이를 위해 "변환"→"다른 변수로 코딩변경" 기능을 활용한다. "다른 변수로 코딩변경"은 새로운 변수를 생성하여 현재 자료에 존재하는 변수를 특수한 규칙에 따라 변환하여 생성된 새로운 변수에 저장해 준다. "같은 변수로 코딩변경"의 경우 변환된 값은 원래 변수에 다시 재저장하기 때문에 기존 자료의 손실이 일어날 수 있어 각별히 유의할 필요가 있다.

그림 12-32 다른 변수로 코딩 변경

"다른 변수로 코딩변경" 입력창에서 변경할 변수("나이")를 왼쪽창에서 선택하여 이동 화살표를 이용, 오른쪽 창("숫자변수 → 출력변수")으로 이동한다. "출력변수"의 "이름"란에 변경한 후의 새로운 변수명("나이대")를 입력하고 "변경"을 선택하면 [그림 12-33]과 같이 "나이" 변수를 "나이대" 변수로 변경했음을 의미하는"나이"→"나이대" 가 표시된다.

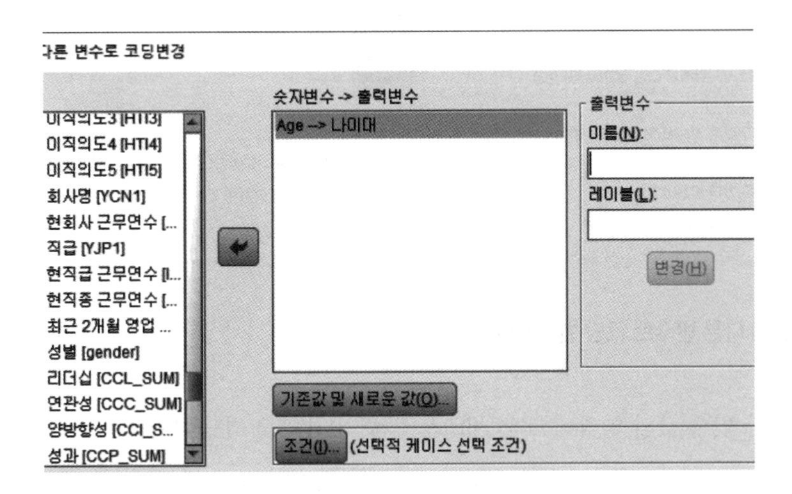

그림 12-33 다른 변수로 코딩 변경 예시(1)

변경된 기존 변수와 새로운 변수를 정의한 후 기존 변수 값의 변경 규칙을 정해야 한다. 이를 위해 [그림 12-34]에서 "기존값 및 새로운 값"을 선택하면, 기존 변수에서 새로운 변수로의 변경 규칙을 정의하는 다음의 창이 나타난다. 이 창은 왼쪽의 기존값에 대한 영역과 오른쪽의 새로운 값에 대한 영역으로 나뉘고, 기존값 영역과 새로운 값의 영역을 서로 대응시켜 변환 규칙을 정의한다. 다음은 "나이대" 변수를 20대, 30대, 40대로 구분하기 위해 "20대"는 "1"로 "30대"는 "2"로 "40대"는 "3"으로 코딩한다고 하자. 이 경우 "나이" 변수값 "29" 이하는 나이대 변수 "1"로, "30"이상 "40"미만은 "2"로, "40" 이상은 "3"으로 변경해야 한다. 이를 위해, 먼저 "기존값" 영역에서 "최저값에서 다음 값까지 범위"란에 "29"를 입력한다. 이는 "나이" 변수의 값에서 최저값에서 "29"까지의 범위에 해당하는 값들을 의미한다. 다음으로, "새로운 값" 영역의 "기준값"에 "1"을 입력한다. 다음으로 "추가"를 선택하면 "기존값"→"새로운 값" 영역에 해당 사항 "Lowest thru 29"→"1"로 표시된다. 이와 같은 방식을 모든 기존 변수의 값의 영역을 대상으로 만들어 주면 다른 변수로 코딩변경을 할 수 있다.

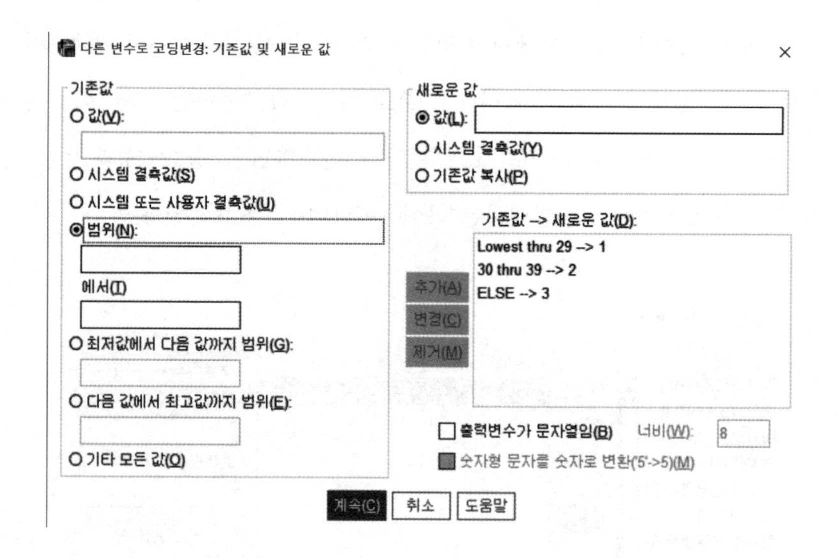

그림 12-34 **다른 변수로 코딩 변경 예시(2)**

모든 기존 변수 값의 영역에 대해 새로운 변수의 값의 영역을 대응시키는 규칙을 만들어 다른 변수로 코딩 변경을 실시하면, [그림 12-35]과 같이 "나이대" 변수가 생성된다.

*샘플데이터2.sav [데이터세트1] - IBM SPSS Statistics Data Editor

파일(F) 편집(E) 보기(V) 데이터(D) 변환(T) 분석(A) 그래프(G) 유틸리티(U) 확장(X) 창(W) 도움말(H) Meta Analysis KoreaPlus(P)

	이름	유형	너비	소수점이...	레이블	값	결측값	열	맞춤	측도	역할
127	RAI_SUM	숫자	8	2	정보공유(학습)	지정않음	지정않음	10	오른쪽	척도	입력
128	RAS_SUM	숫자	8	2	성실함(일관됨)	지정않음	지정않음	10	오른쪽	척도	입력
129	RAP_SUM	숫자	8	2	개인적 만남	지정않음	지정않음	10	오른쪽	척도	입력
130	RAO_SUM1	숫자	8	2	공식적관계1	지정않음	지정않음	10	오른쪽	척도	입력
131	RAO_SUM2	숫자	8	2	공식적관계2	지정않음	지정않음	10	오른쪽	척도	입력
132	RAU_SUM	숫자	8	2	비공식적 관계	지정않음	지정않음	10	오른쪽	척도	입력
133	RAT_sum	숫자	8	2	신뢰	지정않음	지정않음	10	오른쪽	척도	입력
134	HJD_SUM	숫자	8	2	직무다양성	지정않음	지정않음	10	오른쪽	척도	입력
135	HJC_SUM	숫자	8	2	직무도전성	지정않음	지정않음	10	오른쪽	척도	입력
136	HJA_SUM	숫자	8	2	직무자율성	지정않음	지정않음	10	오른쪽	척도	입력
137	HED_SUM	숫자	8	2	직무몰입도	지정않음	지정않음	10	오른쪽	척도	입력
138	HJS_SUM	숫자	8	2	직무만족도	지정않음	지정않음	10	오른쪽	척도	입력
139	HOP_SUM	숫자	8	2	영업성과	지정않음	지정않음	10	오른쪽	척도	입력
140	HTI_SUM	숫자	8	2	이직의도	지정않음	지정않음	10	오른쪽	척도	입력
141	나이대	숫자	8	2		지정않음	지정않음	11	오른쪽	명목형(N)	입력
142											
143											

그림 12-35 **변수 구성**

분석의 편의와 분석 결과 해석을 용이하게 하기 위해 변수의 구성을 좀 더 상세하게 할 필요가 있다. "나이대" 변수는 "명목형" 척도로 정의한다. 다음으로 "값" 열에서 "나이대"의 범주값에 범주명을 대응시킬 수 있다. [그림 12-35]에서 "나이대" 행의 "값" 열의 "…" 버튼을 선택하면, 다음과 같이 “값 레이블” 입력창이 나타난다. “기준값”란에는 범주값을, “레이블”란에는 그에 해당하는 “범주명”을 입력해 준다. 예를 들어 “기준값”이 “2”인 경우, “레이블”은 “20대”로 입력해 준다.

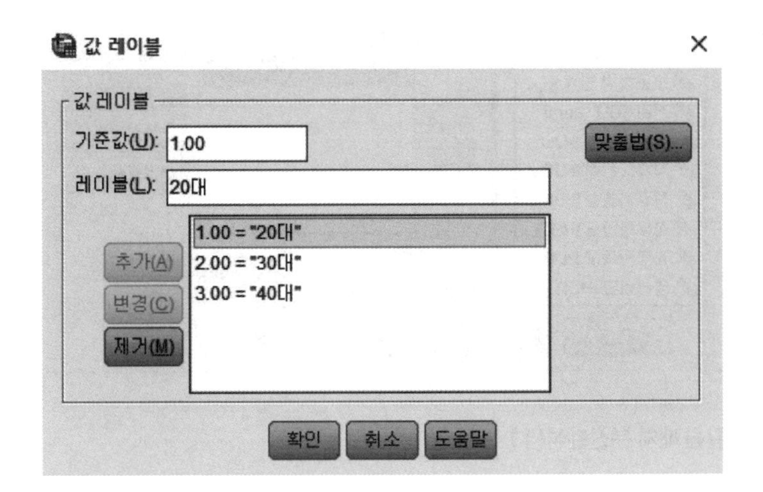

그림 12-36 범주값과 범주명의 입력

자료의 구성이 완료되면 “평균비교” 메뉴에서 “일원배치 분산분석” 기능을 통해 분산분석을 실시할 수 있다.

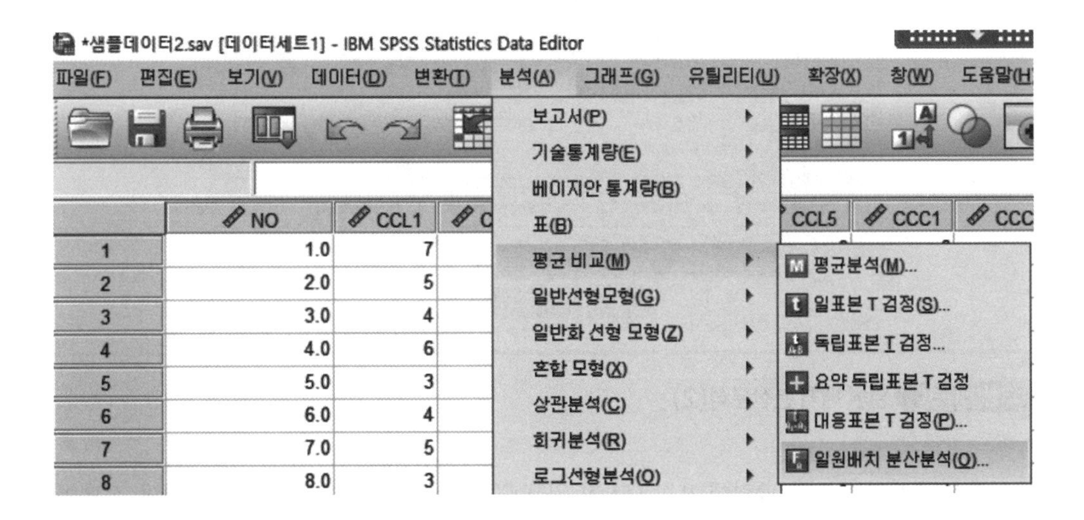

그림 12-37 일원 배치 분산분석

[그림 12-38]과 같이 "일원배치 분산분석" 입력창에서 종속 변수("이직의도")와 독립변수/요인("나이대")을 왼쪽창의 변수 리스트에서 선택한다.

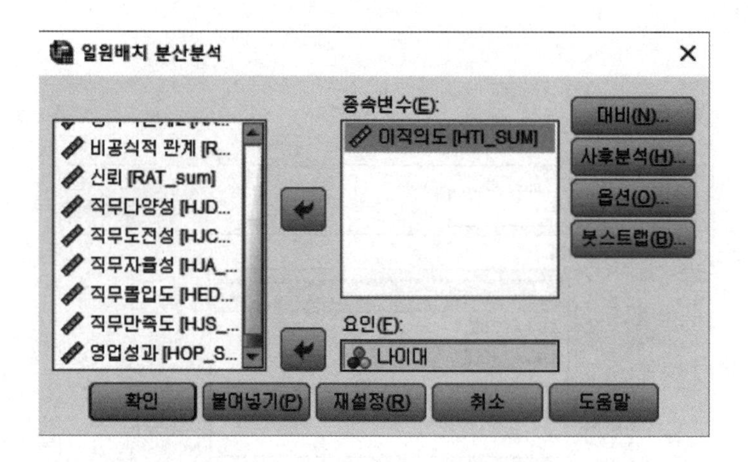

그림 12-38 일원 배치 분산분석(1)

"사후분석"을 선택하여 사후 분석 방법을 선택한다.

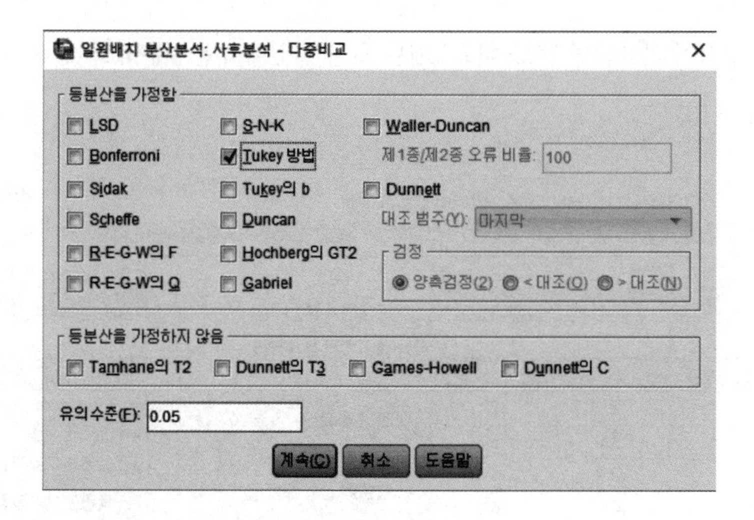

그림 12-39 일원 배치 분산분석(2)

기술 통계와 도표를 출력에 포함시키기 위해 "옵션"을 선택하여 원하는 통계량을 선택하고, "평균도표"를 선택한다.

그림 12-40 일원 배치 분산분석(3)

[그림 12-41]의 분산분석 결과 분산분석표로서 F값과 유의확률을 확인할 수 있으며, 유의확률은 0.937로 유의수준 0.05에서 "나이대" 별로 "이직의도"에는 차이가 없다고 결론을 내릴 수 있다.

ANOVA

이직의도

	제곱합	자유도	평균제곱	F	CTT 유의확률
집단-간	.248	2	.124	.065	.937
집단-내	583.484	308	1.894		
전체	583.732	310			

그림 12-41 일원 배치 분산분석 결과

SPSS는 입력창에서 선택한 바와 같이 "사후분석" 또는 "다중비교" 기능을 지원한다. 세 개 이상의 집단 비교에서 두 개의 집단 비교 쌍별 차이에 대한 통계적 유의성 검정을 함으로써 세 개 이상의 집단에서 어떤 집단 간에 차이가 발생하는지 구체적으로 조사할 수 있다. 본 예에서는 세 개 이상의 집단에서 차이가 나지 않기 때문에, 이론적으로는 두 개의 집단 쌍에서 차이가 나는 경우는 존재하지 않을 가능성이 높다. 다음의 사후 분석 결과에서 유의확률을 확인하면 유의 수준 0.05에서 유의한 차이는 존재하지 않음을 알 수 있다. 첫 번째 행의 경우, 20대와 30대의 "이직의도"는 0.112 차이가 있지만, 유의확률이 1로 유의 수준 0.05보다 커 통계적으로 유의한 차이가 아님을 알 수 있다. 따라서, 20대와 30대의 이직의도에는 차이가 없다고 결론을 내릴 수 있으며, 다른 비교쌍도 유사한 방식으로 통계적 추론이 가능하다.

사후검정

다중비교

종속변수: 이직의도
Tukey HSD

(I) 나이대	(J) 나이대	평균차이(I-J)	표준오차	CTT 유의확률	95% 신뢰구간 하한	95% 신뢰구간 상한
20대	30대	.11244	.31135	.931	-.6208	.8457
	40대	.09213	.30718	.952	-.6313	.8156
30대	20대	-.11244	.31135	.931	-.8457	.6208
	40대	-.02031	.16298	.991	-.4041	.3635
40대	20대	-.09213	.30718	.952	-.8156	.6313
	30대	.02031	.16298	.991	-.3635	.4041

그림 12-42 **사후분석 결과**

사후 분석과 더불어 SPSS는 집단간 평균을 비교해 주는 도표를 [그림 12-42]와 같이 보여준다. 도표로부터 20대가 가장 이직의도가 높고 다음으로 40대가 높은 듯이 보인다. 하지만, 이미 앞선 분산분석에서 이들 집단 간의 평균 차이가 통계적으로 유의하지 않기 때문에 도표에서 보이는 차이는 통계적으로 유의하지 않다. 사실상 본 예에서 평균 도표는 큰 의미를 가지지 않는다. 하지만, 통계적으로 유의한 차이를 가지는 경우 이 평균 도표는 분석의 결과를 명확하게 보여주는 역할을 할 수 있다.

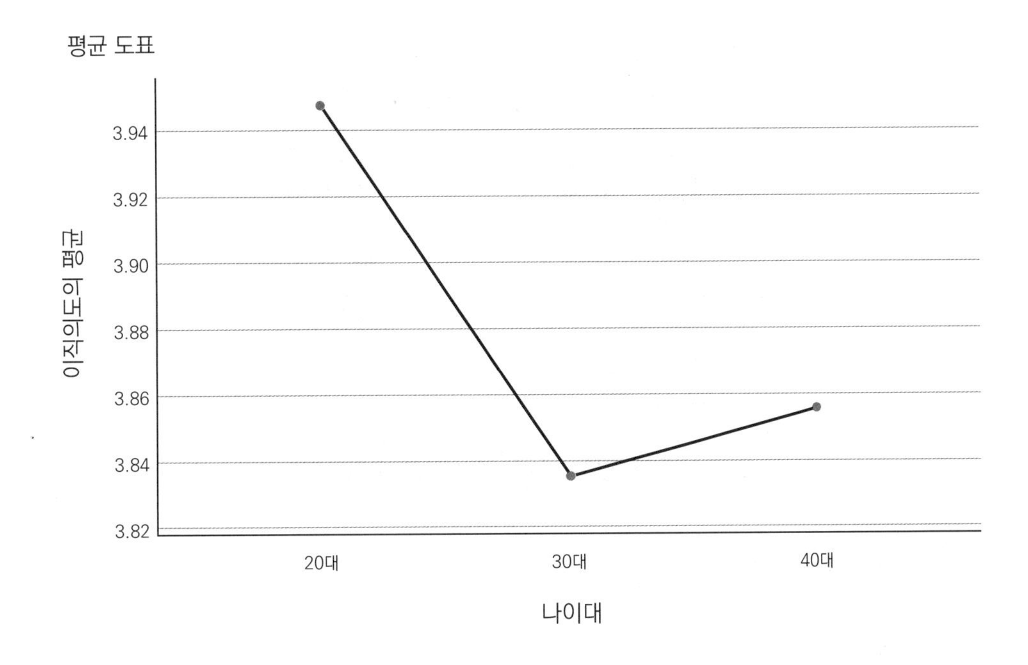

그림 12-43 **평균 도표**

SPSS에서는 "일원배치 분산분석"외에 좀 더 일반적인 분산분석을 실시할 수 있는 방법을 제공한다. "일반선형모형" 메뉴에서 "일변량" 기능을 통해 일반화된 분산분석을 실시할 수 있다.

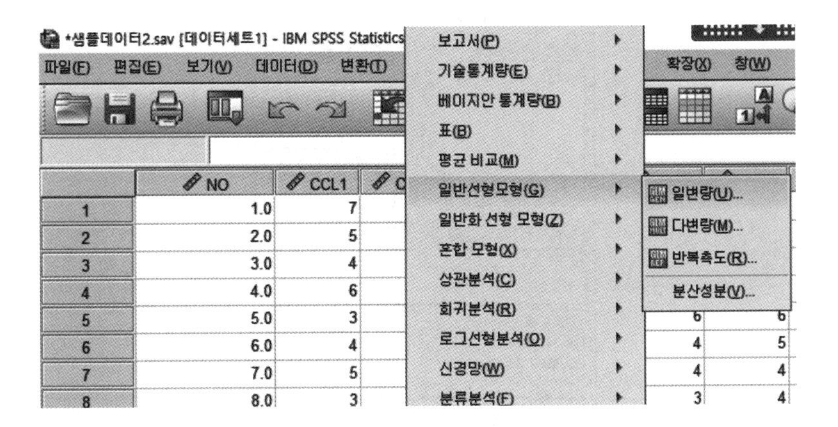

그림 12-44 **일변량 분산분석**

[그림 12-45]와 같이 "일변량" 입력창에서 종속 변수("이직의도")와 독립변수/요인("나이대")를 왼쪽창의 변수 리스트에서 선택한다.

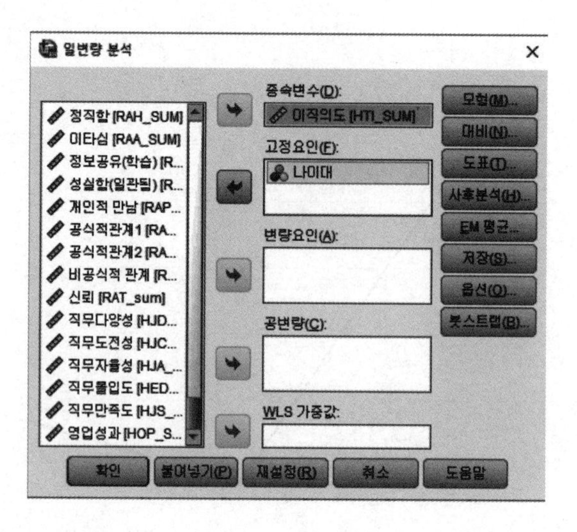

그림 12-45 **일변량 분산분석(1)**

도표를 출력에 포함시키기 위해 "도표"을 선택하면 [그림 12-46]과 같이 "일변량: 프로파일 도표" 입력창을 볼 수 있다. 도표의 수평축에서 구분될 "수평 축 변수"를 입력하고, 필요한 경우 도표 내에서 선의 색으로 구분될 "선구분 변수"를 입력하고 "추가"를 선택하여 도표란에 추가시킨다. 여러 개의 도표를 정의하여 분석후 도표를 출력할 수 있다.

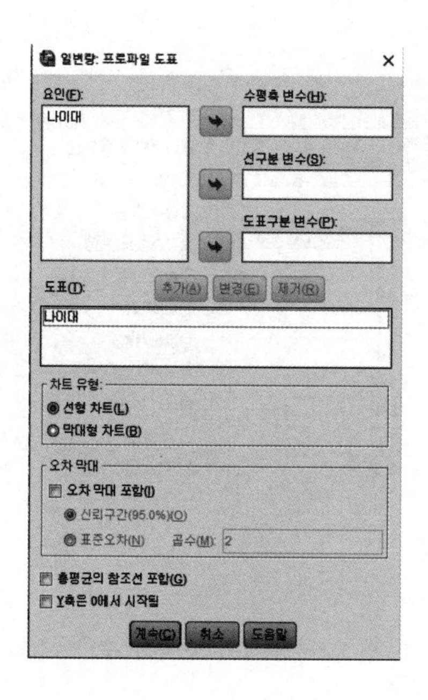

그림 12-46 **일변량 분산분석(2)**

일원배치 분산분석과 동일하게 “사후분석”을 선택하여 사후 분석 방법을 선택한다.

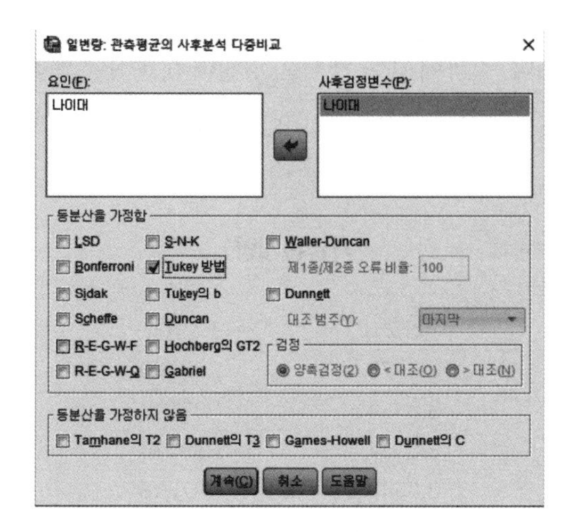

그림 12-47 **일변량 사후 분석**

기술 통계량을 포함하기 위해 “옵션”을 선택하여 원하는 통계량을 선택한다.

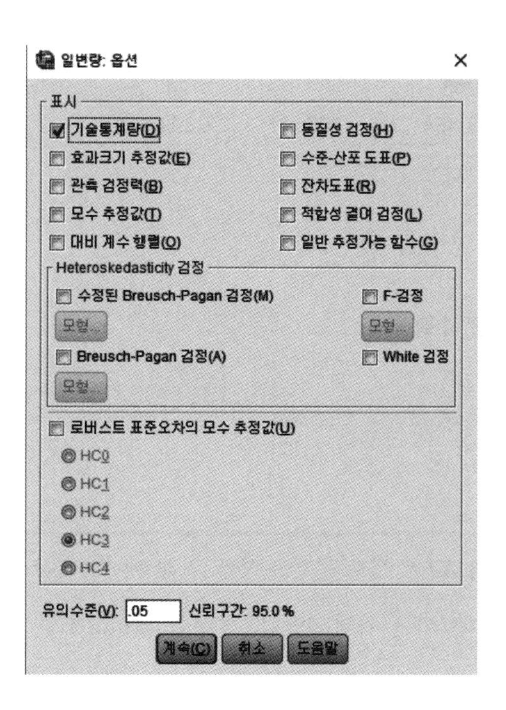

그림 12-48 **일변량 분산분석(3)**

[그림 12-49]의 분산분석 결과, 첫 번째 표는 기술 통계를 나타내며, EXCEL의 기술 통계량과 일치하고 더 다양한 기술 통계량을 보여주고 있다. 두 번째 표는 분산분석표로서 F값과 유의확률을 확인할 수 있으며, 결과에 대한 해석은 일원배치 분산분석의 예와 동일하다. 즉, "나이대" 별로 "이직의도"에는 차이가 없다고 결론을 내릴 수 있다.

기술통계량

종속변수: 이직의도

나이대	평균	표준편차	N
20대	3.9478	1.28660	23
30대	3.8354	1.36318	130
40대	3.8557	1.39916	158
전체	3.8540	1.37223	311

개체-간 효과 검정

종속변수: 이직의도

원인	제III유형 제곱합	자유도	평균제곱	거짓	유의확률
수정된 모형	.248[a]	2	.124	.065	.937
절편	2355.911	1	2355.911	1243.599	.000
나이대	.248	2	.124	.065	.937
추정값	583.484	308	1.894		
전체	5203.160	311			
수정된 합계	583.732	310			

a. R 제곱 = .000(수정된 R 제곱 = -.006)

그림 12-49 **일변량 분산분석 결과**

4. R 통계 분석 연습

SPSS에서와 마찬가지로 R에서도 분산분석을 위해 세 개 이상의 범주를 가지는 새로운 집단 변수를 만들어야 한다. 이를 위해, "연령" 변수인 "data[,117]"을 바탕으로 새로운 "나이대" 변수인 "age_level"을 생성한다. "나이대" 변수를 20대, 30대, 40대로 구분하기 위해 "20대"는 "2", "30대"는 "3", "40대"는 "4"으로 다음과 같이 코딩한다. 먼저 ifelse를 이용해서 조건문을 사용한다. data[,117]열에서 30 미만은 1, 40 미만은 2, 50 미만은 3, 50 이상은 3으로 한다.

```
library(readxl)
data <- read_excel("C:/Users/user/Desktop/자료/샘플데이터2.xlsx")


data[,117]
> data[,117]
# A tibble: 311 × 1
     Age
   <dbl>
 1    38
 2    43
 3    50
 4    38
 5    41
 6    44
 7    38
 8    39
 9    46
10    39
# ℹ 301 more rows
# ℹ Use `print(n = ...)` to see more rows

age_level <- ifelse(data[[117]] < 30, 1,
                    ifelse(data[[117]] < 40, 2,
                           ifelse(data[[117]] < 50, 3,3)))


age_level
> age_level
  [1] 2 3 3 2 3 3 2 2 3 2 3 3 2 2 2 3 3 2 3 2 3 1 2 2 3 3 1 3 2 3 3 2 3 2 2 1 3 1 2 2 2 2 2 2 1 3 2 3 3 3 3 3 3
 [55] 2 3 3 2 2 3 2 3 3 2 2 2 2 2 3 2 2 3 2 1 2 2 3 3 3 3 2 2 2 3 3 3 3 3 2 2 1 3 2 3 2 2 3 2 1 1 2 2 2 3 3 2 3 2
[109] 3 3 3 3 2 2 3 2 2 3 2 3 2 2 2 3 1 1 2 1 1 2 2 3 2 3 2 2 2 2 2 2 3 3 2 2 3 1 1 3 3 3 3 3 3 3 3 2 3 3 2 3 2
[163] 3 3 3 3 3 3 3 2 3 3 3 3 3 3 3 3 3 3 2 2 3 3 2 3 2 3 2 2 3 3 2 3 3 1 2 3 3 3 3 2 3 3 1 3 3 2 3 3 2 3 2 3 3 3
[217] 3 3 3 2 2 2 3 3 3 1 2 2 3 3 3 2 2 2 2 3 3 3 3 3 3 3 2 3 3 2 2 3 2 1 3 3 3 2 2 3 3 3 2 2 1 1 3 3 3 3 3 2 2 2
[271] 2 2 3 3 3 1 2 3 2 3 2 3 2 3 2 1 2 2 2 2 2 2 3 2 3 2 3 3 3 2 3 3 3 2 2 2 3 2 3 2 2
```

그림 12-50 R에서 새로운 변수의 생성

새로운 변수 "age_level"이 생성된 후 이 변수의 값을 범주와 대응시키기 위해 "age_level=factor(age_level, levels = c(1, 2, 3), labels = c("20대", "30대", "40대))" 명령을 실행한다. 종속변수로 "이직의도"인 "data[,140]"를 "HTI_SUM"에 저장한다. 집단별 패턴을 확인하기 위해 [그림 12-52]와 같이 상자 그래프를 출력한다. 마지막으로 "aov()"함수를 사용하여 분산분석을 실시한다. 통계적 유의성을 확인하기 위해 "summary()" 함수를 사용할 수 있다.

```
aov(HTI_SUM~age_level)

summary(aov(HTI_SUM~age_level))
```

```
> aov(HTI_SUM~age_level)
Call:
   aov(formula = HTI_SUM ~ age_level)

Terms:
                age_level Residuals
Sum of Squares     0.2480  583.4845
Deg. of Freedom         2       308

Residual standard error: 1.376383
Estimated effects may be unbalanced
> summary(aov(HTI_SUM~age_level))
             Df Sum Sq Mean Sq F value Pr(>F)
age_level     2    0.2   0.124   0.065  0.937
Residuals   308  583.5   1.894
```

그림 12-51 일원 배치 분산분석

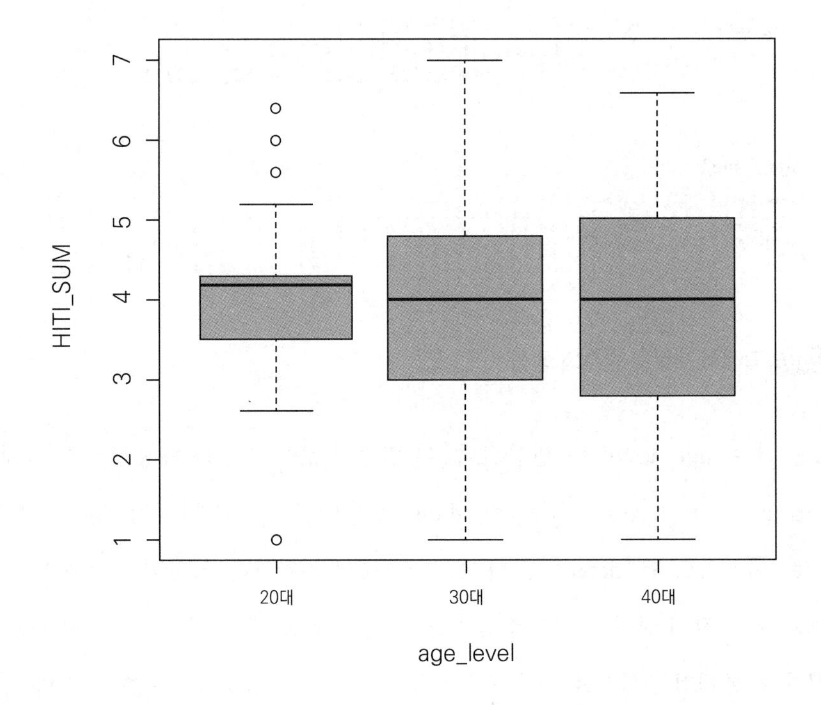

그림 12-52 나이대별 상자 그래프

· 제 6 절 공변량을 고려한 집단의 평균 차이 검정 ·

1. 공분산분석(ANCOVA)

지금까지 하나의 독립 변수(처치 변수, 요인)와 하나의 종속 변수(결과 변수, 반응 변수)만을 고려한 분산분석을 살펴 보았다. 분산분석이 두 집단 간에 종속 변수의 차이를 검정하는 것을 목적으로 하지만 하나의 변수, 처치, 또는 요인에서만 두 집단의 차이가 발생한다는 것을 전제로 한다. 즉, 독립 변수가 종속 변수에 미치는 효과를 정확히 조사하기 위해서는 독립 변수 이외의 다른 요인들(외생 변수, 환경 변수 등)이 종속 변수에 영향을 주지 않도록 하여야 한다. 이러한 외생 변수들을 통제하기 위해 조사자는 실험 방법과 같이 직접적으로 조사 또는 측정 전에 이를 강제로 통제할 수도 있지만 현실적으로 이러한 강제적 통제 방법을 직접적으로 사용할 수 없는 경우가 많이 존재한다. 이렇게 강제로 외생 변수를 통제하지 못하는 경우, 분산분석에서는 이 외생 변수를 공변량으로 간주하여 외생 변수의 별도의 효과를 통계적 방법을 활용하여 간접적으로 통제한다. 예를 들어, 연령대 별로 특정 브랜드의 "브랜드 충성도"를 비교하는 조사의 경우, 연령대별로 교육 수준의 차이가 발생할 수 있는 가능성이 있다. 조사자의 목적은 연령대별로 "브랜드 충성도"의 차이를 조사하는 것이지만, 교육 수준 역시 "브랜드 충성도"에 영향을 줄 수 있다면, 조사 결과 "브랜드 충성도"에 유의한 차이가 있다 할지라도 그 차이가 "연령"이라는 요인으로만 기인했다고 하기 어렵게 된다. "교육 수준"이라는 요인을 통제할 필요가 있지만, 고객들이 이미 만들어진 교육 수준을 강제적으로 통제하는 것은 불가능하다. 따라서, 교육 수준을 공변량으로 간주하고 분산분석에 포함하여 동시에 분석하여 간접적으로 공변량(교육 수준)의 효과를 제거하여 주 요인(연령)의 순수 효과만으로 집단 간의 유의한 차이를 통계적으로 추론한다.

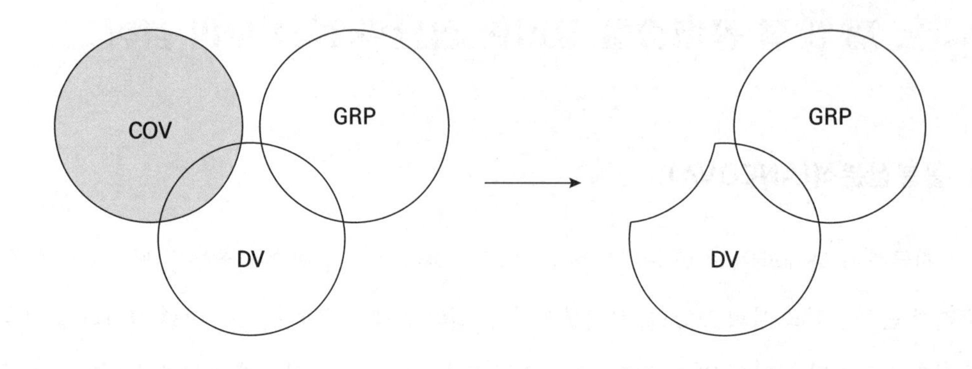

그림 12-53 **공변량의 개념**

2. SPSS 통계 분석 실습

공분산분석을 위해 "일반선형모형" 메뉴에서 "일변량" 기능을 통해 일반화된 분산분석을 실시할 수 있다. 먼저 종속 변수를 "이직의도"로, 독립 변수를 "나이대"로 하여 분산분석을 실시한 후 공분산분석과 비교해 보도록 하자. 먼저, 앞서의 일원 배치 분산분석을 동일하게 실행한다.

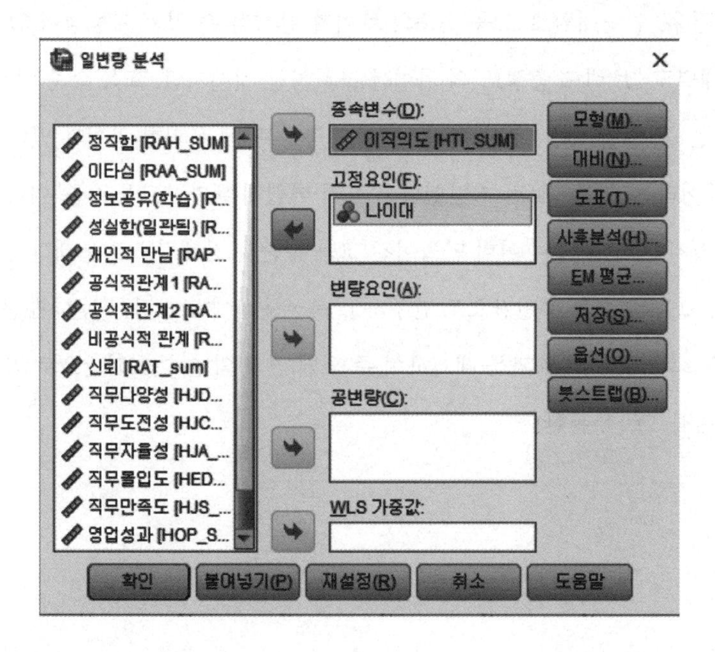

그림 12-54 **일원배치 분산분석**

분산분석의 실시 결과는 다음과 같다. 유의 확률이 0.391로 유의 수준 0.05에서는 귀무 가설 "나이대에 따라 이직의도에는 차이가 없다."을 기각할 수 없지만, 유의 수준 0.10에서는 귀무 가설을 기각하여 나이디에 따라 이직의도에 차이가 존재할 수 있음을 알 수 있다.

기술통계량

종속변수: 이직의도

나이대	평균	표준편차	N
20대	3.9478	1.28660	23
30대	3.8354	1.36318	130
40대	3.8557	1.39916	158
전체	3.8540	1.37223	311

개체-간 효과 검정

종속변수: 이직의도

원인	제Ⅲ유형 제곱합	자유도	평균제곱	거짓	유의확률
수정된 모형	.248[a]	2	.124	.065	.937
절편	2355.911	1	2355.911	1243.599	.000
나이대	.248	2	.124	.065	.937
추정값	583.484	308	1.894		
전체	5203.160	311			
수정된 합계	583.732	310			

a.R 제곱 = .000 (수정된 R 제곱= -.006)

그림 12-55 일원 배치 분산분석 결과

[그림 12-56]와 같이 일원배치 분산분석에서는 "공변량" 변수("직무만족도")를 선택하여 공분산분석을 실시할 수 있다. 분산분석과 공변량 분석은 이처럼 공변량을 분산분석시 고려하는지 여부의 차이만 존재한다.

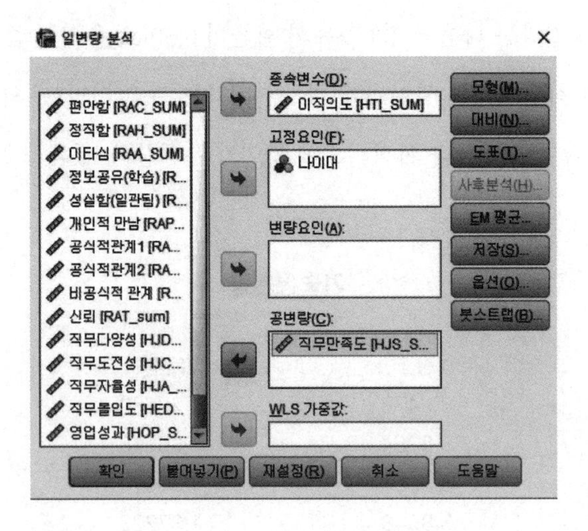

그림 12-56 **공변량 분석**

공변량 분석 결과는 [그림 12-57]의 공변량 분석표에 나타난다. 공변량인 "직무만족도"는 유의 수준 0.10에서 "이직의도"에 유의한 영향을 준다. 즉, "직무만족도"가 높아질수록 "이직의도"도 높아지게 된다고 볼 수 있다. 다음으로 핵심 변수인 "나이대"는 유의 수준 0.10에서 "이직의도"에 유의하지 않으므로, 나이대에 따라 이직의도에 차이가 없음을 알 수 있다. 앞서의 분산분석에서의 "나이대"의 유의 확률에 비해 공변량 분석에서의 유의 확률은 낮아졌다. 따라서, 공변량 "직무만족도"를 고려함으로써 "나이대"의 영향을 좀 더 명확하게 구분하여 판단할 수 있게 되었다.

개체-간 효과 검정

종속변수: 이직의도

원인	제III유형 제곱합	자유도	평균제곱	거짓	유의확률
수정된 모형	84.878[a]	3	28.293	17.412	.000
절편	590.397	1	590.397	363.336	.000
HJS_SUM	84.630	1	84.630	52.082	.000
나이대	4.711	2	2.355	1.450	.236
추정값	498.854	307	1.625		
전체	5203.732	311			
수정된 합계	583.732	310			

a. R 제곱 = .145(수정된 R 제곱 = .137)

그림 12-57 **공변량 분석 결과**

3. R 통계 분석 실습

먼저, "tapply()"함수를 사용하여 이직의도("HTI_SUM")의 기술 통계량을 확인할 수 있다. "20대"의 이직의도 평균은 3.95, "30대"의 이직의도 평균은 3.84, "40대"의 이직의도 평균은 3.56 임을 알 수 있다.

```
> tapply(HTI_SUM,age_level,summary)
$`20대`
   Min. 1st Qu.  Median    Mean 3rd Qu.    Max. 
  1.000   3.500   4.200   3.948   4.300   6.400 

$`30대`
   Min. 1st Qu.  Median    Mean 3rd Qu.    Max. 
  1.000   3.000   4.000   3.835   4.800   7.000 

$`40대`
   Min. 1st Qu.  Median    Mean 3rd Qu.    Max. 
  1.000   2.800   4.000   3.856   5.000   6.600 
```

그림 12-58 나이대별 예능선호도 기술통계량

R에서 공분산분석은 "aov()"함수를 활용하여 실시할 수 있다. 일원배치 분산분석이 "aov(HTI_SUM~age_level)"과 같이 하나의 독립변수만을 포함하게 "aov()" 함수를 사용하였다면, 공분산분석은 "aov(HTI_SUM~age_level+HJS_SUM)"와 같이 두 개의 독립변수("age_level", "HJS_SUM")를 "aov()"함수에 포함시킨다. 분석 결과의 해석은 앞서 SPSS의 분석 결과 해석과 동일하다.

```
HJS_SUM=data[,138]
HTI_SUM=data[,140]
aov(HTI_SUM~age_level)
```

```
> aov(HTI_SUM~age_level)
Call:
   aov(formula = HTI_SUM ~ age_level)

Terms:
                age_level Residuals
Sum of Squares     0.2480  583.4845
Deg. of Freedom         2       308

Residual standard error: 1.376383
Estimated effects may be unbalanced

> summary(aov(HTI_SUM~age_level))
             Df Sum Sq Mean Sq F value Pr(>F)
age_level     2    0.2   0.124   0.065  0.937
Residuals   308  583.5   1.894

> aov(HTI_SUM~age_level+HJS_SUM)
Call:
   aov(formula = HTI_SUM ~ age_level + HJS_SUM)

Terms:
                age_level  HJS_SUM Residuals
Sum of Squares     0.2480  84.6305  498.8540
Deg. of Freedom         2        1       307

Residual standard error: 1.274728
Estimated effects may be unbalanced

> summary(aov(HTI_SUM~age_level+HJS_SUM))
             Df Sum Sq Mean Sq F value  Pr(>F)
age_level     2    0.2    0.12   0.076   0.927
HJS_SUM       1   84.6   84.63  52.082 4.2e-12 ***
Residuals   307  498.9    1.62
---
Signif. codes:  0 '***' 0.001 '**' 0.01 '*' 0.05 '.' 0.1 ' ' 1
```

그림 12-59 R에서 공분산분석

· 제 7 절 두 개 이상의 집단 요인의 상호 작용 효과 ·

1. 다원 분산분석(Multi-way ANOVA)

일원(배치) 분산분석은 하나의 독립 변수(요인)와 종속 변수 간의 관계 또는 한 가지 집단 요인에 기반한 집단 간 종속 변수의 평균 차이를 검증하기 위해 이용할 수 있었다. 하지만, 조사자는 두 가지 이상의 집단 요인에 대해 관심을 가질 수 있고, 현실적으로 두 개 이상의 집단 요인 간의 복잡한 관계들이 시장에 영향을 주곤 한다. 예를 들어, 연령대에 따라 "브랜드 충성도"에 미치는 영향을 조사할 경우, 동시에 성별이 "브랜드 충성도"에 영향을 줄 수도 있음을 고려해야 할 수도 있다. 이러한 상황에서 조사자는 각 요인(연령대, 성별)별로 개별 일원(배치) 분산분석을 수행하여 결론을 얻을 수 있지만, 이 경우 연령대와 성별이 동시에 작용하여 만들어 낼 수 있는 추가적인 상호 작용 효과를 고려할 수 없다. 예를 들어, 일반적으로 20대가 30대보다, 그리고 여성이 남성보다 특정 브랜드의 "브랜드 충성도"가 높다고 하자. 이 두 개 집단의 효과 각각을 주효과라 한다. 특히, 20대의 경우가 30대의 경우보다 여성이 남성보다 특정 브랜드에 대한 "브랜드 충성도"가 훨씬 높을 경우 연령과 성별 사이에 상호 작용 효과가 있다고 보지만. 개별 일원(배치) 분산분석으로는 이 상호 작용 효과를 검정할 수 없다. 따라서, 상호 작용 효과를 검정하기 위해서는 두 개 이상의 요인을 동시에 분석할 수 있는 다원 분산분석(multi-way ANOVA)를 실시하여야 한다. 다원 분산분석의 과정은 앞서의 일원(배치) 분산분석과 동일하고 F통계량으로 검정한다. 이론적으로는 다원 분산분석은 4개 이상의 집단 요인을 대상으로 분석이 가능하지만, 그 해석이 복잡해지는 문제가 있다. 따라서, 일반적으로 이원(two-way) 또는 삼원(three-way) 분산분석이 주로 많이 사용된다. 본 장에서는 이원 분산분석을 대상으로 설명을 하기로 한다. 삼원 분산분석의 경우 집단 요인이 많아 상호작용의 개수가 증가하지만 해석의 방법은 이원 분산분석의 해석 방식과 기본적으로 동일하다.

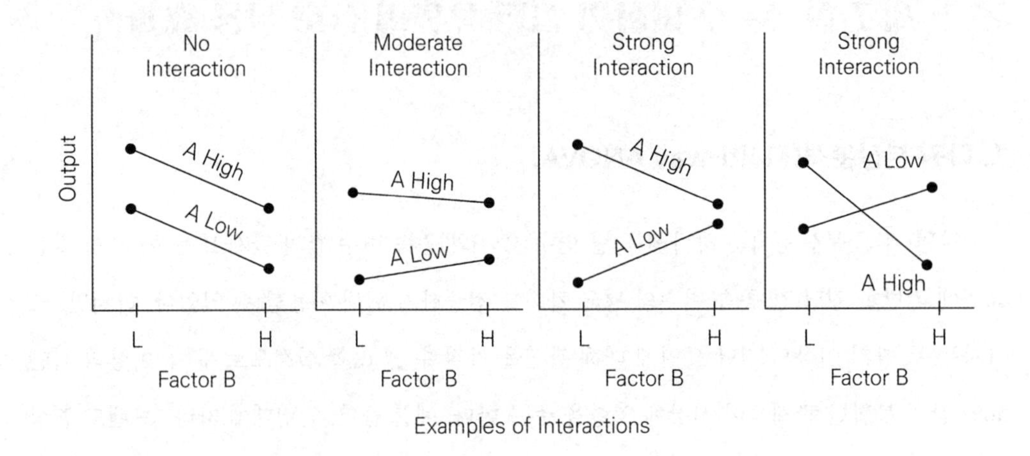

그림 12-60 **상호작용효과의 예**

이원 분산분석의 올바른 해석을 위해 상호 작용 효과에 대한 이해는 필수적이다. 상호 작용 효과란 종속 변수에 영향을 주는 두 개 이상의 독립 변수가 각 독립 변수가 독립적으로 가지는 효과(주효과) 이외에 독립 변수 간 관계에 의해 추가적으로 발생하는 효과를 의미한다. 여기서 추가적으로 발생하는 효과는 주효과를 강화시키기도 하고 약화시키기도 한다. 또한, 두 개 이상의 독립 변수 중 하나의 변수가 종속 변수에 주는 효과가 다른 변수들에 의해 영향을 받으므로 조절 효과라 하기도 한다. 위 그림은 두 개의 요인 A, B에 발생할 수 있는 상호 작용 효과의 예이다. 첫 번째 그래프는 요인 A는 High인 경우가 Low인 경우보다 항상 Output이 크며, 요인 B는 Low인 경우가 High인 경우보다 항상 Output이 크기 때문에 요인 A와 요인 B는 Output에 대해 주효과만 존재하고 상호 작용 효과는 존재하지 않는 예이다. 두 번째 그래프는 첫 번째 그래프와 같이 요인 A의 주효과는 존재하지만 요인 B의 주효과는 확실하지 않다. 그러나, 요인 A의 효과는 요인 B의 상태에 따라 달라지는데 요인 B가 Low인 경우 요인 A의 효과 즉, High일 때와 Low일 때는 Output에 미치는 효과의 차이가 매우 큰 반면, 요인 B가 High인 경우 요인 A의 효과는 상대적으로 작아지는 상호 작용 효과가 존재한다. 마지막 그래프는 이 상호 작용 효과가 극적으로 나타나는데 반해 각각의 요인의 주효과는 거의 존재하지 않지만, 요인 B의 상태에 따라 요인 A의 효과가 반대로 나타나는 아주 강한 상호 작용 효과가 존재한다. 즉, 요인 B의 상태가 Low인 경우 요인 A가 High일 때 Output이 더 큰 반면, 요인 B가 High

인 경우 요인 A가 Low일 때 Output이 더 크게 나타난다. 이와 같이 상호 작용 효과는 종속 변수에 미치는 특정 독립 변수에 다른 변수들이 영향을 주는 것을 의미하고, 앞서 그래프의 설명에서 볼 수 있듯이 다른 변수의 영향을 조절하는 효과를 결과적으로 얻게 된다.

이원(배치) 분산분석은 일원(배치) 분산분석과 유사하게 전체 변동에서 집단 간 변동과 집단 내 변동의 비율을 계산한 F통계량으로 가설을 검정한다. 하지만, 요인의 수가 더 많아 고려해야 할 변동의 종류가 더 많아지고 상호 작용에 의한 변동까지 고려해야 해서 F통계량 계산이 더 복잡하다. 이원(배치) 분산분석에서 전체 변동들 각각 a 와 b 개의 범주(수준)을 가지는 독립변수(요인) A와 B 각각의 변동과 이 두 요인의 상호 작용에 의해 발생하는 변동, 그리고 집단내 변동인 잔차로 구성되는데, 이를 수식으로 나타내면 아래와 같다.

SS(Total)=SS(A)+SS(B)+SS(AB)+SSE

$$Y_{ijk} - \overline{Y}_{...} = (\overline{Y}_{i..} - \overline{Y}_{...}) + (\overline{Y}_{.j.} - \overline{Y}_{...}) + (\overline{Y}_{ij.} - \overline{Y}_{i..} - \overline{Y}_{.j.} - \overline{Y}_{...}) + (\overline{Y}_{ijk} - \overline{Y}_{ij.})$$

편차		요인 A편차		요인 B편차		교호작용 편차		오차
Total	=	Factor A	+	Factor B	+	Interaction	+	Error
SSTotal	=	SSA	+	SSB	+	SSA×B	+	SSE

$\overline{Y}_{...}$: 전체 평균(Grand mean)

$\overline{Y}_{i..}$: 요인 A의 i번째 처리에서의 평균

$\overline{Y}_{.j.}$: 요인 B의 j번째 처리에서의 평균

$\overline{Y}_{ij.}$: 요인 A의 i번째 처리와 요인 B의 j번째 처리에서의 평균

요인 A의 집단/범주 간 변동, 요인 B의 집단/범주 간 변동 그리고 두 요인 사이의 상호 작용에 의한 변동, 집단/범주 내 변동 그리고 전체 변동 등을 포함하여 F통계량을 계산하는 과정을 하나의 표로 요약한 분산분석표는 [표 12-2]와 같다.

표 12-2 **이원배치 분산분석표**

요인	제곱합	자유도	평균제곱	F값
인자A	SS_A	$J-1$	MS_A	$F_A = MS_A / MSE$
인자B	SS_B	$J-1$	MS_B	$F_B = MS_B / MSE$
교호작용	$SS_{A \times B}$	$(I-1)(J-1)$	$MS_{A \times B}$	$F_{A \times B} = MA_{A \times B} / MSE$
잔차	SSE	$IJ(n-1)$	MSE	
계	SST	$IJ-1$		

조사자는 이원(배치) 분산분석표를 활용하여 다음의 과정을 거쳐 가설 검정 과정을 할 수 있다. 먼저, 적당한 가설을 설정한다. 이원(배치) 분산분석으로 검정할 수 있는 가설은 두 가지 종류가 있는데, 첫째로는 일원(배치) 분산분석과 동일하게 집단 간 차이를 직접적으로 다루는 가설이 있다. 예를 들어, "연령대별로 브랜드 충성도에는 차이가 있다"와 같은 가설을 세울 수 있으며, 다른 형태는 일원 배치 분산분석으로는 검증이 불가능한 상호 작용 효과가 포함된 가설이다. 예를 들어, "연령과 성별이 브랜드 충성도에 상호 작용하여 영향을 준다", "연령이 브랜드 충성도에 미치는 영향은 성별에 따라 다르다" 또는 "연령이 브랜드 충성도에 미치는 영향은 성별에 의해 조절된다"와 같은 가설을 세울 수 있다. 좀 더 구체적으로는 "10대의 경우 남성이 여성보다 브랜드 충성도가 높지만, 20대의 경우 여성이 남성보다 브랜드 충성도가 높다"와 같은 가설을 세울 수도 있다.

설정된 가설을 검증하기 위해 앞서의 다양한 통계량을 계산하여 분산분석표를 작성한다. 이 분산분석표는 분산분석에 있어서 기술 통계량과 유사한 역할을 한다. 작성된 분산분석표를 바탕으로 최종적으로 각각의 가설을 검정하기 위한 검정 통계량인 F통계량들을 계산한다. 이원(배치) 분산분석은 앞서 가설 설정 과정에서 살펴 보았듯이 하나의 분석으로 여러 개의 가설 검정이 가능하다. 분산분석표에서 보듯이 3개의 F통계량이 있는데, 첫 번째와 두 번째 F통계량은 요인 A와 B의 주효과를 검정하기 위한 것으로 자유도가 a-1, ab(n-1)인 F분포와 b-1, ab(n-1)인 F분포를 따른다. 세 번째 F통계량은 요인 A와 요인 B의 상호 작용 효과를 검정하기 위한 것으로 자유도가 (a-1)(b-1), ab(n-1)인 분포를 따른다. 조사자가 검정을 원하는 가설 형태에 따라 필요한 F통계량을 활용하여 가설을 검정할 수 있다. 다음으로 다른 가설 검정과 같이 유의수준과 임계치를 결정하여 가설 채택 여부를 결정한다. F통계량이 임계치보다 큰 경우, 귀무 가설이 기각되고 대립가설이 채택되며, 조사자는 집단 간에 평균에서 차이가 있거나 상호 작용 효과가 있어 독립 변수(집단, 요인)와 종속 변수(결과, 반응) 사이에 관계가 있다고 결론 내릴 수 있다.

2. EXCEL 통계 분석 실습

EXCEL에서 이원배치 분산분석을 위해서는 [그림 12-61]과 같이 자료를 입력하여야 한다.

입력 범위

	집단 1	집단 2
시험 1	75	58
	68	56
	71	61
	15	60
시험 2	66	62
	70	60
	68	59
	68	68

그림 12-61 이원 배치 분산분석을 위한 EXCEL 자료 입력

"데이터 분석" 선택창에서 "분산분석: 반복 없는 이원 배치법"을 선택한다.

그림 12-62 이원 배치 분산분석

입력 범위에 앞서 입력한 자료 영역을 선택하여 준다.

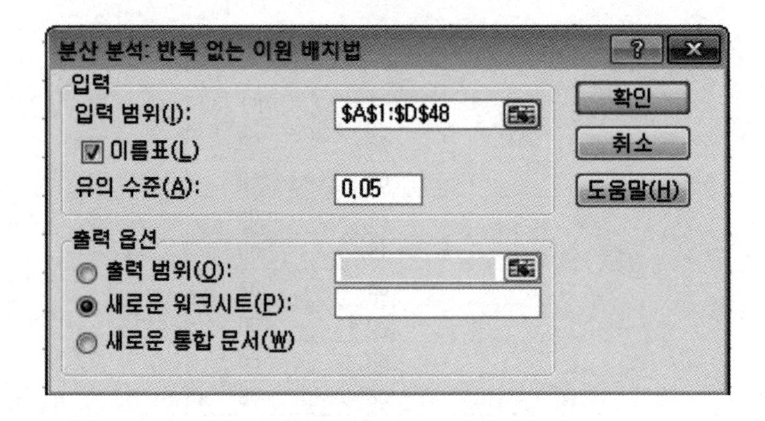

그림 12-63 이원 배치 분산분석을 위한 자료 입력

3. SPSS 통계 분석 실습

"일반선형모형" 메뉴에서 "일변량" 기능을 통해 이원배치 분산분석을 실시할 수 있다. [그림 12-64]와 같이 "일변량" 입력창에서 종속 변수("이직의도")와 두 개의 독립변수/요인("성별", "나이대")를 왼쪽 창의 변수 리스트로 이동한다.

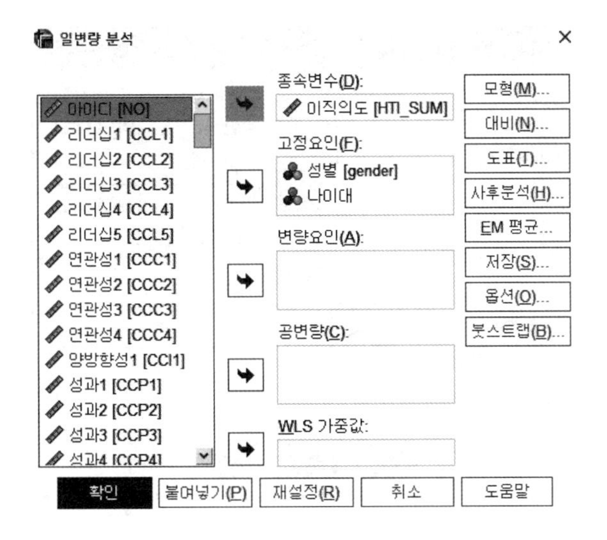

그림 12-64 이원 배치 분산분석(1)

도표를 출력에 포함시키기 위해 "도표"을 선택하면 다음과 같이 "일변량: 프로파일 도표" 입력창을 볼 수 있다. 도표의 수평축에서 구분될 "수평 축 변수"를 입력하고, 필요한 경우 도표내에서 선의 색으로 구분될 "선구분 변수"를 입력하고 "추가"를 선택하여 도표란에 추가시킨다. 여러 개의 도표를 정의하여 분석 후 도표를 출력할 수 있다. 일반적으로 "*"의 표시는 두 개 변수에 의한 상호작용 또는 조절효과를 의미하며, 예를 들어 A*B는 변수 A와 변수 B의 상호작용효과 또는 변수 A의 효과에 대한 변수 B의 조절 효과를 의미한다. 따라서, "성별*나이대"는 "성별"과 "나이대" 변수의 상호작용효과를 보기 위한 도표를 출력하게 된다.

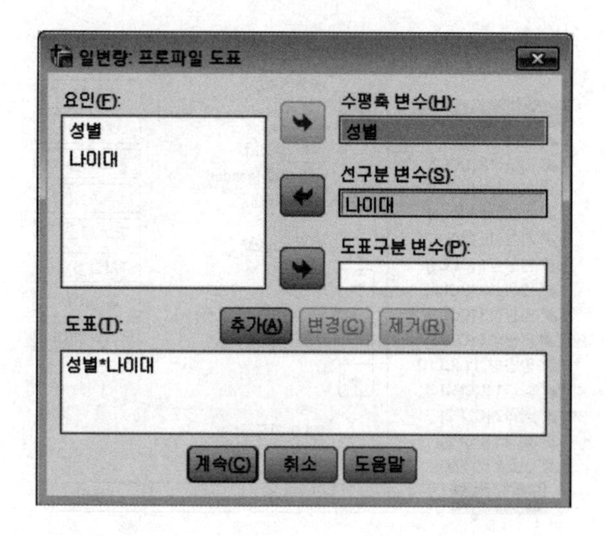

그림 12-65 이원 배치 분산분석(2)

[그림 12-66]의 분산분석 결과, 첫번째 표는 기술 통계를 보여준다. 두 개의 독립 변수(집단 변수)에 대해 2(남자 vs. 여자) × 3(20대, 30대, 40대) = 6 개 집단 분류에 대한 기술 통계량을 보여준다. 두번째 표는 분산분석표로서 각 독립변수에 대한 F값과 유의확률을 확인할 수 있다. 먼저, 성별과 나이대의 주효과는 각각 유의확률 0.197와 0.724로 성별은 이직의도에 유의 수준 0.10에서는 유의한 영향을 미치지 않는다. 나이대는 이직의도에 유의 수준 0.01에서 유의한 영향을 미치지 않는다. 이직의도는 나이대와 성별에 따라 차이가 없다. 두 변수의 상호작용인 "성별*나이대"는 유의확률 0.10에서 유의하지 않다. 따라서 두 변수의 상호작용은 존재하지 않는다. 즉, 성별과 나이대에 따라 이직의도에 차이가 없다는 해석이 가능하다.

기술통계량

종속변수: 이직의도

성별	나이대	평균	표준편차	N
남성	20대	3.6571	1.88932	7
	30대	3.7822	1.38293	90
	40대	3.8366	1.40008	153
	전체	3.8120	1.40270	250
여성	20대	4.0750	.97125	16
	30대	3.9550	1.32703	40
	40대	4.4400	1.38130	5
	전체	4.0262	1.23530	61
전체	20대	3.9478	1.28660	23
	30대	3.8354	1.36318	130
	40대	3.8557	1.39916	158
	전체	3.8540	1.37223	311

개체-간 효과 검정

종속변수: 이직의도

원인	제Ⅲ유형 제곱합	자유도	평균제곱	거짓	유의확률
수정된 모형	3.688[a]	5	.738	.388	.857
절편	1258.629	1	1258.629	661.814	.000
gender	3.182	1	3.182	1.673	.197
나이대	1.230	2	.615	.323	.724
gender*나이대	.903	2	.451	.237	.789
추정값	580.045	305	1.902		
전체	5203.160	311			
수정된 합계	583.732	310			

a. R 제곱 = .006(수정된 R 제곱 = -.010)

그림 12-66 이원 배치 분산분석 결과

다음 도표는 성별과 나이대가 이직의도에 미치는 영향의 상호작용을 보여준다. 40대의 경우 여자가 남자 보다 이직 의도 정도가 훨씬 높은 반면, 30대의 경우 남자와 여자의 이직 의도 정도가 유사하다. 물론, 분산분석표를 통해 이 상호작용이 없는 것을 확인할 수 있다(유의 확률이 0.10보다 크다는 점에서).

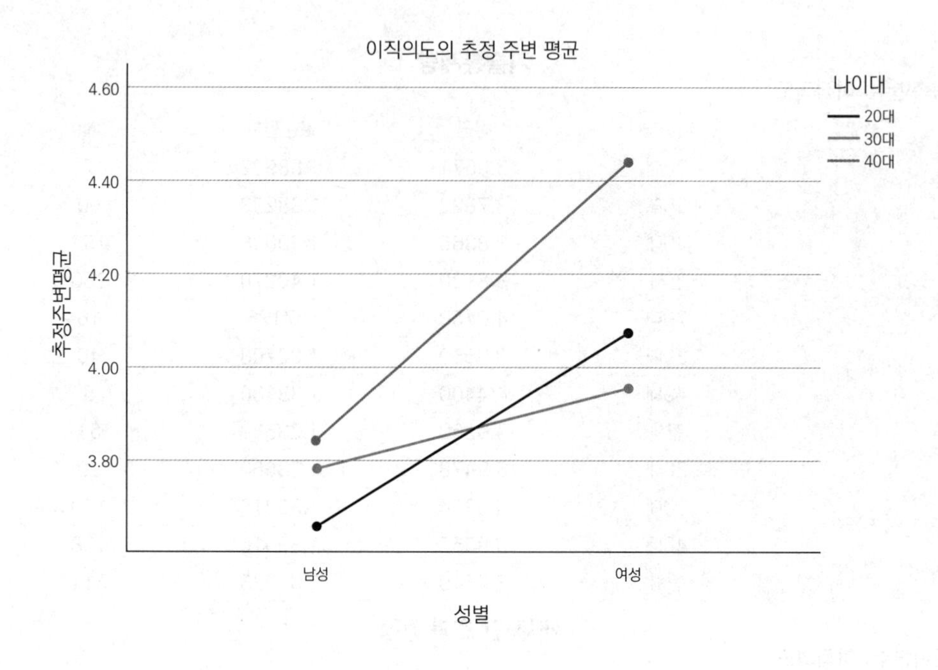

그림 12-67 이원 배치 분산분석 도표(1)

도표 옵션 선택 시 "수평축 변수"와 "선구분 변수"를 변경하면 다음과 같이 다른 각도에서의 도표를 출력할 수도 있다. 이 도표는 전반적으로 여자가 남자보다 이직할 의도가 있다는 것을 나타내 주면서 동시에 나이대에 따른 이직의도의 차이 또는 추세가 남자와 여자가 다르다는 것을 명백히 보여주는 것처럼 보인다. 즉, 남자의 경우 나이대가 높아질 수록 이직 의도가 높아지는 반면, 여자의 경우 40대 때 가장 높고 30대에는 상대적으로 이직 의도 정도가 매우 낮아 그 차이가 있는 것처럼 해석할 수 있다. 하지만, 이 그래프에서 보여주는 추세의 차이는 통계적으로 유의하지 않는다는 것을 다시 한 번 상기할 필요가 있다. 즉, 이른 간의 관계는 통계적으로 차이가 존재하지 않는다고 해석하는 것이 정확하다.

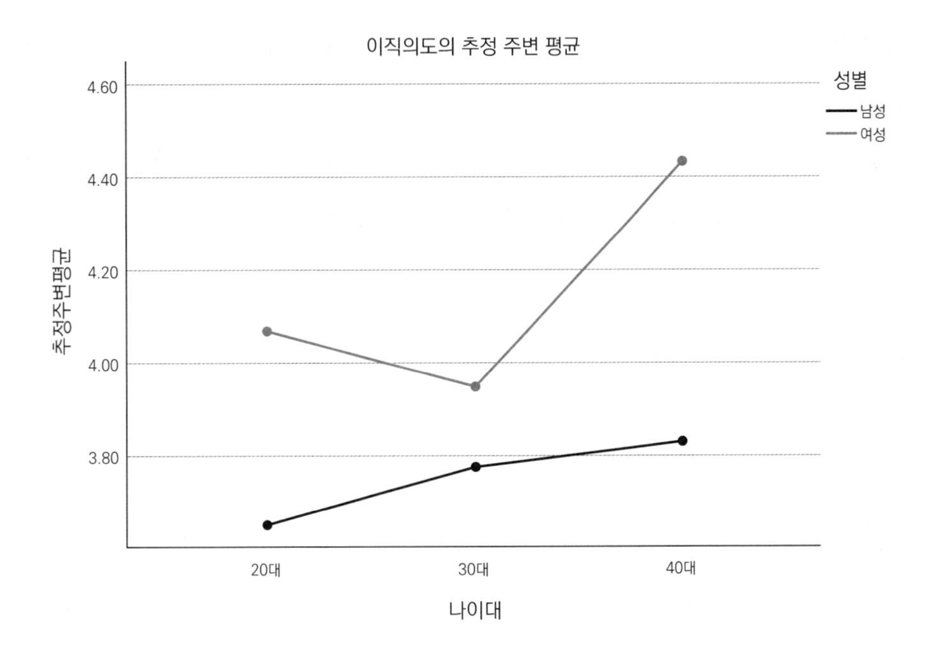

그림 12-68 이원 배치 분산분석 도표(2)

[그림 12-69]와 같이 이원 배치 분산분석에서도 공변량을 고려한 분석이 가능하다. 동일한 조건에서 고려하고자 하는 공변량을 선택하여 분석을 할 수 있다.

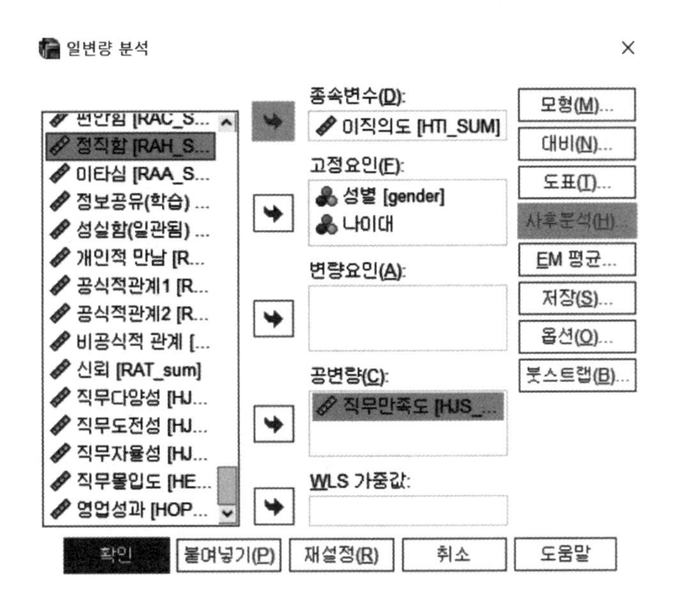

그림 12-69 공변량을 고려한 이원 배치 분산분석

[그림 12-70]은 공변량을 고려한 이원 배치 분산분석 결과를 보여준다. 앞서 이원 배치 분산분석 결과와 비교하면 모든 효과(성별과 나이대의 주효과, 성별과 나이대의 상호작용 효과)들의 유의 확률이 낮아져 그 효과들이 좀 더 명확해졌다고 볼 수 있다. 따라서, 공변량 "직무만족도"는 분석에서 중요하게 고려되어져야 하는 공변량으로 간주하여야 한다.

개체-간 효과 검정

종속변수: 이직의도

원인	제III유형 제곱합	자유도	평균제곱	거짓	유의확률
수정된 모형	90.247[a]	6	15.041	9.266	.000
절편	523.598	1	523.598	322.550	.000
HJS_SUM	86.559	1	86.559	53.323	.000
gender	.366	1	.366	.226	.635
나이대	8.002	2	4.001	2.465	.087
gender*나이대	5.147	2	2.573	1.585	.207
추정값	493.486	304	1.623		
전체	5203.160	311			
수정된 합계	83.732	310			

a.R 제곱 = .155(수정된 R 제곱 = .138)

그림 12-70 공변량을 고려한 이원 배치 분산분석 결과

4. R 통계 분석 실습

R에서 이원 배치 분산분석도 "aov()"함수를 활용하여 실시할 수 있다. 일원 배치 분산분석이 "aov(HTI_SUM~age_level)"과 같이 하나의 독립변수만을 포함하게 "aov()" 함수를 사용하였다면, 이원 배치 분산분석은 "aov(HTI_SUM~age_level+gender+age_level*gender)"와 같이 두 개의 독립변수("age_level", "gender")의 주효과와 상호작용효과("age_level*gender")를 "aov()"함수에 입력하여 분산분석을 실시한다. 분석 결과의 해석은 앞서 SPSS의 분석 결과 해석과 동일하다.

```
gender <- ifelse(data[, 116] == "남성", 1,
                  ifelse(data[, 116] == "여성", 2, data[, 116]))
head(gender)
```

```
> head(gender)
[[1]]
[1] 1

[[2]]
[1] 1

[[3]]
[1] 1

[[4]]
[1] 1

[[5]]
[1] 1

[[6]]
[1] 1
```

```
> aov(HTI_SUM~age_level+gender+age_level*gender)
Call:
   aov(formula = HTI_SUM ~ age_level + gender + age_level * gender)

Terms:
                age_level   gender age_level:gender Residuals
Sum of Squares     0.2480   2.5368           0.9030  580.0447
Deg. of Freedom         2        1                2       305

Residual standard error: 1.379053
Estimated effects may be unbalanced
```

```
> summary(aov(HTI_SUM~age_level+gender+age_level*gender))
                  Df Sum Sq Mean Sq F value Pr(>F)
age_level          2    0.2  0.1240   0.065  0.937
gender             1    2.5  2.5368   1.334  0.249
age_level:gender   2    0.9  0.4515   0.237  0.789
Residuals        305  580.0  1.9018
```

```
> anova(lm(HTI_SUM~age_level+gender+age_level*gender))
Analysis of Variance Table

Response: HTI_SUM
                  Df Sum Sq Mean Sq F value Pr(>F)
age_level          2   0.25 0.12399  0.0652 0.9369
gender             1   2.54 2.53680  1.3339 0.2490
age_level:gender   2   0.90 0.45148  0.2374 0.7888
Residuals        305 580.04 1.90179
```

그림 12-71 R에서 이원 배치 분산분석

·제 8 절 3개 이상 집단 간의 빈도 차이·

1. 교차분석

교차분석은 앞서 설명한 바와 같이 명목이나 서열척도와 같은 범주형 변수들에 대한 빈도 또는 비율의 차이를 검정하기 위해 사용하는 통계적 추론 방법이다. 앞의 두 집단의 비율 차이 검정이 두 개의 집단 간의 비교와 단일 변수에 대한 비율 차이 검정으로 제한되어 있지만, 교차 분석은 2개 이상의 집단을 비교할 수 있을 뿐만 아니라 여러 개의 변수에 대한 비율 차이를 동시에 검정할 수 있다. 예를 들어, 한국, 미국, 중국의 고객들이 좋아하는 K-POP 가수의 비율의 차이는 앞서의 두 집단의 비율 차이 검정으로 검정하는 것이 불가능하고 교차 분석으로 통계적 추론을 해야 한다. 일반적으로 교차 분석은 x^2분포를 따르는 x^2통계량을 활용하여 검정을 실시한다. 교차 분석을 위해서는 먼저 교차표(cross tabulation) 또는 분할표(contingency table)이라고하는 각 변수들의 출현 빈도를 표시하는 표를 작성하는 것을 시작으로 분석을 시행한다.

예를 들어 세 명의 K-POP가수(가수 A, 가수 B, 가수 C)에 대해 한국, 미국, 중국의 고객들이 선호도를 조사하는 교차표가 아래와 같다고 하자. 한국 고객들은 가수 C를 가장 좋아하고, 가수 B를 가정 덜 좋아하는 반면, 미국 고객들은 가수 B를 가장 선호하고, 가수 A를 가장 덜 선호한다. 반면에 중국 고객들은 가수 A를 가장 선호하고 가수 C를 가장 덜 선호한다. 이와 같은 조사 결과를 바탕으로 한국, 미국, 중국의 고객들의 K-POP 가수 선호 비율에 차이가 있는지를 검증하려고 한다.

표 12-3 교차표

	가수 A	가수 B	가수 C
한국	30	20	50
미국	20	50	30
중국	50	30	20

카이제곱 교차 분석은 실제 관측 빈도(observed frequency)와 각 셀에서 통계적으로 기대할 수 있는 기대 빈도(expected frequency) 간에 차이를 카이제곱 분포(chi-squared distribution)을 참조해 통계적으로 검증하는 통계 기법이다. 여기서 기대 빈도란 교차표에서 각 행과 열의 빈도 합을 곱셈한 후 총 빈도수를 나눈 것으로 각 행과 열의 총합 기준 평균 빈도를 의미한다. 즉, 전체 모집단에서 각 선택 대안들이 갖게 되는 평균 빈도를 기대 빈도로 간주한다.

$$E_i = \frac{N}{n}$$

표 12-4 기대 빈도가 포함된 교차표

	가수 A	가수 B	가수 C	합계
한국	30(33.3)	20(33.3)	50(33.3)	100
미국	20(33.3)	50(33.3)	30(33.3)	100
중국	50(33.3)	30(33.3)	20(33.3)	100
	100	100	100	300

( )는 기대 빈도임

예를 들어, 교차표의 확인 결과 한국의 경우, 가수 A를 선호하는 사람이 기대 빈도인 33.3명보다 다소 적은 30명으로 나타났고, 가수 C의 경우 기대 빈도인 33.3명 보다 많은 50명으로 나타났다. 이를 바탕으로 카이제곱 교차 분석을 하면 조사자는 한국, 미국, 중국에서 K-POP가수를 선호하는 형태에 차이를 확인할 수 있게 된다.

카이제곱 교차분석은 기대 빈도와 관측 빈도의 전체 차이 정도가 카이제곱 분포를 따른다고 가정하고, 기대 빈도와 관측 빈도의 차이를 기대 빈도를 나눈 비율의 총합을 카이제곱 통계량으로 계산한다.

$$\chi^2 = \sum_{i=1}^{n} \frac{(O_i - E_i)^2}{E_i}$$

$$\chi^2 = \frac{(33.3-30)^2}{33.3} + \frac{(33.3-20)^2}{33.3} + \frac{(33.3-50)^2}{33.3} + \frac{(33.3-20)^2}{33.3} + \frac{(33.3-50)^2}{33.3}$$
$$+ \frac{(33.3-30)^2}{33.3} + \frac{(33.3-50)^2}{33.3} + \frac{(33.3-30)^2}{33.3} + \frac{(33.3-20)^2}{33.3} = 42.04$$

유의수준 0.05이고, 카이제곱 임계치 $x^2(5)=1.15$ 이므로, 카이제곱 통계량은 임계치보다 크므로, 세 집단의 K-POP 선호 형태는 같다라는 귀무 가설을 기각하고 대립 가설을 채택한다. 따라서, 한국, 미국, 중국 고객들이 좋아하는 K-POP 가수들은 차이가 있다라고 할 수 있다.

· 생각해 볼 문제

1. 일표본 t검정을 실습하시오.
2. 독립된 두 집단과 독립하지 않은 두 변수의 평균 차이 검정을 비교하여 실습하시오.
3. 세 개 이상 집단 간 평균 차이 검정을 실습하시오.

소셜 애널리틱스를 위한

연구조사방법론

Research Methodology for Social Analytics

제 13 장
관계에 기반한 가설 검정

제 13 장 **관계에 기반한 가설 검정**

지금까지 차이에 기반한 통계적 추론 방법으로 t-test, 분산분석, 교차분석을 살펴 보았다. 차이에 기반한 통계적 추론은 사실 독립 변수가 비연속적인 경우, 독립 변수와 종속 변수의 관계를 조사하기 위해 사용하는 방법이다. 즉, 독립 변수가 명목 형태인 경우, 명목 독립 변수에 의해 구분되는 집단 형태에서 특정 집단이 다른 집단(들)과 비교하여 어떤 다른 관계를 갖는지를 조사하는 것이다. 따라서, 차이에 기반한 통계적 추론 방법은 관계에 기반한 추론 방법의 제한된 형태로 분류할 수 있다. 본 장에서는 명목 형태의 비연속형 변수와 동시에 연속형 변수까지 다룰 수 있는 관계에 기반한 통계적 추론 방법인 상관분석과 회귀분석에 대해 살펴 보고자 한다. 상관 관계 분석은 등간 척도나 비율 척도로 측정된 하나의 독립 변수와 종수 변수 간의 선형적 관계를 단편적으로 조사할 수 있는 통계적 추론 방법이다. 회귀분석은 개념적으로 여러 개의 상관 관계 분석을 동시에 수행하는 방법으로서 일반적으로 등간 척도나 비율 척도로 측정된 여러 개의 독립 변수들과 종속 변수 간의 선형적 관계들을 동시에 분석하기 위한 방법이다. 비록, 회귀분석이 일반적으로 등간 척도나 비율 척도로 측정된 독립 변수들을 대상으로 하는 분석 방법이지만, 앞서 설명하였듯이 비연속적 척도인 명목 척도나 서열 척도로 측정된 독립 변수들을 대상으로 적용하는 것도 가능하고, 결국 집단 간의 차이에 대한 조사에도 이론적인 적용이 가능하다.

• 제 1 절 상관분석 •

1. 상관 관계의 개념

상관분석은 등간 척도나 비율 척도로 측정된 두 변수 간의 선형적 연관의 정도의 형태와 강도를 조사하기 위한 통계적 추론 방법으로, 상관 계수(r)를 계산하여 두 변수 간의 선형적 관계를 통계적 수치로 표현한다. 즉, 상관 계수는 한 변수의 변화에 따라 다른 변수가 어떻게 변화하는지를 비율로서 보여 주는 지표라고 하겠다. 예를 들어, 기업들을 대상으로 광고액과 매출액의 관계를 조사하고자 할 경우, 각 기업의 광고액과 매출액을 산포도(scattergram) 형태로 그릴 수 있다.

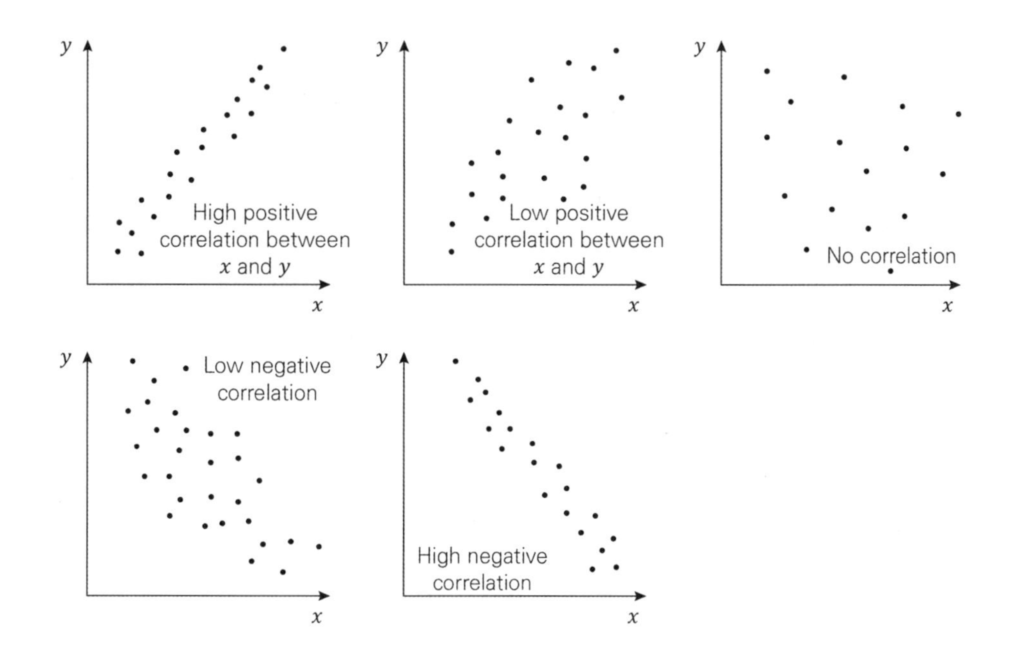

그림 13-1 상관 관계의 종류

이때, x축을 광고액, y축을 매출액으로 하여 그래프를 그릴 경우 [그림 13-1]과 같이 다섯 가지 그래프 중 하나의 형태를 따를 것이다. 그림은 강한 양의 상관 관계, 약한 양의 상관 관계,

상관 관계가 없는 관계, 약한 음의 상관 관계, 강한 음의 상관 관계들의 예를 보여주고 있다. 개념적으로 상관 계수는 두 변수를 각각 x좌표와 y좌표로 하였을 때, x좌표와 y좌표의 비율을 의미하고, -1부터 1까지의 값을 가진다. 상관 계수에 따라 상관 관계는 크게 세가지 형태로 분류되어 해석된다. 첫번째 경우는 광고액이 증가할 때 매출액도 같이 커지는 경향을 보이는 것으로 두 변수 간에 양(Positive)의 상관 관계가 있다고 하며 상관 계수(r)가 통계적으로 0보다 크게 나타난다($0<r<1$). 또한, 그 정도가 강할 때 즉, 상관 계수가 +1에 근접할수록 강한 양의 상관 관계, 그 정도가 약할 때, 즉 상관 계수가 0에 근접할 수록 약한 양의 상관 관계라 한다. 두 번째 경우는 그 반대로서, 광고액이 증가할수록 매출액이 줄어 드는 경향을 보이는 것으로 두 변수간에 음(Negative)의 상관 관계가 있다고 하며 상관 계수(r)가 통계적으로 0보다 작게 나타난다($-1<r<0$). 또한, 그 정도가 강할 때 즉, 상관 계수가 -1에 근접할수록 강한 음의 상관 관계, 그 정도가 약할 때, 즉 상관 계수가 0에 근접할수록 약한 음의 상관 관계라 한다. 마지막으로, 광고액의 변화가 매출액의 변화에 거의 영향을 주지 않는 경우 두 변수 사이에는 상관 관계가 존재하지 않으며, 상관 계수가 통계적으로 0과 다르지 않은 경우이다($r=0$). 상관 계수는 일반적으로 측정 척도에 따라 추정 방법이 두 가지로 구분된다. 먼저 산술 계산이 가능한 척도인 등간 척도나 비율 척도의 경우 일반적으로 상관 계수로 널리 알려진 피어슨 적률 상관 계수(Pearson's Product Moment Correlation Coefficient) 또는 피어슨 상관 계수(Pearson's Correlation Coefficient)를 사용한다. 반면에, 산술 평균이 불가능한 서열 척도의 경우 스피어만 등위산관계수(Spearman Rank Order Correlation Coefficient)를 사용한다.

2. 피어슨 상관 계수

피어슨 상관 계수는 개념적으로 두 변수 사이의 공분산(covariance)의 크기를 각 변수의 독립적 분산과 비교하는 것이다. 공분산은 두 변수 사이의 공통 분산을 의미하는 것으로 두 변수가 관계가 깊을수록 공통 분산은 크게 나타나며, 이 크기가 각 변수의 독립적 분산보다 클 경우 상관 관계가 높다는 것을 의미하고, 이를 식으로 나타내면 다음과 같다.

$$PX_1 Y = \frac{cov(X, Y)}{\sigma_X \sigma_Y}$$

- where:
- cov is the covariance
- 6x is the standard deviation of X

σx와 σy는 변수 x와 y 각각의 표준편차를, cov(x,y)는 변수 x, y의 공분산을 의미하고 이를 직접적 계산식으로 변환하면 아래와 같다.

$$r = \frac{\Sigma_{i=1}^{n}(x_i - \overline{x})(y_i - \overline{y})}{\sqrt{\Sigma_{i=1}^{n}(x_i - \overline{x})^2}\sqrt{\Sigma_{i=1}^{n}(y_i - \overline{y})^2}}$$

- where:
- n, x_i, y_i are defined as above
- $\overline{x} = \frac{1}{n}\sum_{i=1}^{n} x_i$ (the sample mean); and analogously for $\overline{y}$

여기서 x_i와 y_i는 각 변수 x, y의 측정치를 의미하고 $\overline{x}$와 $\overline{y}$는 변수 x와 y의 평균값을, n은 표본 크기를 의미한다.

피어슨 상관 계수에 대한 통계적 추론을 통한 유의성 검정을 위해 검정 통계량은 t통계량을 따르고, t통계량은 자유도 n-2의 t분포를 따른다고 가정한다.

피어슨 상관 계수의 검정 통계를 위한 과정은 일반적인 가설의 검정의 검정과 동일하며 다음과 같다.

1) 가설의 설정

- H0: r = 0
- H1:r ＞0 또는 r＜0

2) 상관 계수의 계산

3) 검정 통계량의 계산

$$t = r\sqrt{\frac{n-2}{1-r^2}}$$

4) 유의수준 결정과 임계치의 계산

- 유의수준을 결정하고 t분포와 자유도 n-2를 활용하여 임계치를 계산

5) 가설 채택 여부 결정

3. 스피어만 상관 계수와 켄달의 타우

두 변수가 연속적인 양적 변수가 아니라 서열 척도에 의한 비연속적인 양적 변수일 때 두 변수 간의 상관 정도를 측정하기 위해 사용한다. 이 방법은 분포의 정상성을 가정하지 않은 비모수적 통계 방법으로서, 피어스만 상관 계수와 동일하게, -1.0에서 +1.0 사이의 값을 가진다. 이 상관 계수는 비교적 간편하게 산출할 수 있고 서열 척도로 측정된 경우 사용될 수 있는 장점이 있지만, 피어슨 상관 계수에 비해 다양한 수리적 특성을 갖고 있지 못하다. 스피어만의 상관 계수는 개념적으로 피어슨 상관 계수를 다소 간편화한 것으로서, 스피어만 상관 계수에 대한 해석은 피어슨 상관 계수와 사실상 동일하다.

$$r_s = 1 - \frac{6\Sigma d_i^2}{n(n^2-1)}.$$

where

- $d_i = rg(X_i) - rg(Y_i)$, is the diffrence between the two ranks of each observation
- n is the number of observations

캔달의 타우는 스피어만 상관 계수보다 가설 검증의 타당성에 있어서 보다 많은 장점을 가지고 있다. 켄달의 등위 상관 계수는 한 순위를 다른 순위와 비교할 때 반전의 개수에 기초를 둔 순위 상관 계수로서, 대상물에 대해 순위를 부여한 변수 사이의 연관성의 측도로서 두 변수 사이에 연관성이 어느 정도 존재하는지를 알아보고자 할 때 사용하는 비모수적 방법이다. 즉, 켄달의 등위상관계수 타우는 일련의 등위들의 순서가 얼마나 일관성을 가지고 있는가를 보여주는 지표이다.

4. EXCEL 통계 분석 연습

EXCEL은 상관분석을 위해 피어슨 상관 계수를 활용한다. 앞서의 여러 분석 연습과 같이 "데이터 분석"을 선택하여 "통계 데이터 분석" 선택 창에서 "상관 분석"을 선택한다.

그림 13-2 상관분석의 선택

다음으로 상관분석에 필요한 자료의 범위를 입력한다. 이때 첫째 행을 이름표로 사용하기 위해 "첫째 행 이름표 사용" 옵션을 선택할 수 있다. 이때, 입력 가능한 분석 대상 변수의 수는 2개 이상도 가능하다. 예를 들어 3개의 변수에 대한 상관 관계 분석을 한다면, 3개 변수들에 대해 3개의 변수 간 비교쌍이 있기 때문에 각 변수 비교쌍에 대한 3개의 상관 계수를 계산해 준다.

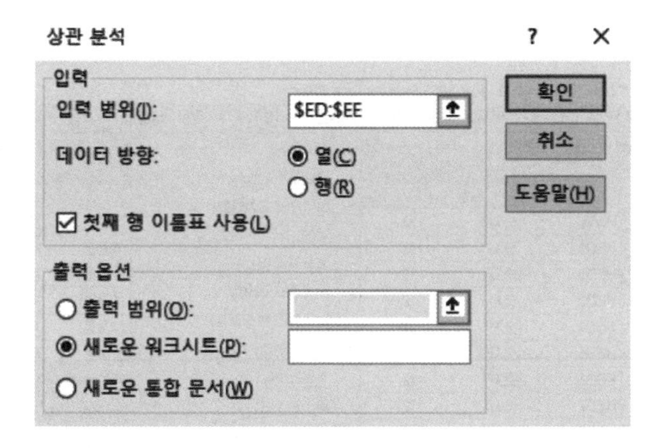

그림 13-3 상관분석 입력

상관분석의 결과는 [그림 13-4]와 같다. 본 예에서는 직무다양성과 직무만족도 간의 상관 관계를 분석한 것으로 두 변수의 상관 계수는 0.58이고 이는 직무 만족도가 1 증가하면 직무 다양성이 0.58 정도 같이 증가함을 의미한다. 상관 계수가 계산되었지만, 이 상관 계수가 통계적으로 유의한지 역시 확인해 봐야한다. 즉, 상관 계수가 0.58지만 이 상관 계수가 0과 통계적으로 유의하게 다르게 나타나야 상관 계수가 유의한 의미를 가진다고 할 수 있다. 그러나, EXCEL에서는 상관 계수의 통계적 유의성 검정 기능을 제공하지 않는다.

	A	B	C
1		HJD_SUM	HJS_SUM
2	HJD_SUM	1	
3	HJS_SUM	0.581466	1

그림 13-4 **상관분석 결과**

5. SPSS 통계 분석 연습

SPSS에서 상관분석을 위해 "분석" 메뉴에서 "상관분석" 메뉴 중 "이변량 상관분석"을 선택한다.

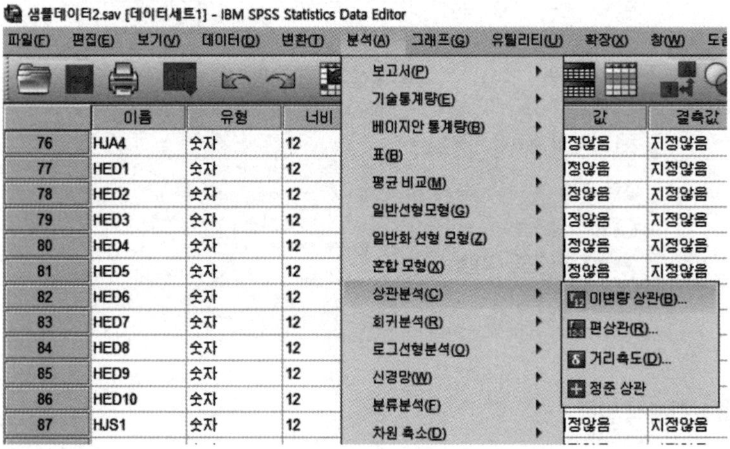

그림 13-5 **SPSS에서 상관분석**

[그림 13-6]의 상관분석 입력창에서 상관 관계를 분석하고자 하는 변수들을 왼쪽 변수 리스트에서 선택하여 오른쪽 변수 창으로 이동시킨다. 이때 상관 관계의 대상이 되는 변수들은 EXCEL과 동일하게 여러 개의 변수를 분석 대상으로 할 수 있다. 다음으로 상관 계수 추정 방법으로는 세 가지 방법의 선택이 가능하다. 앞서 설명한 피어슨, 스피어만, 캔달의 타우 모두 활용 가능하고, 분석 대상 변수의 척도에 따라 추정 방법을 선택할 수 있다. 일반적으로 유의성 검정은 양측 검정을 하고, “유의한 상관 계수 플래그” 옵션을 선택하면, 상관분석 결과 확인 시 유의성이 높은 상관 계수에 별도로 표시를 해주어 상관 계수가 많은 경우 유의성이 높은 상관 관계 파악에 도움이 된다.

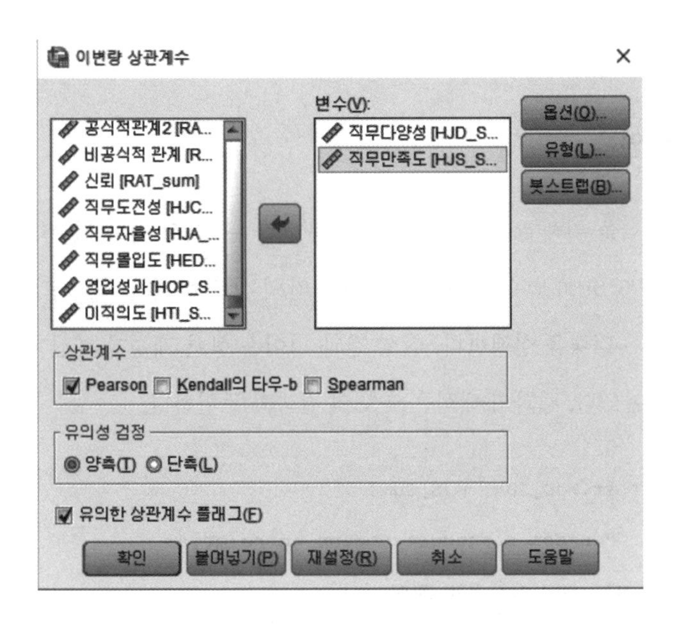

그림 13-6 상관분석 입력창

[그림 13-7]은 상관 관계 분석결과이다. 직무다양성과 직무만족도의 상관 계수는 0.581이고 상관 계수의 유의 확률은 0.000으로 유의 수준 0.05에서 유의함을 확인할 수 있다. 직무다양성과 직무만족도는 유의한 양의 상관 관계가 있다고 결론을 내릴 수 있다.

상관관계

		직무다양성	직무만족도
직무다양성	Pearson 상관	1	.581**
	유의확률(양측)		.000
	N	311	311
직무만족도	Pearson 상관	.581**	1
	유의확률(양측)	.000	
	N	311	311

**. 상관관계가 0.01 수준에서 유의하다(양측).

그림 13-7 상관 관계 분석 결과

6. R 통계 분석 연습

R에서 상관분석을 위해 cor.test() 함수를 사용한다. 두 개의 변수 직무다양성와 직무만족도를 HJD_SUM, HJS_SUM 변수로 저장하고 이들 간의 상관 관계를 확인하기 위해 cor.test(HJD_SUM, HJS_SUM) 명령을 실행한다. 실행 결과 피어슨 상관 계수가 계산되고, 그에 대한 유의확률을 확인할 수 있다. 결과의 해석은 SPSS의 결과와 동일하다.

```
> cor.test(HJD_SUM, HJS_SUM)

        Pearson's product-moment correlation

data:  HJD_SUM and HJS_SUM
t = 12.563, df = 309, p-value < 2.2e-16
alternative hypothesis: true correlation is not equal to 0
95 percent confidence interval:
 0.5027623 0.6506094
sample estimates:
      cor
0.5814664
```

그림 13-8 R에서 상관분석

· 제 2 절 단순 회귀분석 ·

1. 회귀분석(regression analysis)의 기본

상관분석을 통한 두 변수 간의 상관 계수에 대한 통계적 추론을 통해 두 변수 간의 관계를 파악할 수 있지만, 상관 계수를 바탕으로 한 변수의 변화를 통해 다른 변수의 변화를 예측하는 것은 쉽지 않다. 예를 들어, 상관분석을 통해 기업의 광고 투입액과 매출액 사이 강한 양의 상관 관계가 있다는 것을 알게되었다 할지라도, 추정된 상관 계수로는 광고 투입 예상액으로 매출 예상액을 예측하는 것은 어렵고, 이를 예측하기 위해 추가적인 여러 일들이 필요하다. 또한, 상관분석은 두 개의 변수의 관계만을 확인하는 것이 가능하기 때문에, 다양한 변수들이 동시에 영향을 주는 환경을 고려한 분석을 위해서는 그 활용의 범위가 상당히 제한적이다. 예를 들어, 상관분석은 매출액에 영향을 줄 수 있는 요인들이 광고 투입액, 점포 수, 영업 사원 수 등 다양할 경우, 이들 변수들이 어떻게 매출액에 영향을 주는지를 종합적으로 판단하는 것이 불가능하다. 상관분석은 이들 변수 간의 관계를 여러 개의 "두 개의 변수 간의 상관 관계 분석"으로 분리하여 부분적으로 판단하는 것만이 가능하다. 이 경우 종합적인 상황 파악은 사실상 불가능하다. 하지만, 회귀분석은 이들 변수 간의 종합적 판단이 가능할 뿐만 아니라, 여러 변수들 간의 다양한 관계를 동시에 고려하여 상관분석과는 비교할 수 없는 상세하고 구체적인 관계를 파악할 수 있는 장점이 있다. 일반적인 회귀분석의 목적은 다음과 같다.

1) 여러 독립 변수들이 동시에 종속 변수에 미치는 영향을 구체적 수치로 제시하고 통계적으로 추론한다. 즉, 독립 변수의 특정 변화가 종속 변수에 구체적으로 어떻게/얼마나 영향을 줄 수 있는지를 명확히 파악할 수 있으며, 이때 종속 변수에 동시에 영향을 주는 여러 독립 변수들의 순수한 영향을 통계적으로 추론할 수 있다.

2) 종속 변수에 영향을 주는 다양한 독립 변수들 간의 영향의 정도를 비교할 수 있어 독립 변수 간의 영향 정도를 통계적으로 비교할 수 있다.

3) 회귀분석의 결과를 활용하여 미래를 예측할 수 있다. 예를 들어, 광고 투입액, 점포 수, 영업 사원 수 등과 매출액의 관계를 회귀분석으로 파악하고, 통계적으로 추론된 회귀분석 결과를 바

탕으로 임의의 광고 투입액, 점포 수, 영업 사원 수에 따른 예상 매출액을 예측할 수 있다.

비록, 회귀분석이 독립 변수들과 종속 변수 사이의 관계, 특히 상관 관계를 통계적으로 추정하지만, 회귀분석으로 추정된 상관 관계가 인과 관계를 의미하지는 않는다. 회귀분석의 통계적 모형은 종속 변수와 독립 변수의 변수 간의 성격을 사전에 검증하지 않고 단지 이들 간의 통계적 또는 수학적인 관련성만을 검정한다. 즉, 회귀분석의 통계적 추정 결과는 종속 변수와 독립 변수 간의 관계의 정도와 방향에 대한 추론을 뒷받침해 줄 수는 있지만, 반드시 종속 변수와 독립 변수 간의 순서 관계나 종속 관계 또는 의존 관계까지 검정하거나 추론하지는 않는다. 따라서, 이들 변수 간의 인과 관계를 확정 짓기 위해서는 이들 변수들의 성격이나 인과성, 즉, 원인과 결과의 관계를 명확히 할 이론적 검증 또는 실험적 절차 등 사전 검증 절차를 통계적 분석 이전에 조사자가 진행하여야 한다.

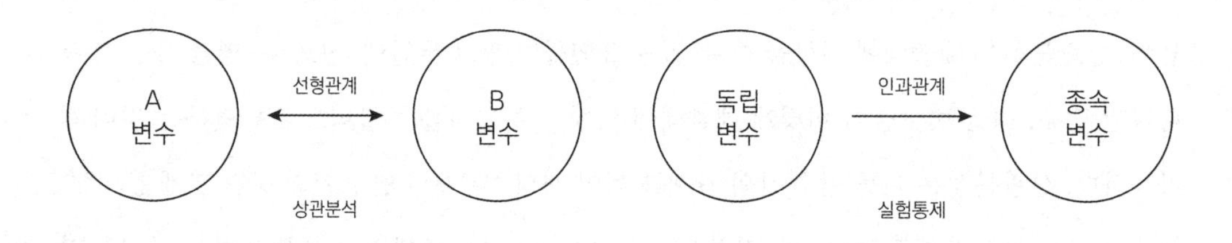

그림 13-9 **상관 관계와 인과 관계의 비교**

회귀분석에는 "단순 회귀분석", "다중 회귀분석", "더미가 포함된 회귀분석", "로지스틱 회귀분석" 등 다양한 종류가 있다. 먼저, 독립 변수의 수에 따라 독립 변수가 하나인 경우 단순 회귀분석(simple regression), 두 개 이상인 경우 다중 회귀분석(multiple regression)으로 구분할 수 있다. 독립 변수의 척도가 등간이 아닌 명목/서열인 경우 더미(dummy) 변수를 이용하여 회귀분석을 할 수 있다. 또, 종속 변수의 척도가 명목/서열인 경우에는 일반 회귀분석이 아닌 로지스틱 회귀분석을 활용하여 분석할 수 있다. 독립 변수와 종속 변수의 관계가 선형인 가정을 할 수 없는 경우, 다양한 형태의 비선형적 관계를 가정할 수 있는 비선형회귀분석의 활용도 가능하다. 이렇게 다양한 회귀분석들이 있지만, 먼저, 회귀분석의 가장 기초가 되는 "단순 회귀분석"을 바탕으로 회귀분석을 좀 더 자세히 살펴보자.

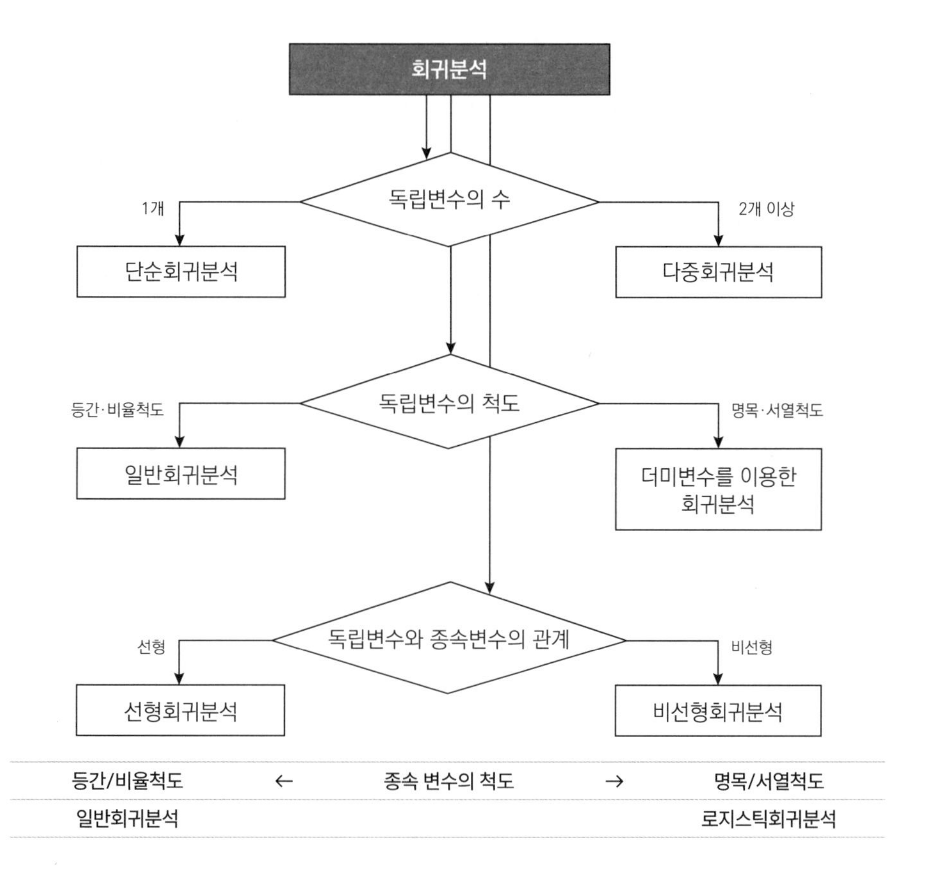

그림 13-10 **회귀분석의 종류**

2. 단순 회귀분석 모형의 추정

단순 회귀분석은 하나의 종속 변수와 하나의 독립 변수 간의 통계적 관계를 추정한다. 사실 단순 회귀분석 결과는 두 변수 간의 상관 관계를 추정한다는 점에서 앞서의 상관 관계 분석의 결과와 거의 동일한 결과를 보여주므로, 다중 회귀분석에 비해 분석의 결과에 대한 효용성은 떨어지는 것이 사실이다. 그러나, 하나의 독립 변수만을 다루기 때문에 회귀분석 추정 방법이 단순화되고 간략화 되는 장점이 있어 회귀분석의 통계적 추정 과정에 대한 개념적 설명에는 유용하다.

기본적인 단순 회귀분석을 위한 회귀 모형은 다음과 같다.

$$Y_i = \alpha + \beta X_i + \epsilon_i$$

여기서 y_i는 종속 변수이고, x_i는 독립 변수이다. α와 β는 회귀계수로서 α는 회귀선의 절편, β는 회귀선의 기울기이며, ε_i은 i번째 관찰치의 오차항을 의미한다. 이 회귀 모형에서는 x_i가 y_i에 미치는 영향은 회귀선의 기울기인 β에 의해 결정된다. β의 크기가 클 수록 x_i가 y_i에 미치는 영향이 크고, β의 부호가 양인 경우 긍정적 영향을, 음인 경우 부정적 영향을 x_i가 y_i에 미친다. 회귀선의 절편은 x_i가 없을때, y_i의 값으로서 y_i의 조건부 평균값을 의미한다. 일반적으로 회귀분석이 변수 간의 영향 관계를 확인하기 위한 분석이라는 점에서 회귀선의 절편은 관심이 대상이 아니다. 마지막으로 오차항(ε_i)은 독립 변수 X가 종속변수 Y에 주는 영향을 제외한 다른 효과들의 총집합이라고 볼 수 있으며, 측정할 수 없는 또는 알 수 없는 오류를 의미한다.

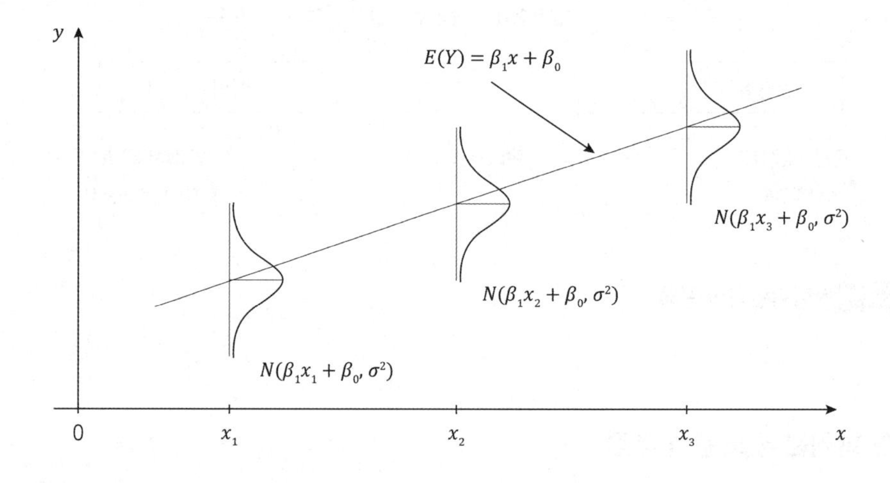

그림 13-11 **회귀분석과 회귀식의 개념**

대부분의 통계적 추정 방법이 개념적으로 이 오차항을 가능한 작게하는 방법을 적용하여 회귀선을 통계적으로 추정한다. 회귀선의 절편과 회귀선의 기울기를 추정하기 위해서는 다양한 추정 방법이 존재하지만, 가장 많이 손쉽게 활용되는 최소 자승법(OLS, ordinary least square)에 대해 살펴보자. 최소 자승법은 기본적으로 관찰 자료에 가장 적당한 회귀선을 추정하는 방법이다. 특히, 관측치와 회귀선의 예측치 간의 차이의 총합이 최소가 되도록 하는 회귀선을 추정한다.

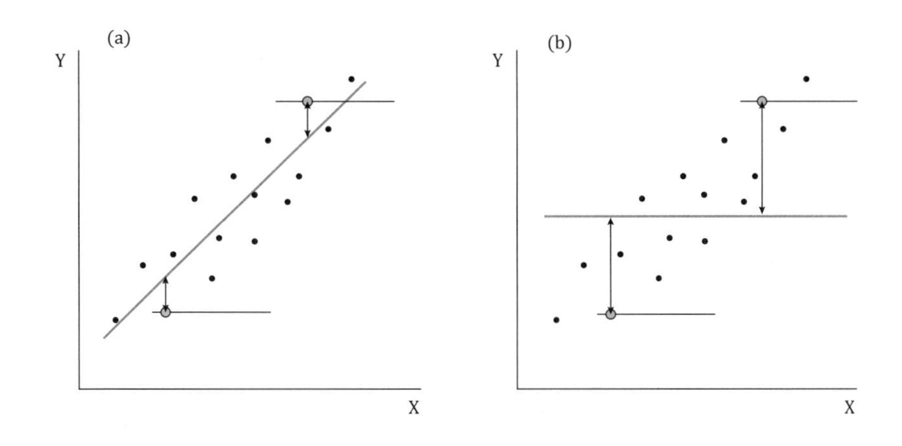

그림 13-12 **회귀 계수의 추정 방법**

[그림 13-12]의 (a)와 (b)를 비교해 보면, (a)의 빨간색 회귀선이 (b)의 회귀선보다 관찰 자료에 더 적당함을 바로 알 수 있으며, 회귀선의 예측치와 관측치의 차이가 (a)가 (b)보다 훨씬 작을 것으로 보인다. 최소자승법은 이와 같은 이유로 (b)의 회귀선 보다는 (a)의 회귀선을 더 적합하다고 판단한다. 좀 더 구체적으로 $Y = a + bX$ 형태로 관찰자료 X, Y에 대한 임의의 회귀식 또는 회귀 모형이고, a와 b는 각각 회귀식의 절편(α)와 기울기(β)의 추정량으로 비표준화 회귀 계수들이다. 결국, b는 X가 한 단위 변할 때 Y에 있어서의 기대 변화를 가리킨다. 최소자승법에 의해 조사자는 회귀식의 절편과 기울기의 추정량 a와 b를 다음과 같이 추정할 수 있다.

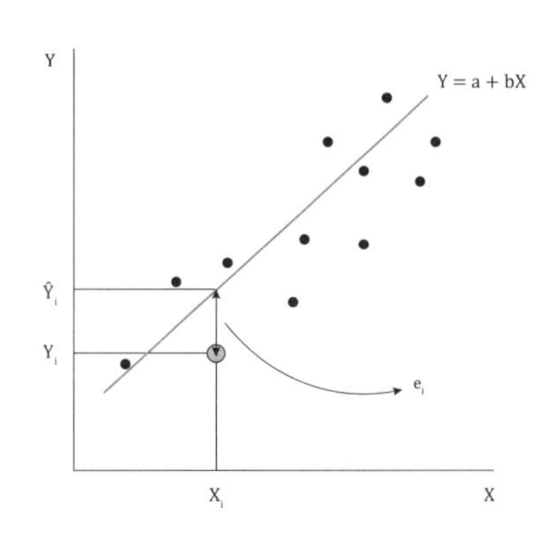

그림 13-13 **최소자승법에 의한 회귀 계수의 추정**

$$e_i = |Y_i - \widehat{Y}_i| = |Y_i - a - bX_i|$$
$$SSE = \sum_{i=1}^{n} e_i^2$$

결국, SSE(sum of squared errors)를 최소화하는 a와 b를 추정하면 다음과 같다.

$$\overline{X} = \frac{\sum_{i=1}^{n} X_i}{n}, \quad \overline{Y} = \frac{\sum_{i=1}^{n} Y_i}{n}$$
$$b = \frac{\sum_{i=1}^{n} (X_i - \overline{X})(Y_i - \overline{Y})}{\sum_{i=1}^{n} (X_i - \overline{X})^2}, \quad a = \overline{Y} - b\overline{X}$$

$\overline{X}$: X의 평균

$\overline{Y}$: Y의 평균

이때, 회귀식의 기울기는 원자료에 의해 추정된 비표준화 회귀 계수이다. 특히, 계수의 크기를 비교하기 위해서는 표준화가 필요할 수 있다. 표준화는 원자료의 평균이 0이고 분산이 1인 변수로 변환하는 과정으로, 자료가 표준화되면 절편은 0이 된다. 다음의 방식으로 계수의 표준화는 가능하다.

$$b^1 = b\frac{S_x}{S_y}$$

단순 회귀분석에서는 표준화 회귀 계수는 단순 상관 계수와 동일하게 된다.

회귀분석이 단순히 회귀식 또는 회귀 모형을 추정하는 것으로 끝나지 않는다. 추정된 회귀식이 종속 변수와 독립 변수 간의 관계를 정확히 설명하고 있는지, 그리고 추정된 회귀 계수가 유의미한 의미를 가지고 있는지에 대한 통계적 검정을 실시해야 한다.

추정된 회귀식 자체에 대한 통계적 검정은 결정 계수(R2)와 적합성 검정을 통해 이루어진다. 결정 계수(coefficient of determination)는 변수들이 가지고 있는 추정된 회귀식이 얼마나 관찰 자료를 잘 설명하는지를 의미한다. 결정 계수는 0부터 1 사이의 값으로 1인 경우는 추정된 회귀식이 관찰 자료를 완벽하게 설명함을 의미하고, 0인 경우는 추정된 회귀식이 관찰 자료를 전혀 설명하지 못한다고 할 수 있으며 결정 계수는 아래와 같다.

SSTO(sum of squares in total)는 관찰자료가 가지는 총변량을 의미하고, SSR(sum of squares in regresion)은 관찰 자료가 가지는 총변량 중 회귀식으로 설명 가능한 변량을 의미하며, SSE(Sum of Squares in Error)는 관찰 자료의 총변량 중 회귀식으로 설명 불가능한 변량을 의미한다. 결국, 결정 계수는 전체 변량 중 회귀식으로 설명 가능한 변량을 의미하며, 결국, 독립 변수에 의해 몇 %의 종속변수의 분산이 설명되는지를 일컫는 지표이다.

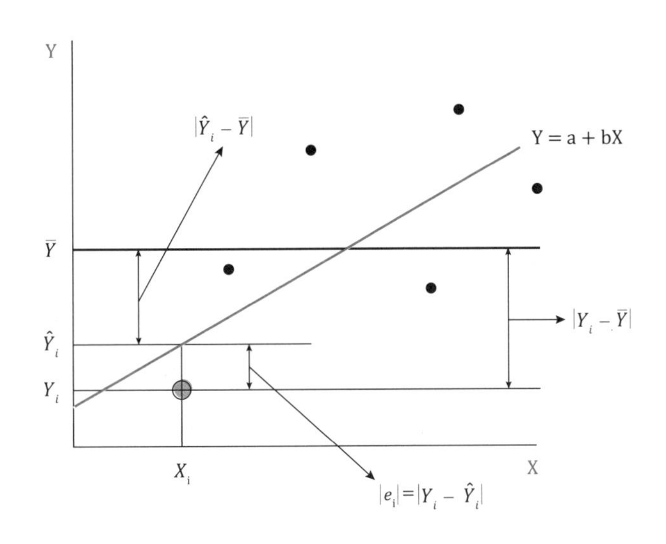

그림 13-14 **회귀식의 적합성과 결정 계수의 개념**

$$e_i = Y_i - \hat{Y}_i = (Y_i - \overline{Y}) - (\hat{Y}_i - \hat{Y})$$

$$\Rightarrow \sum_{i=1}^{n}(Y_i - \overline{Y})^2 = \sum_{i=1}^{n}(\hat{Y}_i - \overline{Y})^2 + \sum_{i=1}^{n}e_i^2$$

$$\Rightarrow SST_0 = SSR + SSE$$

$$R^2 = \frac{SSR}{SST_o}$$

하지만, 결정 계수는 단지 추정된 회귀식의 설명력을 설명해 줄 뿐, 통계적 검정 결과를 의미하지는 않는다. 추정된 회귀식에 대한 통계적 유의성 검증은 다음의 가설에 대한 F검정을 통해 이루어진다.

- 귀무가설(H0): 모든 회귀 계수가 0과 같다(회귀 모형이 유의미하지 않다.)
- 대립가설(H1): 회귀 계수 중 일부 또는 모두가 0과 다르다(회귀 모형이 유의미하다.)

위의 가설은 추정된 회귀식의 모든 계수가 만약 0과 같다면 추정된 회귀식 자체가 의미가 없다는 것을 의미하고 그렇지 않다면 추정된 회귀식이 유의미한 의미를 가진다고 가정한다. 이를 검증하기 위해 아래와 같은 F검정을 실시한다.

$$F=\frac{\text{회귀식으로 설명가능한 변량의 평균}}{\text{회귀식으로 설명하지 못하는 변량의 평균}}=\frac{MSR}{MSE}$$

$$MSR=\frac{SSE}{k-1},$$
$$MSE=\frac{SSE}{n-k},$$

n: 개체수

k: 회귀 계수 수

하지만, 단순 회귀분석에서는 회귀 모형의 적합성을 검정하는 F 검정결과와 추정된 하나의 회귀 계수에 대한 t검정 결과가 동일하기 때문에 별도의 F검정을 실시할 필요는 없다.

결정 계수를 계산하고 회귀 모형의 적합성에 대한 유의성 검정이 완료되면, 마지막으로 구체적으로 추정된 회귀 모형의 개별 회귀 계수의 유의성을 검정한다. 회귀 계수에 대한 통계적 검정은 다음 가설에 대한 통계적 검정을 기반으로 한다.

- 귀무가설(H0) : 독립 변수 X는 종속 변수 Y에 영향을 주지 않는다.
- 대립가설(H0) : 독립 변수 X는 종속 변수 Y에 영향을 준다.

$$T=\frac{\text{회귀식의 기울기}(b)-0}{b\text{가 가질 수 있는 변량}}=\frac{b}{s(b)}$$

$$s(b)=\sqrt{\frac{MSE}{\sum_{i=1}^{n}(X_i-\overline{X})^2}}$$

3. EXCEL 통계 분석 연습

EXCEL에서의 회귀분석을 위해 여러 분석 연습과 같이 “데이터 분석”을 선택하여 “통계 데이터 분석” 선택 창에서 “회귀분석”을 선택한다.

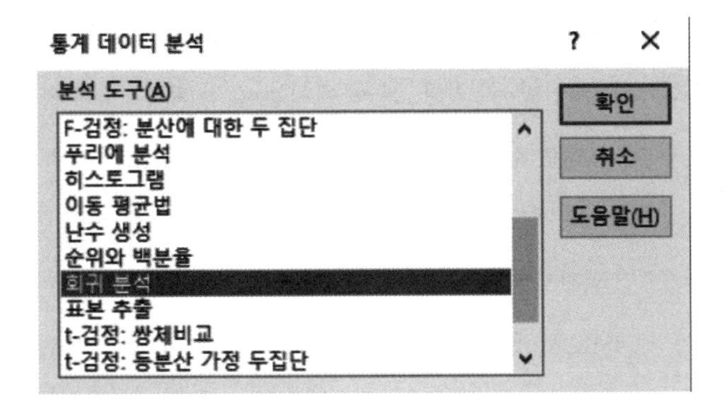

그림 13-15 **회귀분석의 선택**

다음으로 회귀분석에 필요한 자료의 범위를 입력한다. 독립변수인 X축 입력 범위로 하나의 열 즉, 하나의 변수를 선택하고, 종속 변수인 Y축 입력 범위로 하나의 열을 선택한다. 본 예에서는 이직의도(HTI_SUM)를 종속변수로 직무만족도(HJS_SUM)를 독립변수로 하는 회귀분석을 실행한다. 그리고, 첫째 행을 이름표로 사용하기 위해 "이름표 사용" 옵션을 선택할 수 있다. 다음으로 기본적으로 회귀 모형의 가정을 만족 여부를 확인하기 위해 "잔차도", "표준 잔차", "선적합도", "정규확률도" 등의 옵션을 선택할 수 있다.

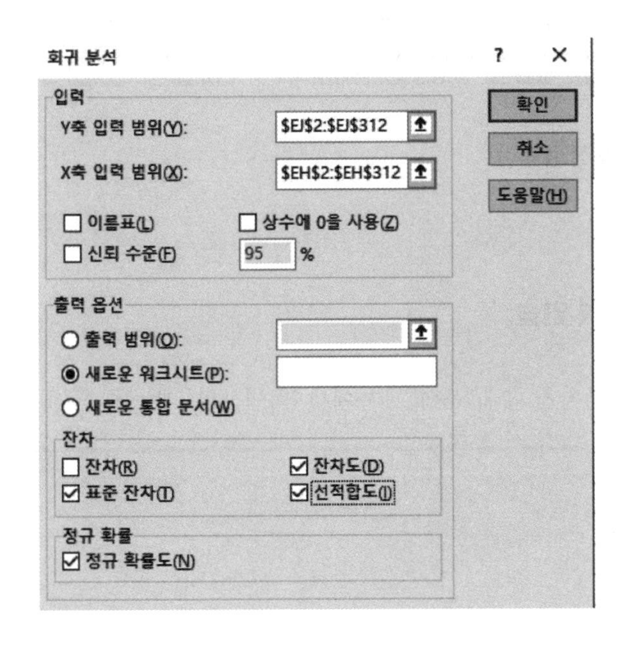

그림 13-16 **회귀분석 입력**

다음은 EXCEL에서의 회귀분석 결과이다. 첫번째 표는 결정 계수와 조정된 결정 계수를 통해 모형의 적합성을 확인할 수 있다. 본 예에서는 결정 계수 13.73%, 조정된 결정 계수 13.45% 임을 알 수 있다. 모형의 설명력이 높은 편이다. 다음으로 모형의 분산 분석 결과로 모형의 유의 확률은 약 0.000로 유의 수준 0.05에서 예제의 회귀 모형(종속 변수가 이직의도이고 독립 변수가 직무만족도인 회귀모형)은 통계적으로 유의한 의미를 갖는다. 마지막으로 직무 만족도의 회귀 계수는 -0.451로서 유의 수준 0.05보다 유의 확률이 작기 때문에 회귀 계수는 통계적으로 유의한다로 판단한다.사실, 단순 회귀분석의 회귀 계수는 두 변수 간의 상관 계수와 동일하다.

요약 출력

회귀분석 통계량	
다중 상관계	0.370589
결정계수	0.137336
조정된 결정	0.134544
표준 오차	1.276581
관측수	311

분산 분석

	자유도	제곱합	제곱 평균	F 비	유의한 F
회귀	1	80.16761	80.16761	49.19285249	0.0000000000147
잔차	309	503.5649	1.62966		
계	310	583.7325			

	계수	표준 오차	t 통계량	P-값	하위 95%	상위 95%	하위 95.0%	상위 95.0%
Y 절편	5.999742	0.314378	19.08449	0.0000000000000	5.381149681	6.618334	5.38115	6.618334
X 1	-0.45123	0.064336	-7.01376	0.0000000000147	-0.577826025	-0.32464	-0.57783	-0.32464

그림 13-17 **회귀분석 결과**

4. SPSS 통계 분석 연습

SPSS에서 회귀분석을 위해 “분석” 메뉴에서 “회귀분석” 메뉴 중 “선형”을 선택한다.

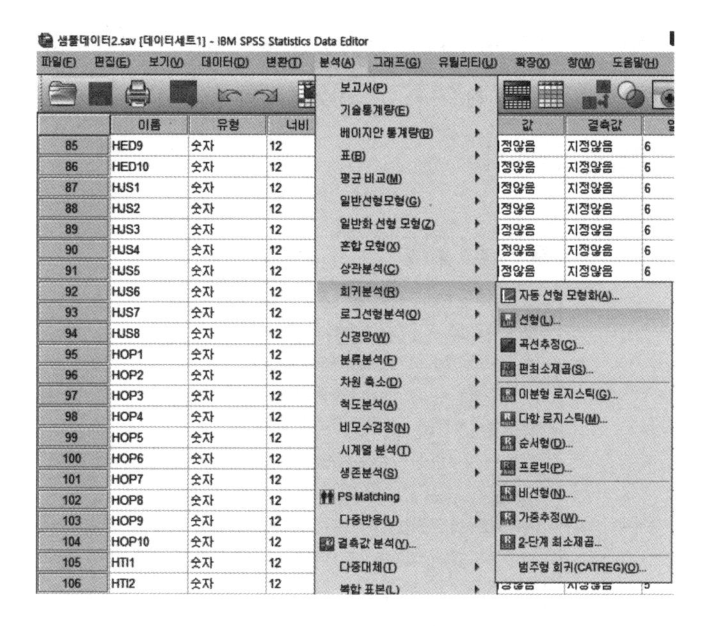

그림 13-18 SPSS에서 회귀분석

다음의 회귀분석 입력창에서 회귀분석을 하고자 하는 변수들의 종속 변수와 독립 변수를 구분하여 왼쪽 변수 리스트에서 선택하여 오른쪽 변수 창으로 이동시킨다.

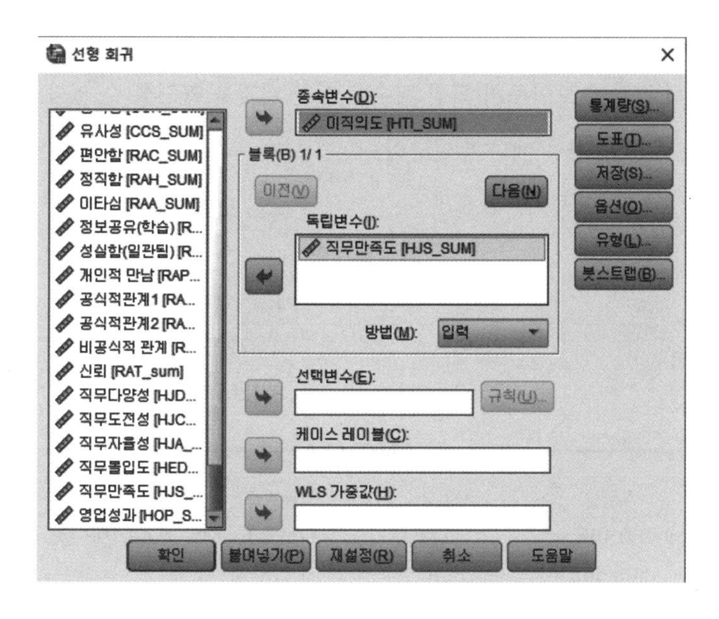

그림 13-19 회귀분석 입력(1)

다음으로 "통계량"을 선택하여 어떤 통계량을 활용하고 출력할지 선택한다. 일반적으로 회귀 계수의 "추정값", "모형 적합", "기술통계량", 그리고 자기 상관 점검을 위한 "Durbin-Watson" 검정을 선택한다.

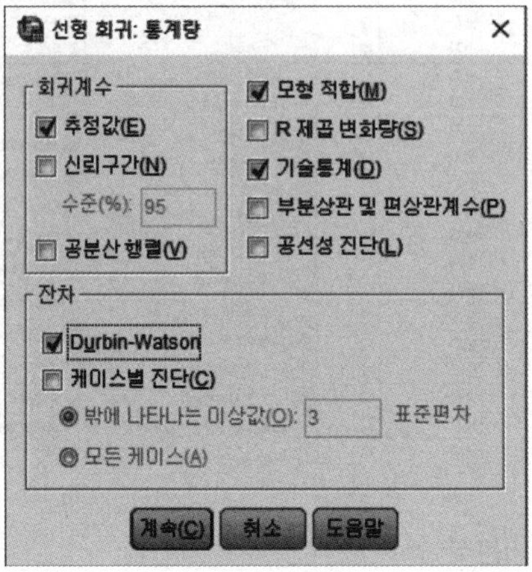

그림 13-20 **회귀분석 입력(2)**

다음은 단순 회귀분석 결과를 보여준다. 기본적으로 변수에 대한 기술 통계량을 보여주고 다음으로 모형적합도, Durbin-Watson 검정값 등 모형에 대한 요약을 보여준다. 다음은 모형에 대한 분산 분석 결과를 보여주며 회귀 계수에 대한 결과를 확인할 수 있다. 모든 분석 결과에 대한 해석은 EXCEL의 활용 예와 동일하다.

기술통계량

	평균	표준화편차	N
이직의도	3.8540	1.37223	311
직무만족도	4.7552	1.12698	311

ANOVA[a]

모형		제곱합	자유도	평균제곱	F	유의확률
1	회귀	80.168	1	80.168	49.193	.000[b]
	잔차	503.565	309	1.630		
	전체	583.732	310			

a. 종속변수: 이직의도
b. 예측자: (상수), 직무만족도

계수[a]

모형		비표준화 계수 B	비표준화 계수 표준화 오류	표준화 계수 베타	t	유의확률
1	(상수)	6.000	.314		19.084	.000
	직무만족도	-.451	.064	-.371	-7.014	.000

잔차 통계량[a]

	최소값	최대값	평균	표준화 편차	N
예측값	2.8411	5.3793	3.8540	.50853	311
잔차	-2.96919	3.70250	.00000	1.27452	311
표준화 예측값	-1.992	2.999	.000	1.000	311
표준화 잔차	-2.326	2.900	.000	.998	311

a. 종속변수: 이직의도

그림 13-21 **회귀분석 결과**

5. R 통계 분석 연습

R에서 회귀분석을 위해 lm() 함수를 사용한다. 두 개의 변수 이직의도와 직무만족도를 HTI_SUM, HJS_SUM 변수로 저장하고 회귀 모형에 독립변수로 직무만족도를 종속변수로 이직의도를 포함하여 분석하기 위해 reg1=lm(HTI_SUM~HJS_SUM) 명령을 실행한다. 이 명령은 reg1 변수에 회귀 모형(이직의도=a+b*직무만족도)의 분석의 결과를 저장하라는 의미이다. 실행 결과에 앞서 EXCEL과 SPSS 활용 예와 유사한 결과를 보여주며 결과의 해석은 SPSS의 결과와 동일하다.

```
> reg1 = lm(HTI_SUM~HJS_SUM)
> reg1

Call:
lm(formula = HTI_SUM ~ HJS_SUM)

Coefficients:
(Intercept)      HJS_SUM
     5.9997      -0.4512

> summary(reg1)

Call:
lm(formula = HTI_SUM ~ HJS_SUM)

Residuals:
    Min      1Q  Median      3Q     Max
-2.9692 -0.9102 -0.1384  0.8718  3.7025

Coefficients:
            Estimate Std. Error t value Pr(>|t|)
(Intercept)  5.99974    0.31438  19.084  < 2e-16 ***
HJS_SUM     -0.45123    0.06434  -7.014 1.47e-11 ***
---
Signif. codes:  0 '***' 0.001 '**' 0.01 '*' 0.05 '.' 0.1 ' ' 1

Residual standard error: 1.277 on 309 degrees of freedom
Multiple R-squared:  0.1373,    Adjusted R-squared:  0.1345
F-statistic: 49.19 on 1 and 309 DF,  p-value: 1.468e-11
```

그림 13-22 R에서 회귀분석

· 제 3 절 다중 회귀분석 ·

1. 회귀분석의 가정

일반적으로 회귀분석은 통계적 추정 방법에 따라 오차항(e)에 대한 엄격한 가정을 한다. 가장 손쉽고 널리 사용하는 최소자승법(OLS, ordinary least squares)에서 적용하는 오차항(e)에 대한 가정은 다음과 같다.

1) 오차항(e)은 정규분포를 따른다.

2) 오차항(e)의 평균은 0이다.

3) 독립 변수는 선형적으로 독립적이다. 즉, 독립변수 간 다중공선성(multicollinearity)이 없다.

4) 오차항(e)은 관측치에 관계 없이 서로 상관되지 않았다. 즉, 자기상관(autocorrelation)이 없다.

5) 오차항(e)의 분산은 관측치에 관계없이 일정하다. 즉, 이분산성(heteroscedasticity)이 없다.

이러한 가정을 충족시키지 못하는 경우, 다른 통계적 추정 방식을 이용하거나 해당 가정을 벗어나는 상황에 적용가능한 통계적 추정 모형을 개발하여야 한다. 따라서, 이러한 가정이 통계적 이론을 바탕으로 하기 때문에 다소 복잡하고 어렵지만, 회귀분석을 OLS방식으로 추정할 경우 해당 가정을 충족하는지를 확인하는 것은 통계적 분석의 타당성을 확보하기 위한 아주 중요한 절차이다.

표 13-1 회귀분석의 가정

이분산성 heteroscedasticity	자기상관 autocorrelation	다중공선성 multicollinearity
• 독립변수의 값이 증가 또는 감소함에 따라 분산이 달라지는 현상	• 관측값이 선행 관측값들과 상관관계를 갖는 현상	• 다중공선성은 3개 이상의 독립변수들 간의 강한 선형관계를 보이는 현상
• 계수추정의 정확성을 상실하고 회귀계수의 표준오차가 필요 이상으로 증가	• 추정 회귀모형이 통계적 검정을 통해 부당하게 강조되거나 정당화 될 수 있음	• 회귀계수의 계산을 불가능하게 만들거나 회귀계수의 표준오차를 크게 부풀려 정확한 검정을 할 수 없게 함
• 잔차의 산점도 • Coook-Weisberg 검정 • Goldfeld-Quandt 검정으로 탐색	• 잔차의 산점도 • Geary 검정 • Durbin – Watson 검정으로 탐색	• 독립변수 간 상관관계>독립변수 종속변수 상관관계 • 독립변수, 사례 제거 시 회귀계수 변화 폭이 큰 경우 등 • 잔여분산, 고유근분석 등으로 탐색
• 변수변환으로 제거	• 변수변환으로 제거	• 자료보완 • 변수 제거 • 주성분회귀분석 • 표준화 등의 방법으로 보정

[표 13-1]은 각각의 중요 가정에 대한 설명, 분석 결과의 문제점, 확인 방법, 그리고 해결 방법을 설명해 주고 있다.

2. 회귀분석의 과정

일반적인 회귀분석 과정을 정리하면 [그림 13-23]과 같다.

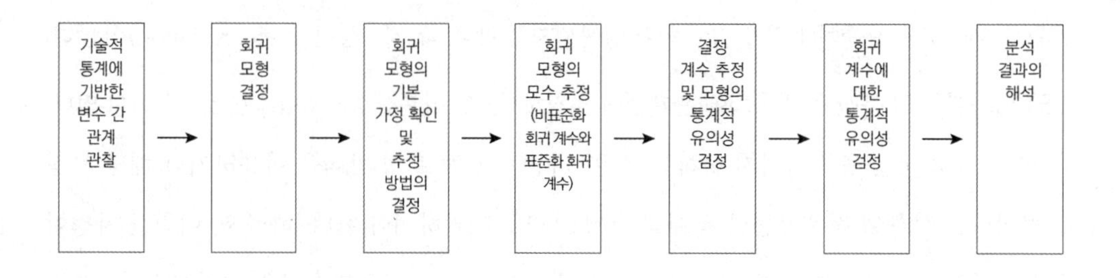

그림 13-23 회귀분석의 과정

1) 변수 간 관계의 관찰

먼저 변수들 간의 관계를 통계적으로 추론하기 전에 관찰 자료를 바탕으로 기술적 통계에 기반한 변수간의 관계를 관찰할 필요가 있다. 관찰 자료에서 나타난 변수 간의 관계는 향후 통계적 추론을 위한 회귀 모형 결정에 중요한 토대 자료로 활용될 수 있다. 기술적 통계에 기반한 변수 간의 관계를 관찰하기 위해 가장 널리 사용되는 방법은 산포도(scatter diagram)을 활용하여 변수 간의 관계를 도식화하여 확인하는 방법과 상관 계수를 통해 두 변수 간의 관계를 통계적으로 확인하는 방법이 있다.

산포도는 산포도의 수직축에 종속 변수를, 수평축에 독립 변수를 두고 두 변수 사이의 관계의 형태나 패턴을 확인하는데 유용하게 활용되며, 상관 계수는 이들 간의 관계를 좀 더 통계적 수치로서 표현하여 그 강도를 확인하는데 유용하게 활용된다. 하나의 종속 변수에 여러 개의 독립 변수가 영향을 줄 수 있는 경우 여러 쌍의 종속 변수와 독립 변수 간의 산포도와 상관 계수가 나타난다.

2) 회귀 모형의 결정

다양한 쌍의 종속 변수와 독립 변수 간의 관계를 확인한 후, 조사자는 이들 기술적 통계를 통한 두 변수들 간의 유추된 관계를 바탕으로 적당한 회귀 모형을 결정할 수 있다. 이때, 조사자는 종속 변수와 강하고 유의한 상관 관계를 가지는 변수를 회귀 모형에 반영하고, 그렇지 않은 변수는 회귀 모형에 반영하지 않을 수 있다. 또한, 상관 관계의 형태가 선형일 수도 있고 비선형일 수 있으며 조사자는 최종 회귀 모형에 상관 관계의 적절한 형태를 반영할 수 있으며, 여러 개의 대안 회귀 모형을 결정하여 분석에 반영할 수 있다. 다음은 다중 회귀 모형의 일반적인 형태이다.

$$Y_i = \beta_0 + \beta_1 X_{i1} + \ldots + \beta_p X_{ip} + \varepsilon_i$$

종속계수 회귀계수 독립변수 오차항

회귀 모형의 결정에 있어서 변수들의 도입은 조사자의 이론에 기반하여야 한다. 따라서, 변수 간의 상관 관계 또는 잔차들에 관한 조사는 회귀 모형에 투입된 변수에 대한 중요한 근거 자료로서 활용될 수 있다. 또한, 투입될 변수와 종속 변수 간의 선형성에 대한 분석 역시 필요하고, 분석 결과에 따라 대수, 제곱근, 역수, 로그 등을 활용한 변수 변환을 통해 변수의 분산을 안정화 시키기도 한다.

종속 변수에 영향을 줄 가능성이 있는 여러 개의 독립 변수들을 회귀 모형에 포함시킬 때, 기술적인 변수 입력 방법을 활용할 수 있다. 변수 입력 방법에는 단계적 변수 입력 방법(단계적 회귀분석, stepwise regression)과 동시적 변수 입력 방법이 있다.

동시적 입력 방법은 각 독립 변수의 통계적 유의성에 관계 없이 모든 독립 변수를 모형에 동시에 포함시키고 각 독립 변수의 계수들을 추정하는 방법이다. 여러 독립 변수를 동시에 포함시켜 하나의 모형으로 회귀 계수를 추정할 수 있다는 장점이 있지만, 유의하지 않은 다수의 독립 변수를 회귀 모형에 포함함으로써 전반적으로 모형의 설명력이 떨어지는 단점이 있다. 따라서, 회귀 모형의 탐색적 단계나 공선성 검증을 위해 분석 초기에 활용될 수 있다.

단계적 회귀분석의 목적은 다수의 독립 변수로부터 종속 변수에 가장 큰 영향을 주는 독립 변수들의 최적의 집합을 찾는 것이다. 따라서, 독립 변수들은 한번에 하나씩 회귀 모형에 투입되거나 제거되는 것을 반복한다. 단계적 회귀분석의 다음 세 가지 접근 방법이 있다.

전진 도입법(forward inclusion)은 독립 변수를 하나씩 추가하는 방법이다. 독립 변수 투입 시 f비율 기준을 충족한다면 해당 변수는 추가되고 그렇지 않으면 제거된다. 독립 변수가 투입되는 순서는 설명된 분산에 대한 공헌이 높은 순으로 투입된다.

후진 제거법(backward elimination)은 모든 독립 변수가 있는 회귀 모형에서 독립 변수를 하나씩 제거하는 방식이다. F비율이 기준 이하이면 제거한다.

단계적 해결법(stepwise solution)은 각 단계에서 특정 기준을 더 이상 충족하지 않는 예측 변수들을 제거하는 방법과 전진 도입법이 결합된 형태이다.

단계적 회귀분석은 주어진 수의 독립 변수들에 대해 R2를 최대화하기 위한 방법이기 때문에 최적의 회귀 모형을 산출하지는 못한다. 즉, 독립 변수들 간의 상관 관계 때문에 어떤 중요한 변수가 포함되지 않거나 중요하지 않은 변수가 결과적으로 회귀 모형에 포함되기도 한다. 따라서, 이론적 연구나 조사에서는 단계적 회귀분석법의 사용은 그리 권장되지 않는다. 사전에 조사된 이론들을 바탕으로 변수의 투입을 결정하고 이를 바탕으로 회귀 모형을 결정하는 것이 일반적인 과정이다. 그러나, 아주 초기의 조사 형태이거나 탐색적 조사의 경우 단계적 회귀분석은 변수 간의 상관 관계를 보여주고, 통계적 중요도를 파악할 수 있다.

3) 회귀 모형 추정 방법(OLS)의 가정 점검

적절한 회귀 모형이 결정되었다면, 조사자는 관찰 자료를 바탕으로 앞서 설명한 회귀 모형의 기본 가정을 확인하는 절차를 진행한다. 관찰 자료가 회귀 모형의 추정 방법에 대한 기본 가정에 적합한 자료인지 아닌지는 회귀 모형을 통해 해당 관찰 자료를 분석하였을 때 분석 결과에 대한 타당성을 정당화할 수 있는 중요한 기준이 된다. 만약, 회귀 모형의 추정 방법에 대한 기본 가정에 적절하지 않다고 판단될 경우, 분석 결과는 적절한 타당성을 확보하는데 실패하게 되며, 해당 관찰 자료는 해당 추정 방법으로 분석하면 안되고 다른 적절한 추정 방법을 찾거나 해당 관찰 자료를 위해 가장 적당한 추정 방법을 새로이 개발할 필요가 있다. 일반적으로 분산 팽창 계수(VIF, variation inflation factor)가 10보다 큰 경우 독립 변수의 다중 공선성이 존재하는 것으로 판단한다. 분산 팽창 계수 계산은 다음과 같다.

$$VIF_i = \frac{1}{1 - R_i^2}$$

R_j^2: j번째 독립변수를 종속변수로 하고 나머지를 독립변수로 하여 회귀모형에 적합하였을 때의 결정계수

Durbin-Watson 검정을 통해 오차항 분산들 간의 독립성을 검정(자기상관 검정)할 수 있다. Durbin-Watson 검정 결과 0~4의 값을 취하며, 제시된 값이 0이나 4에 가까워지면 독립성의 가정에 문제가 있으며 2에 근접하면 각 관측치의 분산들 간의 독립성에 큰 문제가 없다고 판단

할 수 있다.

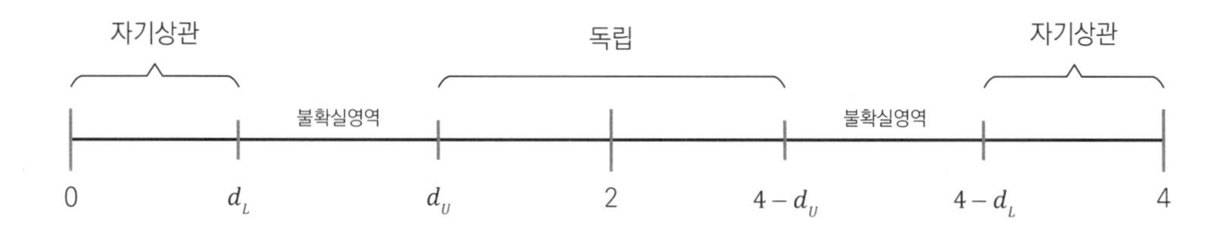

그림 13-24 **Durbin-Watson 검정 기준**

Durbin-Watson 통계량은 다음과 같다.

$$DW = \frac{\sum_{i=2}^{x}(e_i - e_{i-1})^2}{\sum_{i=1}^{x} e_i^2}$$

이분산성(heteroscedasticity)은 주로 잔차 그래프를 확인하여 이분산성에 문제가 있는지 없는지를 확인하는 방법이 많이 사용되며, 통계적 검정으로는 Goldfeld-Quandt 검정을 사용한다. [그림 13-25]은 잔차 그래프(residual plot)를 활용하여 이분산성과 선형성을 확인하는 예를 보여주고 있다. 잔차 그래프는 표준화 잔차(standardized residual)를 세로축, 종속 변수의 예측치(yhat) 혹은 독립 변수(xi)를 가로축으로 하여 변수에 따르는 잔차의 변화를 도식화한 도표이다.

그림 a는 변수의 값이 증가함에 따라 잔차가 음과 양으로 반복적으로 변화하는 양상을 보이고 있는데, 이러한 자료는 오차항의 분산이 변수와 비선형적 관계를 가지고 있다는 것을 의미하여 이분산성이 있다고 판단할 수 있으며, 회귀 모형도 비선형적 관계(예: 2차식 관계)를 고려해서 결정하여야 한다.

그림 b는 관측값에 따라 잔차의 변화 패턴이 명확하여 이분산성의 존재를 확인할 수 있다.

그림 c는 관측값이 증가함에 따라 잔차의 분산이 넓어지는 것을 확인할 수 있어 역시 이분산성의 존재를 확인할 수 있다.

그림 d는 수평 기준축을 중심으로 잔차가 대칭적으로 고르게 분포되어 있음을 확인할 수 있어 이분산성의 존재가 없다고 판단할 수 있다.

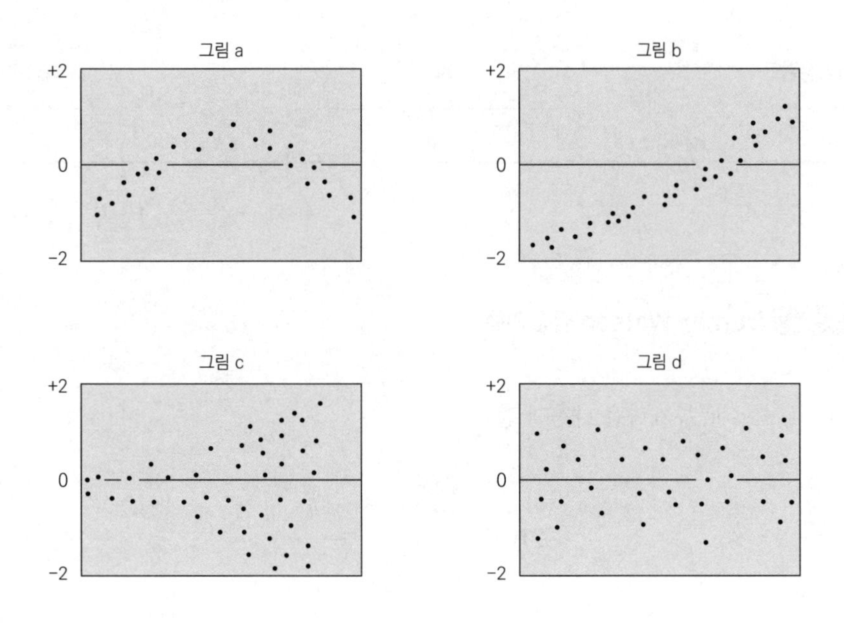

그림 13-25 **잔차 도표**

오차항의 확률 분포가 정규분포를 따르는지를 검정하기 위해서는 기본적으로 잔차의 히스토그램을 작성할 수도 있고 잔차(residual)의 정규확률도(normal probability plot, Q-Q plot)를 활용할 수도 있다. 정규확률도는 잔차의 정규분포하에서의 기대값을 가로축으로 하고 실제 관찰된 잔차를 세로축으로 하여 그린 도표이다. 이 그래프가 45도의 기울기를 가진 직선에 가까우면 가까울수록 오차항이 정규분포를 따른다고 판단한다. 오차항의 정규성을 검정하는 통계적 방법으로 Shapiro-Wilk 검정법이 있으며, 1에 가까워질수록 오차항의 정규성은 높아지는 것으로 판단한다.

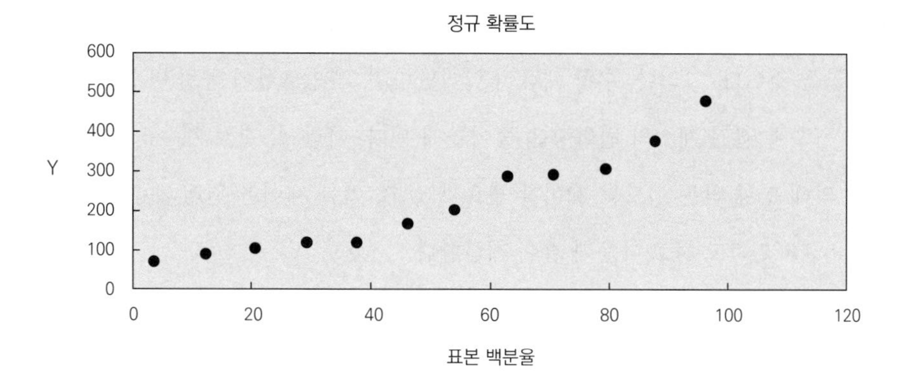

그림 13-26 정규확률도

4) 회귀모형의 모수 추정

다중 회귀 모형은 다음의 추정 모형에 의해 추정된다.

$$\hat{Y} = a + b_1X_1 + b_2X_2 + \cdots + b_nX_n$$

앞서 단순 회귀 모형과 같이 회귀식의 절편(a)과 여러 변수들의 종속 변수의 영향을 의미하는 회귀식의 기울기(b)가 추정해야 할 회귀 계수가 된다. 다중 회귀 모형도 단순 회귀 모형과 같이 최소자승법을 활용하여 추정가능하며, 잔차의 최소 제곱 합(SSE)를 최소화할 수 있도록 모수를 추정한다. 이 최소자승법에 따른 다중 회귀 모형 추정은 실제값(Y)과 예측값(yhat) 간의 상관 관계를 최대화 시키게 된다. 앞서 단순 회귀 모형에서 적용한 최소자승법에 의한 모수 추정 방법의 개념은 다중 회귀 모형의 추정에도 그대로 적용된다. 다만, 수학적 난해함으로 인해 구체적 추정 방식에 대한 설명은 생략하고 그 절차만을 [실습] 섹션에서 설명하도록 한다(구체적 추정 방식에 대한 수학적 설명은 다양한 통계 및 계량경제학 관련 서적을 참고하기 바란다).

5) 결정 계수 및 모형의 통계적 유의성

다중 회귀 모형에서도 단순 회귀 모형과 동일하게 결정 계수를 계산할 수 있다. 다만, 여러 개의 독립 변수를 동시에 고려하는 다중 회귀 모형이기 때문에 고려해야 할 점이 존재한다. 이론적으로 독립 변수들이 통계적으로 독립적이라면, 다중 회귀 모형의 R^2는 종속 변수에 대한 각 독립 변수의 상관 계수의 제곱의 합이 될 것이다. 이 경우 R^2는 각 독립 변수에 대한 독립된 단순 회귀 모형의 결정 계수의 총합과 같게 되어, 독립 변수들이 회귀 모형에 추가될 때 감소되지 않을 것이다. 그러나, 수확 체감이 일어난다면 회귀 모형에 독립 변수들이 추가될 때 뒤에 추가 될수록 결정 계수의 변화량은 줄어들게 된다. 따라서, 결정 계수(R^2)가 독립 변수들의 수에 의해 영향 받는 정도를 제어할 필요가 있고, 이를 제어한 결정 계수를 수정된 결정 계수(adjusted R^2)라고 하고 다음과 같이 계산한다.

$$Adjusted\,R^2 = 1 - \frac{(1-R^2)(N-1)}{N-p-1}$$

수정된 결정 계수는 투입된 독립 변수까지 고려하여 분석에 사용된 다중 회귀 모형의 설명력을 판단할 수 있게 해 준다. 예를 들어, 독립 변수가 3개의 다중 회귀 모형 A와 4개인 다중 회귀 모형 B가 각각 수정된 결정 계수가 0.7이고 0.8 이라고 하자. 이는 다중 회귀 모형 A가 전체 종속 변수 변량의 70%를 설명하는 반면, 다중 회귀 모형 B는 전체 종속 변수 변량의 80%를 설명한다는 것을 의미한다. 일반적으로 더 많은 독립 변수가 투입되면 모형의 설명도가 높아지는데, 여기서는 수정된 결정 계수를 사용하였기 때문에 독립 변수 숫자에 의한 영향은 어느 정도 통제되었다고 볼 수 있다. 따라서, 조사자는 다중 회귀 모형 B가 다중 회귀 모형 A에 비해 더 설명력이 높은 모형이라고 판단할 수 있다.

다음으로 전반적 회귀 모형에 대한 검정 역시 단순 회귀 모형과 동일하게 다음의 가설에 대한 통계적 검정을 시행하여 검정할 수 있다.

- 귀무가설(H0): 모든 회귀 계수가 0과 같다(회귀 모형이 유의미하지 않다.)
- 대립가설(H1): 회귀 계수 중 일부 또는 모두가 0과 다르다(회귀 모형이 유의미하다.)

6) 회귀 계수의 통계적 유의성

전반적 회귀 모형에 대한 귀무 가설이 기각되면, 단순 회귀분석과 동일하게 구체적인 회귀 계수에 대한 통계적 유의성 검정을 다음의 가설들을 활용하여 실시한다.

- 귀무가설(H0): 독립 변수 X는 종속 변수 Y에 영향을 주지 않는다.
- 대립가설(H0): 독립 변수 X는 종속 변수 Y에 영향을 준다.

7) 분석 결과의 해석

다중 회귀 모형에 대한 분석 결과의 해석은 앞서 단순 회귀 모형에 대한 분석 결과에 대한 해석과 큰 차이가 없다. 즉, 독립 변수 X가 종속 변수 Y에 미치는 영향을 회귀 계수(b)의 방향(양/음)과 크기를 바탕으로 해석한다. 그러나, 단순 회귀 모형과 달리, 여러 개의 독립 변수를 고려하는 다중 회귀 모형에서는 독립 변수의 종속 변수에 대한 영향에 대한 해석 시 다른 독립 변수와의 관계를 동시에 검토하여야 한다. 예를 들어, 두 개의 독립 변수가 있는 다음과 같은 다중 회귀 모형과 동일하지만 하나의 독립 변수만을 고려하는 단순 회귀 모형을 생각해 보자.

$$\hat{Y} = a + b_1X_1$$
$$\hat{Y} = a + b_1X_1 + b_2X_2$$

단순 회귀분석에서 b1에 대한 해석은 X1의 변화에 대한 Y의 변화량을 의미하는 반면, 다중 회귀분석에서 b1의 해석은 X2가 통제된 상황, 다시 말하면 X2가 일정할 경우 X1의 변화에 대한 Y의 변화량을 의미하며. 동일하게 b2는 X1이 일정할 때(통제 되었을 때), X2의 변화에 대한 Y의 변화량을 의미한다. 즉, 단순 회귀분석에서의 b1과 다중 회귀분석에서 b1은 그 값도 다를 뿐만 아니라 의미도 다르다. 단순 회귀분석에서의 회귀 계수는 단순한 독립 변수의 효과를 의미하지만, 다중 회귀분석에서의 회귀 계수 각각은 다른 변수 또는 공변량이 통제된 해당 독립 변수의 순수 효과를 의미한다. 예를 들어, 조사자가 X1으로부터 X2의 효과를 제거하기를 원할 경우, 다중 회귀분석에 X1과 X2를 동시에 고려하여 분석함으로써 Y에 미치는 X1의 효과 조사 시 X2의 효과를 통제할 수 있다.

3. EXCEL 통계 분석 연습

EXCEL에서 다중 회귀분석은 이전의 단순 회귀분석과 동일하다. 다만, 다음과 같이 여러 개의 열 즉, 여러 개의 독립 변수를 X축의 입력 범위에 입력하면 된다. 본 예에서는 종속 변수로 앞서 단순 회귀분석 예와 동일하게 이직의도(HTI_SUM)를, 독립 변수로 직무만족도(HJS_SUM)와 직무몰입도(HED_SUM)를 선택하였다.

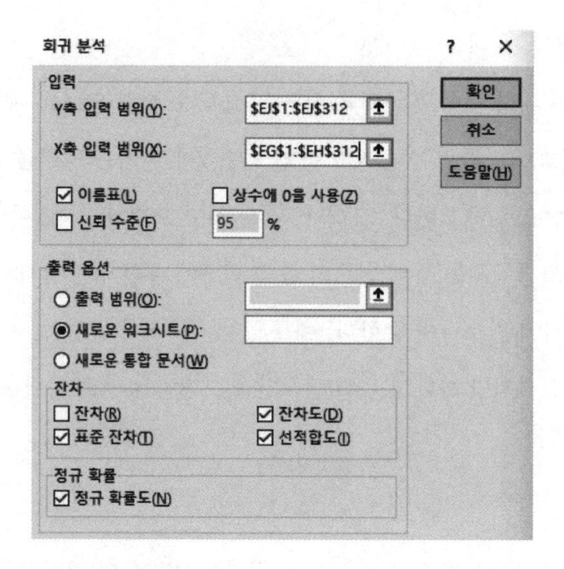

그림 13-27 EXCEL에서 다중 회귀분석

EXCEL에서의 다중 회귀분석 결과는 [그림 13-28]과 같다. 첫번째 표는 회귀분석에 대한 기본적 통계량으로 결정 계수는 0.14, 조정된 결정 계수(adjusted rsquare)는 0.13으로 나타났다. 모형에 대한 분산 분석 결과 0.000로 유의수준 0.05에서 유의하기 때문에 회귀 계수를 해석해 볼 수 있다. 직무만족도의 회귀 계수는 -0.40이고 유의 확률이 0.000으로 유의 수준 0.05에서 유의하다. 따라서, 직무만족도는 이직의도에 긍정적인 영향을 통계적으로 유의하게 미친다. 하지만, 직무몰입도의 경우 회귀 계수가 -0.09로 나타났지만 유의 확률이 0.413로 통계적으로 유의하지 않아 직무몰입도는 이직의도에 통계적으로 유의한 영향을 주지 않는다고 판단할 수 있다. 비록 이와 같이 EXCEL에서 다중 회귀분석을 실행할 수 있지만 다중공선성 진단 등의 기능이 제공되지 않아 완별한 다중 회귀분석 결과의 도출에 제한이 존재하는 단점을 고려해야 한다.

요약 출력

회귀분석 통계량	
다중 상관계수	0.373113
결정계수	0.139213
조정된 결정계수	0.133624
표준 오차	1.27726
관측수	311

분산 분석

	자유도	제곱합	제곱 평균	F 비	유의한 F
회귀	2	81.26323	40.63161	24.90607517	0.0000000000942
잔차	308	502.4692	1.631394		
계	310	583.7325			

	계수	표준 오차	t 통계량	P-값	하위 95%	상위 95%	하위 95.0%	상위 95.0%
Y 절편	6.188147	0.389607	15.88304	0.00000000	5.421518686	6.954776	5.421519	6.954776
HED_SUM	-0.08536	0.104162	-0.8195	0.41313426	-0.290321072	0.119599	-0.29032	0.119599
HJS_SUM	-0.40108	0.088818	-4.51578	0.00000900	-0.575850019	-0.22632	-0.57585	-0.22632

그림 13-28 EXCEL에서 다중 회귀분석 결과

4. SPSS 통계 분석 연습

SPSS에서 다중 회귀분석을 위해 단순 회귀분석과 동일하게 "분석" 메뉴에서 "회귀분석" 메뉴 중 "선형"을 선택한다. 다만, 다음과 같이 여러 개의 독립 변수를 독립 변수란으로 선택할 수 있다. 본 예에서는 종속 변수로 앞서 단순 회귀분석 예와 동일하게 이직의도를 독립 변수로 직무만족도와 직무몰입도를 선택하였다.

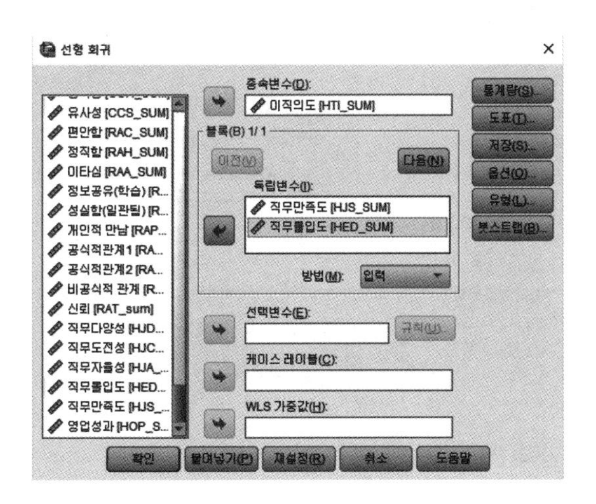

그림 13-29 SPSS에서 다중 회귀분석(1)

다음으로 "통계량"을 선택하여 어떤 통계량을 활용하고 출력할지를 선택한다. 일반적으로 회귀 계수의 "추정값", "모형 적합", "기술통계", 그리고 자기 상관 점검을 위한 "Durbin-Watson" 검정을 선택한다.

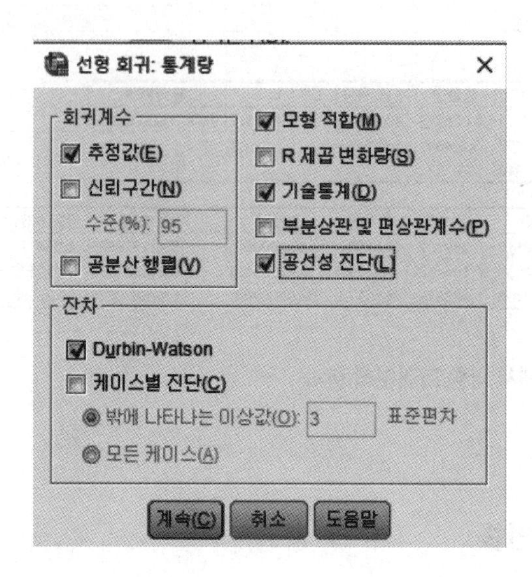

그림 13-30 SPSS에서 다중 회귀분석(2)

마지막으로 회귀 모형의 가정을 확인하기 위해 필요한 잔차도표를 선택할 수 있다.

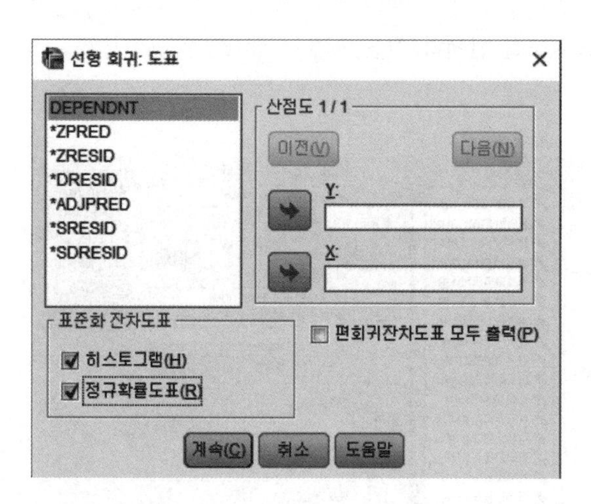

그림 13-31 회귀분석 입력(3)

다음은 다중 회귀분석 결과를 보여주며 단순 회귀분석에 비해 다소 복잡하다. 단순 회귀분석과 동일하게 기본적으로 변수에 대한 기술 통계량을 보여준 후, 세 개의 변수들 중 각 두 개 변수쌍의 상관 계수를 계산하여 보여준다, 이직의도와 직무만족도, 이직의도와 직무몰입도, 직무만족도와 직무몰입도는 통계적으로 유의한 양의 상관 관계가 있다. 다음으로 모형적합도, Durbin-Watson 검정값 등 모형에 대한 요약을 보여준다. Durbin-Watson의 값이 2 근처에 있으므로 자기 상관이 없다고 판단할 수 있다.

다음으로 모형에 대한 분산 분석 결과 0.000으로 유의수준 0.05에서 유의함을 알 수 있다. 직무만족도의 회귀 계수는 -0.401이고 유의 확률이 0.000로 유의 수준 0.05에서 부분적으로 유의하다. 따라서, 부분적으로 직무만족도는 이직의도에 긍정적인 영향을 통계적으로 유의하게 미친다.

하지만, 직무몰입도의 경우 회귀 계수가 -0.085로 나타났지만 유의 확률이 0.413으로 통계적으로 유의하지 않아 직무몰입도는 이직의도에 통계적으로 유의한 영향을 주지 않는다고 판단할 수 있다. 다음으로 회귀 계수표에서 VIF 값을 확인하여 다중 공선상 가정에 위배되는지 점검할 수 있다. 점검 결과 두 변수의 VIF 값 모두 10보다 작기 때문에 예제의 회귀 모형(이직의도=a+b1*직무만족도+b2*직무몰입도)은 다중 공선성 문제를 가지지 않는다고 할 수 있다.

기술통계량

	평균	표준화편차	N
이직의도	3.8540	1.37223	311
직무만족도	4.7552	1.12698	311
직무몰입도	5.0010	.96096	311

상관계수

		이직의도	직무만족도	직무몰입도
Pearson 상관	이직의도	1.000	-.371	-.287
	직무만족도	-.371	1.000	.689
	직무몰입도	-.287	.689	1.000
유의확률(단측)	이직의도	.	.000	.000
	직무만족도	.000	.	.000
	직무몰입도	.000	.000	.
N	이직의도	311	311	311
	직무만족도	311	311	311
	직무몰입도	311	311	311

모형요약[b]

모형	R	R 제곱	수정된 R 제곱	추정값의 표준오차	Durbin-Watson
1	.373[a]	.139	.134	1.27726	1.777

a. 예측자: (상수), 직무몰입도, 직무만족도

b. 종속변수: 이직의도

ANOVA[a]

모형		제곱합	자유도	평균제곱	F	유의확률
1	회귀	81.263	2	40.632	24.906	.000[b]
	잔차	502.469	308	1.631		
	전체	583.732	310			

a. 종속변수: 이직의도

b. 예측자: (상수), 직무몰입도, 직무만족도

계수[a]

		비표준화 계수		표준화 계수			공선성 통계량	
모형		B	표준화 오류	베타	t	유의확률	공차	VIF
1	(상수)	6.188	.390		15.883	.000		
	직무만족도	-.401	.089	-.329	-4.516	.000	.525	1.904
	직무몰입도	-.085	.104	-.060	-.820	.413	.525	1.904

a. 종속변수: 이직의도

그림 13-32 SPSS에서 다중 회귀분석 결과

마지막으로 [그림 12-33]의 표준화 잔차 히스토그램과 [그림 12-34]의 정규 확률도(P-P도표)를 통해 잔차의 정규분포 여부를 점검해 볼 수 있다.

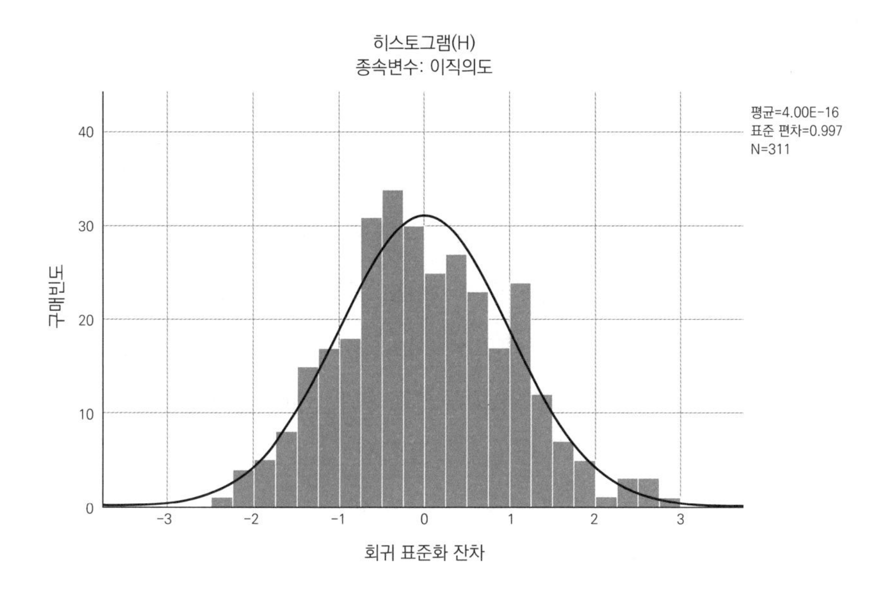

그림 13-33 **표준화 잔차 히스토그램**

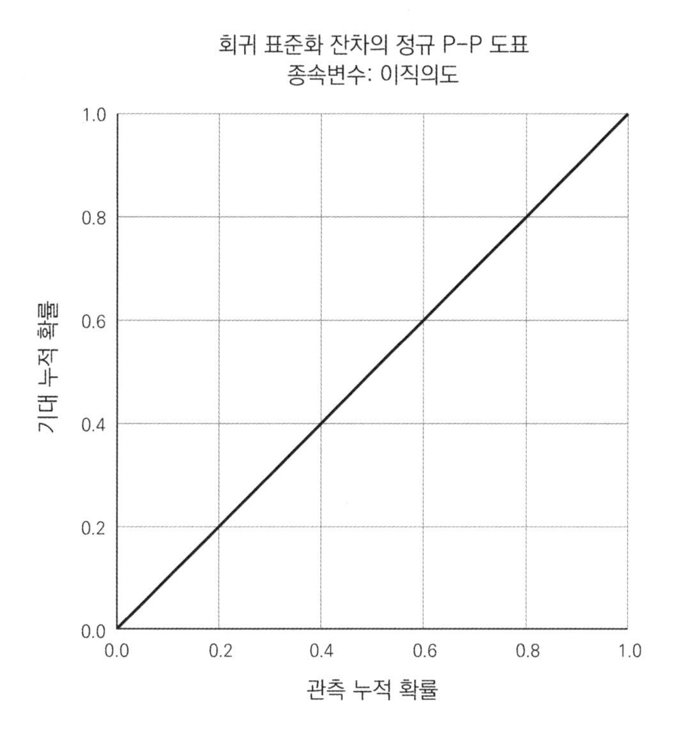

그림 13-34 **정규 확률도**

5. R 통계 분석 연습

R에서 다중 회귀분석 역시 단순 회귀분석에서 사용했던 lm 함수를 사용한다. 세 개의 변수 이직의도, 직무만족도와 직무몰입도를 HTI_SUM, HJS_SUM, HED_SUM 변수로 저장하고 회귀 모형에 독립변수로 직무만족도와 직무몰입도를 종속변수로 이직의도를 포함하여 분석하기 위해 reg2=lm(HTI_SUM~HJS_SUM+HED_SUM) 명령을 실행한다. 이 명령은 reg2 변수에 회귀 모형(이직의도=a+b1*직무만족도+b2*직무몰입도)의 분석의 결과를 저장하라는 의미이다. 실행 결과 앞서 EXCEL과 SPSS 활용 예와 유사한 결과를 보여준다. 결과의 해석은 SPSS의 결과와 동일하다.

```
> reg2=lm(HTI_SUM~HJS_SUM+HED_SUM)
> reg2

Call:
lm(formula = HTI_SUM ~ HJS_SUM + HED_SUM)

Coefficients:
(Intercept)      HJS_SUM      HED_SUM
    6.18815     -0.40108     -0.08536

> summary(reg2)

Call:
lm(formula = HTI_SUM ~ HJS_SUM + HED_SUM)

Residuals:
    Min      1Q  Median      3Q     Max
-2.9735 -0.8909 -0.0924  0.8811  3.7327

Coefficients:
            Estimate Std. Error t value Pr(>|t|)
(Intercept)  6.18815    0.38961  15.883   <2e-16 ***
HJS_SUM     -0.40108    0.08882  -4.516    9e-06 ***
HED_SUM     -0.08536    0.10416  -0.820    0.413
---
Signif. codes:  0 ‘***’ 0.001 ‘**’ 0.01 ‘*’ 0.05 ‘.’ 0.1 ‘ ’ 1

Residual standard error: 1.277 on 308 degrees of freedom
Multiple R-squared:  0.1392,	Adjusted R-squared:  0.1336
F-statistic: 24.91 on 2 and 308 DF,  p-value: 9.417e-11
```

그림 13-35 R에서 다중 회귀분석

• 제 4 절 복잡한 회귀분석: 더미 변수를 포함한 회귀분석 •

일반적으로 회귀분석은 종속 변수와 독립 변수 모두 등간 척도 이상인 경우 적용 가능한 것으로 알려져 있지만, 실제로는 독립 변수가 명목 척도이거나 서열 척도인 경우에도 더미 변수(dummy variable)을 활용하여 회귀분석을 할 수 있다. 더미 변수를 활용한 회귀분석에 대한 설명에 앞서 어떻게 명목 척도나 서열 척도와 같은 범주형 변수가 더미 변수로 변환되어 코딩될지 살펴보자. [표 12-2]와 같이 범주형 변수의 범주 개수에 따라 필요한 더미 변수의 개수가 결정된다. 예를 들어, 성별이라는 범주형 변수는 남/여 두개 범주가 있기 때문에 하나의 더미 변수로 변환이 된다. 그러나 직급이라는 범주형 변수는 5개의 범주가 있으므로 총 4개의 더미 변수로 변환될 수 있다. 변환되는 방법은 [표 12-2]를 통해 이해할 수 있다.

표 13-2 더미변수의 정의 예

성별 더미변수 : 2-1=1개

성별	더미변수 1
남	1
여	0

직급 더미변수: 5-1 =4개

직급	더미변수1	더미변수2	더미변수3	더비면수4
사원급	1	0	0	0
대리급	0	1	0	0
과장급	0	0	1	0
차장급	0	0	0	1
부장급	0	0	0	0

다음의 회귀 모형은 범주형 변수인 계절을 더미 변수로 변환한 회귀 모형이다. 봄인 경우, D_1=0, D_2=0, D_3=0이고, 여름인 경우, D_1=1, D_2=0, D_3=0, 가을인 경우, D_1=0, D2=1, D_3=0, 겨울인 경우, D_1=0, D_2=0, D_3=1로 변환된다. 이를 바탕으로 회귀 모형을 앞서 설명된 다중 회귀 모형 추정 방법으로 추정할 수 있게 된다.

$$Z_t = \beta_0 + \beta_1^t + \beta_{D_1} D_{1_\epsilon t} + \beta_{D_2} D_{2_\epsilon t} + \beta_{D_3} D_{3_\epsilon t} + \epsilon_t$$

시점 t에서의 시계열 추세　　시점 t에서의 계절효과　　시점 t에서의 오차

다중 회귀 추정 결과에 대한 해석에서 일반적인 연속형 변수의 회귀 계수에 대한 해석은 일반적인 다중 회귀 모형의 해석과는 동일하지만, 범주형 변수의 회귀 계수에 대한 해석은 일반적인 해석과 다르다. 예를 들어, D_1의 회귀 계수 betaD$_1$이 유의할 경우 여름(D_1=1, D_2=0, D_3=0)이 봄(D_1=0, D_2=0, D_3=0)보다 betaD$_1$만큼 더 좋다라고 해석할 수 있다. 마찬가지로, D_2의 회귀 계수 betaD$_2$가 유의할 경우 가을(D_1=0, D_2=1, D_3=0)이 봄(D_1=0, D_2=0, D_3=0)보다 betaD$_2$ 만큼 더 좋다라고 해석할 수 있다. 여기서 중요한 것은 범주형 변수의 회귀 계수 해석 시 반드시 기준(이 예에서는 봄)과 비교하여 그 효과를 설명한다는 것이다. 이때, 이 기준이 되는 범주를 "참조 범주"라고 하고, 이를 바탕으로 더미 변수의 효과를 설명한다.

1. 교차타당화

예측변수들의 상대적인 중요도를 판단하거나 다른 어떤 추론을 하기 전에, 회귀모델을 교차 타당화할 필요가 있다. 회귀 절차와 다른 다변량 절차들은 자료에 있어서의 우연 변동(chance variations)을 이용하는 경향이 있다. 이로 인해 모델을 추정하기 위해 사용된 특정 자료에 과도하게 민감한 회귀모델 또는 회귀방정식이 생겨난다. 회귀와 관련한 이 문제와 다른 문제들에 대해 회귀 모델을 평가할 수 있는 한 가지 방법은 교차 타당화시키는 것이다. 교차타당화(cross-calidation)는 회귀모델이 추정에 이용되지 않은 비교할 만한 자료에 대해 계속적으로 유효한지 검토하는 것이다. 마케팅조사에서 사용되는 대표적인 교차 타당화 절차는 다음과 같다.

1) 회귀모델이 전체 자료 집합을 사용하여 추정된다.

2) 입수된 자료를 두 개의 부분, 즉 추정표본과 타당화 표본으로 반분한다. 추정표본은 일반적으로 전체 표본의 50%에서부터 90%까지 포함한다.

3) 회귀모델은 단지 추정표본의 자료만을 이용하여 추정된다. 편회귀계수의 크기와 부호에 있어서 이 모델은 전체 표본자료로 추정된 모델과 일치하는지를 결정하기 위해 비교된다.

4) 추정된 모델은 타당화 표본의 관찰된 값에 대한 종속변수의 값들 $\widehat{Y}_i$를 예측하기 위해 타당화 표본의 자료에 적용된다.

5) 타당화 표본에 있어서 관찰값 Y_i와 예측값 $\widehat{Y}_i$는 단순결정계수 r^2를 결정하기 위해 상관분석된다. 이 측도 r^2는 전체 표본 R^2와 비교되고, 수축(shrinkage)의 정도를 판단하기 위해 추정 표본의 R^2와 비교된다.

특수한 타당화의 한 형식은 이중 교차타당화(double cross validation)라 부른다. 이중차타당화에 있어서 표본은 반분(半分)된다. 반분된 것 가운데의 하나는 추정표본으로 하고 그리고 다른 하나는 교차타당화를 실행하기 위한 타당화 표본으로 이용된다. 그런 다음 추정표본과 타당화 표본의 역할은 반전되고 교차타당화가 반복된다.

· 생각해 볼 문제

1. 단순회귀분석 실습을 하시오.
2. 다중 회귀분석 실습을 하시오.
3. 더미변수가 포함된 회귀분석 실습을 하시오.

소셜 애널리틱스를 위한

연구조사방법론

Research Methodology for Social Analytics

제 14 장
군집분석과 판별분석

제 14 장 군집분석과 판별분석

지금까지 통계적 추론에 기반한 기본적인 통계 분석 방법에 대하여 살펴보았다. 이들 통계 분석 방법들은 다양한 현실의 문제들에 대한 원인과 결과 등의 관계를 조사하고 이를 통계적으로 추론하여 조사 및 분석 결과를 일반화하는 것을 목표로 한다. 하지만, 다양한 현실은 항상 통계적 추론만을 바탕으로 하지 않는다. 본 장에서는 여러 분석 기법 중 전략 실행에 활용 가능한 자료 분석 방법인 군집 분석과 판별분석을 소개한다.

유사한 특성을 보이는 집단을 구분하는 통계 분석 방법 중 많이 사용하는 기법이 군집 분석으로 설문 조사, 고객 구매 자료, 고객 패널 자료 등을 활용하여 고객의 개인적 특성(예: 성별, 연령, 직업, 교육수준, 가족형태 등)과 행동 특성(예: 선호 편익, 가격민감도, 평균구매량, 평균구매주기, 추천 성향 등)을 관찰하고 이를 바탕으로 중요한 요인들을 추출하고 유사한 특성을 보이는 집단을 구분하는 방식이다. 시장을 유사한 집단과 그렇지 않은 집단으로 구분하였다면 다음으로 각 개별 고객들이 어떤 세분 시장(군집)에 속해 있는지를 구별할 필요가 있다.

예를 들어 표본 조사를 기반으로 구분된 세분 시장의 정보만으로는 각 개별 고객들이 어떤 세분 시장에 소속되어 있는지를 파악할 수 없어 마케팅 계획 실행 시, 각 고객들을 구분하여 대응하는 것이 어렵다. 이렇게 분석된 세분 시장의 특성을 반영하여 전체 시장의 고객들을 세분 시장으로 분류하기 위해 사용할 수 있는 대표적인 분석 기법으로 판별분석이 있다. 판별분석은 각 집단을 구분할 수 있는 중요 특성의 영향을 사전에 측정하고 각 고객의 해당 특성을 반영하여 고객의 세분 집단을 구별하는 방식으로, 각 고객이 소속될 세분 시장을 예측하는데 활용할 수 있다.

· 제 1 절 군집 분석(cluster analysis) ·

1. 군집 분석의 개념

군집분석(cluster analysis)은 고객 또는 그 외 개별 측정 대상(또는 개체) 중에서 유사한 속성을 지닌 대상을 몇 개의 군집(집단, cluster)으로 구분하는 탐색적인 분석 방법으로, 분석 결과를 바탕으로 각 집단의 성격, 특성 등을 파악할 수 있고, 데이터 전체의 구조에 대해 간략하고 쉽게 이해할 수 있는 기법이다. 최근에는 빅데이터와 같은 대용량의, 이종의 다양한 데이터 분석 시 사전 정보가 거의 없어도 데이터의 중요한 특성과 요인 등을 쉽게 탐색할 수 있는 다양한 방법들이 있다.

특히, 데이터의 전반적 구조를 간략히 요약하여 쉽게 현황을 파악할 수 있는 비지도(unsupervised) 기법으로서 전통적 통계 분석 방법을 넘어 데이터마이닝(data mining), 기계학습(machine learning), 패턴인식(pattern recognition), 사회/의미망분석(social/semantic network analysis, SNA) 등 군집분석을 위한 최신 분석 기법에서 활용되고 있다. 예를 들어 마케팅 분야에서는 인구통계학적 변수(성별, 연령, 직업, 수입, 교육수준 등) 또는 고객 행동 변수(선호 효익, 구매량, 구매 빈도, 최근 구매 일시, 추천 성향 등)의 바탕으로 군집분석을 실행하여 유사성이 높은 고객들을 하나의 군집으로, 유사성이 높지 않은 고객들을 다른 군집으로 구분하고 각 군집(세분시장)의 특성을 파악함으로써 시장세분화 전략 수립에 활용할 수 있다. 가전제품 제조업체는 고객들로부터 고객 특성 정보와 가전제품 사용 정보에 대한 자료를 조사하여 해당 가전제품의 세분시장을 파악하고 해당 세분 시장의 특성을 파악하여 가장 매력적인 세분시장을 선정하고 각 세분시장에 최적화된 마케팅 계획을 수립할 수 있다.

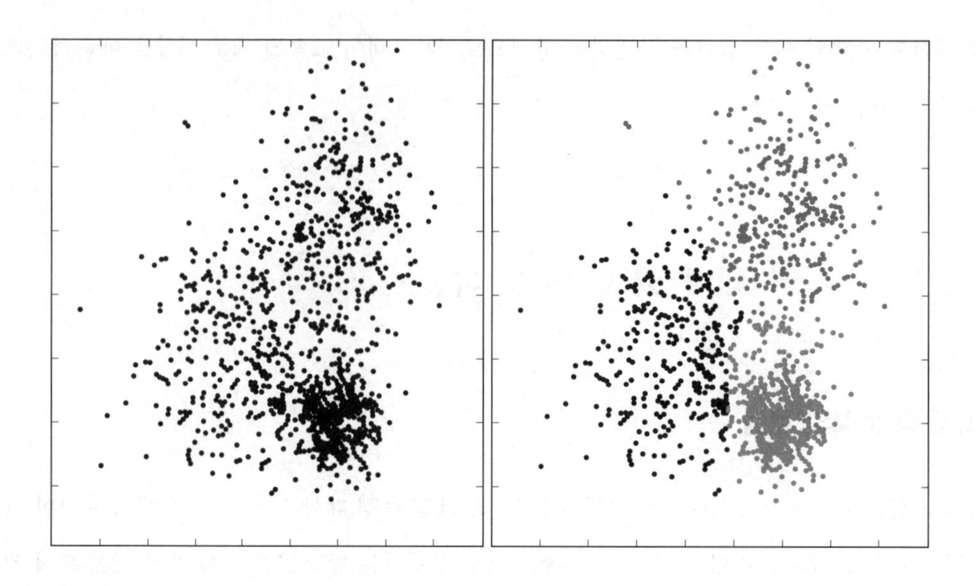

그림 14-1 군집 분석에 따른 집단 구분 결과 예

2. 군집분석의 실행 과정

적절한 변수/속성의 선택(appropriate attributes)→자료 수집(data collection)→데이터의 표준화(data standardization)→이상치 제거(excluding outliers)→유사성(거리) 측정(measuring distance)→군집 알고리즘의 선택(clustering algorithm)→군집 분류(clustering)→군집의 시각화(visualization)→군집 개수의 결정(the number of clusters) 및 군집 명칭 명명(naming)→군집결과의 해석

1) 적절한 변수/속성의 선택(appropriate attributes)

군집분석의 첫 번째 단계는 데이터를 군집화하고 유사성을 측정하는데 중요하다고 판단되는 속성 또는 변수를 선정하는 것이다. 군집 분류에 필요한 속성들의 중요성을 평가하기 위해 조사자는 분석 대상 또는 해당 분야의 전문가들을 대상으로 심층면접을 수행하거나 사전조사를 실시하여 조사 대상의 분류에 유의미한 영향을 줄 수 있는 변수들을 사전에 선정하여야 한다. 아무리 철저하고 완벽한 군집분석을 실시한다고 하여도 처음 분석에 포함될 속성을 잘못

선택한 문제를 극복할 수 없기 때문에, 군집분석에 포함될 속성들은 신중히 결정되어야 한다.

2) 자료 수집(data collection) → 데이터의 표준화(data standardization)

분석에 포함될 속성이 결정된다면 이를 바탕으로 필요한 자료를 수집한다. 일반적으로 수집된 변수의 측정값들은 다양한 형태와 분산을 가지고 있으며, 측정값의 범위 또는 분산의 차이가 큰 변수는 분석 결과에 큰 영향을 미치는 경우가 발생할 수 있다. 이런 문제를 피하기 위해 데이터를 표준화할 필요가 있다. 특히, 거리 측정을 바탕으로 유사성을 비교하는 군집 분석의 경우 더욱 이러한 영향에 노출될 가능성이 크다. 데이터 표준화에 가장 많이 활용되는 방법으로 정규화 기법이 있으며, 이는 각 변수를 평균 0, 표준편차 1로 표준화하는 것이다.

3) 이상치 제거(excluding outliers)

분산의 차이에 따른 편향을 제거하기 위해 데이터 표준화를 하였듯이, 거리 측정에 많은 영향을 줄 수 있는 이상치(outliers)에 의한 평균의 편향을 제거하는 과정 역시 군집분석에서 필요하다. 특히, 군집분석은 이상치에 민감하여 이상치가 있는 경우 군집분석의 결과가 왜곡될 가능성이 크다.

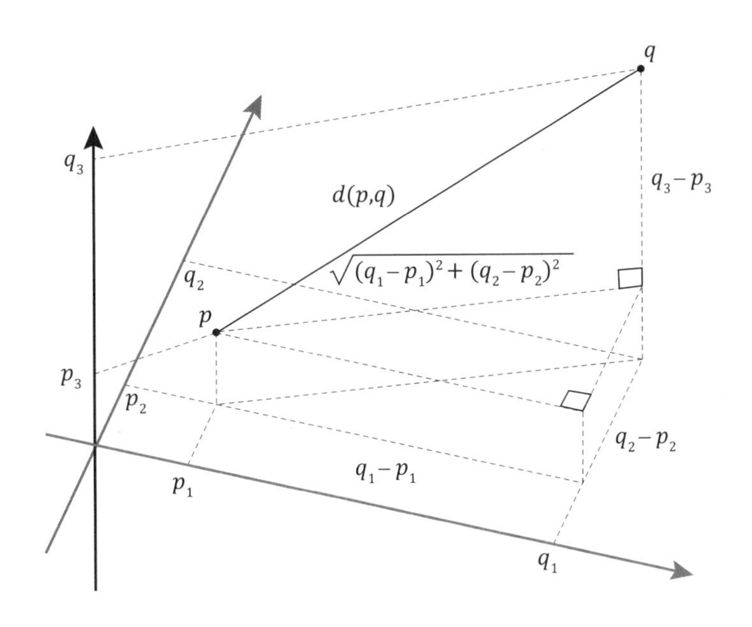

그림 14-2 3개 변수에 대한 유클리드 거리 측정 예

4) 유사성(거리) 측정(measuring distance)

데이터 표준화와 이상치 제거를 통해 분석을 위한 데이터가 준비되었다면, 이 데이터를 바탕으로 각 개체 간의 유사성을 측정할 필요가 있다. 많은 군집 분석 알고리즘은 유사성을 측정하기 위한 방법으로 각 개체들의 속성들의 차이를 바탕으로 한 거리(distance)를 활용하며 측정된 거리는 군집분석의 기본적 분류 기준으로 활용된다. 즉, 두 개체 간의 측정된 거리가 가까울수록 유사하여 같은 군집으로 분류될 가능성이 높아지며, 거리가 멀수록 유사하지 않아 다른 군집으로 분류될 가능성이 높아진다. 두 개체 간의 거리를 측정하는 방법으로는 유클리디안 거리(euclidean distance), 표준화 거리 또는 통계적 거리(statistical distance), 민코우스키(minkowski) 거리, 마할라노비스(mahalanobis) 거리, 캔버라(canberra) 거리, 체비셰프(chebychev) 거리, 맨하탄(manhattan) 거리 등의 방법이 있으며 유클리디안 거리가 가장 대표적이다. [그림 13-3]은 각 개체의 측정된 속성이 3개일 경우 유클리디안 거리의 측정 개념을 도식화한 것으로, 이 경우 측정식은 다음과 같다.

$$d_{AB} = \sqrt{(a_1 - b_1)^2 + (a_2 - b_2)^2 + (a_3 - b_3)^2}$$

d_{AB}: 대상 A와 대상 B 간의 거리

$a_1, a_2, a_3, b_1, b_2, b_3$: 유사성 측정에 활용된 변수들

5) 군집 알고리즘의 선택(clustering algorithm) 및 군집 분류(clustering)

유사성이 모두 측정된 뒤에는 어떻게 측정된 유사성을 바탕으로 군집을 분류할 것인지, 즉, 군집 알고리즘을 결정해야 하며, 이때 군집 알고리즘의 방법으로 크게 두 가지 형태가 있다. 첫 번째 방법으로 계층적 군집 방법(hierarchical agglomerative clustering)이 있다. 계층적 군집 방법은 기본적으로 군집을 합병해 가는 방식으로, 처음에 n개의 군집으로부터 시작하여 가장 유사한 군집들끼리 반복적으로 합병(agglomeration)시켜 가는 방식으로 결국 마지막에는 한 개의 군집을 만들게 된다. 계층적 군집 방법은 군집 간 거리에 대한 정의에 따라 단일결합법(single linkage, 또는 최단결합법, shortest distance), 완전결합법(complete linkage, 또는 최장결합법, longest distance), 평균결합법(average linkage) 그리고 ward법 등이 있다.

단일결합법은 한 군집의 개체와 다른 군집의 개체 사이의 가장 짧은 거리를 기준으로 유사성을 측정하고, 완전결합법은 반대로 한 군집의 개체와 다른 군집의 개체 사이의 가장 긴 거

리를 기준으로 유사성을 측정하며, 평균결합법은 한 군집의 개체와 다른 군집의 개체 사이의 거리들의 평균으로 유사성을 측정한다. 단일결합법은 긴 모양의 군집이 만들어지는 경향이 있으며, 유사하지 않은 관측치들의 중간 관측치들이 유사하기 때문에 하나의 군집으로 합쳐지는 것을 의미한다. 완전결합법은 거의 비슷한 직경을 갖는 군집을 만드는 경향이 있으며 이상치에 민감한 것으로 알려져 있다. 평균결합법은 앞선 두 가지 방법의 타협적 방법으로 긴 군집과 이상치에 덜 민감한 분산이 적은 군집을 만드는 경향이 있다. ward법은 두 군집 간의 거리를 계산할 때, 두 군집을 구성하는 대상들이 평균으로부터 떨어진 정도, 즉 편차의 제곱을 이용하여 거리를 계산하여 이상치에 민감한 평균결합법의 단점을 해소할 수 있다. 계층적 군집 분석 방법은 군집이 형성되는 과정을 정확하게 파악할 수 있는 반면, 자료의 크기가 크면 분석하기 어려워진다는 단점을 가지고 있다.

반복적으로 군집을 합병하는 계층적 군집 방법과 달리 군집의 기준을 미리 정한 뒤 해당 기준에 최적화 시키는 군집분석인 비계층적 군집 방법은 먼저 군집의 개수 K를 정한 후 데이터를 무작위로 K개의 군집으로 배정한 후 반복적으로 다시 계산하여 군집을 이루는 최적의 조건을 찾는 방식이다. 가장 많이 사용하는 비계층적 군집 방법으로 K-평균법(K-means method)이 있다. K-평균법은 전체 개체를 K개의 군집으로 나누는 방법으로 계층적 군집 방법과는 달리 한 개체가 속해 있던 군집에서 다른 군집으로 이동하키며 재배치를 하여 최적의 군집 구성(군집에 개체를 배치)을 찾는 방법이다. K-평균법은 초기값에 따라 최종 군집의 형태가 달라질 수 있어 다양한 초기값을 시도하여 일관된 군집 결과가 나오는지 확인하고 비교해 볼 필요가 있다. K-평균법은 계층적 군집 분석에 비해 큰 데이터를 대상으로 분석을 할 수 있으며, 측정치가 군집에 영구히 할당되는 것이 아니라 최종 군집의 결과를 개선시키는 방향으로 최적화된다. 하지만, 유사성 측정을 위해 평균을 사용하기 때문에 연속형 변수를 대상으로만 적용할 수 있으며, 이상치에 많은 영향을 받는 경향이 있다. 또한, 군집 개수 K의 결정이 주관적일 수 있으며, 작은 그룹에서는 표본이 추출되지 않을 수 있어 사전에 인지한 K개의 군집이 의미가 없게 될 수도 있다.

6) 군집의 시각화(visualization)

군집의 과정을 시각적으로 확인하면 어떻게 군집들이 묶이게 되었는지 그 과정을 확인할 수 있다. 보통 나무구조그림(tree diagram) 형태로 보이며 대표적으로 덴드로그램(dendrogram)이 있다. [그림 14-3]은 덴드로그램의 예를 보여준다.

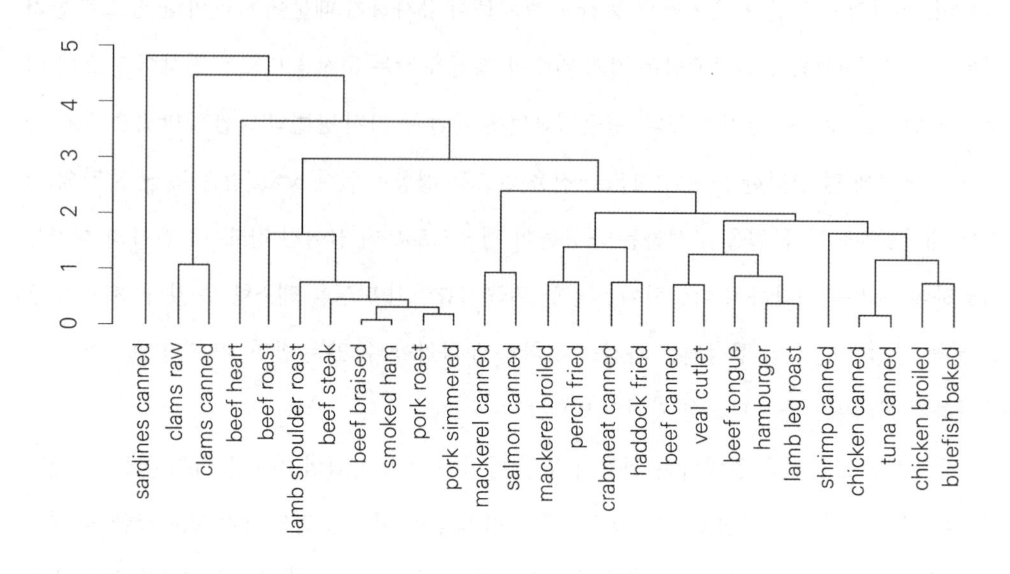

그림 14-3 덴드로그램 예

7) 군집 개수의 결정(the number of clusters) 및 군집 명칭 명명(naming)

군집 알고리즘을 통해 군집 결과를 얻게 되면 조사자는 몇 개의 군집이 적절한지 결정하여야 한다. 계층적 군집 방법은 나무구조그림에서 수평선을 이용하여 가지를 잘라냄으로써 적절한 개수의 군집을 결정할 수 있다. 합병되는 과정에서 군집 간의 거리 차이에 큰 변화를 보이는 경우를 고려하여 군집의 개수를 택하면 된다. 데이터의 상황을 최적화시키는 군집의 개수는 데이터 분석 경험과 데이터 특성상의 중요성, 기준하고자 하는 통계량의 급격한 변화 등을 고려해 결정하게 되지만 최선의 선택을 위한 통계적 방법은 존재하지 않아 조사자의 주관이 개입될 여지가 상대적으로 크다. [그림 14-3]의 경우 어느 수준에서 수평선을 그리는가(군집의 기준)에 따라 다른 군집의 개수가 결정된다. 예를 들어, 수준 4에서 수평선을 그리게 되면 3개의 군집이 발생하고, 수준 3에서 수평선을 그리게 되면 4개의 군집이 분류된다. 군집의 개수가 결정되면 각 군집의 특성을 대표할 수 있는 군집의 이름을 명명해주는 것이 향후 분석과 해석에 용이하다.

8) 군집결과의 해석

군집 개수의 결정을 통해 최종 군집 결과가 결정된 후 조사자는 최종 군집 결과를 해석하고, 각 군집의 특성을 파악할 필요가 있다. 각 군집 간의 차이점과 공통점을 분리하고 다른 군집과의 차이의 원인 변수와 같은 군집 내의 공통 변수를 파악하고 이에 대한 다양한 통계량을 활용하여 요약할 수 있다. 이를 바탕으로 조사자는 각 집단에 대한 차별화된 세부 계획과 같은 적절한 대응 방안을 마련할 수 있다.

3. SPSS 통계분석 연습

계층적 군집 분석의 덴드로그램을 확인하기 위해 전체 데이터의 수를 제한할 필요가 있다. 너무 데이터의 수(케이스의 수)가 방대하면 덴드로그램을 통해 군집을 확인하거나 분류하는 것이 아주 어렵거나 불가능하다. 따라서, 군집분석에 연습에 사용할 샘플데이터를 그동안 연습에 활용한 샘플데이터 중 직장인 데이터로만 제한하여 샘플데이터의 수를 311개 이하인 49개로 줄여서 통계분석 연습을 하도록 하자.

*샘플데이터2.sav [데이터세트1] - IBM SPSS Statistics Data Editor
파일(F) 편집(E) 보기(V) 데이터(D) 변환(T) 분석(A) 그래프(G) 유틸리티(U)
3 : CCC2 4
NO
변수특성정의(V)...
알 수 없음에 대한 측정 수준 설정(L)...
데이터 특성 복사(C)...
새 사용자 정의 속성(B)...
날짜 및 시간 정의(E)...
다중반응 변수군 정의(M)...
검증(L)
중복 케이스 식별(U)...
특이 케이스 식별(I)...
데이터 세트 비교(P)...
케이스 정렬(O)...
변수 정렬(B)...
전치(N)...
파일 전체의 문자열 너비 조정
파일 합치기(G)
구조변환(R)...
레이크 가중값...
성향 점수 매칭...
케이스 대조 매칭...
데이터 통합(A)...
직교계획(H)
파일로 분할
데이터 세트 복사(D)
파일분할(F)...
케이스 선택(S)...
가중 케이스(W)...

직급이 대리 이상인 응답자(직급=2)만을 선택하기 위해 위와 같이 "데이터"→"케이스 선택" 메뉴를 통해 케이스를 선택하면 다음과 같이 케이스를 선택할 수 있는 창이 나타난다.

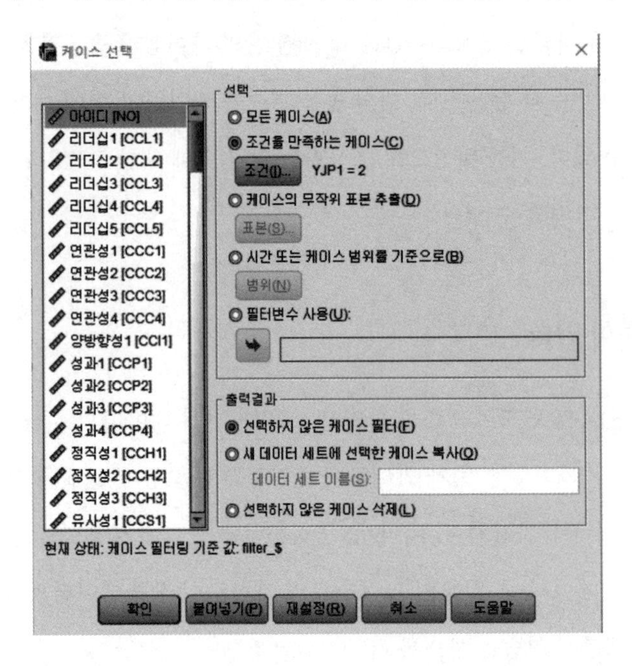

이때 "조건을 만족하는 케이스" 아래의 "조건"을 버튼을 선택하면 케이스 선택 조건을 선택할 수 있는 창이 또 나타난다. 이 창에서 "직급"을 선택하여 대리 직급 케이스만이 선택되도록 "직급=2" 조건식을 입력하고 "확인"을 선택하면 전체 311개의 케이스 중 직급이 대상이 케이스 49개만이 분석의 대상이 되게 선택이 된다. 자세한 사항은 9장 통계분석 연습의 준비 부분을 참고하기 바란다.

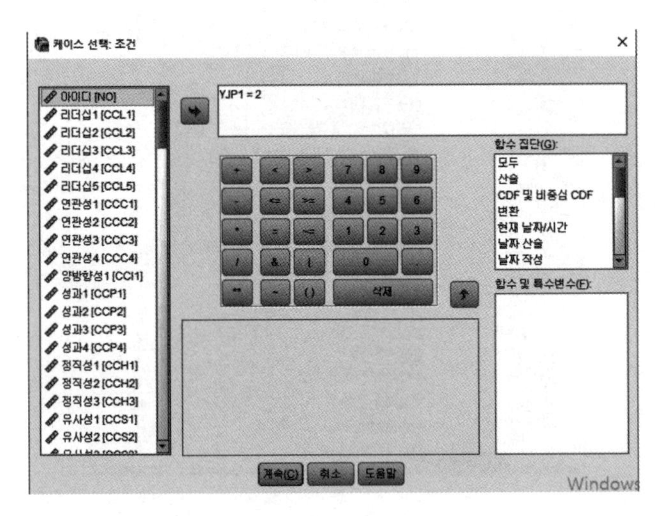

1) 계층적 군집 분석(직원들에 대한 군집화)

연습에 활용할 데이터가 준비되었다면 계층적 군집 분석을 위해 “분석” → “분류분석” → “계층적 군집” 메뉴를 아래와 같이 선택한다.

계층적 군집분석을 위해 어떤 변수들을 중심으로 군집을 구성할지 결정하여야 한다. 군집분석에 사용할 변수는 조사자의 주관적 경험과 다른 조사의 결과들을 바탕으로 군집을 구분하는데 유의한 영향을 줄 수 있는 변수를 선택하여야 한다. 이번 연습에서는 “직무만족도”, “직무자율성”, “직무몰입도”, “영업성과”를 임의로 선택하였고, 이 4가지 변수를 기준으로 군집을 분석하려고 한다. 다른 변수들을 기준으로 군집을 분류할 경우 다른 형태의 군집들로 분류될 가능성이 높다. 아래의 창에 군집분석에 활용할 변수들을 선택한다.

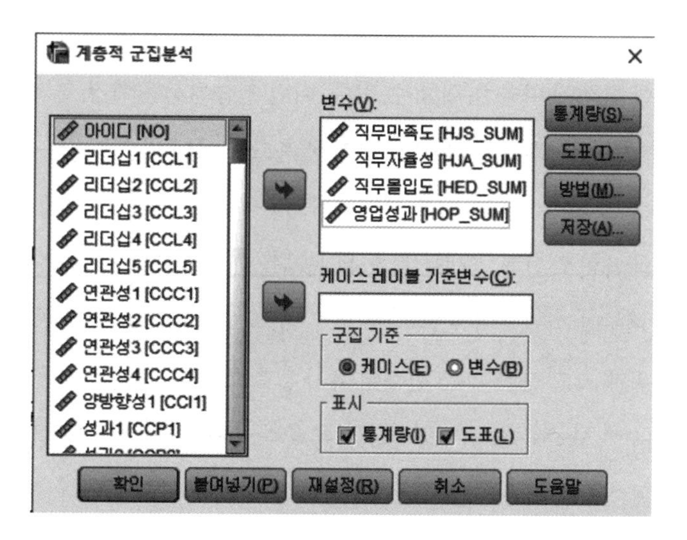

다음으로 "통계량"을 선택하여 어떤 통계량을 결과에 포함할지 결정한다. 만약 각 응답자(케이스)간의 유사정도(거리)를 확인하고 싶은 경우 "근접행렬"을 선택하면 이번 군집분석에서 계산된 응답자 간의 거리 계산 결과를 보여준다. 즉, 근접행렬을 통해 각 응답자(케이스) 중 누가 누구와 가까운 지를 직접적으로 확인할 수 있다.

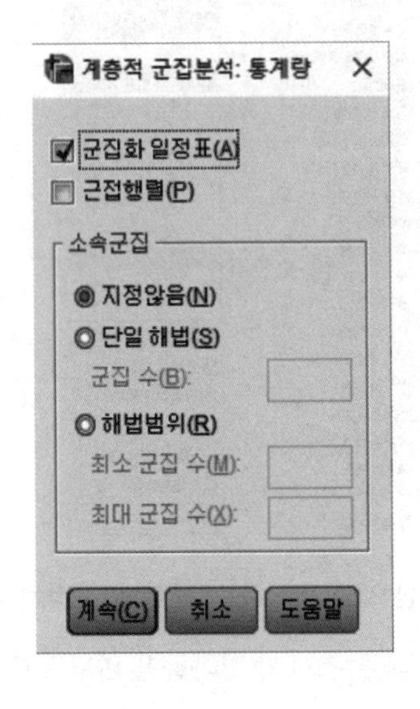

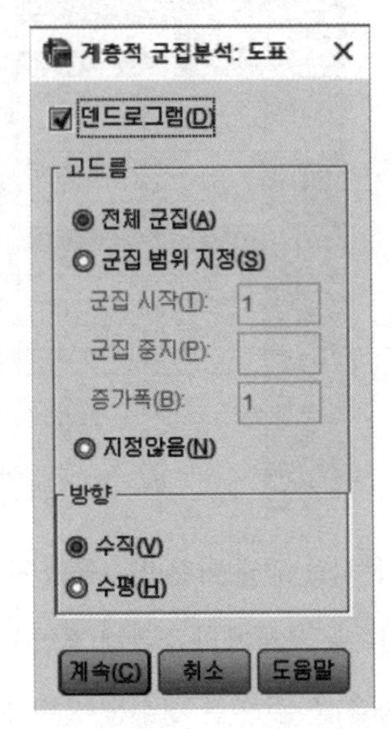

다음으로 "도표"를 선택하여 덴드로그램 도표를 결과에 포함할지 결정한다. 덴드로그램은 수직 또는 수평 형태로 표시할 수 있다. 도표의 표시가 결정이 되면 구체적으로 어떤 방법으로 군집을 분류할지 결정하기 위해 "방법"을 선택한다. 군집의 방법은 앞서 설명한 여러 방식이 있다. SPSS에서는 평균연결법을 특이하게 "집단-간 연결"로 명명하고 있다. 다른 군집방법은 앞서 설명한 방식에 따라 이해할 수 있다. 이번 연습에서는 가장 일반적인 군집방법인 "집단-간 연결" 방법을 선택한다. 다음으로 유사성 측도를 어떤 기법을 활용할지를 결정한다. 가장 많이 사용하는 유클리디안 거리를 선택한다. 마지막으로 군집분석에 포함될 변수들의 측정 척도와 단위의 차이로 인해 발생할 수 있는 문제를 제거하기 위해 실제 유사성 측도 시 표준화된 값의 사용 여부를 선택하여야 한다. 예를 들어, 군집분석에 사용될 변수의 단위가 크게 차이가 난다면 단위가 크고 분산이 큰 변수에 유사성 측도 결과가 큰 영향을 받을 수 있다. 이 경우 반드시 각 변수를 표준화하여 사용하는 것이 좋다. 하지만, 이번 연습에서는 모두 7점 리커트 척도로 측정된 변수를 사용하기 때문에 표준화를 선택할 필요가 없다.

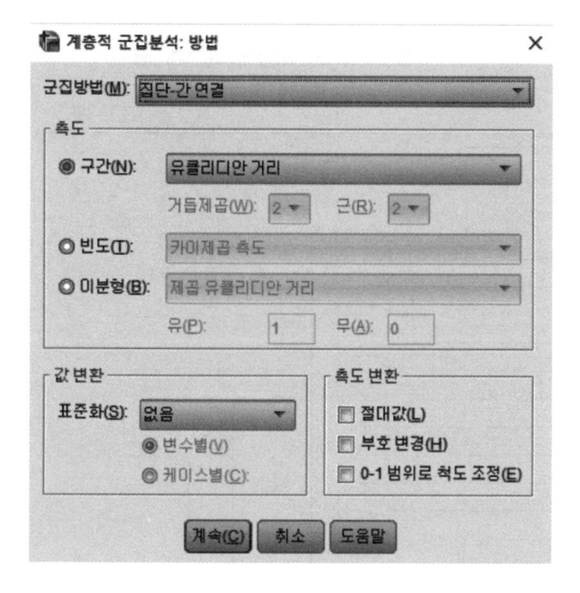

이와 같이 “통계량”, “도표”, 그리고 “방법” 등 군집분석을 위한 기본 설정이 완료한 후 군집 분석을 실제 실행하면 군집 분석의 결과를 확인할 수 있다. 군집분석의 일반적 결과는 “근접행렬”, “군집화일정표”, “수평/수직 고드름표”, 그리고 “덴드로그램”으로 구성되어 있다. “근접행렬”은 앞서 설명했듯이 각 케이스/개체/응답자 간 유사 정도를 구체적 수치(이번 연습의 경우 유클리디안 거리)로 보여준다. 유사성 수치가 작을수록 두 케이스 간 유사 정도가 높은 것이며 반대로 유사성 수치가 클수록 두 케이스 간 유사 정도가 낮은 것을 의미한다. “군집화일정표”는 각 케이스들이 군집화되는 과정을 보여준다. “수평/수직 고드름표”는 최종군집이 어떻게 결정될지 감을 잡을 수 있도록 도와준다. 마지막으로 “덴드로그램”은 케이스들이 군집화되는 과정을 그림으로 보여주며, 군집화일정표의 동일한 결과에 대한 시각적 표현으로 이해할 수 있다. 덴드로그램의 결과를 바탕으로 얼마나 많은 군집으로 분류될 수 있는지 조사자가 결정할 수 있다. 이때 조사자의 직관과 주관적 경험이 군집 수의 결정에 영향을 줄 수 있으며 다음 덴드로그램을 통해 조사자는 3개 또는 4개의 군집이 존재한다고 판단해 볼 수 있다.

이와 같은 계층적 군집 분석을 통해 조사자는 직원 군집이 3개 정도 있음을 탐색적으로 확인할 수 있다. 나아가, 20번 응답자와 292번 응답자는 동일 군집에 포함될 가능성이 높으며, 반대로 42번 응답자와 95번 응답자 역시 또 다른 동일 군집을 형성할 가능성이 있다. 이와 같이 각 군집에 포함된 응답자들의 특성을 조사하고 파악함으로써 각 군집의 전반적 특성을 규명할 수도 있다.

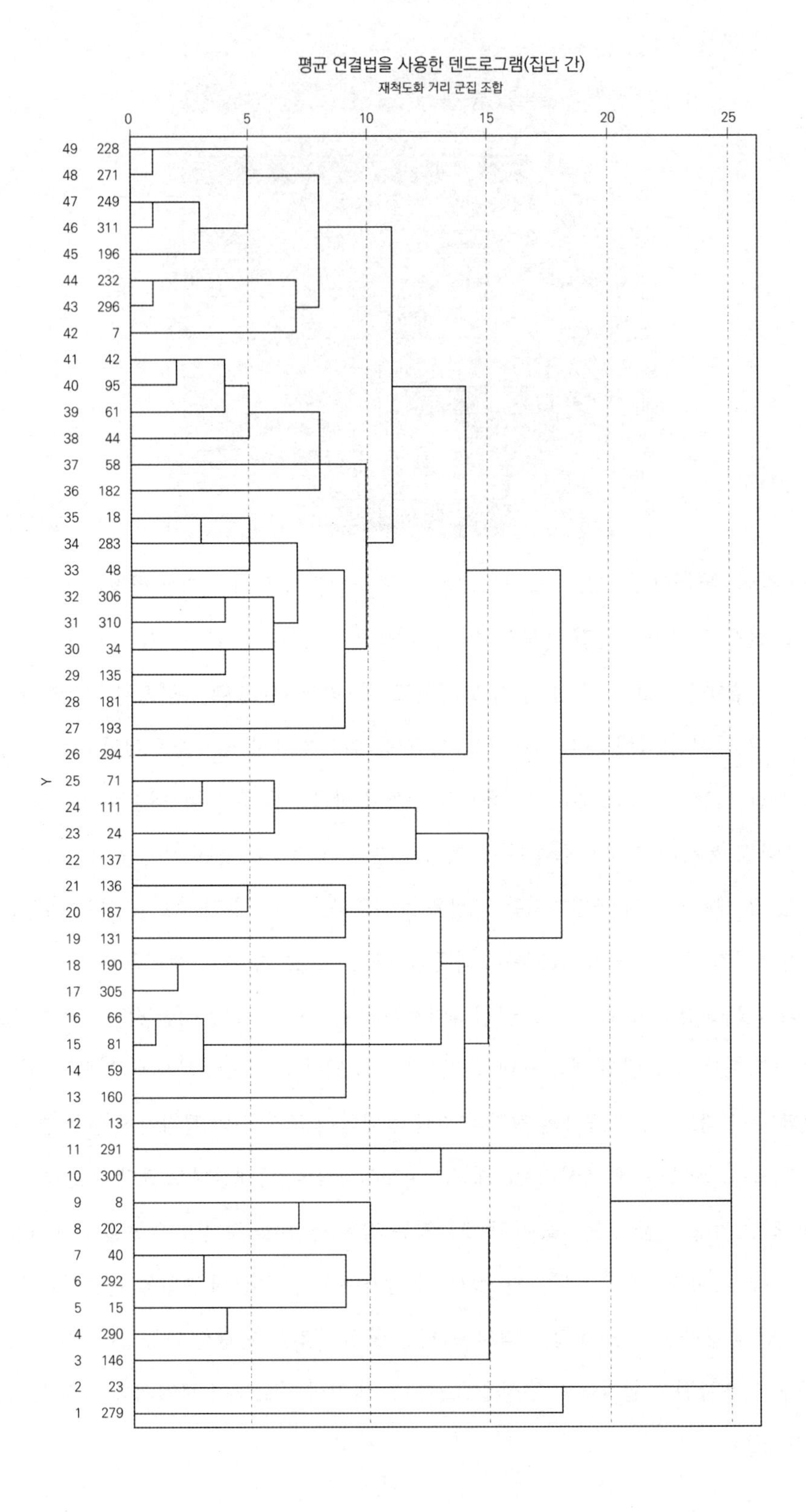
평균 연결법을 사용한 덴드로그램(집단 간)
재척도화 거리 군집 조합
0
5
10
15
20
25
Y
49 228
48 271
47 249
46 311
45 196
44 232
43 296
42 7
41 42
40 95
39 61
38 44
37 58
36 182
35 18
34 283
33 48
32 306
31 310
30 34
29 135
28 181
27 193
26 294
25 71
24 111
23 24
22 137
21 136
20 187
19 131
18 190
17 305
16 66
15 81
14 59
13 160
12 13
11 291
10 300
9 8
8 202
7 40
6 292
5 15
4 290
3 146
2 23
1 279

2) K 평균 군집 분석(직원들의 확정적 군집과 특성 파악)

계층적 군집 분석이 군집 개수에 대한 결정하지 않은 탐색적 분류 방법이라면, K-평균 군집 분석은 반대로 군집의 개수를 결정하는 확인적 분류 방법이다. K-평균 군집 분석을 위해 "분석"→"분류분석"→"K-평균 군집"을 선택한다.

계층적 군집분석과 같이 어떤 변수들을 중심으로 군집을 구성할지 결정해야 하며, 이전 계층적 군집분석 연습과 동일하게 "직무만족도", "직무자율성", "직무몰입도", "영업성과"를 임의로 선택하고, 이 4가지 변수를 기준으로 K-평균 군집을 분석한다. K-평균 군집 분석에서는 또한 군집 수를 사전에 결정하여 해당 군집 수에 맞게 분석을 실시하는 데, 이번 연습에서는 앞서 탐색적 군집 분석인 계층적 군집 분석을 통해 파악된 군집 개수 "3"개를 적용해 보도록 한다. 군집의 개수를 결정했다면 "저장"을 선택하여 K-평균 군집 분석 결과로 예측된 "소속 군집"을 데이터에 새로 저장하도록 설정한다.

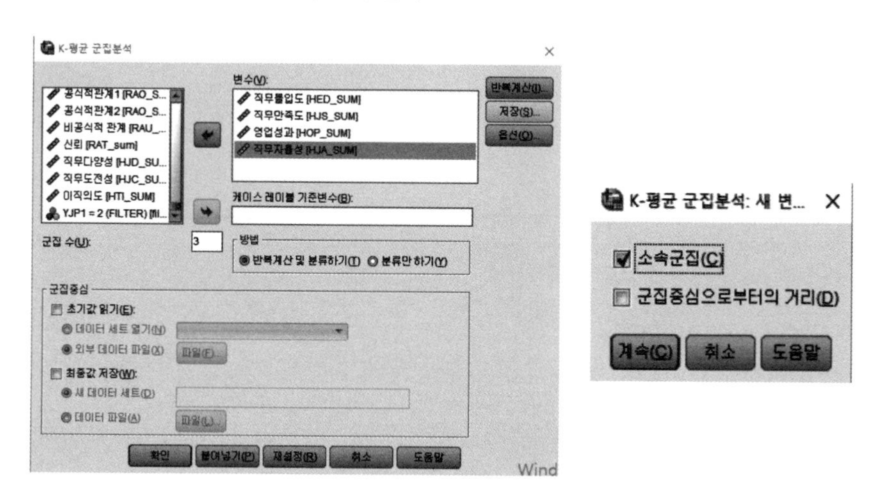

회사 직무에 대한 K 평균 군집 분석의 결과는 다음과 같다. 이번 분석은 "직무만족도", "직무자율성", "직무몰입도", "영업성과"의 네 개 변수들을 기준으로 3개의 군집으로 분류하고, 분류된 군집에 각 응답자들을 분류하여 배치하게 된다. 또한, 분류된 군집의 각 변수들의 특성도 동시에 확인할 수 있어 각 군집별 소비자의 전반적 특성과 그에 맞는 전략 수립에 기초자료로 활용할 수 있다. 다음 "최종 군집중심"표는 분류된 3개 군집의 중심을 보여준다. 예를 들어 군집 2의 경우, "직무만족도"는 상대적으로 다른 군집에 비해 낮고, "직무자율성"은 다른 군집에 비해 높으며, "직무몰입도"와 "영업성과"는 중간 정도를 가지는 군집으로 볼 수 있다. 이렇게 분류된 최종 군집 분석 결과는 "각 군집의 케이스 수"를 통해 확인할 수 있으며, 이번 연습의 경우 23명의 응답자가 군집 1로, 9명의 응답자가 군집 2로, 17명의 응답자가 군집 3으로 아래와 같이 분류되었다.

최종 군집중심

	군집		
	1	2	3
직무몰입도	5	4	6
직무만족도	4	3	6
영업성과	5	4	6
직무자율성	5	5	6

각 군집의 케이스 수

군집	1	23.000
	2	9.000
	3	17.000
유효		49.000
결측		.000

K 평균 군집 분석으로 예측된 응답자들의 소속 군집은 데이터셋에 별도로 새로이 저장된다. 다음의 "QCL_1"은 이번 연습의 K 평균 군집 분석으로 예측된 군집을 표시해 주고 있다. 예를 들어 7번 응답자는 군집 3으로, 8번 응답자는 군집 2로, 13번 응답자는 군집 3으로, 15번 응답자는 군집 2로 분류되었음을 알 수 있다.

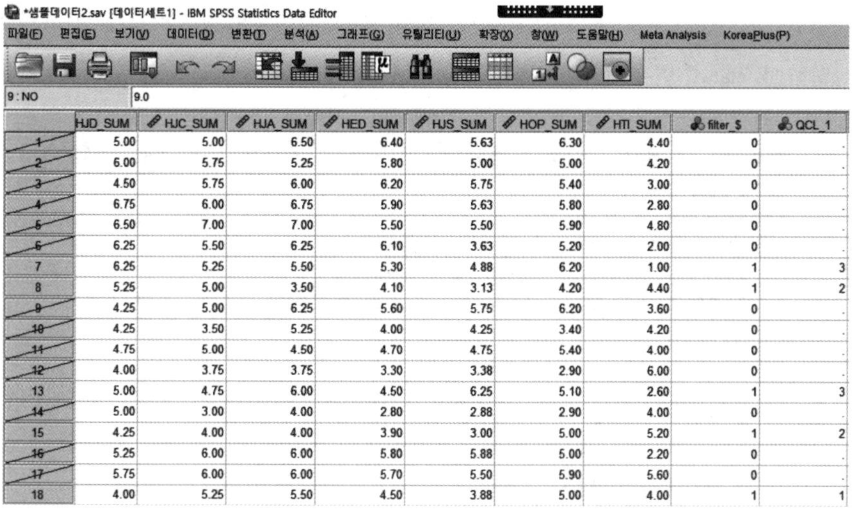

*샘플데이터2.sav [데이터세트1] - IBM SPSS Statistics Data Editor

파일(F) 편집(E) 보기(V) 데이터(D) 변환(T) 분석(A) 그래프(G) 유틸리티(U) 확장(X) 창(W) 도움말(H) Meta Analysis KoreaPlus(P)

9 : NO 9.0

	HJD_SUM	HJC_SUM	HJA_SUM	HED_SUM	HJS_SUM	HOP_SUM	HTI_SUM	filter_$	QCL_1
1	5.00	5.00	6.50	6.40	5.63	6.30	4.40	0	.
2	6.00	5.75	5.25	5.80	5.00	5.00	4.20	0	.
3	4.50	5.75	6.00	6.20	5.75	5.40	3.00	0	.
4	6.75	6.00	6.75	5.90	5.63	5.80	2.80	0	.
5	6.50	7.00	7.00	5.50	5.50	5.90	4.80	0	.
6	6.25	5.50	6.25	6.10	3.63	5.20	2.00	0	.
7	6.25	5.25	5.50	5.30	4.88	6.20	1.00	1	3
8	5.25	5.00	3.50	4.10	3.13	4.20	4.40	1	2
9	4.25	5.00	6.25	5.60	5.75	6.20	3.60	0	.
10	4.25	3.50	5.25	4.00	4.25	3.40	4.20	0	.
11	4.75	5.00	4.50	4.70	4.75	5.40	4.00	0	.
12	4.00	3.75	3.75	3.30	3.38	2.90	6.00	0	.
13	5.00	4.75	6.00	4.50	6.25	5.10	2.60	1	3
14	5.00	3.00	4.00	2.80	2.88	2.90	4.00	0	.
15	4.25	4.00	4.00	3.90	3.00	5.00	5.20	1	2
16	5.25	6.00	6.00	5.80	5.88	5.00	2.20	0	.
17	5.75	6.00	6.00	5.70	5.50	5.90	5.60	0	.
18	4.00	5.25	5.50	4.50	3.88	5.00	4.00	1	1

4. R 통계분석 연습

SPSS 활용 연습과 동일한 결과를 확인하기 위해 이번 R 활용 연습에서도 그 동안 연습에 활용한 샘플데이터 중 직장인 데이터로만 제한하여 샘플데이터의 수를 311개 이하인 49개로 줄여서 통계분석 연습을 하도록 하자.

```
> data <- read_excel("C:/Users/user/Desktop/자료/샘플데이터2.xlsx")
> head(data)
# A tibble: 6 × 140
     NO  CCL1  CCL2  CCL3  CCL4  CCL5  CCC1  CCC2  CCC3  CCC4  CCI1  CCP1
  <dbl> <dbl> <dbl> <dbl> <dbl> <dbl> <dbl> <dbl> <dbl> <dbl> <dbl> <dbl>
1     1     7     7     7     6     6     6     6     6     5     5     6
2     2     5     7     7     7     7     5     7     6     6     7     7
3     3     4     6     5     4     5     5     4     3     5     5     5
4     4     6     5     7     7     6     3     2     2     7     6     6
5     5     3     6     6     6     6     6     6     6     5     6     6
6     6     4     4     6     1     4     5     7     6     7     5     6
# ℹ 128 more variables: CCP2 <dbl>, CCP3 <dbl>, CCP4 <dbl>, CCH1 <dbl>,
#   CCH2 <dbl>, CCH3 <dbl>, CCS1 <dbl>, CCS2 <dbl>, CCS3 <dbl>,
#   RAC1 <dbl>, RAC2 <dbl>, RAC3 <dbl>, RAC4 <dbl>, RAC5 <dbl>,
#   RAC6 <dbl>, RAH1 <dbl>, RAH2 <dbl>, RAH3 <dbl>, RAH4 <dbl>,
#   RAA1 <dbl>, RAA2 <dbl>, RAA3 <dbl>, RAA4 <dbl>, RAI1 <dbl>,
#   RAI2 <dbl>, RAI3 <dbl>, RAI4 <dbl>, RAI5 <dbl>, RAI6 <dbl>,
#   RAS1 <dbl>, RAS2 <dbl>, RAS3 <dbl>, RAS4 <dbl>, RAP1 <dbl>, …
# ℹ Use `colnames()` to see all variable names
```

저장된 데이터에서 직무가 대리인 데이터만(data[,112]=='대리')을 추출하고, 이번 연습에서는 군집 분석 대상 변수로 활용할 "직무만족도", "직무자율성", "직무몰입도", "영업성과"를 변수만(c(138,136,137,139), "data"변수의 138번째, 136번째, 137번째, 139번째 열의 변수를 대상)을 선택하여 "data1" 변수에 저장한다.

```
> data1 <- data[data[,112]=='대리',c(138,136,137,139)]
> head(data1)
# A tibble: 6 × 4
  HJS_SUM HJA_SUM HED_SUM HOP_SUM
    <dbl>   <dbl>   <dbl>   <dbl>
1    4.88    5.5      5.3     6.2
2    3.12    3.5      4.1     4.2
3    6.25    6        4.5     5.1
4    3       4        3.9     5
5    3.88    5.5      4.5     5
6    2.75    4.25     5.8     7
> d <- dist(data1)
> as.matrix(d)[1:5,1:5]
         1         2        3         4        5
1 0.000000 3.5358874 1.997655 3.0274783 1.754993
2 3.535887 0.0000000 4.121362 0.9724325 2.315707
3 1.997655 4.1213620 0.000000 3.8642593 2.429120
4 3.027478 0.9724325 3.864259 0.0000000 1.837287
5 1.754993 2.3157072 2.429120 1.8372874 0.000000
```

1) 계층적 군집 분석(직원들에 대한 군집화)

계층적 군집 분석을 위해 먼저 케이스 간의 유클리디안 거리를 dist() 함수를 활용하여 계산한다(d=dist(data1)), 이전 예에서 측정된 유클리디안 거리를 보여주는 행렬(as.matrix(d))을 확인할 수 있다. 예를 들어 1번 응답자와 2번 응답자의 유클리디안 거리는 3.53이고 1번 응답자와 5번 응답자의 유클리디안 거리는 1.75로 1번 응답자는 2번 응답자에 비해 5번 응답자와 더 유사하다고 볼 수 있다. dist() 함수를 사용하면 "euclidean(유클리디안)" 방법을 포함, "maxium", "manhattan", "canberra", "minkowski" 등 다양한 방식의 거리 측도 방법을 상용할 수 있다.

```
d <- dist(data1)
clust.single=hclust(d,method = "single")
clust.complete = hclust(d, method = "complete")
clust.average = hclust(d, method = "average")
clust.wardD = hclust(d, method = "ward.D")
plot(clust.single, hang = -1, cex = .8, main = "Single Linkage Clustering")
```

케이스 간의 거리 계산이 완료되면, 이 측도된 거리를 바탕으로 hclus 함수를 활용하여 계층적 군집 분석을 실시할 수 있다. hclust 함수는 기본적으로 두 개의 입력이 필요하며, 첫 번째 입력은 거리 계산 결과로서 이번 연습에서는 d이고, 다음으로 두 번째 입력은 군집 분석 알고리즘이다. hclust 함수는 기본적으로 “single(single linkage, 단일결합법)”, “complete(complete linkage, 최장결합법)”, “average(average linkage, 평균결합법)”, “ward.D(ward법)” 등 다양한 군집 알고리즘을 지원한다. 이번 연습에서는 앞서 나열한 군집 알고리즘을 모두 비교하여 확인해 보도록 한다. 마지막으로 군집 분석이 완료되면 이들 각 각의 결과를 저장(clust.single, clust, complete, clust,average, clust.wardD)하고 각각의 결과를 덴드로그램을 표시할 수 있다. 덴드로그램의 표시는 위의 예와 같이 plot 함수를 활용하여 사용할 수 있다. 이때, 입력 hang과 cex는 각각 라벨의 표시 위치와 글자 크기를 의미한다.

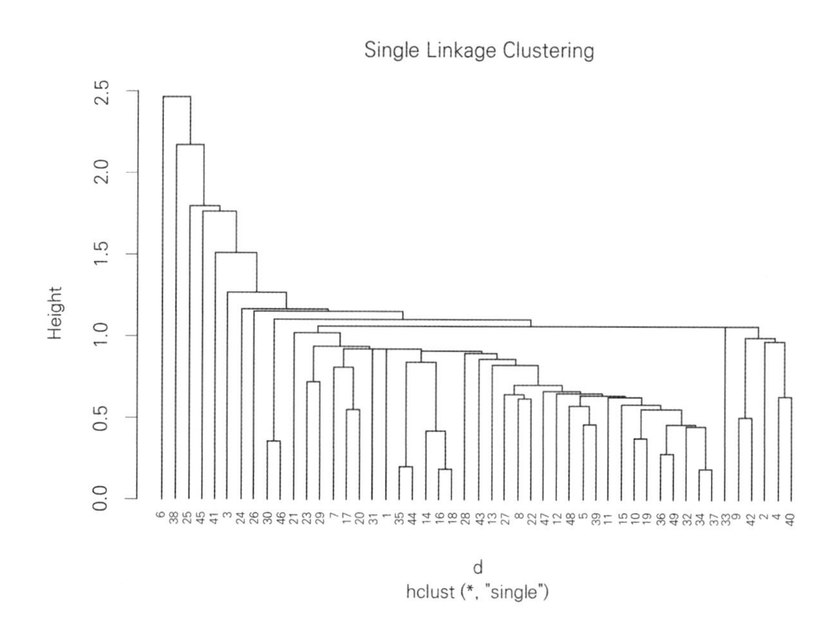

위 그림은 단일결합법(single linkage)으로 계층적 군집 분석한 결과로서 다소 편향된(매우 적은 케이스 들로 군집을 구성하는 등 군집 내 케이스의 수가 균등하지 않은) 군집 분류 형태를 보여줘 군집 분류로서의 유의미한 활용이 다소 어렵다고 판단할 수 있다. 다음과 같이 다른 다양한 군집 알고리즘을 활용한 군집 분류들(clust.complete, clust.average, clust.wardD)의 덴드로그램을 확인해 보도록 하자.

```
> plot(clust.complete,hang=-1,cex=.8,main="Complete Linkage Clustering")
> plot(clust.average,hang=-1,main="Average Linkage Clustering")
> plot(clust.wardD,hang=-1,main="Ward D Clustering")
> |
```

다음 덴드로그램을 통해 보는 바와 같이 완전결합법, 평균결합법 그리고 ward법은 단일결합법에 비해 균형 있는 군집 분류를 보여주고 있다. 특히, 분산을 기준으로 하는 ward법은 가장 균형된 군집 분류를 보여 주고 있다. 각 각이 군집 알고리즘의 장단점은 앞서 이미 설명하였지만, 어떤 군집 분류 방법을 사용할지는 조사자의 주관적 견해에 달려 있다. 따라서, 실제 응답자들의 분류 결과를 면밀히 조사하여 어떤 분류 방법을 기준으로 한 군집 분류를 활용할지를 결정하여야 한다.

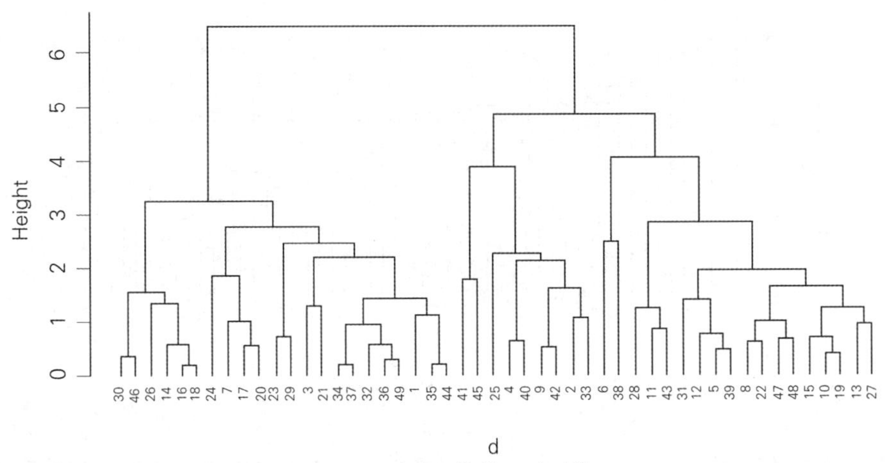

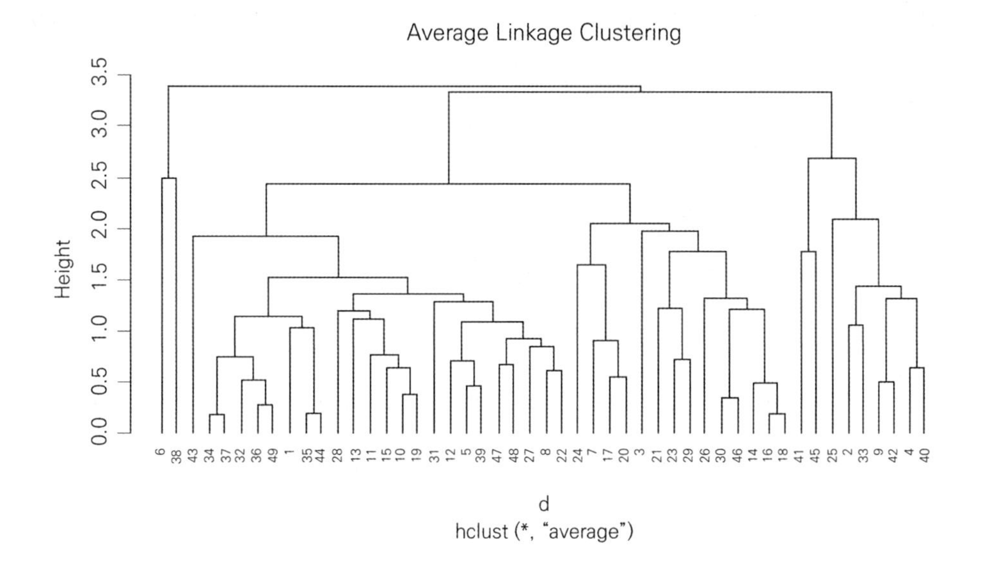

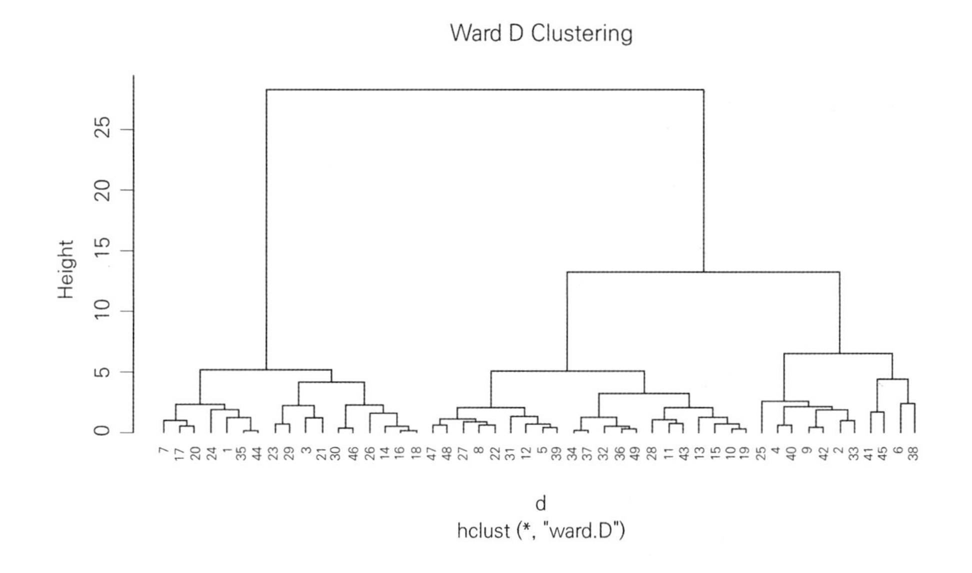

군집의 전반적 형태가 결정되었다면 다음으로 가장 적절한 군집의 수를 결정하는 방법을 알아볼 필요가 있다. [SPSS 활용]에서는 적절 군집의 수를 평가할 수 있는 방법을 제공하지 않지만, R에서는 이를 위한 라이브러리를 제공한다. 적절한 군집의 수를 파악하기 위해 먼저 다음과 같이 "NbClust" 라이브러리를 설치한다. 라이브러리 설치에 관한 내용은 9장의 상세 설명을 참조하기 바란다.

```
R Console
> install.packages("NbClust",repos='https://ftp.harukasan.org/CRAN/')
'C:/Users/user/Documents/R/win-library/3.5'의 위치에 패키지(들)을 설치합니다.
(왜냐하면 'lib'가 지정되지 않았기 때문입니다)
URL 'https://ftp.harukasan.org/CRAN/bin/windows/contrib/3.5/NbClust_3.0.zip'을 시도합니다
Content type 'application/zip' length 122138 bytes (119 KB)
downloaded 119 KB

패키지 'NbClust'를 성공적으로 압축해제하였고 MD5 sums 이 확인되었습니다

다운로드된 바이너리 패키지들은 다음의 위치에 있습니다
        C:\Users\user\AppData\Local\Temp\Rtmp6DPLsP\downloaded_packages
> |
```

"NbClust" 라이브러리가 적절히 설치되었다면, 설치된 라이브러리를 R로 불러들이고("library(NbClust)"), NbClust 함수를 실행하여 가장 적절한 군집의 개수를 찾도록 하자. NbClust 함수를 실행하기 위해 군집분석을 위한 데이터로 data1을 사용하고, 유사성 측도의 방식으로 euclidean을 최소 군집 수(min.nc)는 2개 최대 군집 수는(max.nc)는 15개로 마지막으로 군집 알고리즘은 평균연결법(average)로 설정한다.

```
> library(NbClust)
> devAskNewPage(ask = TRUE)
> nc = NbClust(data1, distance = "euclidean", min.nc = 2, max.nc = 15, method = "average")
Hit <Return> to see next plot: 2
*** : The Hubert index is a graphical method of determining the number of clusters.
                In the plot of Hubert index, we seek a significant knee that corresponds to a
                significant increase of the value of the measure i.e the significant peak in Hubert
                index second differences plot.

Hit <Return> to see next plot: 15
*** : The D index is a graphical method of determining the number of clusters.
                In the plot of D index, we seek a significant knee (the significant peak in Dindex
                second differences plot) that corresponds to a significant increase of the value of
                the measure.

*******************************************************************
* Among all indices:
* 7 proposed 2 as the best number of clusters
* 4 proposed 3 as the best number of clusters
* 2 proposed 5 as the best number of clusters
* 4 proposed 6 as the best number of clusters
* 1 proposed 11 as the best number of clusters
* 1 proposed 13 as the best number of clusters
* 3 proposed 14 as the best number of clusters
* 1 proposed 15 as the best number of clusters

                   ***** Conclusion *****

* According to the majority rule, the best number of clusters is  2


*******************************************************************
```

NbClust 함수의 실행 결과는 다양한 군집 개수 평가 기준을 검토해 본 결과, 7개의 평가 기준이 2개의 군집을, 4개의 평가 기준이 3개의 군집을 가장 적절한 군집 개수로 평가하고 있음을 보여주고 있다. 다음 그림은 다양한 군집 개수 평가 기준 중 Hubert 지수와 D 지수를 예로

써 보여주고 있다. 각 지수 모두 군집 개수가 2개일 때 가장 유의한 증가(second differences)가 일어남을 보여주고 있다.

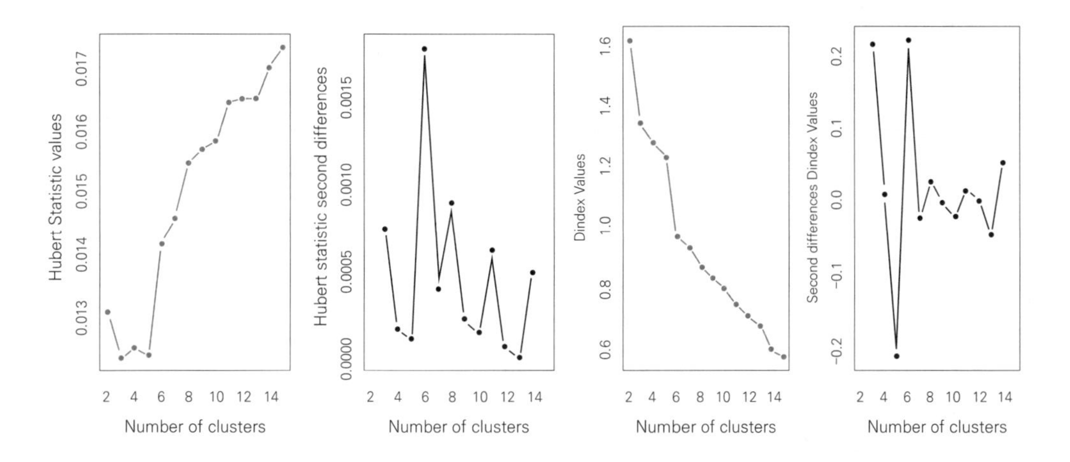

다음 군집 알고리즘별 적절한 군집 개수의 변화를 확인할 수 있다. 앞서 NbClust 함수의 마지막 인자(입력)인 method의 입력을 "Complete", "Single", "ward.D" 등으로 다양하게 입력하게 얻은 결과를 다음과 같이 barplot 함수를 사용하면 쉽게 확인할 수 있다.

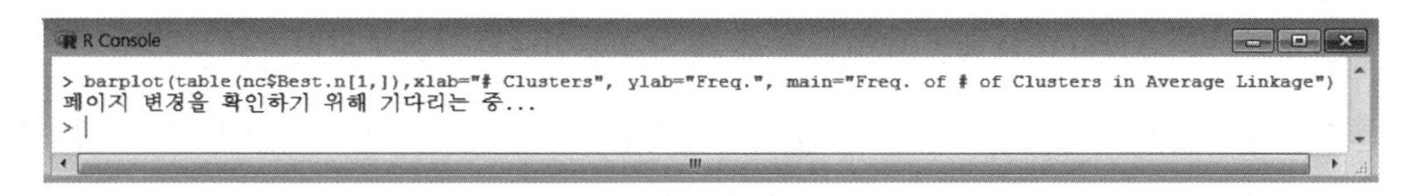

```
> barplot(table(nc$Best.n[1,]),xlab="# Clusters", ylab="Freq.", main="Freq. of # of Clusters in Average Linkage")
페이지 변경을 확인하기 위해 기다리는 중...
> |
```

전반적으로 단일결합법(single linkage)를 제외하고는 2개의 군집이 가장 적절한 군집 개수로 일치된 결과를 보여준다.

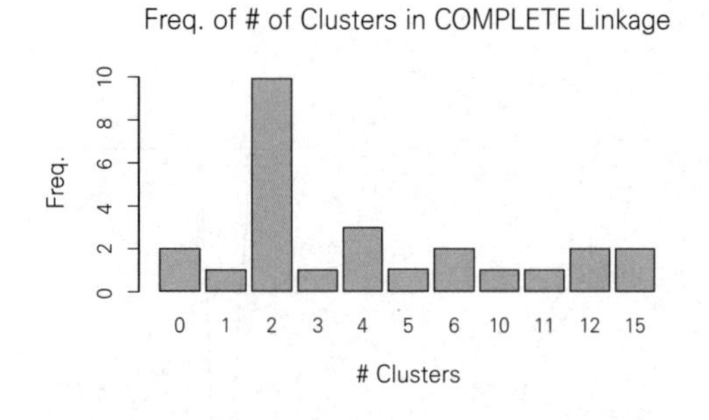

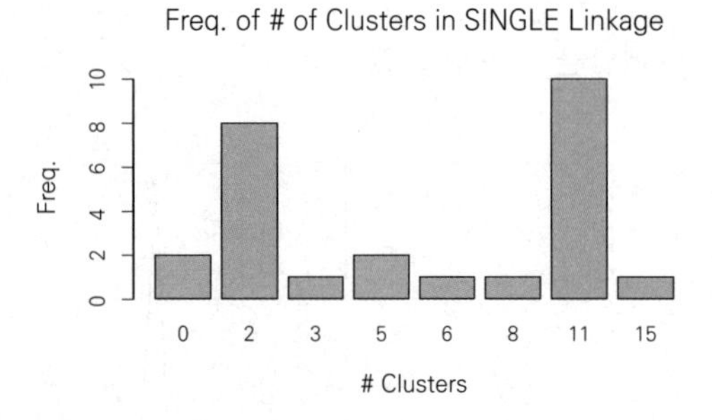

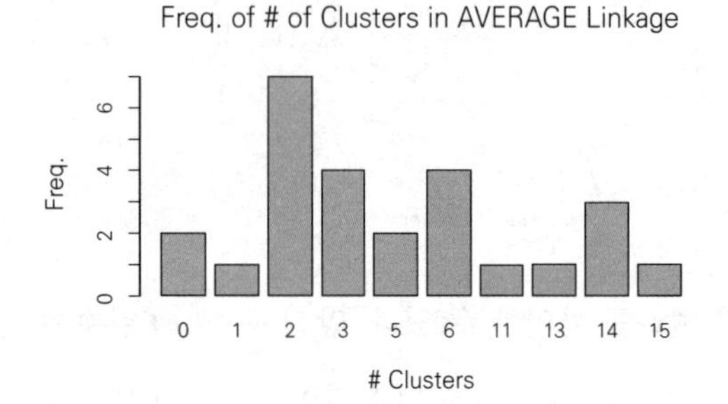

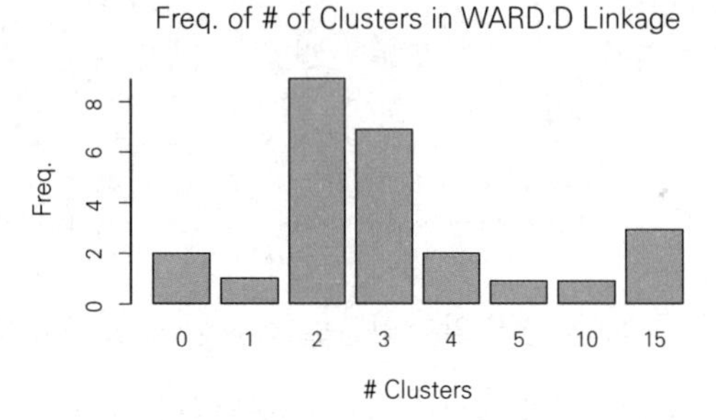

비록, 2개의 군집이 가장 적절한 군집으로 평가되고 있지만, 이번 분석이 연습이고 좀 더 다양한 군집의 출현이 여러 형태의 연습을 할 수 있다는 점에서 다음으로 적절한 군집 개수로 평가되고 있는 3개 군집을 기준으로 군집 분석 연습을 진행하도록 하자. 다음은 3개의 군집으로 응답자(직장인)를 분류하여 각 군집 별 응답자 수와 덴드로그램 내 응답자의 분포를 확인해 보도록 하자.

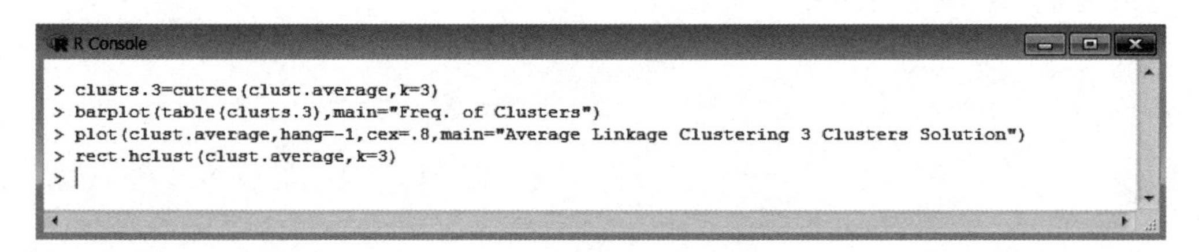
```
> clusts.3=cutree(clust.average,k=3)
> barplot(table(clusts.3),main="Freq. of Clusters")
> plot(clust.average,hang=-1,cex=.8,main="Average Linkage Clustering 3 Clusters Solution")
> rect.hclust(clust.average,k=3)
> |
```

cutree 함수를 활용하여 계층적 군집 분석의 군집 개수를 정의하여 응답자들을 군집별로 구분하고, 이를 빈도표로 만들어 주는 table 함수와 빈도 그래프를 만들어 주는 barplot 함수를 사용하여 군집별 응답자 수를 확인하자.

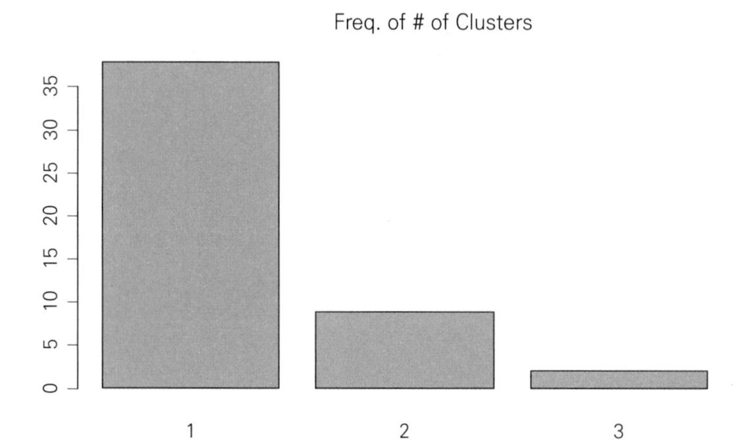

plot 함수를 사용하여 덴드로그램을 만들고, rect.hclust 함수를 사용하여 덴드로그램 내 군집을 표시하면 다음과 같다.

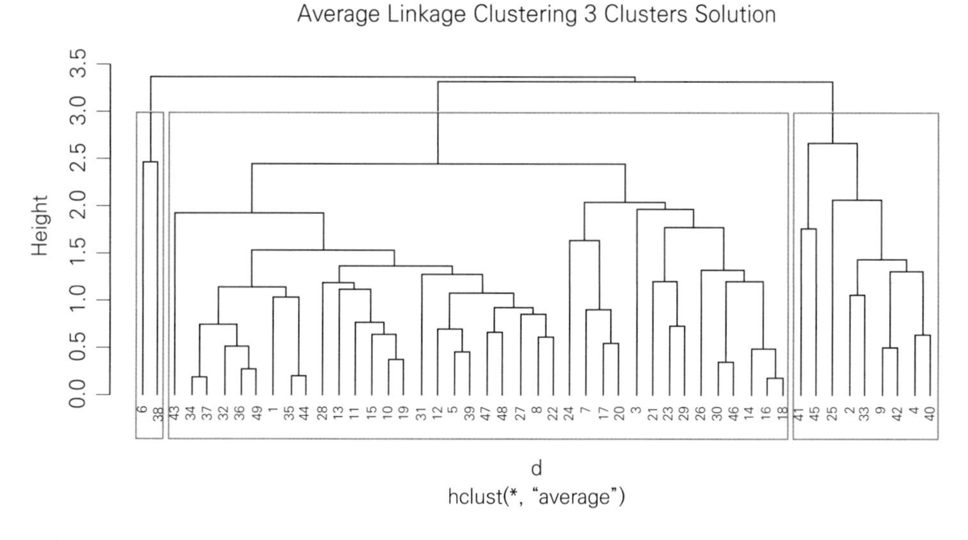

이로써 덴드로그램을 기준으로 어떤 형태의 군집이 존재하고, 어떻게 응답자들이 군집을 구성하는지 명확히 파악할 수 있게 되었다.

2) K 평균 군집 분석(직원들의 확정적 군집과 특성 파악)

계층적 군집 분석을 통해 군집의 형태와 개수가 파악이 되었다면 다음으로 해당 군집의 세부적 특성을 면밀히 파악할 필요가 있다. 이를 위해 K 평균 군집 분석과 PAM(partitioning around medolids) 군집 분석을 연습해 보도록 하자.

```
> clust.kmean = kmeans(data1, 3, nstart = 25)
> clust.kmean
K-means clustering with 3 clusters of sizes 11, 21, 17

Cluster means:
   HJS_SUM  HJA_SUM  HED_SUM  HOP_SUM
1 2.772727 4.477273 4.463636 4.545455
2 4.416667 5.238095 4.680952 4.852381
3 5.698529 5.911765 5.764706 5.729412

Clustering vector:
 [1] 3 1 3 1 2 1 3 2 1 2 2 2 2 3 2 3 3 3 2 3 3 2 3 3 1 3 2 2 3 3 2 2 1 2 3 2 2 1 2 1 1 1 2 3 1
[46] 3 2 2 2

Within cluster sum of squares by cluster:
[1] 33.98886 18.30345 24.31985
 (between_SS / total_SS =  56.1 %)

Available components:

[1] "cluster"      "centers"      "totss"        "withinss"     "tot.withinss" "betweenss"
[7] "size"         "iter"         "ifault"
```

kmeans 함수를 사용하여 분석 대상인 데이터(data1), 군집의 개수(3), 초기 군집 중심의 개수(nstart=25)를 설정하고 K 평균 군집 분석을 실행한다. 실행 결과는 SPSS와 동일하며 자세한 해석은 [SPSS 활용] K 평균 군집 분석 부분을 참고하기 바란다. SPSS의 결과와 유사하게 각 군집에 대한 변수별 평균 값을 확인할 수 있다. 이를 활용한 각 군집별 특성을 비교할 수 있다([SPSS 활용] K 평균 군집 분석 부분을 참고). 또한, 각 응답자들 모두 분류된 군집들 각각으로 분류되어 있다(clustering vector). 다음 그림은 plot 함수를 이용하여 각 변수들의 특성에 따른 군집의 분포를 시각적으로 보여주는 함수로서 각 포인트의 색깔은 3가지 군집을 반영하고 있어 각 군집의 해당 변수들의 기준에 따른 위치(positioning)을 분석할 수 있는 기초 자료로 활용할 수 있다.

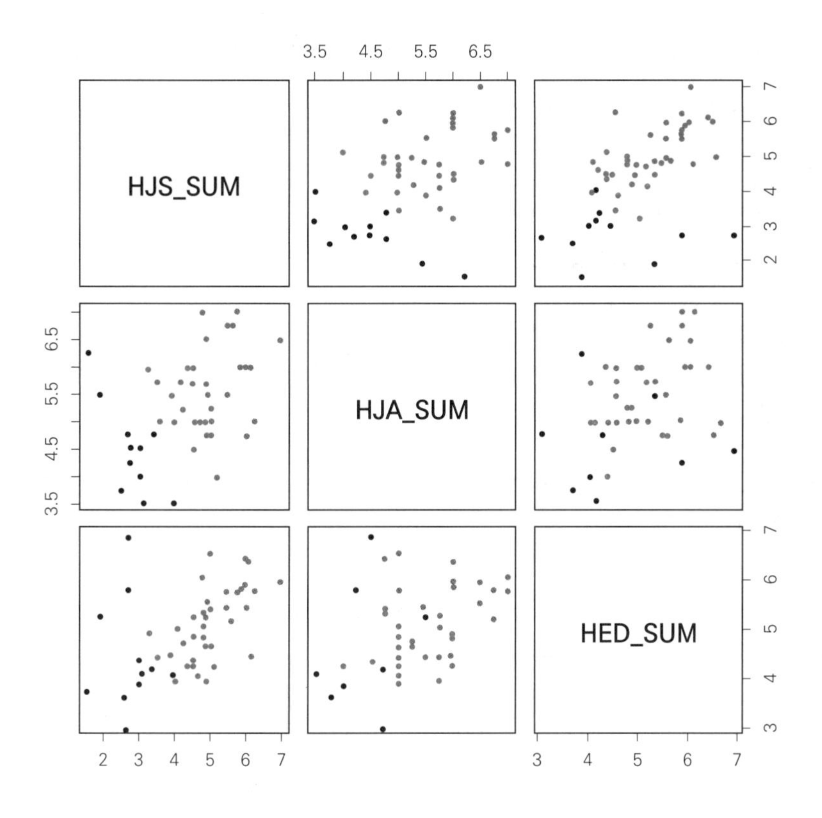

3) PAM(partitioning around medolids) 군집 분석

앞서 k 평균 군집 분석은 평균을 이용하기 때문에 평균의 단점인 이상치에 민감하다. 이러한 단점을 보완한 방법이 PAM(partitioning around medolids) 군집 분석으로 k 평균 군집 분석에서 각 군집을 중심값(centroid, 변수들의 평균 벡터)로 나타내는 것과 달리 각 군집은 하나의 관찰치(medoid)로 대표된다. 또한 k 평균 군집 분석에서 유클리드 거리만을 사용하는 것과 달리 PAM에서는 다른 거리 측정법도 사용할 수 있기 때문에 연속형 변수들 뿐만 아니라 다양한 형태의 변수들의 조합에도 적합할 수 있다.

다음은 PAM 군집 분석으로 분류된 군집의 군집 도표를 보여주는 것으로 clustplot 함수를 활용하여 만들 수 있다. 세 개의 심볼 각 각의 세 개의 군집을 보여주고 있으며, 두 개의 구분 기준(component 1, component 2)으로 각 군집의 위치를 파악할 수 있다. 십자가(+) 군집과 세모(△) 군집은 상당히 구분되어 있는 반면, 원(○) 군집은 앞서 두 군집과 상당히 겹쳐서 존재하고 있음을 확인할 수 있다. PAM 군집 분석뿐만 아니라 K 평균 군집 분석, 계층적 군집 분석 역시 clustplot 함수나 plotcluster 함수 등을 활용하면 군집의 형태를 다양한 형태로 시각화하여 확인할 수 있어 군집 파악에 많은 도움을 줄 수 있다.

```
> library(cluster)
> set.seed(1111)
> clust.pam = pam(data1, 3, stand = TRUE)
> clust.pam
Medoids:
     ID HJS_SUM HJA_SUM HED_SUM HOP_SUM
[1,] 18   5.875    6.00     5.9     5.9
[2,]  9   3.000    4.50     4.4     4.3
[3,] 48   4.250    5.25     4.8     4.8
Clustering vector:
 [1] 1 2 3 2 3 1 1 3 2 3 3 3 3 1 3 1 1 1 3 1 1 3 1 1 2 1 3 3 1 1 3 3 2 3 1 3 3 3 3 2 2 2 2 1 2 1 3 3 3
Objective function:
   build     swap
1.558631 1.558631

Available components:
 [1] "medoids"    "id.med"     "clustering" "objective"  "isolation"  "clusinfo"   "silinfo"    "diss"
 [9] "call"       "data"
> clusplot(clust.pam, main = "Two Dimensional Cluster Plot")
```

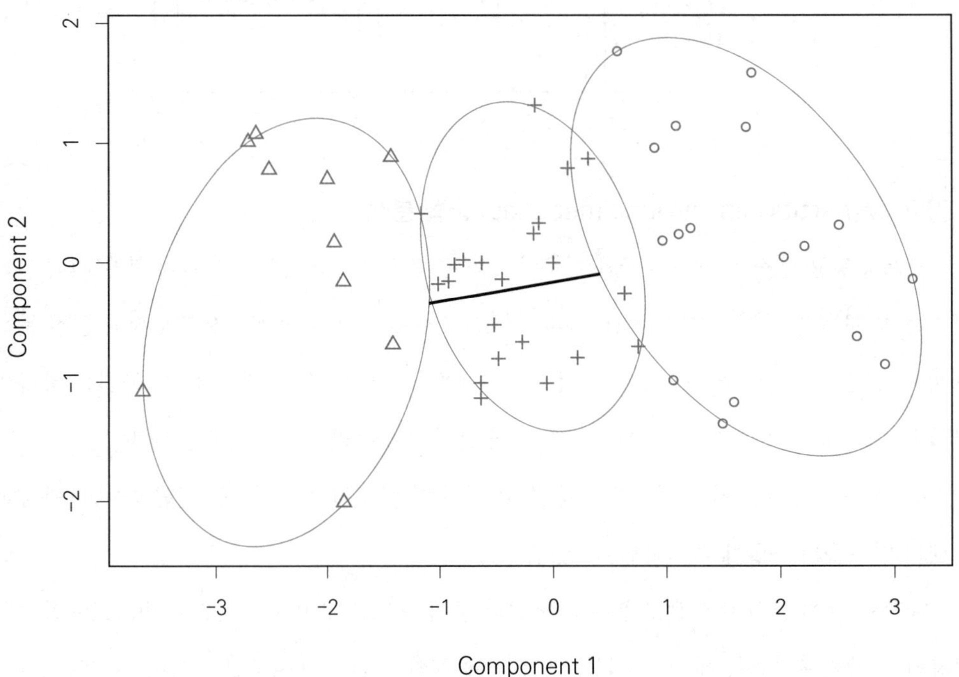

• 제 2 절 판별분석(discriminant analysis) •

1. 판별분석의 개념

군집분석이 고객 또는 그 외 개별 측정 대상(또는 개체) 중에서 유사한 속성을 지닌 대상을 몇 개의 군집으로 구분하는 것이라면, 판별분석(discriminant analysis)은 분류된 집단의 특성을 파악하여 집단의 분류가 정확히 잘 이루어졌는지를 판단하거나, 기존 집단에 포함되어 있지 않은 새로운 대상이 출현하였을 때, 이 대상이 어느 집단으로 분류될 수 있는지를 결정하는 탐색적인 분석 방법이다. [그림 14-4]는 군집분석과 판별분석의 차이를 잘 보여주고 있다. 판별분석은 먼저 분류되어 있는 집단 간의 차이를 의미있게 설명해 줄 수 있는 요인(독립변수)를 찾아내어 변수의 선형결합으로 판별식을 만들고 이 판별식을 활용하여 분류하고자 하는 대상을 집단으로 분류한다. 하지만, 판별분석을 위해 반드시 군집 분석이 필요한 것은 아니다. 예를 들어 자동차 제조업체의 경우, 일반 세단 구매자, SUV 구매자, 미니밴 구매자의 정보를 수집하여 다른 차종 구매자 간의 특성 차이를 파악할 수 있으며, 파악된 특성을 바탕으로 새로운 잠재 고객이 원하는 차종을 예측할 수도 있다. 또 다른 예로, 은행에서 고객에게 신용 대출을 할 경우 대출 심사를 위해 신용 점수를 활용하는데 이때 신용 점수 역시 판별분석을 활용한 판별식의 목표값의 한 응용 예로 볼 수 있다. 즉, 대출 상환 행동에 대한 집단(예: 신용불량자 vs. 우량자 또는 신용등급)을 구별하고, 각 집단의 고객들의 특성 중 집단 분류에 유의한 영향을 주는 요인을 파악하여 이를 활용하여 판별식을 개발할 수 있다.

판별분석은 정량적 자료(등간척도나 비율척도)로 측정된 독립 변수를 이용해 명목 자료(명목 척도, 서열 척도)로 측정된 종속 변수의 집단을 구분하는 것을 목적으로 한다. 이때, 어떤 집단에 속하는지 판별하기 위한 변수로서, 독립 변수 중 판별력이 높은 변수를 판별 변수라 하며, 좋은 판별 변수는 판별 변수 간의 상관관계가 낮아 좋은 판별 함수를 만들 수 있는 변수를 의미한다. 자료에 몇 개의 집단이 존재하는지를 알 수 없는 군집 분석과 달리, 판별분석에서는 자료에 속한 각 대상은 여러 집단 중에서 어느 집단에 속해 있는지 알려져 있어야 하며, 소속 집단이 이미 알려진 경우에 대하여 변수들을 측정하고 이들 변수들을 이용하여 각 집단을 가장 잘 구분해 낼 수 있어야 한다. 판별분석 과정은 먼저 집단의 특성 간 차이를 반영할 수 있는 독립 변수의 선정, 선정된 독립 변수를 이용한 판별 함수의 도출, 판별 능력에 있어 독립 변수들의 상대적 중요도 평가, 판별 함수의 판별 능력 평가, 새로운 판별 대상에 대한 예측력 평가 등을 포함한다.

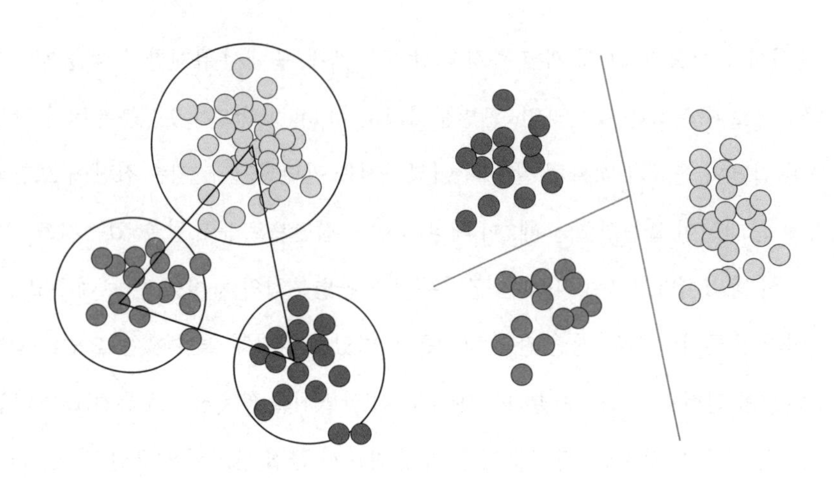

그림 14-4 **군집분석 vs. 판별분석**

2. 판별 함수의 도출 방법

가장 많이 사용하는 판별 함수의 형태는 선형 판별 함수(linear discriminant function)으로 독립 변수 간의 선형 결합으로 다음과 같이 표현된다.

$$Z = \beta_0 + \beta_1 X_1 + \beta_2 X_2 + \cdots + \beta_n X_n$$

Z: 판별 점수

X_n: 판별 변수

β_n: 판별 계수

판별 함수의 도출 원리는 분류된 집단 내 분산에 비해 집단 간 분산의 차이를 최대화하는 판별 변수의 선형 조합을 찾는 것이다. 따라서, 집단 간 분산이 같은 경우와 다른 경우에 판별 함수의 도출 방법이 달라질 수 있다. 자세한 사항은 통계학 관련 책을 찾아보기 바라며 여기서는 활용 방법만을 설명하기로 한다. 일반적으로 판별 함수가 안정적으로 도출되기 위해 필요한 관측치(자료)의 개수(데이터의 크기, 표본의 크기)는 판별 변수 개수의 20배 이상이 필요하고, 각 집단에 최소한 20개 이상의 관측치가 존재하여야 한다.

판별분석의 도출을 위해 다음의 가정들이 필요하다. 하지만, 자료 또는 표본의 크기가 매우 클 경우에 이러한 가정은 크게 중요하지 않을 수도 있다.

1) 독립 변수들의 결합확률분포는 다변량 정규분포이다.

2) 모집단에서 종속변수의 각 집단별 독립변수들의 공분산 구조가 같다.

3) 각 집단에 소속될 사전 확률은 같다.

3. 판별분석의 절차

첫째, 조사자는 종속변수의 집단 개수와 판별분석에 사용될 판별 변수(독립 변수)를 선택하여야 한다. 즉, 조사자는 전체 자료 또는 표본에 몇 개의 집단이 존재하는지를 파악하거나 사전에 집단의 구분을 정의하여야 하며, 이때 각 집단은 상호 배타적이고, 각 대상들은 여러 집단 중 한 집단에만 소속되어야 하며, 집단의 구분이 명확하고 논리적이며, 각 집단 속 자료의 수가 같거나 비슷하여야 한다. 또한, 조사자는 기존 연구나 조사, 또는 경험을 통해 각 집단의 특성의 차이를 유의하게 반영하는 변수들을 사전에 조사하여 판별 변수로 선택하여야 한다.

둘째, 판별분석의 기본 가정인 집단 별 독립 변수들의 등분산을 확인해 보아야 한다. 이를 위해 Box-M 검정을 활용한다. 만약 Box-M 검정을 통해 등분산 가정이 만족되지 않으면 선형 판별함수가 아닌 이차판별함수 등 비선형 판별함수를 활용하여야 한다. 이에 대해서는 관련 통계학 도서를 확인해 보기 바란다.

셋째, 판별분석에 포함하여야 하는 자료 또는 표본의 크기를 확보해야 한다. 전체 자료의 크기는 독립변수의 개수보다 3배 이상 또는 최소 2배 이상 되어야 하며 각 집단의 자료의 크기가 모두 독립 변수의 개수보다 많아야 한다.

넷째, 실제 판별분석의 추정 방법은 회귀분석과 유사하며 이때, 독립 변수 선정 방법으로 동시 포함법, 전진 선택법(forward 방법), 후진 제거법(backward 방법), 단계적 추출법(stepwise 법) 등이 활용된다. 여기서 동시 포함법은 조사자가 직접 변수들을 선택하는 방법으로 조사자가 직접 변수들을 선정해서 가장 좋은 판별식을 찾는 방법이다. 전진 선택법은 독립 변수들 중 집단 간 차이를 크게 하는 변수 순서대로 판별 함수에 포함시키는 방법이다. 후진 제거법은 모든 변수를 모두 포함한 후 집단 간 차이가 없는 변수를 순서대로 판별 함수에서 제거시키는 방법이다. 단계적 추출법은 전진 선택법과 후진 제거법이 통합된 형태로 집단 간 차이를 크게 하는 변수로 먼저 포함되었지만 만약 다른 변수가 포함되어 그 차이가 줄어들게 된다면 제거하여 가장 좋은 판별 함수를 도출하는 방식이다.

4. SPSS 통계분석실습

판별분석 연습을 위한 데이터는 이전 군집분석에서 준비한 데이터를 그대로 사용하도록 한다. 판별분석을 위해 "분석"→"분류분석"→"판별분석" 메뉴를 아래와 같이 선택한다.

판별분석은 판별하기 위한 집단이 사전에 정의되어 있어야 하기 때문에 어떤 집단을 대상으로 판별할지를 사전에 결정해야 한다. 이번 연습에서는 이전 군집 분석에서 분류한 군집 집단을 대상으로 판별분석 연습을 실행해 보도록 하자. 판별분석 메뉴를 선택하면 다음과 같이 판별분석 설정을 위한 창이 나타난다.

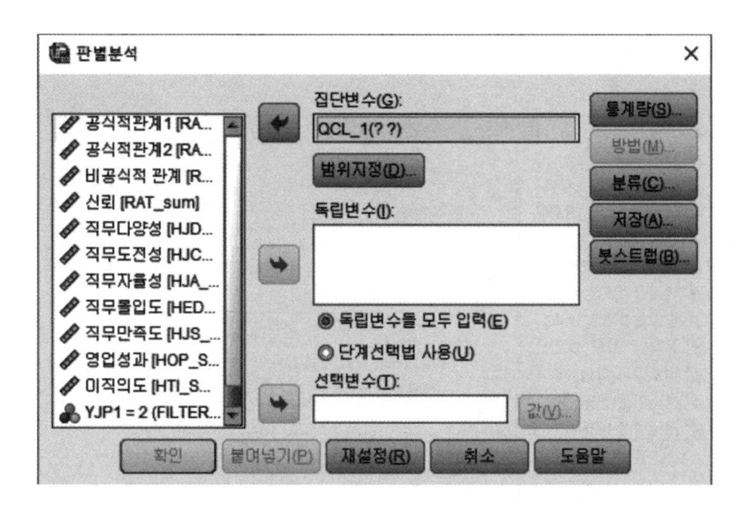

여기서 집단변수로 이전 군집분석(K-평균 군집 분석)결과 소속집단으로 새로이 저장된 변수 "QCL_1"로 지정하고, 이 변수의 집단 범위를 최소값 1, 최대값 3으로 다음과 같이 설정한다(K-평균 군집 분석의 군집 개수가 3개 였음).

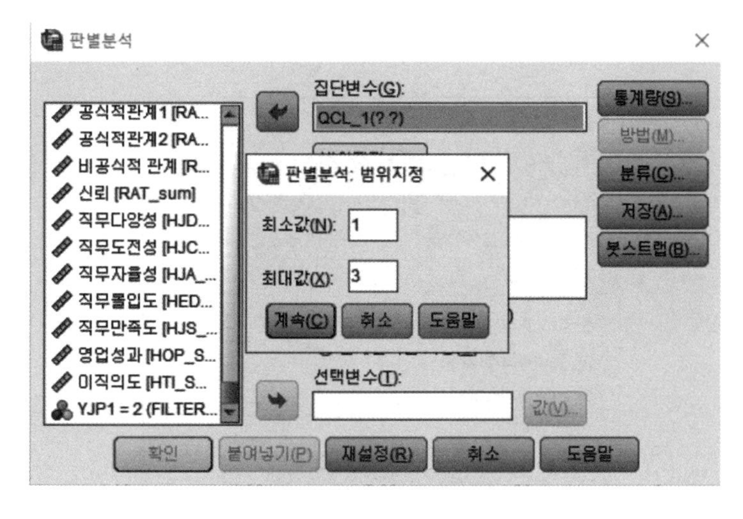

다음으로 어떤 변수들을 판별분석에 포함할지를 결정하여야 한다. 이전 군집분석에서 활용한 4개의 변수를 이미 알고 있지만, 이번 연습은 별도의 판별분석 연습이기 때문에 집단 구별에 활용된 변수를 현 조사자는 모른다고 가정하고 8가지 변수들("직무다양성", "직무도전성", "직무자율성", "직무몰입도", "직무만족도", "영업성과", "정직성", "이타심")를 선택하고, 이들 변수로 판별식을 추정해 보도록 한다.

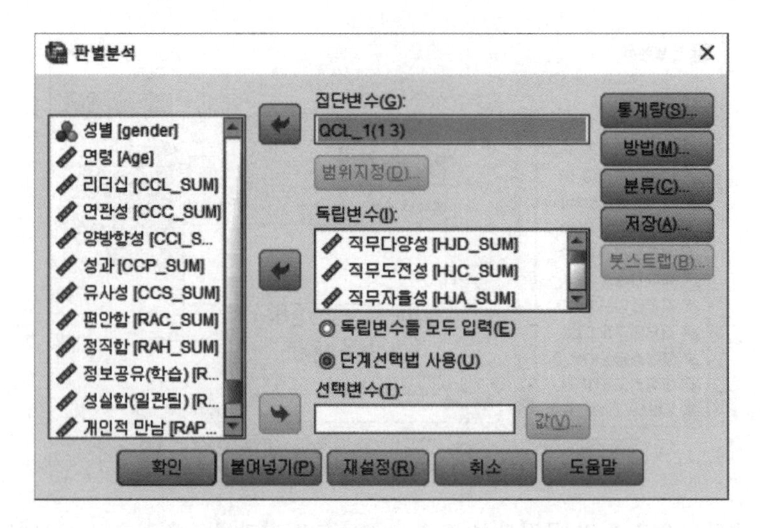

판별분석의 설정 창에서 효율적 판별식 추정을 위해 "단계선택법 사용"을 설정하고, "통계량" 설정에서는 다음과 같이 평균, 공분산 행렬의 동일성 가정을 검증하기 위한 "Box의 M" 설정을 선택하고, 함수의 계수 표시 방식은 정확한 판별식 표시를 위해 "비표준화" 계수 설정을 선택한다.

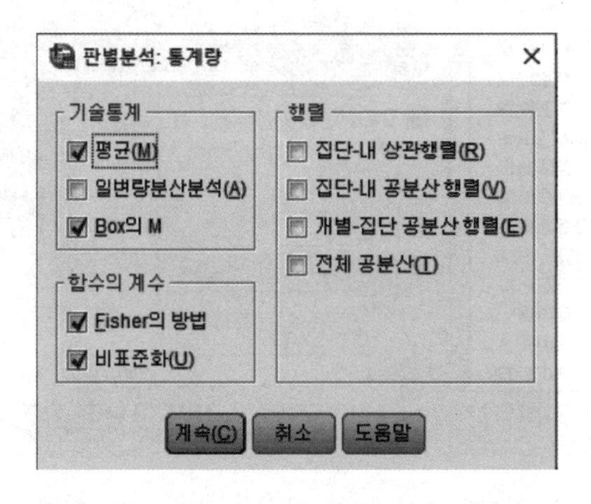

"분류" 설정에서는 다양한 도표를 통해 판별분석 결과를 확인하기 위해 "결합-집단", "개별-집단", "영역도" 등의 도표를 선택하도록 하자.

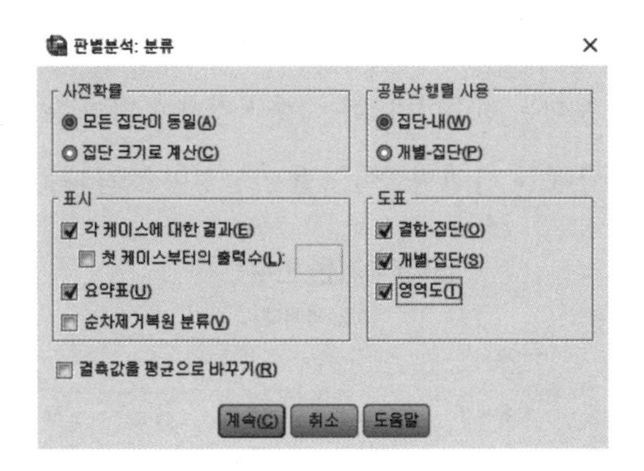

마지막으로 현재의 데이터셋에 이번 판별분석을 통해 예측된 소속집단과 판별점수를 저장하여 다른 분석에 활용할 수 있도록 "저장" 설정에서 "예측 소속집단"과 "판별 점수" 설정을 선택하도록 한다.

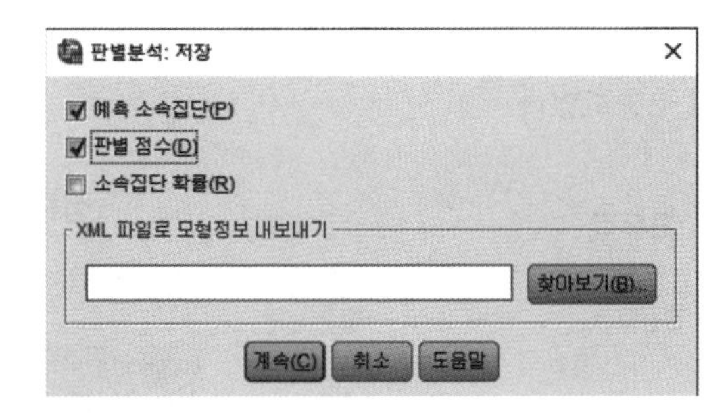

다음은 판별분석의 결과로, 먼저 "Box M" 검정을 통해 집단의 공분산 행렬이 동일하다는 귀무가설을 기각할 수 없어(유의확률 0.471) 집단의 공분산 행렬이 동일해야 한다는 공분산 행렬의 동일성 가정이 충족됨을 확인할 수 있다.

검정결과

Box의 M		13.267
F	근사법	.975
	자유도1	12
	자유도2	3100.975
	유의확률	.471

이번 판별분석은 효율적인 판별식 분석을 위해 "단계선택법"을 사용하였으며, 따라서 8개의 변수 중 집단 판별에 가장 유의한 변수들이 선택되어 판별식에 활용될 것이다. 분석 결과 3개의 변수("직무만족도", "직무몰입도", "직무자율성")이 집단 판별에 유의한 변수들로 선정되

었다. 이 변수들이 선정된 근거는 아래 표에서 보는 바와 같이 이들 변수들이 각 집단별 또는 군집별 유의미한 차이를 보이는 변수이며, 이는 결국 집단에 따라 통계적으로 유의미한 차이를 나타내는 변수들이 집단 분류 시 판별력이 높을 가능성이 높기 때문이다.

입력/제거된 변수[a,b,c,d]

wilks의 람다

						정확한 F			
단계	입력됨	통계량	자유도1	자유도2	자유도3	통계량	자유도1	자유도2	유의확률
1	직무만족도	.287	1	2	46.000	57.080	2	46.000	.000
2	직무몰입도	.173	2	2	46.000	31.614	4	90.000	.000
3	직무자율성	.126	3	2	46.000	26.636	6	88.000	.000

이렇게 판별식에 포함될 변수가 결정되면 이를 바탕으로 정준상관분석을 실행하여 3개 변수를 바탕으로 한 판별함수(판별요인)식을 추정한다. 이번 판별분석의 경우 2개의 판별함수(판별요인)가 아래와 같이 추출되었다.

고유값

함수	고유값	분산의 %	누적 %	정준 상관
1	6.899[a]	99.9	99.9	.935
2	.004[a]	.1	100.0	.063

정준 판별함수 계수

	함수	
	1	2
직무자율성	.817	.329
직무몰입도	1.156	1.076
직무만족도	1.370	-.807
(상수)	-16.276	-3.509

비표준화 계수

첫 번째 판별함수를 Z_1, 두 번째 판별함수를 Z_2라고 할 때 위의 "정준 판별함수 계수"를 바탕으로 다음과 같은 판별함수식을 추정할 수 있다. 이때 판별분석 설정 시 "비표준화" 계수 옵션을 선택하였기 때문에 "정준 판별함수 계수"가 비표준화 형태로 나타난다. "비표준화" 계수를 선택하지 않는 경우 "(상수)" 항이 나타나지 않은 표준화 형태로 나타나 정상적인 판별함수식을 추정하기 어렵게 된다.

Z1 = -16.276 + 0.817 x 직무자율성 + 1.156 x 직무몰입도 + 1.370 x 직무만족도

Z2 = -3.509 + 0.329 x 직무자율성 + 1.076 x 직무몰입도 - 0.807 x 직무만족도

판별함수는 다음의 분류함수와는 다른 의미로서 일종의 3개 변수에 대한 요인분석 결과로 이해해도 무방하다. 즉, 이번 판별분석을 위해 3개의 변수를 상관관계가 전혀 없는 분류 기준 2개 요인을 추출하고 이 두 요인(판별함수)으로 판별분석을 수행하여 집단을 판별하게 된다.

분류함수 계수

	케이스 군집 번호		
	1	2	3
직무자율성	19.287	16.271	13.467
직무몰입도	24.724	20.388	16.507
직무만족도	23.283	18.363	13.459
(상수)	-195.713	-131.520	-83.472

FISHER의 선형 판별함수

"분류함수 계수"표는 분류함수의 계수를 나타내 주는 표로 새로운 응답자 또는 케이스가 발생하였을 때 해당 케이스의 "직무자율성", "직무몰입도", "직무만족도" 수준을 바탕으로 케이스의 소속 군집을 예측할 수 있다.

예를 들어, 새로운 종업원에 대한 직무 배치를 할 경우 해당 종업원의 이전 직무에 대한 "직무자율성", "직무몰입도", "직무만족도" 수준을 파악하여 이를 바탕으로 직무를 배치할 수 있고 그에 맞는 교육을 실시할 수 있다.

이와 같은 분석 결과의 활용을 위해 판별식이 아주 중요한 역할을 하며 "분류함수 계수"표를 바탕으로 다음과 같은 판별식이 도출될 수 있다. 각 판별식에 해당 변수의 값(수준)을 대입하여 각 판별식의 판별점수를 계산하고 그중 가장 큰 판별점수가 나온 집단(군집)에 해당 응답자가 속하게 된다.

군집 1 판별식 = -195.713 + 19.287 x 직무자율성 + 24.724 x 직무몰입도 + 23.283 x 직무만족도

군집 2 판별식 = -131.520 + 16.271 x 직무자율성 + 20.388 x 직무몰입도 + 18.363 x 직무만족도

군집 3 판별식 = -83.472 + 13.467 x 직무자율성 + 16.507 x 직무몰입도 + 13.459 x 직무만족도

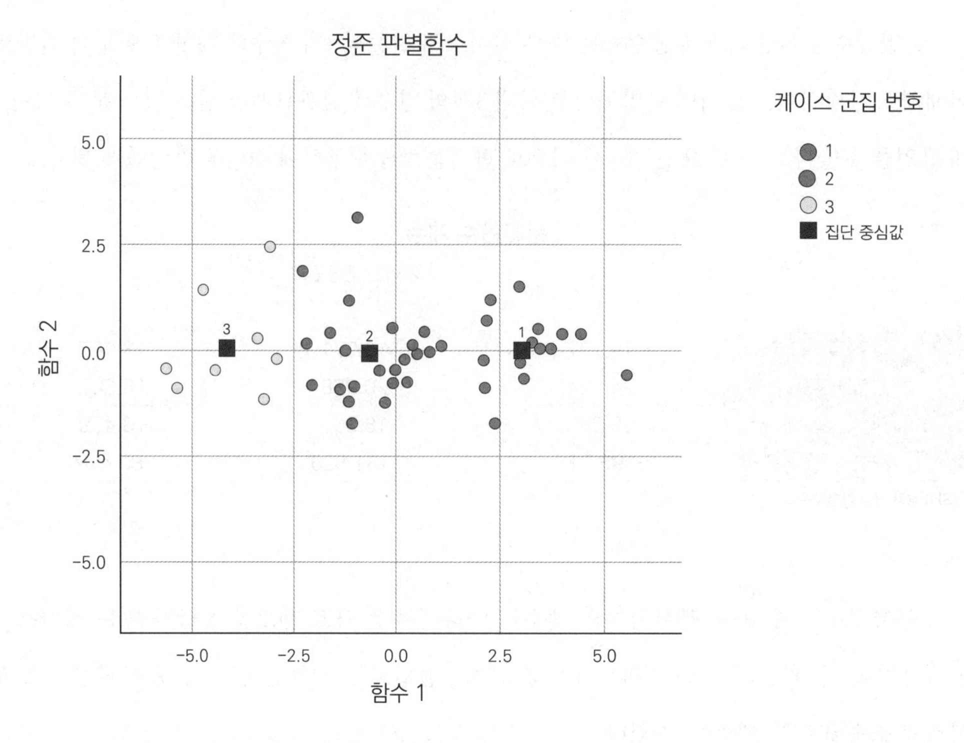

위의 그림은 두 개의 판별함수(요인)을 기준으로 각각의 군집들의 분포와 집단 중심값을 보여주고 있다. 집단 중심값은 각 집단의 요인별 특성을 보여주고 있다. 예를 들어 군집 1은 판별함수 2번보다 3번이 더 높은 특성을 가지고 있고, 군집 2은 반대로 판별함수 3번이 1번 보다 더 큰 특성을 가지고 있으며, 군집 3의 경우 판별함수 1, 2번 모두 낮은 특성을 가지고 있다. 여기서 높고, 낮은 수준의 가치는 실제 판별함수의 특성에 따라 그 가치 해석이 달라질 수 있음에 유의하자. 또한, 이 중심값들을 중심으로 각각의 군집 구성원(응답자)들이 분포하고 있음을 알 수 있으며, 정준상관분석을 수행함에 따라 각 군집의 교집합이 거의 존재하지 않음을 알 수 있다. 이는 추출된 두 판별함수가 아주 높은 판별력을 가지는 요인임을 알려주고 있다.

분류 결과[a]

		케이스 군집 번호	예측 소속집단 1	2	3	전체
원래값	빈도	1	16	1	0	17
		2	0	22	1	23
		3	0	0	9	9
	%	4	94.1	5.9	.0	100.0
		5	.0	95.7	4.3	100.0
		6	.0	.0	100.0	100.0

a. 원래의 집단 케이스 중 95.9%이(가) 올바로 분류되었다.

마지막으로 실제 집단과 예측 소속 집단을 비교해 본 결과 한 경우를 제외하고는 이번 판별분석은 모든 응답자(케이스)를 정확히 예측(95.9%)을 했음을 할 수 있다. 실제 판별식을 도출한 데이터에 실제 판별식을 대입한 결과라 상당한 예측력을 보여주는 것이 일반적이다. 일반적으로 판별식의 판별력 평가를 위해 전체 데이터의 약 70%를 가지고 판별식을 도출하고, 나머지 30%를 이용하여 도출된 판별식의 실제 판별력을 평가하는 방법이 많이 활용된다.

5. R 통계분석실습

샘플데이터(data)에서 직급이 대리인 데이터만(data[,112]=='대리')을 선택하고 그중 8개의 변수("직무다양성", "직무도전성", "직무자율성", "직무몰입도", "직무만족도", "영업성과", "정직성", "이타심") 값을 포함한 데이터 셋(2:9)에 K 평균 군집 분석의 군집 분석 결과(clust.kmean$cluster)인 "집단" 변수(names(data2)[9]="집단")를 추가한 data2를 사용하여 판별분석을 수행한다.

```
> data2 <- cbind(data[data[,112]=='대리',c(134,135,136,137,138,139,124,126)],clust.kmean$cluster)
> names(data2)[9]="집단"
> head(data2)
  HJD_SUM HJC_SUM HJA_SUM HED_SUM HJS_SUM HOP_SUM  RAC_SUM RAA_SUM 집단
1    6.25    5.25    5.50     5.3   4.875     6.2 6.500000    7.00    3
2    5.25    5.00    3.50     4.1   3.125     4.2 5.166667    4.25    1
3    5.00    4.75    6.00     4.5   6.250     5.1 5.833333    5.00    3
4    4.25    4.00    4.00     3.9   3.000     5.0 6.000000    6.00    1
5    4.00    5.25    5.50     4.5   3.875     5.0 7.000000    7.00    2
6    4.75    5.25    4.25     5.8   2.750     7.0 7.000000    7.00    1
```

판별분석을 위해 lda 함수를 사용하고, 종속변수는 "집단"으로 독립변수는 "직무다양성", "직무도전성", "직무자율성", "직무몰입도", "직무만족도", "영업성과", "정직성", "이타심"로 하여 판별식을 다음과 같이 정의한다.

집단 ~ 직무다양성 + 직무도전성 + 직무자율성 + 직무몰입도 + 직무만족도 + 영업성과 + 정직성 + 이타심

다음으로 분석에 적용되 데이터로 앞서 생성한 data2를 활용(data=data2)하고, 사전 집단 확률을 균일하게 각 집단별로 1/3로 설정(prior=c(1,1,1)/3한다. 판별분석의 결과는 da1에 저장되고, 이를 활용하여 예측을 하고 이 결과를 p1에 저장(p1=predit(da1))한다.

판별분석 결과는 다음과 같다. 8개의 변수 중 SPSS의 결과와 같이 더 판별력이 좋은 변수도 있을 수 있지만 이번 판별분석에서는 8개의 모든 변수를 활용하도록 한다(SPSS에서 "독립변수를 모두 입력"한 경우와 동일함).

```
> da1 <- lda(집단 ~ HJD_SUM  + HJC_SUM + HJA_SUM + HED_SUM + HJS_SUM + HOP_SUM+ RAC_SUM + RAA_SUM, data = data2, prior = c(1, 1,
 1)/3)
> da1
Call:
lda(집단 ~ HJD_SUM + HJC_SUM + HJA_SUM + HED_SUM + HJS_SUM +
    HOP_SUM + RAC_SUM + RAA_SUM, data = data2, prior = c(1, 1,
    1)/3)

Prior probabilities of groups:
        1         2         3
0.3333333 0.3333333 0.3333333

Group means:
   HJD_SUM  HJC_SUM  HJA_SUM  HED_SUM  HJS_SUM  HOP_SUM  RAC_SUM  RAA_SUM
1 4.159091 4.386364 4.477273 4.463636 2.772727 4.545455 5.909091 5.159091
2 4.904762 5.059524 5.238095 4.680952 4.416667 4.852381 5.349206 5.321429
3 5.882353 5.823529 5.911765 5.764706 5.698529 5.729412 6.156863 5.764706

Coefficients of linear discriminants:
                 LD1        LD2
HJD_SUM -0.007977146  0.4199069
HJC_SUM  0.120848859 -0.4620348
HJA_SUM  1.110785904 -0.3735473
HED_SUM  0.230437171  0.9213695
HJS_SUM  1.705893215 -0.2606791
HOP_SUM  0.134467207  0.3821887
RAC_SUM -0.403366269  1.5752871
RAA_SUM  0.243347401 -1.1147971

Proportion of trace:
   LD1    LD2
0.9447 0.0553
>
> table(data2$집단, predict(da1)$class)

     1  2  3
  1 11  0  0
  2  0 21  0
  3  0  0 17
```

결과적으로 두 개의 판별함수식이 도출되었고 각각의 판별 함수식을 [SPSS 활용] 예와 같이 도출할 수 있다.

```
> p1 <- predict(da1)
> plot(p1$x, type = "n", xlab = "LD1", ylab = "LD2", main = "Results of Determinant Analysis")
> text(p1$x, as.character(p1$class), col = as.numeric(data2$집단), cex = 1.5)
> abline(v = 0, col = "gray")
> abline(h = 0, col = "gray")
```

판별분석의 결과는 다음과 같이 시각적 표현으로 확인해 볼 수 있다.

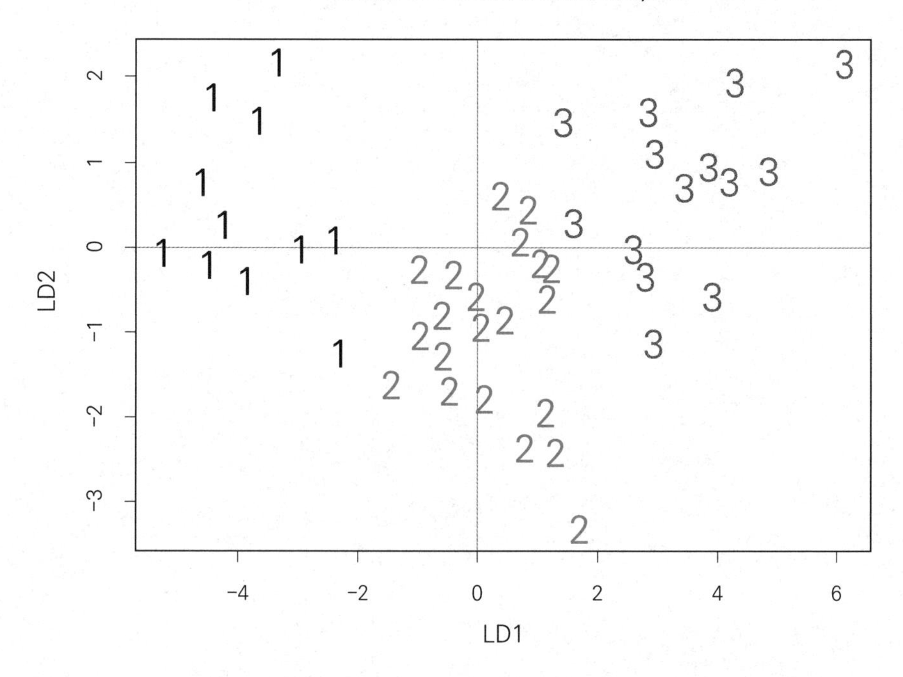

• 생각해 볼 문제

1. 군집분석을 실습하시오.

2. 판별분석을 실습하시오.

소셜 애널리틱스를 위한

연구조사방법론

Research Methodology for Social Analytics

제15장
구조방정식모형

제 15 장 구조방정식모형

· 제 1 절 구조방정식모형의 개념 ·

1. 구조방정식모형의 역사

구조방정식모형(structural equation modeling, SEM)의 사용은 Wright(1918)가 생물학 내 유전 이론을 분석하기 위해서 경로 분석 개발을 고안한 이래 심리학, 사회학, 교육학, 경제학 연구에서 증가 추세에 있다(Teo & Khine, 2009). 1970년대 SEM은 사회학이나 계량경제학에서 특히나 부흥시대를 맞이하였다(Goldberger & Duncan, 1973). 이후에 심리학, 정치학, 교육과 같은 다른 학문에서도 널리 퍼졌다(Kenny, 1979).

본격적으로 사회과학에서 구조방정식 모형을 사용하게된 계기는 연구자가 사전에 이론을 토대로 수립한 모델이 자료에 의해 지지되는지 검증하는 연구방법론으로 Jöreskog(1973)가 경로 분석과 요인 분석을 기반으로 LISREL이라는 프로그램을 개발하면서 시작되었다. 측정 변수들 간의 공분산을 이용해 상호 관계구조를 분석하는 분석이다. 여러 변수들 간의 관계를 한번에 분석하기에 적합한 분석 방법이라 여러 사회과학 분야에서 절찬리에 이용되고 있다.

구조방정식모형은 전적으로 소프트웨어(e.g., LISREL, AMOS, Mplus, Mx 등)의 발달과 더불어 성장하고 대중화되었다(MacCallum & Austin, 2000). 이러한 소프트웨어는 구조방정식모형이 다양한 사회과학 연구 질문을 다루는 여러 연구자들에게 구조방정식모형의 방법론적 접근성을 증가시켰다. 다양한 구조방정식모형을 다루는 소프트웨어에서 방법론적 발전과 개선된 인터페이스는 사용방법의 다양성에 기여하였다. 지금은 구조방정식모형의 소프트웨어로는 사용자들이 보다 쉽게 사용할 수 있는 AMOS가 가장 많이 사용된다.

최초의 구조방정식 모형의 분석 소프트웨어인 LISREL은 2000년대까지 많이 사용되었으나 국내에서는 보다 사용자들이 쉽게 접근할 수 있는 AMOS에 밀려 그 비율이 점점 줄어들고 있다. Hershberger(2003)가 1994-2001년까지 심리학 내 주요 저널을 조사했을 때 이런 저널의 60% 이상이 구조방정식 모형을 활용했다고 밝혔고 저자가 연구한 국내 유통연구와 영업연구에서는 거의 60% 이상의 연구들이 국내에서는 구조방정식을 사용한 것으로 나타났다(박정은, 2014). 최근에는 R이나 파이슨과 같은 빅데이터를 다루는 소프트웨어를 활용하는 연구가 늘어나고 있지만 여전히 경영학을 비롯한 응용학문에서는 AMOS 등이 많이 사용되고 있고 구조방정식모형을 활용하는 연구도 사회과학분야에서 매우 활발하게 이루어지고 있다[1].

2. 구조방정식모형의 의미

구조방정식모형이란 '공분산구조분석(analysis of covariance structural, of casual modeling)'이라고도 불리는 것으로, 측정모형(measurement model)과 구조모형(structural model)을 통해 여러 잠재변수들(latent variable) 간에 존재하는 인과관계를 분석하기 위한 모형을 말한다. 이는 연구자가 이론을 기초로 사전에 수립한 연구모형을 검증하기에 가장 적합한 분석기법으로 다른 다변량분석기법과는 달리 모형 내에 내재된 측정변수들의 측정오차(measurement error)를 알 수 있으며, 잠재변수와 측정변수 간 그리고 잠재변수와 잠재변수 간의 관계를 검증할 수 있는 장점을 가지고 있는 방법이다.

1 구조방정식모형 연구에 특화된 전문 학술지로서 'Structural Equation Modeling: A Multidisciplinary Journal'이 있다. 국제학술지이고 SSCI급으로 모든 사회과학분야의 주제를 다루고 있지만 방법론은 구조방정식모형에 한정되어 있다.

사회과학에서 언급되는 구조방정식 모형은 관찰변수와 잠재변수 간 관계에 대한 가설을 검증하는 통계적인 접근법이다. 관찰변수는 또한 지표변수(indicator, manifest variable)이라고 부른다. 잠재변수는 또한 비관찰변수나 요인이라 한다. 교육학에서 잠재변수 예시는 수리능력이나 지능이 되며 심리학에서는 우울감이나 자신감이 된다.

잠재변수는 직접적으로 측정할수 없다. 연구자들은 이를 표현하기 위해서 관측변수 견지에서 잠재변수를 정의내려야 한다. SEM은 또한 현상에 연관적인 이론 분석을 위해서 확인적(가설 검증) 접근법을 취하는 방법론이다. Byrne(2001)는 SEM을 다른 다변량 방법에 대비하여 다음 4가지 특징을 제시하였다.

1) SEM은 선험적으로 변수간 관계를 명기하여 데이타 분석에 접근하는 확인적인 방법을 취한다. 탐색적요인분석과 같은 다른 다변량 기법은 본질적으로 기술적/탐색적 성질을 가지기 때문에 이론에 기반한 가설을 검증하는 것에 다소 애로사항이 있다.

2) SEM은 오차 분산 모수를 명백하게 추정하여 추정치를 제시한다. 다른 전통적인 다변량 기법은 측정 오차를 평가하거나 교정할 수 없다. 예를 들어 회귀분석은 모형에 포함된 모든 독립(설명) 변수 내 잠재적인 오차를 무시한다. 이와 같이 오도된 회귀 추정치에 덕분에 옳지 않은 결론 가능성을 야기할수 있다.

3) SEM 절차는 비관측변수와 관찰 변수 두 가지를 구현한다. 다른 다변량 기법은 관찰 측정에만 근거를 둔다.

4) SEM은 다변량 관계를 모형화할 수 있으며 연구 모형에 따라 직접적이거나 간접적인 효과를 추정할 수 있다.

앞서도 언급하였듯이 위와 같은 여러 가지 장점 덕분에 구조방정식모형은 다양한 연구에서 사용되고 있다. 기존 연구 문헌에서 다루어지는 모형은 다음과 같이 4가지로 요약된다 (Raykov and Marcoulides, 2006).

(1) 경로 분석 모형(path analytic model, PA)

(2) 확인적 요인 분석 모형(confirmatiory factor analysis models, CFA)

(3) 구조 회귀 모형(structural regression model, SR)

(4) 잠재성장 모형(latent change model, LC)

경로분석모형 PA은 관찰변수 견지에서 고안되었다. 이는 단지 관찰변수에 촛점을 맞출지라도 SEM 의 발달 이력에 중요한 부분을 차지하고 다른 SEM 모형과 마찬가지로 모형 검증과 모형 부합의 기본 과정과 동일하다. 확인적 요인 분석(CFA) 모형은 일반적으로 다양한 구인간 상관관계의 패턴을 조사하기 위해서 사용되어진다. 모형 내 각 구인은 관찰 변수 일군으로 측정된다. CFA 모형의 핵심 특징은 어떠한 특정 방향 관계가 구인들간에 가정되지 않으며 서로간에서만 상관성을 가진다는 가정을 한다. 구조 회귀모형 SR은 CFA 모형에 근거하여 구인들간 특정 설명 관계를 주장하게 된다. 구조 회귀 모형은 다양한 잠재변수들 간 설명 관계를 보여주며 제안하는 이론을 반증하거나 검증하기 위해서 사용되어진다. 잠재 성장 모형 LC은 시간에 따라 달라지는 변화를 연구한다. 예를 들어 잠재성장 모형 LC은 종단 데이타내 성장, 감소의 패턴에 촛점을 맞추고 연구자들이 변화 내 개인 간 그리고 개인간 관계를 조사할 수 있게 해 준다. 다음 그림은 각 모형 유형의 예시를 보여준다.

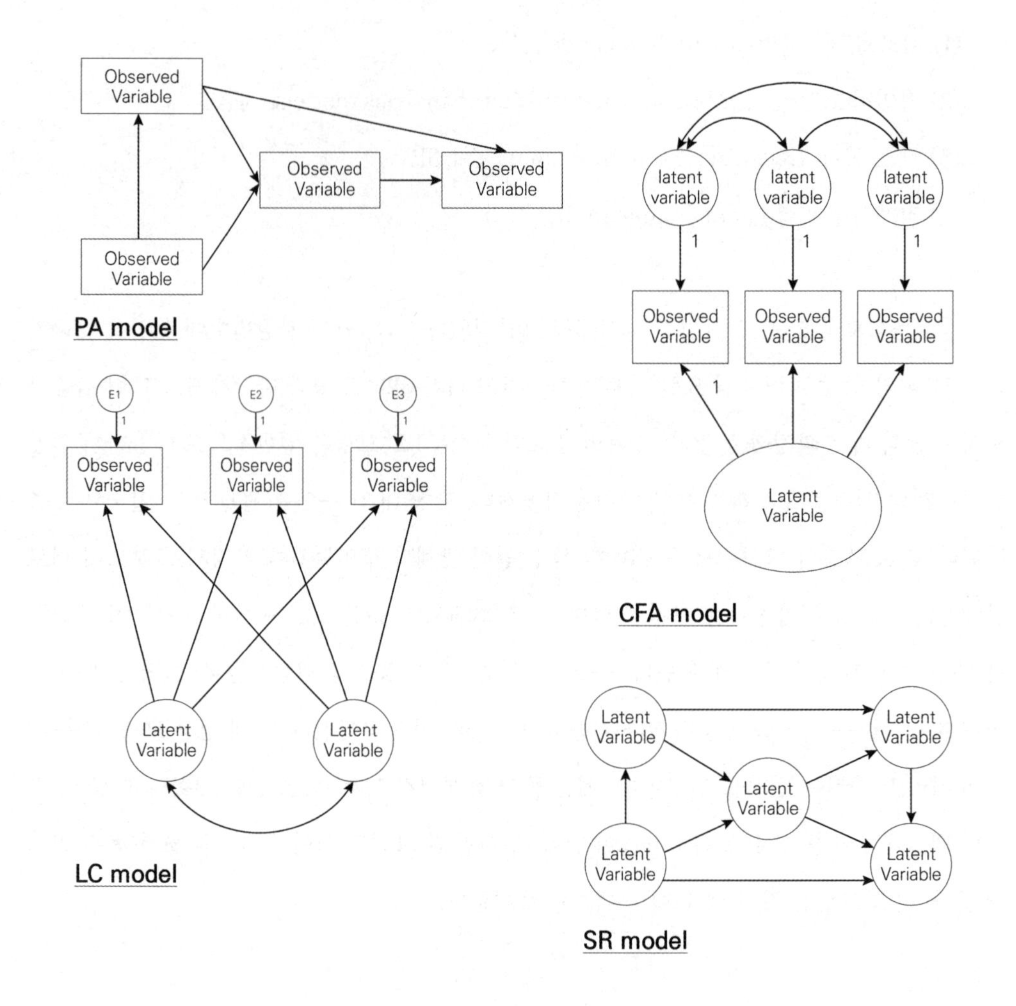

그림 15-1 구조방정식모형의 종류

• 제 2 절 구조방정식모형의 기본구성 •

구조방정식 모델은 직접적인 측정이 어려운 잠재변수(latent variable) 간의 영향관계를 분석하기 위한 통계분석 기법이다. 기존의 회귀 분석의 경우 독립 변수(x)를 기반으로 분석을 수행하기에 잠재변수를 다룰 수 없지만, 구조방정식은 회귀분석과 달리 잠재변수를 다룰 수 있고, 여러 변수 간의 영향관계를 동시에 분석할 수 있다는 장점이 있다. 다시 말해 요인분석(factor analysis)과 회귀분석(regression analysis)의 특성을 결합한 하이브리드 기법이라고 할 수 있다.

구조방정식은 잠재변수를 측정하는 측정모델(measurement model)과 측정된 잠재변수 간의 인과관계(causal relationshop)를 분석하는 구조모델(structural model)로 구성된다. 일반적으로 측정모델은 확인적 요인분석(confirmatory factor analysis, CFA)를 사용하고, 구조모델은 다중회귀분석(multiple regression analysis)을 사용한다.

1. 구조방정식모형의 변수와 표기

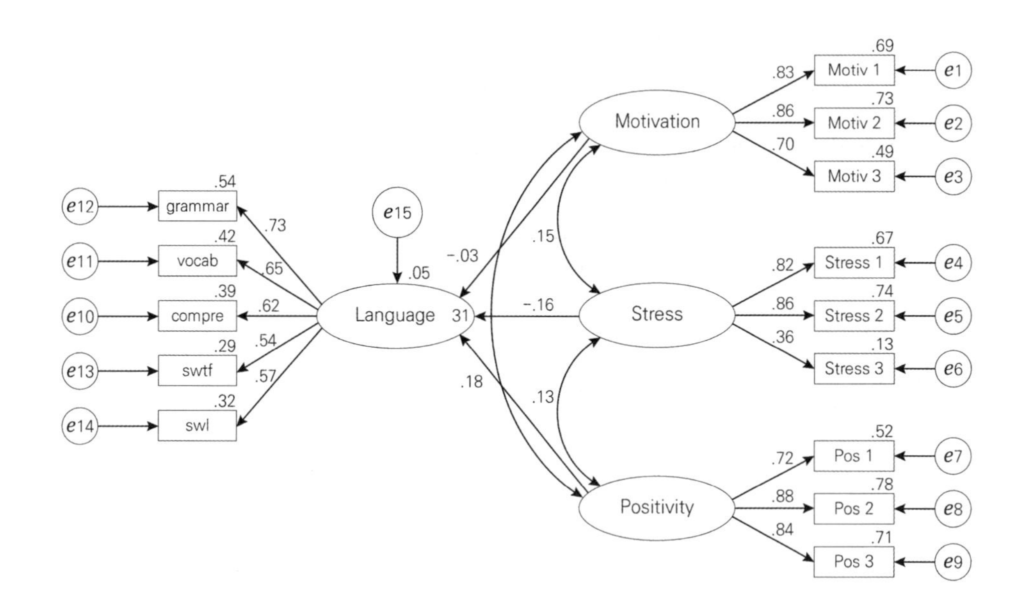

그림 15-2 **구조모형의 예시**

구조방정식모델은 일반적으로 위와 같은 경로도(path diagram)로 표현한다. 잠재변수는 외생잠재변수(exogenous latent variable)와 내생잠재변수(endogenous latent variable)로 구분된다. 외생잠재변수는 ξ로 표기하고 모델 내의 다른 잠재변수에 영향을 미치는 변수로 모델 내에서 독립변수로서의 역할만 수행하며, 내생잠재변수는 η로 표기하고 모델 내의 외생잠재변수에 의해 직, 간접적으로 영향을 받는 변수이며 독립, 종속변수로서의 역할을 수행한다.

그렇다면 잠재변수는 어떻게 측정할 수 있을까? 잠재변수는 관측변수에 의해 측정되며, 외생잠재변수를 측정하는 관측변수는 외생관측변수(exogenous observed variable), 내생잠재변수를 측정하는 관측변수는 내생관측변수(endogenous observed variable)로 명명하며, 각각 x와 y로 표기한다. 구조방정식모델링에서는 공분산 행렬(covariance matrix)이 분석의 대상이며, 공분산 행렬과 모델에 의해 예측된 공분산 행렬 간의 차이를 가능한 작게하는 구조방정식모델을 추정하는 방식이며, 추정할 parameter는 구조 계수(structural coefficient), 요인 적재값(factor loading), 공분산(covariance), 구조 오차(structural error), 측정 오차(measurement error) 등이 존재한다.

앞에 제시된 모형에서 왼쪽 사각형으로 구성된 grammar, vocab, compre 등은 외생관측변수인 x를 의미하고, $e1$~$e9$와 $e12$~$e14$는 각각 y의 측정 오차 ϵ와 x의 측정 오차 δ를 의미한다. Language는 외생잠재변수인 ξ, Motivation, Stress, Positivity는 내생잠재변수인 η, 오른쪽 사각형으로 구성된 변수들은 내생관측변수인 y를 의미한다.

구조 계수(structural coefficient)의 그리스용어 설명

1. 경로계수
   1) 외생잠재변수(ξ: 크시, Xi))→내생잠재변수(η: 에타, Eta): γ(감마, Gamma)
   2) 내생잠재변수(η)→내생잠재변수(η): β (베타, Beta)

2. 요인 적재값(factor loading): 잠재변수와 측정변수 간 경로계수(λ, 람다, Lambda)
   1) 외생잠재변수(ξ)→외생관측변수(x): λx
   2) 내생잠재변수(η)→내생관측변수(y): λy

3. 측정 오차(measurement error): 잠재변수가 관측변수를 완전히 설명하지 못하는 정도
   1) x의 측정 오차: δ(델타, Delta)
   2) y의 측정 오차: ϵ(엡실론, Epsilon)

4. 구조 오차(structural error): 설명되지 않고 남아있는 내생잠재변수의 오차
   1) 내생잠재변수(η) 오차: ζ(제타, zeta)

5. 공분산(covariance)

1) 외생잠재변수 간 공분산: ϕ(파이, Phi)

2) 내생잠재변수 간 공분산: ψ(프시, Psi)

3) 측정 오차 간 공분산: θ(세타, Theta)

구조방정식모형의 기본구성을 살펴보자. 구조방정식모델링의 분석은 총 2단계 접근법(two step approach)에 따라 수행된다. 첫 번째로는 측정모델을 대상으로 잠재변수 및 관측변수의 단일차원성, 신뢰도, 타당도를 평가하며, 두 번째 단계에서는 검증된 관측변수로 구성된 구조모델을 바탕으로 잠재변수 간 경로분석을 수행해 잠재변수 간의 영향관계를 검정한다. 이와 같은 2단계 접근법은 Anderson and Gerving(1988)에 의해 주장되었고 측정모형과 구조모형을 통해 모형 간의 인과관계를 파악한다. 측정모형은 확인적 요인 분석 (CFA)로 분석하고 구조모형은 경로 분석을 통해 분석한다.

2. 구조방정식모형의 기본구성: 측정모델과 확인적 요인분석

측정모델은 위에서도 언급했듯 주로 확인적 요인분석을 수행하므로 확인적 요인분석에 대해서 알아보자. 확인적 요인분석은 모든 잠재변수에 대해 수행되어야 하며, 개별적으로 평가할수도 있으나 일반적으로는 전체 잠재변수가 하나의 모델로 구성된 통합 측정모델(pooled measurement model)을 대상으로 한 번에 수행한다. 이를 통해 단일차원성(unidimensionality), 신뢰도(reliability), 타당도(validity)를 평가할 수 있다.

1) 단일차원성(unidimensionality)

우리는 관측변수를 통해 잠재변수를 측정하는 것을 알고 있다. 이때 하나의 관측변수는 하나의 잠재변수만을 측정해야 하며, 이를 단일차원성(unidimensionality)이라고 한다. 단일차원성은 각각의 잠재변수가 단일요인모델(single factor model)에 의해 잘 적합되는지로 평가하며, 절대적합도(absolute fit), 증분적합도(incremental fit), 간명적합도(parsimonious fit) 등을 적용해 적합도를 평가할 수 있다.

표 15-1 **적합도 지표**

구분	모델적합도 지표명		권장 수준	참고문헌
절대적합도	Chisq	Discrepancy Chi Square	p-value > 0.05	Wheaton (1977)
	RMSEA	Root Mean Square of Error Approximation	RMSEA < 0.08	Browne and Cudeck(1993)
	GFI	Goodness of Fit Index	GFI > 0.9	Joreskog and Sorbom(1984)
증분적합도	AGFI	Adjusted Goodness of Fit Index	AGFI > 0.9	Tanaka and Huba(1985)
	CFI	Comparative Fit Index	CFI > 0.9	Bentler(1990)
	TLI	Tucker-Lewis Index	TLI > 0.9	Bentler and Bonett(1980)
	NFI	Normed Fit Index	NFI > 0.9	Bollen(1989)
간명적합도	Chisq/df	Chi Square/degree of freedom	Chisq/df < 3	Marsh and Hocevar(1985)

적합도 내에서도 이처럼 다양한 적합도가 존재하는데, 문헌들을 살펴보면 모델적합도의 각 범주별로 적어도 한 개의 지표는 사용하는 것을 권장하고 있다. 단일차원성은 각 잠재변수에 대해 모든 관측변수가 적정 수준 이상의 요인적재값을 가져야만 충족되며, 요인적재값이 0.6보다 높을 경우 단일차원성을 충족한다고 평가한다. 만약 0.6보다 낮은 요인적재값을 가지는 경우 해당 관측변수를 하나씩 제거하면서 적합도가 충족될 때까지 반복한다.

낮은 요인적재값을 갖는 관측변수를 제거한 후에도 적합도 수준이 좋지 않을 경우 수정 지표(modification index)를 검토한다. 수정 지표는 추정할 새로운 모수를 모델에 추가하면 적합도가 어떻게 변화는지 알려주는 지표이며 χ^2로 나타낸다. 이를 통해 모델에 새로운 관계를 설정하여 적합도를 개선할 수 있다. 그러나 구조방정식모델을 비롯한 통계분석의 경우 모수 선택에 있어 매우 민감하기에 신중할 필요가 있다. 일반적으로 통계분석은 모수를 선택할 때 선행 연구를 참고하여 이론적 검토를 거쳐 결정된 변수이기 때문이다.

수정 지표를 이용하는 또 다른 방법은 이를 정보로 활용하는 것이다. 예를 들어 새로운 모수를 추가했을 때 적합도가 크게 개선된다면 모델은 그만큼 데이터를 제대로 적합하지 않고 있다는 것을 의미한다. 즉, 불필요한 변수가 포함되었다는 것을 의미한다. 따라서 수정 지표와 요인적재값을 고려해 하나씩 변수를 제거하면서 확인적 요인분석을 반복 수행함으로써 모델이 적정 수준에 도달할 수 있다.

2) 신뢰도(reliability)

측정모델의 단일차원성이 확보되어야 그때 각 잠재변수의 신뢰도(reliability)를 평가한다. 이때의 신뢰도는 일관성을 의미하며, 일관된 조건 하에 유사한 결과가 도출된다면 신뢰도가 높다고 할 수 있다. 즉, 측정 척도가 측정하고자 하는 것을 얼마나 정확하게 오차 없이 측정하고 있는지를 의미한다. 일반적으로 신뢰도를 측정할 때에는 크론바흐 알파계수(Cronhach's coefficient α)를 사용한다. 크론바흐 알파계수는 동일 개념을 여러 측정 항목으로 측정할 경우 항목 간 일관성이나 동질성 정도를 평가하며, 이를 내적일관성(internal consistency)이라고 한다.

구조방정식모델링에서는 내적일관성과 요인적재값, 측정오차를 함께 고려한 복합신뢰도(composite reliability, CR)의 사용을 권장하며, 0.7 이상일 경우 신뢰도가 확보되었다고 간주한다. CR의 수식은 다음과 같다.

(1) $CR=(\Sigma 1n\lambda)^2(\Sigma 1n\lambda)^2+\Sigma 1n\delta(\epsilon)=(\Sigma 1n\lambda)^2(\Sigma 1n\lambda)^2+\Sigma 1n(1-\lambda^2)$

이때 λ는 표준화 요인적재값을 의미하고, δ와 ϵ은 관측 변수의 측정 오차, n은 측정변수의 개수를 의미한다. 신뢰도는 모든 잠재변수에 대해 AVE(average variance extracted)를 계산하여 평가할 수도 있다.

(2) $AVE=\Sigma 1n\lambda^2\Sigma 1n\lambda^2+\Sigma 1n\delta(\epsilon)=\Sigma 1n\lambda^2\Sigma 1n\lambda^2+\Sigma 1n(1-\lambda^2)=\Sigma 1n\lambda^2 n$

AVE는 잠재변수에 대한 관측변수의 평균적인 설명력을 의미하며 AVE가 0.5 이상일 경우 신뢰도 요건을 충족한다고 할 수 있다.

3) 타당도(validity)

타당도는 측정척도가 측정하려고 하는 것을 얼마나 충실하게 측정하고 있는지를 나타내며, 집중타당도(convergent validity)와 판별타당도(discriminant validity)를 통해 평가한다. 집중타당도는 측정척도가 측정하기로 되어 있는 잠재변수와 관련을 갖는 정도를 의미하며(x와 ξ 간 관계: λ), 동일한 잠재변수를 측정하는 측정척도가 서로 어느 정도 일치하는지를 의미한다.

따라서 관측변수는 대응되는 잠재변수에 의해 가능한 많은 분산이 설명되어야 한다. 우리는 관측변수와 잠재변수 간 관계를 나타내는 값을 경로계수라 부르며 이는 요인적재값을 의미한다. 즉, 요인적재값이 클수록 집중타당도는 증가한다. AVE는 요인적재값(λ)으로 계산되기에 AVE가 0.5 이상일 경우 집중타당도가 확보된다고 할 수 있다.

판별타당도는 측정척도가 측정하지 않기로 되어 있는 다른 잠재변수와는 관련을 갖지 않는 정도를 의미하며, 다른 잠재변수에 속한 측정변수 간에는 서로 관련성이 작아야 한다는 것을 의미한다. 하나의 측정변수가 두 개 이상의 요인에 일정 크기 이상의 교차적재값(cross loading)이 존재하면 이는 판별타당도를 충족하지 못하는 것으로 간주한다. 만약 어떤 잠재변수의 판별타당도에 문제가 있으면 관측변수는 해당 잠재변수의 관측변수들보다 다른 잠재변수의 관측변수들과 더 높은 상관관계를 갖게 된다. 다시 말해 해당 잠재변수에 속해 있는 관측변수보다 다른 잠재변수의 관측변수에 의해서 더 잘 측정된다는 것을 의미한다.

확인적 요인분석을 사용하는 구조방정식모델링에서는 교차적재값을 바로 계산하지 않고 AVE를 통해 측정한다. 그렇다면 구조방정식모델링에서는 교차적재값을 바로 측정하지 않는 것일까? 우리는 앞에서 구조방정식모델링에서 측정모델로는 확인적 요인분석을 사용한다고 언급했다. 탐색적 요인분석의 경우 측정변수 간 교차적재값을 확인해 판별타당도를 평가하지만, 확인적 요인분석의 경우 이론을 바탕으로 잠재요인과 관련 변수 간의 측정모델을 수립하기에 이론에 의해 도출되지 않은 교차적재를 직접적으로 평가하지 않기 때문이다. 확인적 요인분석을 수행할 때 잠재변수와 관측변수 간의 경로계수(λ)만 모수로 설정하여 추정하며, 교차적재 부분은 고정모수로 설정해 0으로 지정하기에 교차적재는 추정하지 않는다. 만약 교차적재값을 확인하고 싶다면 탐색적 구조방정식모델링(exploratpry structural equation modeling, ESEM)을 사용하여야 한다.

3. 구조방정식모형의 기본구성: 구조모델

앞에서 다룬 측정모델의 경우 관측변수와 잠재변수 간의 관계에 초점을 맞추어 분석을 수행하였다. 이와 달리 구조모델에 대한 평가는 잠재변수와 잠재변수 간의 관계에 초점을 맞추어 진행하며, 연구모델에 의해 설정된 이론적 관계가 데이터에 의해 지지되는지를 검토한다.

주로 모델의 적합도 평가, 유의성 검정, 결정계수(R^2) 검토 등을 수행한다.

가설을 채택하기 위해서는 해당 경로계수가 통계적으로 유의미 해야 한다. 즉, 유의수준이 0.05일 경우 p-value 값이 0.05보다 작아야 하며, 경로계수의 부호 역시 가설의 방향과 일치해야한다. 확인적 요인분석을 수행한 후 단일차원성, 신뢰도, 타당도에 대한 검정을 마치고 난 후 해당 모델을 기반으로 구조모델을 생성할 수 있을 것이다.

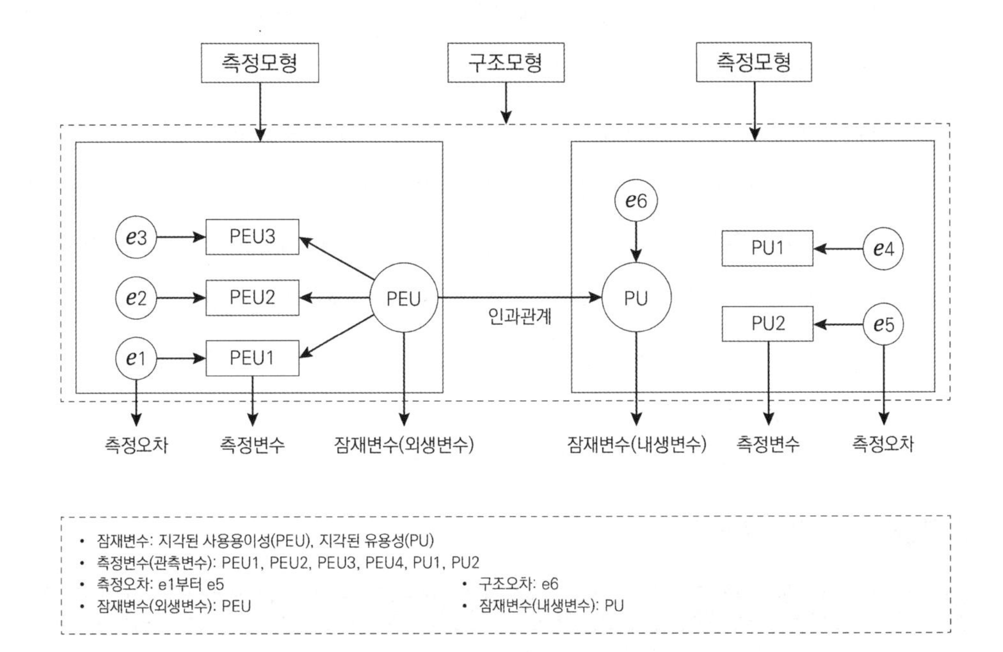

그림 15-3 구조방정식모형(SEM)의 측정모형과 구조모형

위에서 언급했듯 외생잠재변수의 경우 독립변수로서의 역할만을 수행할 수 있고, 내생잠재변수의 경우 독립변수로서의 역할 뿐만 아니라 종속변수로서의 역할도 수행할 수 있다고 했다. 우리는 각각에 대해 경로도를 그려보고 가설에 맞추어 종속변수와 독립변수를 설정해 회귀분석을 수행할 수 있을 것이다. 구조방정식모델링을 할 때는 SPSS 혹은 R을 사용하여 분석을 많이 수행한다. 위에서 이렇게 장황하게 기술했지만, SPSS, R에서는 구조방정식을 쉽게 할 수 있도록 패키지를 제공해 주고 있기에 쉽게 분석할 수 있다. 위의 〈그림 15-3〉은 SEM의 측정보형과 구조모형의 예시이다.

〈그림 15-3〉에서 예시적으로 제시된 구조방정식 모형을 보면 두 개의 잠재변수, 즉 지각

된 사용용이성(perceived ease of use: PEU)과 지각된 유용성(perceived usefulness: PU)을 가지고 있으며, 두 개의 측정모형으로 구성되어 있다. PEU는 세 개의 측정변수(PEU1, PEU2, PEU3)를 그리고 PU는 두 개의 측정변수(PU1, PU2)를 가지고 있다. 사회과학연구에서는 보통 측정변수를 설문지를 통해서 측정하는 경우가 많으며 1개 설문문항은 1개의 측정변수가 된다. 또한 그림에서 PEU와 PU의 측정변수들은 측정오차(e1, e2, e3, e4, e5)가 있는 것으로 가설화되었고, PU는 PEU에 의해서 완전하게 설명되지 않아 구조오차가 있는 것으로 가설화되었음을 알 수 있다. 일반적으로 PEU의 측정변수와 관련된 오차(e1, e2, e3)와 PU의 측정변수와 관련된 오차(e4, e5)를 측정오차라 하며, 다른 잠재변수에 의해서 영향을 받는 잠재변수와 관련된 오차를 구조오차(structural error)라 한다. 여기에서는 잠재변수 PU와 관련된 오차(e6)를 말한다. 또한 다른 변수에 영향을 줘만 하는 잠재변수를 외생변수(exogenous variable)라 하며, 다른 변수들에 의하여 설명될 수 있는 변수, 즉 다른 잠재변수에 의해서 영향을 받기도 하고 주기도 하는 잠재변수를 내생변수(endogenous variable)라 한다. 그림에서 PEU는 외생변수에 그리고 PU는 내생변수에 해당된다.

표 15-2 SEM의 주요 용어

용어명	설명	유사용어명	경로모형 크기
잠재변수 (latent variable)	측정변수(혹은 관찰 변수)에 의해 개략적으로 측정될 수 있는 가설적 개념(hypothetical construct) →잠재변수=측정변수+측정오차	비관측변수 구성개념 이론변수 잠재요인	원이나 타원 ○
측정변수 (measured variable)	잠재변수를 측정하기 위해서 사용된 변수(측정변수에는 반드시 측정 오차가 포함되어야 한다)	관측변수 측정지표	정사각형이나 직사각형 □
측정오차 (measurement error)	측정변수와 관련 오차(측정변수에 포함되어 있는 오차)	잔차	원이나 타원 (원 안에 e로 표시)
구조오차 (structural error)	잠재변수(혹은 잠재요인) 예측과정에서의 오차(잠재변수에 포함되어 있는 오차)	설명오차	원이나 타원 (원 안에 e 혹은 d등으로 표시)

외생변수 (exogenous variable)	다른 잠재변수에 영향을 주기만 하는 변수		모형에서 화살표를 주기만 하는 변수
내생변수 (endogenous variable)	다른 잠재변수에 의해서 영향을 주기도 하고 받기도 하는 변수(내생변수에는 반드시 구조오차가 포함되어야 한다)		모형에서 화살표를 받는 변수
측정모형 (measurement model)	잠재변수가 측정지표에 어떻게 연결되어 있는가를 나타내는 모형		하나의 잠재변수에 여러 개의 측정변수로 구성
구조모형 (structural model)	다수의 잠재변수 간의 인과관계를 나타내는 모형		여러 개의 측정모형으로 구성
인과관계 (causality)	결과변수에 영향을 주는 원인변수 이외의 모든 변수들을 통제한 상태에서 원인변수가 결과변수에 미치는 영향의 방향과 크기	경로계수 구조계수	일방향 화살표 (→)로 표시
공분산 (covariable)	두 변수 간의 선형적인 연관성 정도(양의 선형관계, 음의 선형관계, 무관계)	상관관계	양방향 화살표 (↔)로 표시

4. 구조방정식모형의 특성

SEM은 다음의 몇 가지 특성과 장점을 가지고 있다.

1) 잠재변수 간의 다중 인과관계 추정가능성

다변량분석기법은 대개의 경우 독립변수와 종속변수 간의 단일 관계만을 수용하며 측정변수만에 의해 분석을 수행한다. 그러나 SEM은 구조모형 내에 잠재변수를 도입하고 있으며, 여러 개의 잠재변수 간에 존재하는 다중 인과관계를 설정하고 검증할 수 있다.

2) 효과분해의 가능성

회귀분석이나 경로분석의 경우도 간접효과를 측정할 수 있으나 이는 측정변수에 측정오차가 없다는 가정하에서 의미를 가진다. 그러나 SEM은 특정 잠재변수가 다른 잠재변수에 미치는 총효과(total effect)를 직접효과(direct effect)와 간접효과(indirect effect)로 분해(decomposition)하여 그 크기를 분석할 수 있다.

3) 측정오차의 고려와 통제

측정변수의 측정도구는 완벽하지 못하므로 측정오차가 존재하지만 대부분의 다변량분석 기법은 측정오차를 고려하지 못하고 있다. 그러나 SEM은 측정오차를 고려한 순수한 잠재변수 간의 관계를 파악할 수 있다.

4) 매개변수 사용의 용이성

대부분의 다변량분석기법은 다수의 매개변수를 포함시켜 분석하기가 어렵지만 SEM은 구조모형 속에 다수의 매개변수를 고려하여 분석하는 것이 가능하다.

5) 측정도구의 신뢰도/타당도분석과 이론 구축의 동시성

SEM은 CFA를 통해 측정하고자 하는 구성개념의 신뢰도와 타당도분석은 물론 측정모형의 전반적인 적합도를 평가할 수 있다. 또한 구성개념들 간의 인과관계를 동시에 분석하여 구조모형(혹은 이론모형)을 검증할 수 있다.

· 생각해 볼 문제

1. 구조방정식모형과 회귀분석의 차이점에 대해서 설명해 보자. 각 분석 방법의 장단점에 대해서 토론해 보자.
2. 확인적요인분석(CFA)과 탐색적요인분석(EFA)의 차이점에 대해서 논의를 해 보고 어떤 연구 상황에서 각각의 방법이 사용되는지에 대해서 설명해 보자.
3. 구조방정식모형의 결과로 제공하는 신뢰성과 타당성을 검증하는 지표들에 대해서 설명해 보자. 각 지표들이 어떠한 기준으로 신뢰성과 타당성을 확인하는 가에 대해서도 논의해 보자.
4. Anderson and Gerving(1988)에 의해 주장된 two-step approach에 대해서 설명하고 각 단계별로 진행되는 절차에 대해서 토론해 보자.

소셜 애널리틱스를 위한

연구조사방법론

Research Methodology for Social Analytics

제 16 장
특수한 모형

제 16 장 특수한 모형

· 제 1 절 로짓 모형 ·

로짓 모형(logistic regression)은 이항 또는 다항 분류 문제를 해결하기 위해 사용되는 통계적 모형이다. 주로 결과나 대상이 두 가지 범주나 값으로 나누어지는 상황에서 많이 활용된다. 예를 들어, 스팸 이메일 분류(스팸인지 스팸이 아닌지), 병진단(양성/음성), 구매할지 말지, 자동차를 구매할 때 브랜드, 가격 등이 구매에 영향을 줄지 말지 등의 문제에서 사용된다.

로지스틱 회귀분석의 특징은 종속변수가 명목척도로 측정된 범주형(categorical) 데이터를 사용한다는 점이다. 예를 들어 소비자가 어떤 제품을 선택하는지 아닌지, 어떤 환자가 특정한 병에 걸리는지 아닌지, 사망했는지 아닌지, 어느 정치인을 지지 하는지 아닌지, 어느 자동차 모델을 선호하는지 아닌지 등이 종속변수로 채택하기에 적절하다. 독립변수로는 종속변수에 영향을 줄 것으로 예상되는 변수들이 적절하다. 독립변수는 명목척도, 서열척도, 등간척도, 비율척도 등 다양한 척도로 측정된 변수가 변수로 채택이 모두 가능하다.

· 제 2 절 오즈 ·

제1절에서 로지스틱 회귀분석의 종속변수는 명목척도로 측정된 데이터를 사용하는 특징이 있다고 했다. 일반적인 선형회귀분석 모형의 경우 종속변수가 연속적인 값을 갖고 그 범위도 음수, 0, 그리고 양수 모든 값을 다 가질 수 있다. 하지만 명목척도로 얻어진 데이터에는 양의 값만 존재하기 때문에 이를 회귀분석으로 추청하기엔 무리가 있다.

이런 문제를 극복하기 위해 종속변수를 치환하여 연속적인 값들을 갖도록 한다. 종속변수가 특정한 값(1)을 가지게 되는 확률을 종속변수 값으로 사용한다. 하지만 여전히 0부터 양의 무한대까지만을 종속변수로 갖게 되므로 이를 극복하기 위해 오즈(odds)를 도입해 사용한다. 오즈는 만일 그룹 1에 속할 확률을 p라고 하면, 반대로 그룹 2에 속할 확률은 $1-p$가 된다. 이 둘의 비율이 바로 오즈다.

$$\text{오즈} = \frac{p}{1-p}$$

예를 들어, 어떤 수험생이 어느 대학에 입학할 확률이 0.3 이라면 $p=0.3$이 되고

$$\text{오즈} = \frac{p}{1-p} = \frac{0.3}{1-0.3} = \frac{3}{7}$$

이 된다. 이런 오즈에 여전히 치역이 양의 구간인 점과 p 즉 한 그룹에 속할 확률이 0에서 1로 커짐에 따라 오즈가 기하급수 적으로 급격하게 커지는 한계점이 있다. 이를 극복하기 위해 오즈에 밑이 e인 자연로그를 취해준다. 이렇게 구해진 로그오즈는 다음과 같은 관계식이 성립한다.

$$\text{로그오즈} = \ln(\text{오즈}(p)) = \ln\left(\frac{p}{1-p}\right)$$

$$\text{오즈} = \exp(\text{로그오즈})$$

그러므로 로지스틱 회귀분석은 범주형 값들로 구성된 종속변수를 로그오즈 값으로 변환하여 사용하였다고 생각하면 된다. 이 로그오즈가 종속변수인 회귀분석의 식은 다음과 같다.

$$\ln\left(\frac{p}{1-p}\right) = \beta_1 + \beta_2 x_1 + \beta_3 x_2 + \ldots + \beta_{k+1} x_k$$

이 회귀식이 로지스틱 회귀모형(logistic regression model)이다.

이 식을 종속변수가 1인 확률로 다시 정리하면 다음과 같은 로지스틱 회귀방정식(logistic regression equation)이 된다.

$$P(y_i = 1) = \frac{e^{(\beta_1 + \beta_2 x_1 + \beta_3 x_2 + \ldots + \beta_{k+1} x_k)}}{1 + e^{(\beta_1 + \beta_2 x_1 + \beta_3 x_2 + \ldots + \beta_{k+1} x_k)}} = \frac{1}{1 + e^{-(\beta_1 + \beta_2 x_1 + \beta_3 x_2 + \ldots + \beta_{k+1} x_k)}}$$

이를 그래프로 표현하면 다음과 같다.

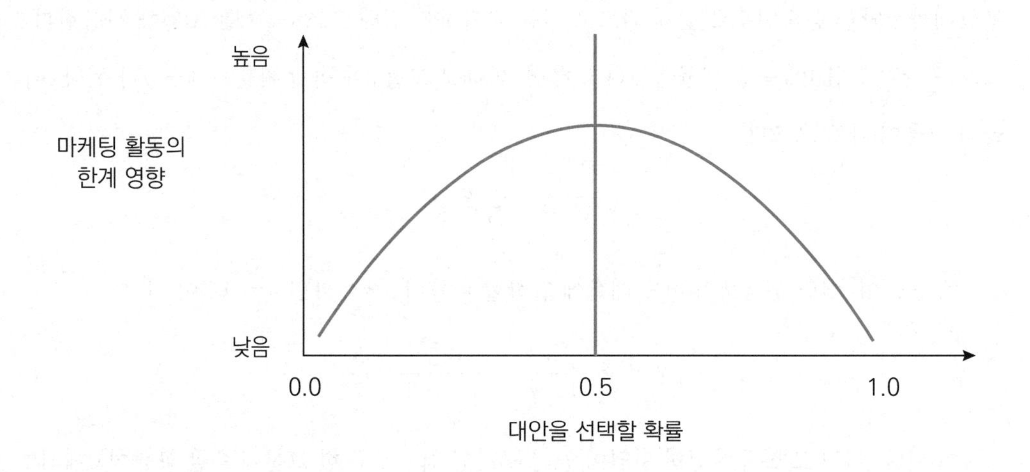

그림 16-1 **종속변수가 특정한 값인 1을 가질 확률과 그 선택에 미치는 한계적 영향의 관계**

한 사람의 참여자가 0 또는 1의 선택을 함에 있어서 우리는 그 참여자가 합리적으로 선택한다고 가정하고 그 참여자의 효용함수는 다른 요인들에 의해 영향 받는 민감도가 양 극단으로 갈수록 체감한다.

이항 로지스틱 회귀분석을 활용한 선택 모형(choice model)을 예로 살펴보자. 어느 모 대학의 MBA프로그램에서 신입생을 모집하고 있다. 면접에 응시한 지원자들의 지원 서류를 통해서 지원자들의 가구당 소득, 전화, 이메일, 직접 방문 등을 통해서 MBA프로그램 사무실에서 얼마나 연락을 취하려고 노력했는지, 지원자 자택에서부터 MBA프로그램이 운영되는 학교

캠퍼스까지 거리는 얼마나 되는지, 그리고 MBA프로그램에 재학생으로 직장 동료가 있는지 등의 정보가 이미 모아진 상황이다. 그리고 가장 중요한 이 지원자들이 등록을 했는지 안했는지가 종속변수로 모아져 있다.

표 16-1 지원자 현황

샘플 번호	선택(0/1)	소득수준	MBA프로그램의 연락하려는 노력	거주지에서 학교까지의 거리	직장 동료 중 MBA 재학생 수
1	1	3	7	1	7
2	0	6	4	7	3
3	0	6	4	7	7
4	1	7	7	1	7
5	1	2	7	1	7
6	0	5	6	6	3
7	0	3	1	6	3

이를 분석한 결과는 다음과 같다.

표 16-2 로지스틱 회귀분석 계수 추정치

변수/추정계수	추정계수	표준편차	t-값
소득수준	1.700397	1.172524	1.450202
MBA프로그램의 연락 노력	23.18698	50.94818	0.455109
학교까지 거리	-1.0191	0.508133	-2.00548
직장동료 재학생 수	2.092535	1.125706	1.858866
상수항	-151.835	307.1951	-0.49426

신뢰구간 95%의 유의 수준인 t 값의 임계치가 1.96이므로 절댓값이 1.96보다 큰 변수만 해석하면 된다. 결과를 보면 거주지에서 학교 캠퍼스까지의 거리가 가까울수록 오즈가 커지는 것을 알 수 있다. 여기서 주의해야 할 점은 선형회귀분석의 경우 추정된 계수의 독립변수를 1% 증가시키면 종속변수가 b%만큼 변화할 것이라 예측하면 된다. 그러나, 로지스틱 회귀분석의 추정된 계수는 그렇게 해석하는 것이 아니라 탄력성으로 해석한다.

- 절편 $\beta_0 = -151.8$: 모든 독립변수가 0일 때 로그 오즈 비율이다.
- $\beta_{distance} = -1.02$: $x_{distance}$가 1단위 증가할 때, 사건 즉 MBA프로그램에 등록하는 일이 발생할 오즈는 $e^{-1.02} \approx 0.3604$배 증가한다.
- $\beta_{coworkers} = 2.09$: $\beta_{coworkers}$가 1단위 증가할 때, MBA프로그램에 등록하는 선택이 발생할 오즈는 $e^{2.09} \approx 8.08$배 증가한다. 다만 이 추정된 계수의 유의 수준이 1.96보다 살짝 작은 수준이라 이 결과는 통계적으로 유의한 값이라고 하기는 어렵지만 유의 수준 90%에서는 유의한 값으로 해석할 수 있다.

표 16-3 탄력도

소득수준의 탄력도	반응	더미
반응	0.245253	-0.38359
더미	0	0
MBA프로그램의 연락 노력에 대한 탄력로	**반응**	**더미**
반응	5.474283	-8.5622
더미	0	0
학교까지 거리에 대한 탄력도	**반응**	**더미**
반응	-0.25866	0.404571
더미	0	0
직장동료 재학생 수에 대한 탄력도	**반응**	**더미**
반응	0.549165	-0.85894
더미	0	0

탄력성을 비교해 보면 MBA프로그램에서 얼마나 지원자에게 연락을 하고 관심을 보였는지가 가장 크게 영향을 주는 것임을 알 수 있다. 다시 말해서 탄력성의 계수의 크기가 크면 영향이 크다고 해석할 수 있다. 좀 더 구체적으로 해석한다면 MBA 행정실의 연락 정도의 탄력성이 5라고 한다면 이는 이 변수를 1% 향상 시키면 선택에서 5%의 긍정적인 변화가 예상된다고 해석할 수 있다.

· 제 3 절 컨조인트 모형 ·

1. 컨조인트 모형의 의미

컨조인트 모형(conjoint analysis)은 다양한 제품이나 서비스의 속성들이 소비자에게 얼마나 중요한지를 평가하는 데 사용되는 통계적 기법이다. 컨조인트 모형은 소비자 선택 행태를 이해하고 예측하는 데 중요한 도구로, 주로 마케팅과 제품 개발에서 널리 사용되기도 한다. 컨조인트 모형의 목적은 다음과 같다.

1) 소비자 선호도 측정: 컨조인트 모형을 통해 소비자가 다양한 제품 속성들에 대해 가지는 선호도를 정량화할 수 있다. 이는 어떤 속성이 소비자에게 더 중요한지를 파악하는 데 도움을 준다.

2) 가격 민감도 분석: 소비자가 특정 가격에 얼마나 민감하게 반응하는지를 분석할 수 있다. 이를 통해 최적의 가격 전략을 수립할 수 있다.

3) 제품 설계 최적화: 여러 속성 조합 중에서 소비자가 가장 선호하는 제품 구성이나 서비스를 도출할 수 있다. 이는 신제품 개발 및 기존 제품 개선에 유용하다.

4) 시장 세분화: 소비자 그룹별로 다른 선호도 패턴을 식별하여, 타겟팅 전략을 수립하고 맞춤형 마케팅을 계획할 수 있다.

정리하자면 컨조인트 모형의 목적은 연구자에게 제품이나 컨셉 제품군을 종합적으로 평가를 하게 하여 그 제품의 각 품질 요소를 효용으로 평가하도록 한다. 다시 말하면 의사 결정자인 소비자의 다양한 품질요소로 구성된 제품군에서 각 품질 요소에 대한 소비자의 효용 함수를 파악하는 것이 목표다.

이처럼 컨조인트 모형은 소비자 선택 과정을 품질 요소별로 분해하여 각 속성의 중요도를 추정한다. 이 과정에서 각 속성의 다양한 수준(level)을 조합한 가상의 제품을 만들어 소비자에게 제시하고, 이를 비교하고 순위를 정하도록 하여 소비자의 선호도를 수집한다. 예를 들어, 휴대폰 제조업체가 새로운 모델을 출시하기 위해 컨조인트 분석을 사용한다고 가정해 보

자. 주요 속성으로는 배터리 수명, 카메라 화질, 가격, 브랜드, UI(user interface) 등이 있을 수 있다. 각 속성의 다양한 수준을 결합한 가상의 휴대폰 모델 여러 가지를 만들어 소비자에게 평가를 요청하고, 이 데이터를 기반으로 각 속성의 중요도를 추정한다. 이때 각 휴대폰을 평가하고 점수를 매기거나 순위를 정하게 함으로 더 좋은 제품과 덜 좋은 제품을 구분하게 만든다. 이 분석 결과를 통해 제조업체는 소비자가 가장 선호하는 속성 조합을 파악하고, 이를 반영하여 신제품을 설계할 수 있다. 또한, 가격 전략을 세우는 데에도 중요한 정보를 제공한다. 컨조인트 모형의 가장 강력한 분석 결과는 어떤 품질 속성에서 얼마의 수준이 소비자나 고객에게 가장 최적인지를 알아냄으로써 신제품 개발 과정에서 불필요한 자원이나 노력을 낭비 하지 않고 효율적이고 효과적으로 제품을 구성할 수 있다는 점이다.

2. 컨조인트 모형의 개발 동기

컨조인트 분석은 고객이 다양한 속성 및 각 속성의 다른 수준에 대해 얼마나 중요하게 생각하는지를 수치적으로 추정하는 데 사용되는 분석 기법이다. 이를 통해 연구자는 고객의 효용함수 다시 말해 선호도를 정량화할 수 있다.

커피 메이커를 예를 들어 설명해 보자. 커피 메이커 제조업체는 고객들이 ❶ 추출 시간, ❷ 용량, ❸ 가격에 대해 얼마나 중요하게 생각하는지를 평가하고자 한다. 이때 연구자가 접근할 수 있는 세 가지 방법이 있다.

1) 직접 중요도 조사

직접 중요도 조사(direct importance rating)를 설문지로 구성하여 조사 대상자들에게 설문을 통해서 어떤 요소들을 중요하게 생각하는지 알아낼 수 있다. 설문지 구성 예시는 다음과 같다.

		전혀 중요하지 않음						절대적으로 필요함
1	짧은 커피 만드는 시간	1	2	3	4	5	6	7
2	낮은 가격	1	2	3	4	5	6	7
3	큰 용량	1	2	3	4	5	6	7

예를 들어 어느 응답자가 (7, 5, 2)라고 응답했다고 가정하자. 이 응답을 통해 이 응답자가 가장 중요하게 생각하는 요소는 커피 만드는데 드는 시간이란 것을 알아낼 수 있다. 하지만 짧은 커피 만드는 시간이 중요한 것은 알겠지만 얼마나 짧아야 만족할지 그리고 시간이 오래 걸리는 커피머신은 아예 관심이 없는지를 알 수 없다.

다른 응답자는 (7,7,7)이라고 응답했다. 이유는 모든 요소들이 중요하다고 해도 문제가 없기 때문이다. 연구자는 커피 만드는 시간을 7분에서 5분으로 줄이는 것이 더 좋은지 아니면 5분에서 3분으로 줄이는 것이 좋은지에 대한 것을 알아낼 수 는 없다.

2) 고정 합계 교환

짧은 커피 만드는 시간	30
낮은 가격	20
큰 용량	50
	100

고정 합계 교환(constant-sum trade-off) 설문을 이용해 상충관계를 통해서 상대적인 중요도는 파악할 수 있다. 그러나 여전히 각 요소의 수준에 대한 중요도에 대해서는 알 수가 없다.

3) 컨조인트 분석

소비자는 품질 요소들이 다양하게 구성된 제품들로 구성된 여러 장의 카드들을 받아서 평가한다. 각각의 품질 요소 자체를 하나씩 또는 각각을 평가하거나 순위를 매기는 것이 아니라 이 요소들의 다양한 수준으로 구성된 하나의 제품처럼 구성된 카드 여러 장을 동시에 평가하거나 순위를 매기게 된다. 예를 들어 8장의 카드를 받아서 다양한 요소를 고려해서 가장 선호하는 카드부터 가장 선호 하지 않는 카드를 순서대로 배열하여 그 결과를 제출하게 된다. 전체적인 각 조합된 제품에 대한 선호도는 각 속성 수준에 부여하는 효용을 추론해서 해석한다.

3. 컨조인트 분석 절차

컨조인트(conjoint) 분석은 소비자가 제품이나 서비스의 속성에 대한 선호도를 효용을 통해 알아내는 통계방법이다.

소비자에게 제품 품질 속성이 제공된다. 소비자는 이러한 속성 자체가 아닌 조합을 선호도에 따라 평가하거나 순위를 매기거나 쌍으로 선택한다. 연구자는 이 응답을 취합해서 각 조합에 대한 전반적인 선호도를 분해하여 소비자가 각 속성 수준에 부여하는 효용을 추론한다.

커피 머신의 예시를 통해 구체적인 과정을 알아보자.

1) 커피 머신을 만들기 위해 3가지 중요한 속성으로 주전자의 용량, 가격, 그리고 커피 내리는 시간 이렇게 정하였다.

- 용량: 4컵, 8컵, 10컵(3단계)
- 가격: $18, $22, $28(3단계)
- 커피 제조시간: 3분, 6분, 9분, 12분(3단계)

이 3가지의 모든 잠재적 속성 조합은 3×3×4=36가지다.

표 16-4 **속성 조합에 대한 응답자의 선호도 평가**

제품 품질 조합	커피제조시간	용량	가격	선호도 점수
1	3min	10cups	$18	36(best)
2	6min	10cups	$18	35
3	3min	10cups	$22	34
4	6min	10cups	$18	33
5	9min	10cups	$22	31
6	3min	8cups	$18	30
⋮	⋮	⋮	⋮	⋮
36	12min	4cups	$28	1

[표 16-4] 속성 조합에 대한 응답자의 선호도 평가를 자세히 살펴보자. 제품 조합 1과 2를 비교해 보면 커피제조시간이 짧은 제품(3분, 10컵, $18)을 가장 선호하는 것을 할 수 있다. 그리고 제품 조합 1과 3를 비교해 보면 커피제소시간과 용량이 같은 것을 할 수 있고 가격이 비싼 제품 보다 저렴한 1번 제품을 가장 선호하는 것을 알 수 있다.

이렇게 얻어진 제품 속성 각각의 효용을 계산할 수 있고 이를 각 속성의 수준으로 나누어 그려보면 다음과 같다.

a. 커피 제조시간

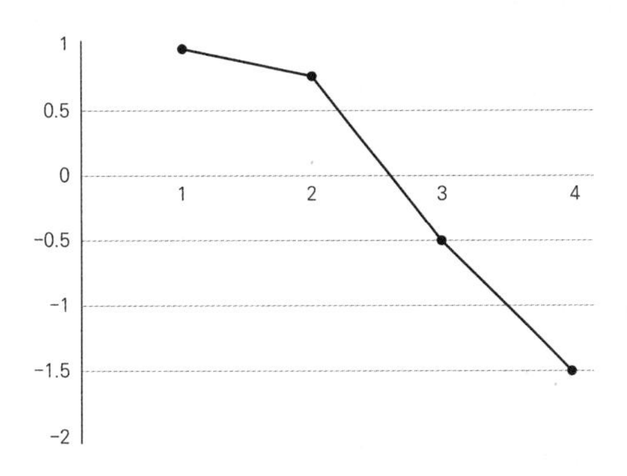

b. 주전자 용량

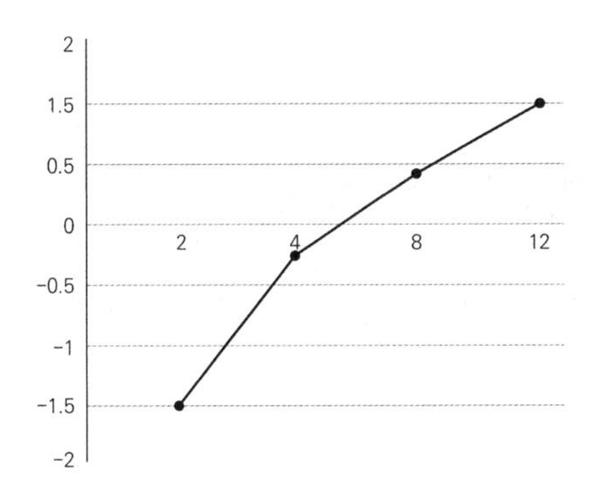

c. 가격

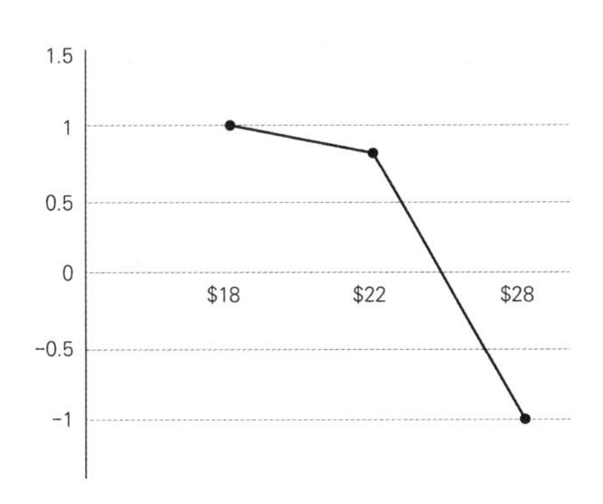

그림 16-2 각 속성 수준에 대한 소비자의 효용(부분가치함수모형, part-worths plot)

먼저 그래프 [그림 16-2a]를 보면 커피 제조 시간이 오래 걸리면 걸릴수록 소비자의 효용이 감소하는 패턴을 볼 수 있다. 그리고 커피제조시간에 따라 효용이 다르지만 주변 수준에 비해 큰 차이로 효용이 달라지는 지점이 있다. 커피제조시간에서는 두 번째 6분에서 9분으로 시간이 늘어 날 때 효용의 감소분이 3분에서 6분으로 늘어날 때에 비해 매우 급격하게 효용이 감소하는 것을 볼 수 있다. 연구자는 이 차이를 고려해서 커피제조시간의 최적 값을 6분으로 정할 수 있다.

그래프 [그림 16-2b]를 보면 커피 주전자의 용량이 커질수록 소비자의 효용이 증가하는 것을 알 수 있다. 하지만 그 증가하는 비율이 두 번째 수준을 지나고 체감하는 것을 볼 수 있다. 따라서 두 번째 수준이 최적값임을 알 수 있다.

그래프 [그림 16-2c]를 보면 가격이 올라갈 수 록 소비자의 효용이 감소하는데 특히나 $22에서 $28로 증가하면 효용의 감소폭이 커지는 것을 알 수 있다. 따라서 최적 가격은 $22라고 할 수 있다.

4. 더미 변수 회귀분석을 활용한 컨조인트 분석

타이어 제조업체와 소비자가 다양한 속성을 얼마나 중요시 하는지 아래의 예를 들어 생각해 보자. 선택된 속성은 다음과 같다.

표 16-5 타이어 속성과 수준

브랜드(3단계)	가격(3단계)	타이어 수명(3단계)	사이드월(3단계)
시어스	$50/타이어	30,000마일	검은색
굿이어	$60/타이어	40,000마일	하얀색
BF굿리치	$70/타이어	50,000마일	

가능한 제품 조합의 수 3×3×3×2=54이지만 직교 설계법(orthogonal design method)을 활용하여 차원을 줄일 수 있다. 자세한 내용은 Page and Rosenbaum(1987)을 참조하기 바란다. 줄어든 차원은 18이다. 아래의 18장의 직교프로필 카드에 각 속성들의 수준이 섞여 각각의 제품을 구성하고 있다. 소비자들은 11점 만점(0=전혀 좋아하지 않음, 10=매우 좋아함)인 척도로 선호

도를 나타냈다.

[표 16-6] 직교프로필과 선호도 평가는 한 명의 소비자가 응답한 결과를 토대로 작성된 표다. 참가자 전원 모두 18개의 프로필을 비교해서 순위를 정해서 응답을 완성한다.

표 16-6 직교프로필과 선호도 평가

조합	상표	가격	트레드 수명	사이드월	선호
1	시어스	50	30000	흰색	5
2	시어스	60	40000	흰색	7
3	시어스	70	50000	검정색	6
4	굿이어	60	30000	검정색	5
5	굿이어	70	40000	흰색	7
6	굿이어	50	50000	흰색	9
7	BF 굿리치	70	30000	흰색	1
8	BF 굿리치	50	40000	검정색	3
9	BF 굿리치	60	50000	흰색	6
10	시어스	70	30000	검정색	2
11	시어스	50	40000	흰색	8
12	시어스	60	50000	흰색	8
13	굿이어	50	30000	흰색	6
14	굿이어	60	40000	검정색	7
15	굿이어	70	50000	흰색	7
16	BF 굿리치	60	30000	흰색	2
17	BF 굿리치	70	40000	흰색	4
18	BF 굿리치	50	50000	검정색	6

회귀분석을 위해 더미 변수를 활용한다. 속성의 수준이 3개인 경우 해당 속성에 대해 2개의 더미 변수가 필요하고, 수준이 2개인 경우 더미 변수가 1개 필요하다. 일반적으로 수준이 n개인 경우 더미가 (n-1)개 필요하다.

1) 브랜드 더미

- DB1=시어스(sears)이면 1, 아니면 0
- DB2=굿이어(goodyear)이면 1, 아니면 0

2) 가격 더미

- DP1=$50이면 1, 아니면 0
- DP2=$60이면 1, 아니면 0

3) 내구성 더미

- DT1=40,000(km)이면 1, 아니면 0
- DT2=50,000(km)이면 1, 아니면 0

4) 사이드월(sidewall) 더미

- DS=흰색이면 1, 아니면 0

따라서 총 7개의 더미변수를 독립변수로 하고 종속변수는 선호도 평가를 활용하여 더미변수 회귀분석을 실행하게 된다.

표 16-7 더미 변수와 선호도

DB1	DB2	DP1	DP2	DT1	DT2	DS	선호도
1	0	0	1	0	0	1	5
1	0	1	0	1	0	1	7
1	0	0	0	0	1	0	6
0	1	1	0	0	0	0	5
0	1	0	0	1	0	1	7
0	1	0	1	0	1	1	9
0	0	0	0	0	0	1	1
0	0	0	1	1	0	0	3
0	0	1	0	0	1	1	6
1	0	0	0	0	0	0	2
1	0	0	1	1	0	1	8
1	0	1	0	0	1	1	8
0	1	0	1	0	0	1	6
0	1	1	0	1	0	0	7
0	1	0	0	0	1	1	7
0	0	0	1	0	0	1	2
0	0	0	0	1	0	1	4
0	0	1	0	0	1	0	6

Microsoft Excel을 활용하여 더미변수 회귀분석한 결과는 다음과 같다.

표 16-8 더미 변수 회귀분석 결과

Regression Statics	
Multiple R	0.976774246
R Square	0.954087928
Adj. R Square	0.921949477
Standard Error	0.637433792
Observations	18

ANOVA

	df	*SS*	*MS*	*F*	Significance F
Regression	7	84.43678161	12.06239737	29.68682	0.0000065
Residual	10	4.063218391	0.406321839		
Total	17	88.5			

	Coefficients	Standard Error	t Stat	P-value
Intercept	6.66134E-16	0.450733757	1.47789E-15	1
DB1	2.333333333	0.368022571	6.340190833	8.45796E-05
DB1	3.166666667	0.368022571	8.604544702	6.18656E-06
DP1	1.603448279	0.378964053	4.231135547	0.001740662
DP2	1.396551724	0.378964053	3.685182574	0.004210193
DT1	2.465517241	0.374314011	6.58676183	6.1801E-05
DT2	3.431034483	0.392583847	8.739622145	5.38382E-05
DS	1.051724138	0.33479663	3.141382096	0.010485496

먼저 더미 변수로 구성된 독립변수들이 얼마나 소비자의 선호도를 잘 설명하는 지를 나타내는 결정계수(R^2)가 95.4%이고 조정된 결정계수($Adj.R^2$) 또한 92.2%에 가깝다. 그 보다 더 중요한 것은 더미 변수들의 계수들이 바로 부분가치함수모형(part-worths plot)의 값이다. 더미 변수 외에 기본 값(baseline)으로 선정한 수준의 값은 0이 된다. 이 계수들을 활용해 부분가치함수그래프(part -worths plot)를 그린 결과는 다음과 같다.

a. 브랜드

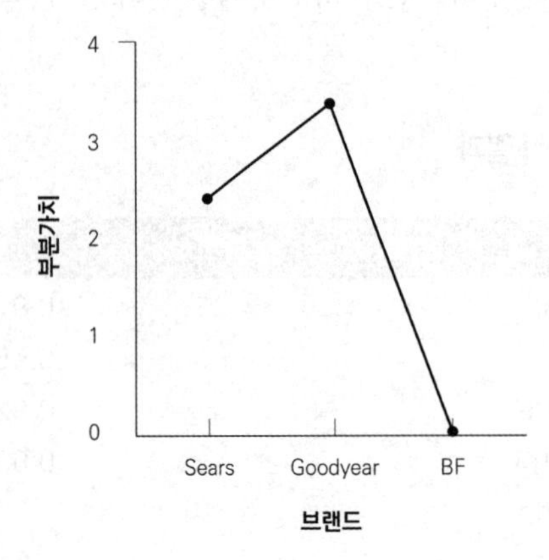

b. 내구성

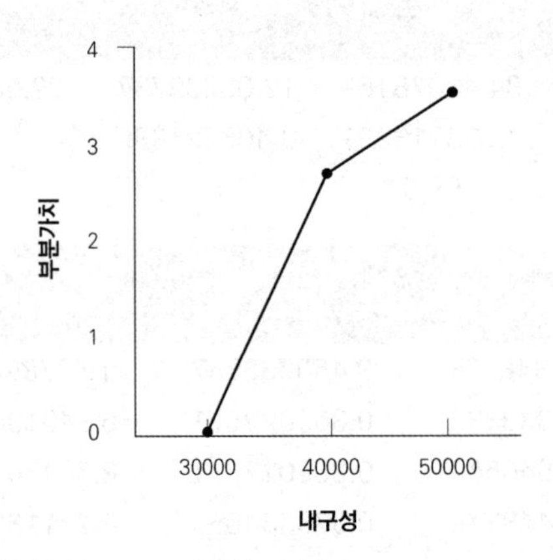

c. 가격

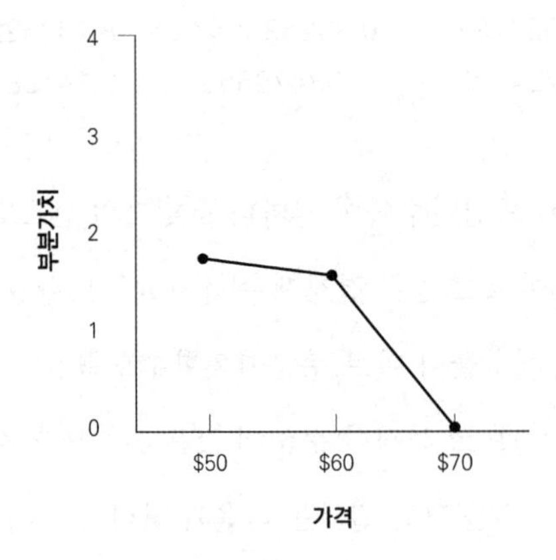

d. 사이드월

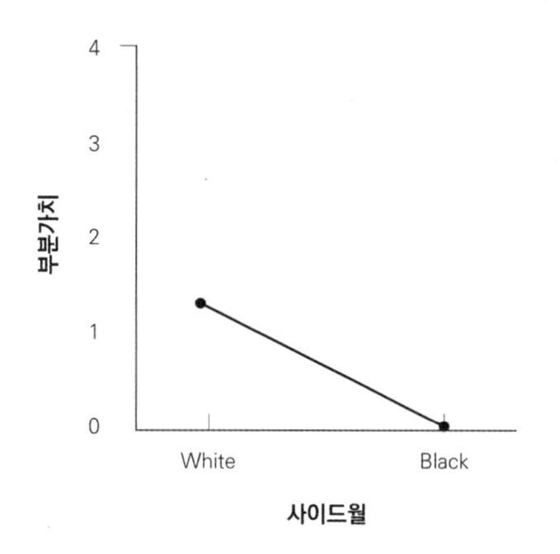

그림 16-3 타이어의 각 속성 수준에 대한 소비자의 효용(부분가치함수그래프, part-worths plot)

결과를 해석하자면 소비자의 효용 차이가 가장 큰 지점에서 효용이 큰 부분이 각 속성의 최적 수준이다. [그림 16-3] a. 브랜드에서 가장 큰 격차는 굿이어와 BF인데 그중 효용이 큰 굿이어가 가장 좋은 브랜드라고 해석할 수 있다. [그림 16-3] b. 내구성에서는 40,000km가 30,000km보다 큰 격차로 효용이 급격하게 증가함을 보여준다. 따라서 내구성의 최적 수준은 40,000km가 된다. 같은 방식으로 가격에서는 $60이 가장 최적의 수준이고 수준이 2개인 사이드월의 경우 흰색의 효용이 더 크기 때문에 흰색이 최적이라 할 수 있다.

이처럼 컨조인트 모형은 소비자의 속성에 대한 선호를 알려줄 뿐만 아니라 더욱 의미있는 것은 각 속성의 수준에 따른 효용의 차이 또한 알려준다. 이러한 깊이 있는 해석을 통해서 연구자는 소비자들이 더욱 좋아할 만한 제품을 디자인하거나 기존의 제품의 속성 수준을 재구성하여 시장 점유율을 높일 수 있다.

· 생각해 볼 문제

1. 명목 측정으로 수집된 자료를 종속변수로 분석하기에는 여러 가지 어려움이 있다. 예를 들어 모두 양의 영역의 값만 존재하거나 그 변화가 급격히 달라지기도 한다. 이를 로지스틱 모형은 어떻게 극복했는지를 생각해 보자.
2. 로지스틱 회귀분석의 결과 해석 방식과 선형 회귀분석의 결과 해석 방식의 차이에 대해 생각해 보자.
3. 컨조인트 모형의 장점은 무엇인가?
4. 컨조인트 모형에서 어떤 속성의 수준이 5가지라면 몇 개의 더미 변수가 필요한가? 왜 그런가?

참고문헌

김경민, 박정은, 김태완. (2019). 고객가치기반 신제품 마케팅전략 (초판). 박영사.

김상용, 송태호. (2019). 비즈니스 애널리틱스를 위한 마케팅조사 (2판). 도서출판 창명.

김태웅. (2019). 엑셀과 R commander를 활용한 통계. 신영사.

박정은. (2014). 우리나라 영업 연구의 현재와 미래: 비판적 고찰과 미래 연구방향. 마케팅연구, 29(6), 45-62.

박정은. (2015). 유통 연구에 관한 비판적 고찰과 향후 연구방향. 마케팅연구, 30(1), 1-29.

Aaker, D., Kumar, V., Leone, R., & Day, G. (2016). Marketing Research (12th ed.). Wiley.

Babbie, E. R. (2020). The Practice of Social Research (15th ed.). Cengage Learning.

Baltagi, B. H. (2020). Panel Data Econometrics (5th ed.). Springer.

Bentler, P. M. (1990). Comparative fit indexes in structural models. Psychological Bulletin, 107(2), 238-246.

Bentler, P. M., & Bonett, D. G. (1980). Significance tests and goodness of fit in the analysis of covariance structures. Psychological Bulletin, 88(3), 588-606.

Bollen, K. A. (1989). Structural equations with latent variables. John Wiley & Sons.

Browne, M. W., & Cudeck, R. (1993). Alternative ways of assessing model fit. In K. A. Bollen & J. S. Long (Eds.), Testing structural equation models (pp. 136-162). Newbury Park, CA: Sage.

Byrne, B. M. (2001). Structural equation modeling: Perspectives on the present and the future. International Journal of Testing, 1(3-4), 327-334.

Churchill, G. A., & Brown, T. J. (2024). Basic Marketing Research (10th ed.). Cengage Learning.

Creswell, J. W. (2018). Research Design: Qualitative, Quantitative, and Mixed Methods Approaches. SAGE Publications.

Davis Thomander, S., & Krosnick, J. A. (2024). Question and questionnaire design. In J. E. Edlund & A. L. Nichols (Eds.), The Cambridge Handbook of Research Methods and Statistics for the Social and Behavioral Sciences (pp. 352-370). Cambridge University

Press.

Donna, M. M. (2019). Research and Evaluation in Education and Psychology: Integrating Diversity With Quantitative, Qualitative, and Mixed Methods (5th ed.). SAGE Publications, Inc.

Douglas, C. M. (2020). Design and Analysis of Experiments (10th ed.). John Wiley & Sons.

Fink, A. (2014). Conducting Research Literature Reviews: From the Internet to Paper. SAGE Publications.

Goldberger, S., & Duncan, O. D. (1973). Structural Equation Models in the Social Sciences. Seminar Press.

Green, P. E., & Srinivasan, V. (1978). Conjoint analysis in consumer research: Issues and outlook. Journal of Consumer Research, 5, 103-123.

Green, P. E., & Srinivasan, V. (1990). Conjoint analysis in marketing: New developments with implications for research and practice. Journal of Marketing, 54, 3-19.

Hart, C. (2018). Doing a Literature Review: Releasing the Research Imagination. SAGE Publications.

Hershberger, S. L. (2003). The growth of structural equation modeling: 1994-2001. Structural Equation Modeling, 10(1), 35-46.

Joreskog, K. G., & Sorbom, D. (1984). Advances in Factor Analysis and Structural Equation Models. Rowman & Littlefield Publishers.

Jöreskog, K. G. (1973). Analysis of covariance structures. In Multivariate analysis-III (pp. 263-285). Academic Press.

Kenny, D. A. (1979). Correlation and Causality. Wiley.

Kerlinger, F. (2000). Foundations of Behavioral Research. Harcourt College Publishers.

Kumar, R. (2014). Research Methodology: A Step-by-Step Guide for Beginners (4th ed.). SAGE Publications Ltd.

MacCallum, R. C., & Austin, J. T. (2000). Applications of structural equation modeling in psychological research. Annual Review of Psychology, 51(1), 201-226.

Marsh, H. W., & Hocevar, D. (1985). Application of confirmatory factor analysis to the study of self-concept: First- and higher order factor models and their invariance across groups. Psychological Bulletin, 97(3), 562-582.

Michael, Q. P. (2014). Qualitative Research & Evaluation Methods: Integrating Theory and Practice (4th ed.). SAGE Publications, Inc.

Page, A. L., & Rosenbaum, H. F. (1987). Redesigning product lines with conjoint analysis: How Sunbeam does it. Journal of Product Innovation Management, 4, 120-137.

Raykov, T., & Marcoulides, G. A. (2006). On multilevel model reliability estimation from the perspective of structural equation modeling. Structural Equation Modeling, 13(1), 130-141.

Ross, S. (2014). A First Course in Probability (9th ed.). Pearson.

Sekaran, U. (2003). Research Methods for Business: A Skill-Building Approach (4th ed.). Wiley.

Shadish, W. R., Cook, T. D., & Campbell, D. T. (2001). Experimental and Quasi-Experimental Designs for Generalized Causal Inference (2nd ed.). SAGE Publications, Inc.

Tanaka, J. S., & Huba, G. J. (1985). A fit index for covariance structure models under arbitrary GLS estimation. British Journal of Mathematical and Statistical Psychology, 38(2), 197-201.

Teo, T., & Khine, M. S. (2009). Structural Equation Modeling in Educational Research: Concepts and Applications. Sense Publisher.

Train, K. (2002). Discrete Choice Methods with Simulation. Cambridge University Press.

Train, K. (2002). Discrete Choice Methods with Simulation. Cambridge University Press.

Wheaton, W. C. (1977). Income and urban residence: An analysis of consumer demand for location. The American Economic Review, 67(4), 620-631.

Wooldridge, J. M. (2010). Econometric Analysis of Cross Section and Panel Data (2nd ed.). MIT Press.

Çaparlar, C. Ö., & Dönmez, A. (2016). What is scientific research and how can it be done? Turkish Journal of Anaesthesiology and Reanimation, 44(4), 212-218. https://doi.org/10.5152/TJAR.2016.34711

저자약력

김태완

고려대학교에서 경제학을 전공하고 Stanford University에서 통계학 석사를 받았다. 이후 Syracuse University에서 경영학박사(Ph.D.)를 마케팅전공으로 취득하였다. 미국 Lehigh University에서 조교수로 재직하였고, 이후 성균관대학교에서 부교수로 재직하였고, 현재 건국대학교 경영대학 부교수 및 경영전문대학원의 건국MBA학과장으로 재직 중이다.

연구 분야는 크게 두 가지로 구분된다. 게임이론을 기반으로 analytical model과 데이터 분석 기반 empirical model이다. 주제로는 자동차, 칩셋, 영화, 가격, dynamic pricing, short-form media, fashion show, auto show, triple media strategy 등이 있다.

그는 Journal of Marketing, Applied Economics Letters, Internet Research, Journal of Chinese Studies, Journal of Industrial Distribution & Business, 마케팅연구, 유통연구, 프랜차이즈연구 등 국내외 주요 학술지에 다수의 연구를 게재하였다.

현재 마케팅관리연구의 편집장, 한국마케팅학회 상임이사, 한국유통학회 부회장, 한국마케팅관리학회 상임이사, 한국상품학회 유통분과위원장, 한국프랜차이즈학회 사무국장으로 다양한 학회활동을 하고 있으며, 경영학연구 마케팅분과 편집위원, 마케팅관리연구 편집위원, 유통연구 편집위원으로 권위있는 학술지의 편집위원으로 참여했다. 또한 정부 및 공공기관 자문과 평가위원으로 활동하였으며, 삼성전자, 현대자동차, 매일유업, 대상, 삼성생명, 삼성화재, MOM 등의 다양한 국내외 기업을 대상으로 특강을 기획하고 강의하였다.

Glenn Gould가 연주한 바흐의 Goldberg Variations를 즐겨 듣는다.

송태호

KAIST(한국과학기술원) 전산학과를 졸업한 후 소프트웨어 벤처 기업을 잘 운영하기 위해 경영학과 마케팅에 많은 관심을 가져왔다. 기업에서 계속 활동하는 대신 고려대학교 경영대학에서 경영학석사(MS)와 박사학위(Ph.D)를 받고 미국 UCLA Anderson School of Management에서 박사후과정(Post Doc.)을 거쳐 2012년부터 부산대학교 경영대학에서 교수로 재직하고 있다.

부산대학교 경영연구원장, 디지털MBA전공주임, 연구부처장, 경영대학원 부원장, 중국연구소 소장 등을 역임하였고, 부산대학교 윤인구학술위원 선정, 한국경영학회 경영학연구 우수논문상 및 우수심사자상, 부산대학교 젊은교육자상, 미국마케팅학회(AMA) 학술대회 최우수논문상, CRM연구대상, 한국마케팅학회 우수논문상 등을 수상하였다.

마케팅관리연구, 서비스마케팅저널, Journal of China Studies, Journal of East Asia Management의 편집위원장, 경영학연구 마케팅분과 편집위원장, 마케팅연구, Asia Marketing Journal, 소비자연구 등의 권위 있는 마케팅 및 경영 학술지의 편집위원으로 참여하였고 Journal of Business Research, International Journal of Advertising, International Journal of Hospitality Management 등 국내 외 유수 학술지에 마케팅, 고객관계관

리, 광고, 빅데이터 및 인공지능 관련 논문을 게재하였다.

저서로는 『마케팅원론 ABC: 인공 지능』, 『빅데이터』, 『고객가치』, 『비즈니스 애널리틱스를 위한 마케팅조사: R과 Python을 활용한 빅데이터 분석 기초』, 『마케팅애널리틱스 - 고객관계관리편』 등이 있다.

김경민

부산 신라대학교 경영학과 교수로 재직하고 있다. 서강대학교에서 경영학박사(Ph.D.)를 취득하였다. 그의 연구관심분야는 소비자의 정보처리와 행동과학을 이용한 브랜드 전략 수립 및 국제마케팅분야이며 이 분야에서 활발한 연구활동을 하고 있다. 그는 Journal of Business Research, Asia Pacific Journal of Marketing and Logistics, Journal of Asia Business Studies, 마케팅연구, 마케팅관리연구, 소비자학연구, 광고학연구, 유통연구 등 국내외 유명 학술저널에 90여 편의 논문과 10권의 저서를 출간하였다. International Conference of Asian Marketing Associations에서 International Research Excellence Award, 대한경영학회에서 우수논문상, 한국마케팅관리학회에서 우수심사자상 등을 수상하였으며 기업과 정부기관의 마케팅 관련 연구를 다수 진행하였다.

한국마케팅관리학회장 역임, 한국마케팅학회 부회장, 한국전략마케팅학회 부회장 역임 등 주요한 국내외 마케팅 관련 학회주요임원을 그리고 경영컨설팅연구, American Journal of Business, Asia Pacific Journal of Marketing and Logistics 등 국내외 다수의 학회의 편집위원 및 Ad hoc Reviewer로 학술활동을 하고 있다.

서강대학교, 단국대학교, 한국외국어대학교, 경기대학교의 경영학과 및 대학원에서 강사를 역임하였고 부산 신라대학교에서 경영학과장, 경영학부장, 경영대학장, 경영학교육인증센터장, 경제경영연구소장, 교수평의원회 의장, 대학평의원회 의장 등을 역임하였다.

서울시, 부산시, 경기도, 농림부, 국회 등 국가기관과 지방자치단체의 심의위원, 평가위원, 출제위원 등을 역임하였으며 쌍용정보통신(주), BrandAcumen Inc. 등에서 풍부한 실무경험을 쌓았다.

그는 평소에 다양한 e게임과 러닝을 좋아하며 Air Supply의 The One That You Love를 즐겨부르며 새로운 것에 대한 호기심으로 항상 새로운 문화를 적극적으로 수용하는 여행가이기도 하다.

박정은

고려대학교에서 학사 및 석사를 마쳤고, 매경경영연구원에서 컨설턴트로 재직하였다. 이후 University of Alabama에서 경영학 박사학위(Ph.D.)를 받았다. 미국 University of New Hampshire에서 교수로서 재직하였고, 현재 이화여자대학교 경영대학 및 경영전문대학의 교수로 재직 중이다.

그의 연구 관심분야는 마케팅전략, 영업전략, B2B 마케팅, 시장중심 학습, 혁신 등이고 이러한 관심분야에서 활발한 연구 활동을 하고 있다. 그는 Journal of Marketing Research, Industrial Marketing Management, Journal of Business Research, Journal of Business to Business, Journal of Business and Industrial Marketing, Journal of Personal Selling and Sales Management, Journal of Strategic Marketing, Journal of Service Marketing, 마케팅연구, Asia Marketing Journal, 마케팅관리연구, 유통연구, 상품학연구 등 국내외 주

요 학술지에 100여 편의 연구를 게재하였다.

한국마케팅학회 부회장과 Asia Marketing Journal의 편집장을 역임하였고, 현재 한국마케팅관리학회의 고문, 한국유통학회 부회장, 아시아비즈니스혁신학회의 부회장 및 비즈니스혁신포럼위원장 등의 다양한 학회활동을 하고 있다.

정부 및 공공기관의 각종 자문 및 평가위원, 심사위원을 역임하였으며 여러 정책연구를 수행하였다. 삼성, LG, 현대자동차, 두산, SK, 농심, 한국 야쿠르트, 현대백화점, 롯데, 아모레퍼시픽, 신세계, 화이자, 노바티스, 3M 등의 다양한 국내외 기업 및 중소기업들을 대상으로 강연, 컨설팅 및 자문활동을 하였다.

수상으로는 American Marketing Association의 최우수박사논문상, Researcher of the Year, 최우수 논문상, NCSM Dissertation award, 경영학회 매경우수논문상과 상전유통학술대상 최우수상을 수상하였다.

최근에는 혁시(innovation)과 기술적 변화 및 파급효과에 관한 연구에 관심이 많고, 마케팅전략과 철학에 관한 저술을 준비 중이다. 마블영화를 좋아하고, 여행을 통한 다양한 경험을 중요시한다.

소셜 애널리틱스를 위한 연구조사방법론

초판발행 2025년 3월 7일

지은이 김태완·송태호·김경민·박정은
펴낸이 안종만·안상준

편 집 탁종민
기획/마케팅 정성혁
표지디자인 이영경
제 작 고철민·김원표

펴낸곳 (주) 박영사
서울특별시 금천구 가산디지털2로 53, 210호(가산동, 한라시그마밸리)
등록 1959. 3. 11. 제300-1959-1호(倫)
전 화 02)733-6771
f a x 02)736-4818
e-mail pys@pybook.co.kr
homepage www.pybook.co.kr
ISBN 979-11-303-2247-6 93310

정 가 34,000원